G. Patzak

Systemtechnik – Planung komplexer innovativer Systeme

Grundlagen, Methoden, Techniken

Mit 140 Abbildungen

AF850860

Springer-Verlag Berlin Heidelberg New York 1982

Dipl.-Ing. Dr. techn. GEROLD PATZAK
Universitätsdozent
Institut für Arbeits- und Betriebswissenschaften
der Technischen Universität Wien

CIP-Kurztitelaufnahme der Deutschen Bibliothek
Patzak, Gerold:
Systemtechnik - Planung komplexer innovativer
Systeme: Grundlagen, Methoden, Techniken/G. Patzak.
Berlin; Heidelberg; NewYork: -
Springer, 1982.

ISBN-13:978-3-540-11783-4 e-ISBN-13:978-3-642-81893-6
DOI: 10.1007/978-3-642-81893-6

Das Werk ist urheberrechtlich geschützt. Die dadurch begründeten Rechte, insbesondere die der Übersetzung, des Nachdrucks, der Entnahme von Abbildungen, der Funksendung, der Wiedergabe auf photomechanischem oder ähnlichem Weg und der Speicherung in Datenverarbeitungsanlagen bleiben, auch bei nur auszugsweiser Verwertung, vorbehalten.
Die Vergütungsansprüche des § 54, Abs. 2 UrhG werden durch die 'Verwertungsgesellschaft Wort', München, wahrgenommen.

© Springer-Verlag Berlin/Heidelberg 1982

Die Wiedergabe von Gebrauchsnamen, Handelsnamen, Warenbezeichnungen usw. in diesem Buch berechtigt auch ohne besondere Kennzeichnung nicht zu der Annahme, daß solche Namen im Sinne der Warenzeichen- und Markenschutz-Gesetzgebung als frei zu betrachten wären und daher von jedermann benutzt werden dürften.

2362/3020-543210

Vorwort

Die Vorarbeiten zu diesem Buch gehen bis in die Sechzigerjahre zurück. Ich habe mich damals eingehend mit den Problemen der Zuverlässigkeit technischer Systeme einschließlich deren Gestaltung befaßt. Zu gleicher Zeit beschäftigte ich mich mit dem Problemkreis der Abwicklung komplexer Vorhaben, dem Projekt-Management. Für beide Wissensgebiete schien mir sehr bald eine neue allgemeingültige Denkweise notwendig, die im Rahmen des Systems Engineering damals entwickelt wurde und eine einheitliche Betrachtung der unterschiedlichen Sachverhalte ermöglichte. Die Anwendung allgemeingültiger Denkweisen in den Ingenieurwissenschaften war umso dringender, je stärker die Zuwendung zu hochkomplexen interdisziplinären Problemstellungen erfolgte, deren Lösung eine adäquate methodische Behandlung erforderlich machte.

Es lag daher nahe, sich mit dem gesamten Lösungsprozeß für komplexe, fachübergreifende Problemstellungen zu beschäftigen. Dies erfolgte in Form einer handlungsorientierten Zusammenschau der Methoden der Systemtechnik, aufbauend auf einer erklärungsorientierten Aufbereitung systemwissenschaftlicher Denkstrukturen. Wesentlich schien dabei die Einheitlichkeit der Problembehandlung über alle Lebensphasen des Systems hinweg, d.h. den gesamten Planungs- und Realisierungsprozeß umfassend.

Anliegen des Buches ist es, dem mit komplexen Problemstellungen befaßten Wissenschafter wie auch Praktiker beliebiger fachlicher Ausrichtung eine fundierte Methodenschau an die Hand zu geben. Dadurch wird es ihm als Generalist besser gelingen, umfassende Sachverhalte zu strukturieren, fachneutral zu sehen und geeignete Methoden auszuwählen sowie insbesondere eine effiziente interdisziplinäre Zusammenarbeit in Teams zu organisieren. Weiteres Anliegen grundlegender Natur ist es, den Problemlösungsprozeß bei innovativer Fragestellung transparent und damit planbar zu machen und die gegenwärtig vorherrschende Trennung von logisch-rationalem, quantitativ formuliertem, objektivem Vorgehen einerseits und intuitiv-emotional gefärbtem, qualitativem, subjektivem Verhalten des Menschen andererseits rückgängig zu machen und beide Momente in einer systemtechnischen Methodik zu vereinen.

Die wesentlichen Kapitel dieses Buches lagen bereits 1975 in Form einer Habilitationsschrift vor, wurden jedoch weiter überarbeitet und insbesondere hinsichtlich der Analysemethoden ergänzt.

Wenngleich zwischenzeitlich einzelne Handbücher auf dem Gebiet der Systemtechnik mit z.T. ähnlichem Anspruch erschienen sind, so scheint mir doch die eigene Sicht des Themenkreises sowie die Präsentation von auf Erfahrung basierenden, neuartigen Gliederungen, Denkmodellen, Checklisten, Modifikationen von Methoden und erläuternden Bemerkungen die vorliegende geschlossene Darstellung zu rechtfertigen.

Besonders förderliche Anregungen erhielt ich während meiner Aufenthalte am Georgia Institute of Technology in Atlanta, Georgia, wo ich als Gastprofessor an der School of Industrial and Systems Engineering mit Stand und Entwicklung des Systems Engineering in den U.S.A. konfrontiert wurde.

Für äußerst wertvolle Anregungen aus dem Kreis der Mitarbeiter des Instituts für Arbeits- und Betriebswissenschaften der Technischen Universität Wien, insbesondere seitens der Herren DI.Josef Koch, DI.August Fischer sowie Univ.Prof.Dr.Franz Wojda und Univ.Prof.Dr.Norbert Thumb möchte ich an dieser Stelle herzlich danken. Letzterer lehrte mich besonders eine Denkweise, die für ein systemorientiertes Vorgehen als unerläßlich anzusehen ist: das laterale, vergleichende, nie einseitige bzw. mit Scheuklappen behaftete Denken - das Denken in Systemen, Strukturen und interdisziplinären Zusammenhängen.

Für die mühevolle Ausfertigung der Druckvorlagen danke ich weiters den Damen Marlene Zwettler und Hildegard Pöpl.

Nicht zuletzt möchte ich jedoch auch meiner Familie, insbesondere meiner Frau Renate, für das große Verständnis beim Entstehen dieses Buches danken.

Ich wünsche mir, daß dieses Buch zu einem Abbau der gegenwärtig vorherrschenden - nicht unbegründeten - Technikfeindlichkeit beiträgt und zugleich die teilweise verschüttete Innovationsfreudigkeit des Einzelnen fördert.

Wien, im September 1982 Gerold Patzak

Inhaltsverzeichnis

Einführung in die Problemstellung

Das Wesen ingenieurwissenschaftlicher Tätigkeit lag immer schon in einer analytisch-systematischen Vorgehensweise, verbunden mit einem funktionsorientierten, planenden Denken. Durch die explosionsartige technische Entwicklung der letzten Jahre, die sich vor allem durch immer kürzere Innovationszeiten, größer werdende Komplexität sowie durch immer mehr fachübergreifende Problemstellungen manifestiert, ist eine große Anzahl von Methoden, Techniken, Modellen und Vorgehensweisen entwickelt worden. Diesen Planungshilfen ist gemein, daß sie nicht bloß fachspezifisch anwendbar sind, sondern im Rahmen einer systemorientierten Methodologie gleichsam als Bausteine einer Allgemeinen Planungstechnik angesehen werden können.

Die Forderung nach einer interdisziplinären Anwendbarkeit stammt einerseits aus dem Vorliegen komplexer, fachliche Bereiche sprengender Problemstellungen, andererseits aus der Tatsache, daß - man könnte dies als Paradoxon der Planung ansprechen - mit steigender Komplexität die praktische Anwendung rationaler Planungs- und Entscheidungsmethoden abnimmt: Untersuchungen in Europa, aber auch in den USA, haben ergeben, daß die Zeit, die für Analyse, Synthese und Entscheidungsfindung zur Lösung komplexer Problemstellungen in der Praxis im Mittel aufgewendet wird, mit steigender Komplexität fällt; dies bedeutet aber, daß die weitreichendsten und sich am folgenschwersten auswirkenden Probleme mit der relativ geringsten Einsicht und dem relativ geringsten Verständnis der Problemzusammenhänge behandelt und entschieden werden. Die Ursache für diesen Widerspruch liegt in einer Überforderung des Planers und/oder Entscheidungsträgers, begründet in einer nicht praxisgerechten, zu theoretisch orientierten Aufbereitung der Methoden, verbunden mit einem Fehlen von Konzepten für die Strukturierung komplexer Problemstellungen und deren Lösungsablauf. Das Ergebnis ist ein Verlassen systematischer, auf Methoden gestützter Vorgehenswege und ein Rückfall in primär auf

Intuition und Emotion aufbauende Lösungsfindungen. Bei komplexen Problemstellungen kann es dann leicht zu einem sogenannten Counter-Intuitive Behavior kommen, was sich darin zeigt, daß aufgrund der schwer durchschaubaren Problemstruktur sowie der bestehenden Interdependenzen intuitiv gefällte Entscheidungen eine dem angestrebten Ziel entgegengesetzte Wirkung erbringen.

Die Systemtechnik bietet sich hierfür als Abhilfe an: sie ermöglicht durch Einnahme einer entsprechenden Abstraktionsebene, Erkenntnisse und Methoden eines Fachgebiets auch auf beliebige andere Anwendungsgebiete zu übertragen, wobei diese Denkmodelle und Methoden in einer Methodologie als eigene Disziplin zusammengefaßt werden, um so ein fachungebundenes Instrumentarium zur wirkungsvollen Behandlung und Lösung von komplexen interdisziplinären Problemstellungen zu schaffen.

Die allgemeingültige, von fachlichen Restriktionen befreite Denkbasis ist hierbei der Systemansatz (System Philosophy), gekennzeichnet durch

- inhaltliche Allgemeingültigkeit und formale Abstraktheit
- umfassende, zugleich strukturierende Betrachtungsweise
- Zweckorientiertheit.

Die fachliche Disziplin, die sich mit der Anwendung systemorientierter Methodik beschäftigt, wird Systemtechnik (Systems Engineering) genannt. Sie ist als Methodologie des zweckrationalen Handelns auf die praktische Anwendung ausgerichtet.

Die vorliegende Arbeit wendet sich somit an alle, die vor der Aufgabe stehen, interdisziplinäre, komplexe Problemstellungen einer innovativen Lösung zuzuführen und dabei den Planungsprozeß rational, wirtschaftlich und unter Optimierung der Zielerreichung abzuwickeln.

Um hiebei der immer stärker werdenden Forderung zu entsprechen, den Menschen als Nutzer der zu realilsierenden Systeme - dies als Individuum oder als unscharf definierte Gruppe - mit all seiner nicht erschöpfend abbildbaren Vielfältigkeit, seinen emotionalen Einstellungen und Irrationalitäten dem Stellenwert entsprechend im Gestaltungsprozeß zu berücksichtigen, muß im systemtechnischen Planungsablauf samt Methodenrepertoir Platz auch für sogenannte Soft Methods, Soft Data (nicht begründete Werte, Präferenzen, Bedürfnisse), für gefühlsmäßige Einflüsse sowie letztlich Freiheitsspielraum für Irrationalität sein.

Nur wenn es gelingt, die vom Wesen des Menschen nicht abstrahierbaren emotional getönten Aspekte gleichwertig neben rational-funktionalen Aspekten im Rahmen einer umfassenden Betrachtungsweise in den Systemerstellungsprozeß einzugliedern, wird man der zunehmenden Technikfeindlichkeit, dem dumpfen Unbehagen und der Aversion gegenüber oft notwendigen Large Scale-Projekten und Großtechnologien, dem Ruf nach Verbot bzw. Entwicklungsstop sowie der Gefahr der Zerstörung unserer Umwelt begegnen können.

1. Der Systemansatz als Planungsphilosophie

1.1 Der Systemansatz

Die instrumentale Basis als grundlegende Denkweise im Rahmen der Systemtechnik ist der Systemansatz: Jede wissenschaftlich orientierte Arbeit basiert auf einem Ansatz, um Denkprozesse einordnen und Aussagen ableiten zu können. Folgende Forderungen sind an einen brauchbaren Ansatz zu stellen:

- inhaltliche Abstraktheit: Der Ansatz muß formaler Natur und von Restriktionen einer disziplinären Terminologie frei sein;
- strukturierende Wirkung: Bei Anwendung müssen durch den Ansatz eine kategorisierende Wirkung erzielt und Zusammenhänge sichtbar werden;
- Möglichkeiten zu interdisziplinärem Wissensaustausch: Bei komplexen Problemstellungen ist eine interdisziplinäre Zusammenarbeit der einzelnen Fachdisziplinen erforderlich, was einer allgemeinverständlichen Sprache bedarf (dies geht mit der Forderung nach Abstraktheit konform).

Alle drei Forderungen erfüllt der Systemansatz in ausgezeichneter Weise, was letztlich in der vorliegenden Arbeit ersichtlich gemacht werden soll.

Das systemorientierte Denken (System Point of View, System Thinking)
Systemdenken ist eine systemorientierte, ganzheitliche Betrachtungsweise von Objekten und Systemen, ein Denken in Kategorien und mittels Begriffen der Systemtheorie; dies garantiert ein formal-abstraktes, objekt-unabhängiges, umfassendes Behandeln beliebiger Problemsachverhalte.

Das systemorientierte Strukturieren (System Structuring, Systems Concepts)
Der Einsatz elementarer Denkmodelle der Systemtheorie fördert als

Strukturierungshilfe ein Formalisieren und Kategorisieren der Problemzusammenhänge. Erst dadurch wird das Arbeiten mit komplexen Modellen und Systemfunktionen und weiters ein effizientes Zerlegen des Gesamtproblems in Teilprobleme ermöglicht.

Das systemorientierte Vorgehen (Systems Methodology)
Ein interdisziplinärer Wissensaustausch, der durch die komplexen, einzelne Wissensgebiete überschreitenden Problemstellungen gefordert ist, muß als integrierender Bestandteil im Problemlösungsprozeß enthalten sein, d.h. fachlich, kompetenzmäßig und nicht zuletzt zeitlich organisiert werden. Dies ist durch ein systemorientiertes, klar strukturiertes Vorgehen in effizienter, auf ein Zielsystem ausgerichteter Weise gegeben. Erst dadurch wird der gesamte Planungsablauf transparent und damit auch optimierbar und dokumentierbar.

Der Systmemansatz ist somit nicht bloß auf das zu planende System, das Objektsystem, sondern darüber hinaus auch auf den Erstellungsprozeß dieses Systems - das Zielsystem, Programmsystem und Handlungssystem - anwendbar.

Systemorientiertes Vorgehen dokumentiert sich in Form der folgenden drei Pläne:

- Vorgehensplan (Vorgehenslogik)
- Methodenplan (Methoden, Techniken)
- Datenplan (Informationen).

Die Grundvoraussetzung der Systemtechnik, das Systemdenken, soll ihrer eminenten Bedeutung wegen als erstes näher besprochen werden, die beiden weiteren Aspekte sind Inhalt der Teile "Grundlagen" bzw. "Methoden".

1.2 Systemdenken

Die letzten Jahre haben einen bedeutenden Umschwung im Denken bei Wissenschaft und Technik gebracht, wobei diese Entwicklung keineswegs abgeschlossen, ja nicht einmal absehbar erscheint. Das bereits abgelaufene sogenannte Maschinenzeitalter fußte geistig auf dem Prinzip des Reduktionismus und des Mechanismus.

Der Reduktionismus als Denkprinzip baut auf der Überzeugung auf, daß alles bloß in seine letzten Bestandteile zerlegt werden muß, um es verstehen, klassifizieren und bewerten zu können.

Die Analyse ist hierbei die zentrale Methode, die über das Verständnis der Komponenten zum Verständnis des Untersuchungsobjektes als Ganzes gelangt bzw. zu gelangen glaubt. Diese Ansicht betraf auch den Menschen als Objekt, was durch noch heute gängige Problemlösungen auf dem Gebiet der Arbeitsteilung, der Organisation, ja der Optimierung generell eindrucksvoll demonstriert wird.

Der Mechanismus vertraute - heute weiß man: allzusehr - auf die Erklärung von Phänomenen durch die Ursache-Wirkung-Relation. Da die Wirkung durch die Ursache eindeutig und erschöpfend erklärbar schien, war es müßig, weiter zu forschen. Es entspricht dies einem Denken in geschlossenen Systemen, d.h. ohne Umwelt. Die Sicht der Phänomene war somit deterministisch, Ausnahmen des Systemverhaltens waren im Denkkonzept nicht berücksichtigt. Gerade der Mensch als Ganzes, einschließlich seiner psychischen Aspekte, mußte hierbei zu kurz kommen. Schwierigkeiten in einer motivationsfeindlichen, mechanistisch konzipierten Arbeitswelt sind auch heute noch längst nicht duchrgestanden.

Schon immer gab es jedoch Denker, die das Ganze als Eigenständigkeit hervorhoben, das sich nicht bloß in Aufbau und Wirkung summarisch aus Bestandteilen zusammensetzt, jedoch fanden derartige Konzepte zunächst keinen Platz im Sturm der industriellen Revolution, der Mechanisierung und Automatisierung, der Massenfertigung und des engen Spezialistentums. Das Überbetonen von Analyse und Mechanistik verlangt nach einer Kompensation, nach einer Neutralisation, um dem wahren Sachverhalt der Probleme gerecht zu werden, somit nach neuen Denkstrukturen, die im Denkprinzip des Expansionismus und der Teleologie gefunden zu sein scheinen:

Der Expansionsimus besagt, daß jede Einheit nicht als solche gesehen werden darf, sondern immer nur als Teil eines nächsthöheren Ganzen (Zwiebelschalenmodell). Jede Einheit (Komponente) besitzt Eigenschaften, wodurch das Verhalten des Ganzen (des Systems) zwar beeinflußt wird, die Eigenschaft des Ganzen läßt sich jedoch nur aus der Wechselwirkung der in ihr enthaltenen Einheiten erklären. Darüber hinaus können manche Komponenteneigenschaften erst durch die Existenz der im System befindlichen weiteren Komponenten zur Wirkung kommen.

Die Synthese als krative Methode des funktionsorientierten Zusammensetzens (nicht bloß Zusammenfassens) von Betrachtungseinheiten gewinnt hierdurch an Bedeutung. Nicht die Erklärung von Phänomenen aus dem Verhalten der Teile, sondern aus der Aufgabe im Rahmen des jeweils übergeordneten Systems wird betont. Hierdurch werden Einsichten gewonnen, die durch ein rein analytisches Vorgehen bei komplexen Sachverhalten nicht errreicht werden können. Es wird somit versucht, die Wirkung eines Systems durch Untersuchung seines Verhaltens im Rahmen seines Übersystems, der Umwelt, zu erfassen und zu bewerten.

Weiters wird das mechanistische Ursache-Wirkung-Prinzip in Richtung einer Teleologie erweitert: Die Ursache ist zwar notwendig, aber nicht ausreichend, d.h.allein bestimmend für die Wirkung. Dies entspricht einem Übergang von der deterministischen Kausalität zu einer probabilistischen Ursache-Wirkung-Beziehung. Durch diese Erweiterung kommt in die wissenschaftliche Betrachtung die Zweckorientiertheit, das auf ein Ziel-ausgerichtet-Sein hinein. Ganz besonders wurden diese Ansätze durch die Konzeption der Kybernetik gestützt. Das Studium von Zielen, Zwecken und Funktionen von Individuen und Gruppen hat die Möglichkeiten der Bewertung und Verbesserung soziotechnischer Systeme gegenüber einer mechanistisch orientierten Behandlung stark verbessert.

Die Zusammenfassung der Konzepte von Expansionismus, Synthese sowie Teleologie liefert das Denken in Systemen: besonders durch die Einbeziehung des Individuums und dessen Organisation als Gruppe in die Denkmodelle zeigt sich, daß die ganzheitliche integrative Denkweise als die einzig geeignete erscheint, die Wirklichkeit adäquat zu beschreiben, zu verstehen und zu gestalten.

Das integrative Denken bedeutet aber zugleich eine Überwindung des dialektischen Denkens: Während das neuere marxistische Denken darauf abzielt, Gegensätze aufzuspüren, sie bewußt zu machen, um aus dem Aufeinanderprallen gegensetzlicher Interessen und Ziele im Sinne eines Fortschrittes Bewegung zu erzeugen, ermöglicht das integrative Denken, alle Gegensätze - deren Existenz und Wirksamkeit nicht in Frage gestellt werden - auf einer höheren, umfassenden Ebene miteinander in Beziehung zu setzen und gegenseitige Anerkennung und Kooperation im Sinne eines fortschrittlichen Gesamtzieles zu erreichen. Eine rein additive Betrachtung von Systemkomponenten als Interessensgegner kann nie ein integratives Ganzes hervorbringen.

Die Systemwissenschaft kann als Integration unterschiedlicher wissenschaftlicher Disziplinen aufgefaßt werden, weshalb sie auch als interdisziplinäre Wissenschaft, vielleicht treffender als Metadisziplin, bezeichnet wird. Die Untersuchung umfassender soziotechnischer Systeme verlangt die Synthese von Geisteswissenschaften, Naturwissenschaften und technischen Wissenschaften, was leider bis jetzt, schon wegen der unterschiedlichen fachspezifischen Terminologien, in der Praxis noch lange nicht zufriedenstellend funktioniert.

Ursprünglich zwischendisziplinär konzipierte Betrachtungsansätze wie Industrial Engineering, Management Science und Operations Research haben sich als eigene Disziplinen verselbständigt und zugleich ihren disziplinüberschreitenden Charakter unbewußt verloren. "This is not to say that IE, MS and OR are no good, but it does say that they are not good enough. Each of them suffers not only from the lack of competencies that are required to deal with the messes that preoccupy those who manage most public and private systems, but also because they use Machine-Age concepts and methods in attempts to deal with Systems-Age problems. .... messes were murdered by reducing them to problems, problems were murdered by reducing them to models, models were murdered by excessive exposure to the elements of mathematics" (R.Ackoff).

1.3 Systemwissenschaft: Systemtheorie, Systemtechnik

1.3.1 Systemwissenschaft

Ohne auf den Streit näher einzugehen, ob es sich bei der Systemwissenschaft tatsächlich um eine eigenständige Wissenschaft handelt, soll in der vorliegenden Arbeit eine Standortbestimmung der Systemtechnik als anwendungsorientierte Disziplin im Rahmen eines sie umgebenden wissenschaftlichen Gebäudes gegeben werden. Die Systemwissenschaft dient hiebei als übergeordnetes, alle Realwissenschaften betreffendes, allgemeines Wissensgebäude, sie sei als die interdisziplinäre Wissenschaft vom zweckrationalen Handeln definiert. Sie bietet Strategien zur Bearbeitung von Konflikten und Widersprüchen bei individueller und insbesondere kollektiver Handlung an, wobei trotz Anspruchs der Rationalität auch emotional gefärbte Systemkomponenten und Bewertungen berücksichtigt,d.h. bewußt gemacht, erfaßt und methodisch verarbeitet werden können.

Ziel dieser Wissenschaft ist es, vornehmlich Erkenntnisse und Methoden zu entwickeln, die im Rahmen von konkreten Aufgaben für eine Anwendung empfohlen werden können.

Zur Erklärung der Stellung der Technik im Rahmen des Gebäudes einer Realwissenschaft möge folgendes Modell (Abb. 1.1) dienen: Eine Realwissenschaft zerfällt in vier Aussagensysteme.

Terminologie (Aussagen zur Begriffsbestimmung und Vereinheitlichung)
Empirie (Aussagen zur Beschreibung und Erläuterung von Realphänomenen)
Theorie (Aussagen zur Erklärung und Voraussage von Zusammenhängen)
Praxeologie (Aussagen zur gestaltenden Veränderung von Realsystemen)

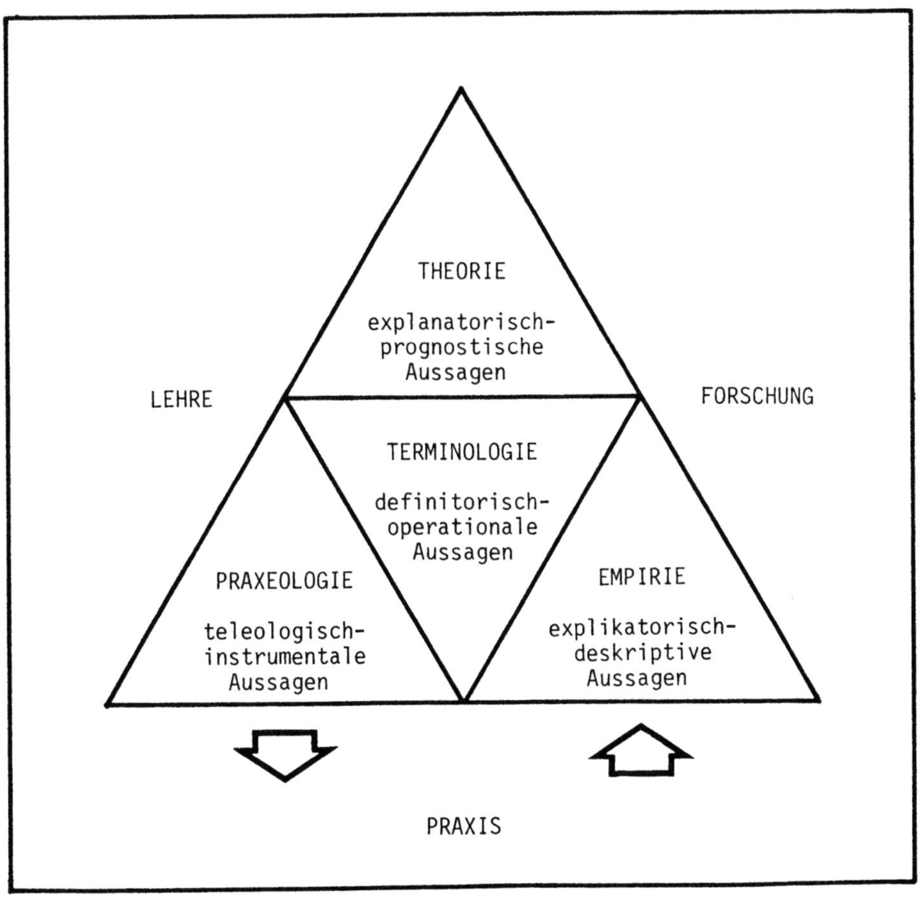

Abb. 1.1: Modell der Realwissenschaften

Es kann hiebei aus dem Modell ein Ablauf herausgelesen werden, der von der Beobachtung der Praxis als Empirie über die Theorie zur Anwendung von Erkenntnissen in der Praxis abläuft, wobei als zentraler Bereich die Terminologie als Hilfsmittel und Katalysator wirkt.

Jede Wissenschaft zerfällt somit in eine theoretische und in eine praktische Seite: Wenn auch die vorliegende Arbeit sich mit der ingenieurmäßigen Anwendung systemwissenschaftlicher Erkenntnisse befaßt, so muß doch, wie es bewährte Tradition im europäischen Ingenieurwesen ist, die Grundlage in der Theorie gesucht werden, ohne die das Verständnis der wesentlichen Zusammenhänge verloren ginge.

1.3.2 Systemtheorie

Der so einfach klingende Satz, daß "das Ganze mehr ist als die bloße Summe seiner Teile", der schon im Altertrum von Aristoteles geprägt wurde, bekam anfang des 20.Jahrhunderts neue Bedeutung, was u.a. in der von O.Spann entwickelten Ganzheitstheorie seinen Niederschlag fand. Diese Denkweise faßte auch in der Psychologie und im Zuge der organismischen Auffassung auch in der Biologie Fuß.

Von jener Zeit an gewinnt das Denken in Zusammenhängen, also eine ganzheitliche Betrachtungsweise, für praktisch alle Wissenschaften an Bedeutung, sodaß Bertalanffy mit Recht 1948 von einer Allgemeinen Systemtheorie spricht. Er geht hiebei von der Hypothese aus, daß sich trotz unterschiedlicher Phänomensysteme isomorphe und homomorphe Strukturen aufstellen lassen, die gleichen Systemgesetzen gehorchen und mit gleichen Methoden einer Analyse und Synthese zugeführt werden können.

Folgende Wissenschaftler tragen im weiteren wesentlich zur Entwicklung der Systemtheorie bei:

Claude Shannon: entwickelte eine mathematische Theorie für das umfassende Phänomen "Kommunikation".
Norbert Wiener: setzte die Kommunikation in den größeren Zusammenhang der Regelung (Control Theory)
Ludwig v.Bertalanffy: faßte den Rahmen noch weiter und begründete da-

mit den heutigen Systembegriff als das neue Organisationskonzept der Wissenschaft.
Ross Ashby: faßte die kybernetischen und systemtheoretischen Aspekte in einen umfassenden systemtheoretischen Wissenskomplex zusammen.

Bezüglich der jüngsten Entwicklungen auf dem systemtechnischen Gebiet sind vor allem Arbeiten folgender Wissenschaftler zu nennen: Ackoff, Beer, Boulding, Churchmann, Eckmann, Mesarovic, Forrester, Lange, Rapoport.

Wenn auch keine einheitliche, allgemein anerkannte Definition der Systemtheorie angegeben werden kann, so seien doch einige sinngemäß kaum unterschiedliche Beschreibungen ihres Wesens gegeben:

- Die Systemtheorie wird bezeichnet als Theorie der Relationen zwischen den Elementen eines Systems, der Beziehung zwischen Struktur und Funktion von Systemen, der Beziehungen zwischen Teilsystemen und Gesamtsystem usw.. Sie strebt eine exakte mathematische Formulierung der von ihr erarbeiteten Begriffsbildungen , Beziehungen, Gesetze usw. an (G.Klaus).
- Die Systemtheorie befaßt sich zusammen mit der sie ergänzenden Systemforschung mit der Aufgabe, die Verhaltensweise von Phänomensystemen anhand von unterschiedlichen Modellen zu erklären, indem mathematisch zugängliche Modelle von Ideal-Systemtypen entwickelt werden. Alle hiebei erarbeiteten Erkenntnisse sollen dazu dienen, Struktur, Verhalten und Einflußparameter von Systemen zu erklären, um dadurch Systeme kontrollieren sowie für die Zukunft bessere Systeme planen und einführen zu können (C.Zangemeister).
- Die Systemtheorie wird als eine alle Realwissenschaften umschließende Wissenschaft verstanden (K.Bleicher).
- Die Systemtheorie ist eine Lehr- und Forschungsmethode, die struktruelle Gemeinsamkeiten der Wissensgebiete untersucht und allgemeine Beschreibungs- und Erklärungsmodelle bereitstellt (W.Wacker).

Die Diskussion um die Erfassung eines allgemein anerkannten Standortes der Systemwissenschaft und im besonderen innerhalb dieser der Systemtheorie und der sie ergänzenden Systemforschung ist noch nicht abgeschlossen. So vertreten manche die Auffassung, daß unter Systemforschung derzeit weder eine eigenständige wissenschaftliche Disziplin noch eine mehrere Realwissenschaften übergreifende Wissenschaft verstanden werden könne. Sie schlagen daher vor, mit dem Begriff Systemwissenschaft allgemein eine aus mehreren problemorientierten disziplinären Theorien zusammengesetzte Wissenschaft (Interdisziplin) für einen bestimmten Problemkreis zu bezeichnen (Kosiol/Szyperski/Chmielewitz).

Trotzdem verkennt etwa Kosiol keineswegs die Bedeutung eines systemwissenschaftlichen Gedankengutes, wenn er schreibt: "Was von der anspruchsvollen Systemtheorie wissenschaftstheoretisch wirklich wertvoll ist, ist das für bestimmte Zwecke durchaus geeignete, hoch formalisierte definitorisch-terminologische Begriffssystem und das allumfassende generelle Beschreibungsmodell für sämtliche Realobjekte oder empirische Phänomene".

In obigem Sinne seien im weiteren vor allem die Terminologie, d.h. wesentliche Begriffsbestimmungen und elementare Modelle der Systemtheorie für das weitere Verständnis der Arbeit besprochen, was insbesondere zu einer einheitlichen Sprache im Rahmen der Systemtechnik beitragen soll.

Bezüglich der allgemeinen Systemtheorie sei folgende Aussage zusammengefaßt:

Die allgemeine Systemtheorie befaßt sich mit den allgemeinsten Eigenschaften von beliebigen Systemen. Sie stellt für die Entwicklung neuer systemorientierter Konzepte eine wichtige Grundlage dar, und liefert eine präzise Sprechweise für das Arbeiten mit Systemen. Ihr Aufbau befindet sich heute noch in vollem Fluß, wenn auch ihre wichtige Aufgabe nicht überall erkannt wird. Als Ausgangspunkt für die Definition eines Systems dient in der allgemeinen Systemtheorie das Konzept einer binären, im mengentheoretischen Sinne definierten Relation. Durch sinnvolle Anreicherung einer solchen Relation mit zusätzlichen mathematischen Strukturen gewinnt man Systeme, die bereits wichtige und interessante Eigenschaften aufweisen.

Es kann gesagt werden, daß die Allgemeine Systemtheorie für jedes System eine erste Denkgrundlage darstellt und ihr damit eine wichtige Rolle innerhalb der gesamten Systemtheorie zukommt (F.Pichler).

1.3.3 Systemtechnik

1.3.3.1 Von der Einzellösung zum Lösungsfeld

Der heutige Stand des Wissens und der Technik erlaubt nicht mehr die schöpferische Einzelerkenntnis, sondern erfordert die Ermittlung eines Erkenntnisfeldes mit allen seinen Zusammenhängen. Dies bedeutet jedoch den Übergang von der intuitiv-schöpferischen Einzelleistung zu systematisch, methodisch bearbeiteten Lösungsfeldern, wie Abb. 1.2 aufzeigt.

1.3.3.2 Warum Systemtechnik?

Planungsmethoden als bewußt durchgeführte, nachvollziehbare Kombinationen von Regeln und Operationen sind notwendig, weil der gleichbleibenden Informationsmenge, die ein Mensch für Planung und Entscheidung aufnehmen, speichern und verarbeiten kann, folgende das Planungsrisiko vergrößernde Faktoren gegenüberstehen:

- Ansteigen des technischen Wissens und zunehmende Spezialisierung der Wissensgebiete. Dies manifestiert sich in einer zu beobachtenden Zeitkontraktion: Die Dichte des Anfalls projektrelevanter Informationen nimmt mit dem zeitlichen Fortschritt exponentiell zu (Patente, neue Verfahren, Technologien und Einsatzmittel). Damit verbunden kommt es zu einer steigenden Vielfalt möglicher Alternativen auf Komponentenebene, was aus kombinatorischer Sicht einen potentiellen Anstieg der theoretischen Lösungsvielfalt ergibt. Weiters bedingt diese Entwicklung, daß Nachfolgelösungen (Ersatzsysteme) jeweils einen immer höheren Neuheitsgrad aufweisen, so daß gemachte Erfahrungen für die Entwicklung neuer Systeme nur in geringem Maße verwertbar sind.
  Letztlich ergibt sich dadurch eine zunehmende Gefahr der Veralterung schon zum Zeitpunkt der Fertigstellung eines Systems, was man durch möglichst frühe Fertigstellungstermine zum Teil zu kompensieren trachtet.
- Wachsender Zwang zur Verflechtung der Wissensgebiete bei Planungsproblemen, verbunden mit einer steigenden Anzahl der an der Planung Beteiligten und zu Beteiligenden.
- Zunehmende Bedeutung der Problemstellungen, was sich wie folgt äußert:
  * zunehmende Höhe der Investitionen, damit verbunden
  * steigende Gefahr kostspieliger Fehlplanungen,
  * zunehmende Reichweite und Streuung der Planungsauswirkungen (Langfristigkeit der Gesamtplanung).

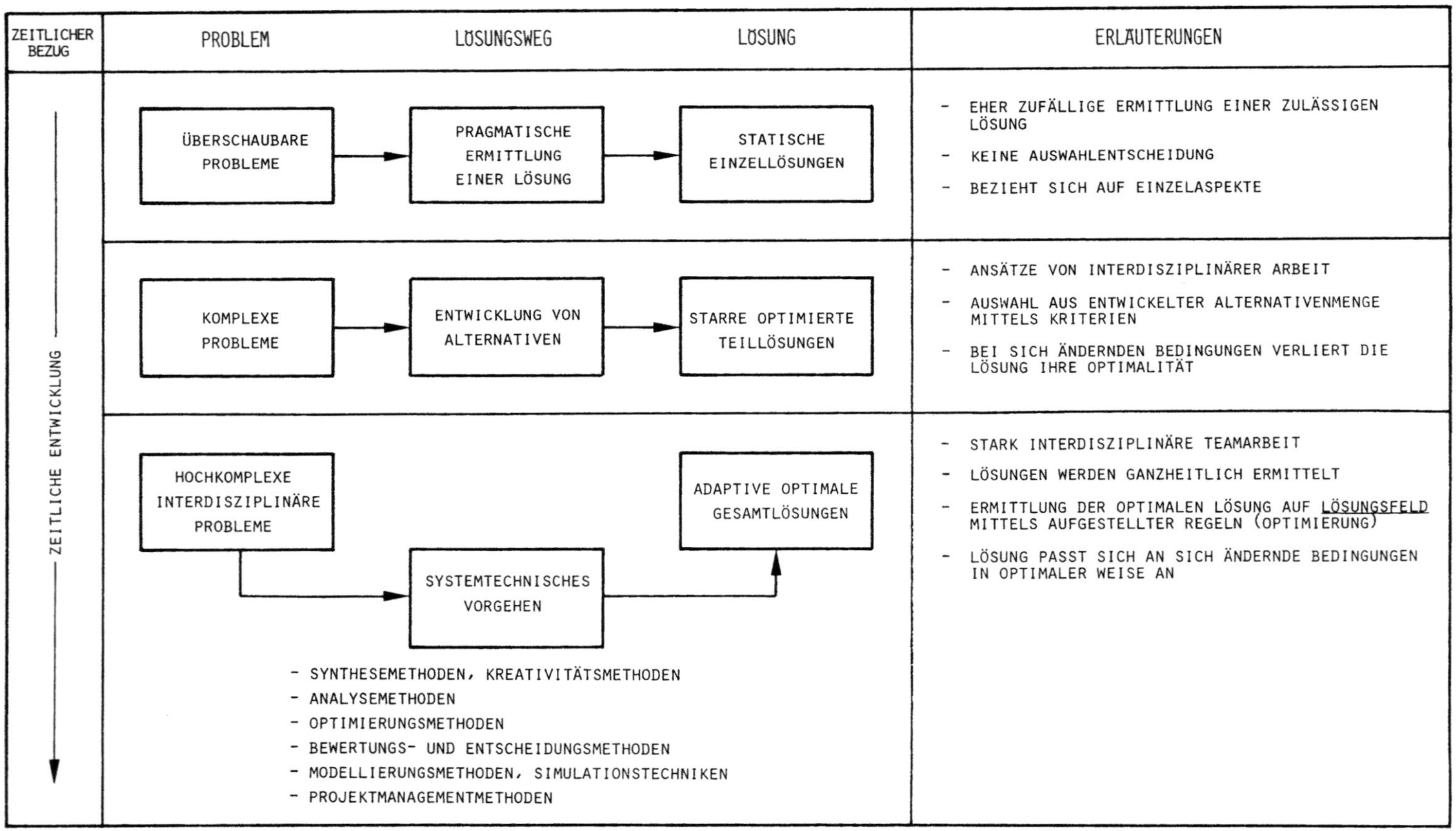

Abb. 1.2: Zeitliche Entwicklung der Problemstellungen und zugehöriger Lösungsmethoden

Zweck der Systemtechnik

Die Systemtechnik ist ein Methodengebäude zur Behandlung von Problemen mit hoher Komplexität. Sie befaßt sich mit sämtlichen Lebensphasen von Systemen, d.h mit der Planung und Realisierung einschließlich der Organisation der Nutzung sowie Außerdienststellung derselben, welche

- die ihnen zugedachten Funktionen voll erfüllen,
- sich optimal in ihre Umwelt einfügen sowie
- deren Subsyteme "reibungslos" zusammenwirken.

"Systems Engineering ist eine Methodik, die hilft, den Prozeß der Lösung von komplexen Problemen effizienter zu gestalten. Systems Engineering ist dann notwendig, wenn viele Lösungen denkbar sind und es keinen vorgezeichneten Lösungsweg gibt. Die Anwendung von Systems Engineering gibt noch keine Gewähr für optimale Lösungen, schafft aber bessere Voraussetzungen dafür" (Haberfellner).

1.3.3.3 Allgemeine Formulierung des Systemplanungsproblems (Aufgabe)

Aus dem bisher Gesagten läßt sich die Aufgabe des Systemtechnikers wie folgt definieren: Es ist ein Sytem durch Festlegung seiner Struktur so zu gestalten, daß dessen Funktion bestimmte, auf vorgegebenen Motiven (Bedürfnissen) beruhende Ziele erfüllt. Hierbei sind aus dem am Wissensmarkt gegebenen Angebot Elemente als Funktionsträger auszuwählen, deren Zusammenbau in einem Relationsgefüge die geforderte Systemfunktion in optimaler Weise erbringt (Abb. 1.3)

Zur Lösung obiger Aufgabenstellung muß der Systemtechniker weniger die Fähigkeit eines Fachspezialisten mitbringen, sondern er muß Problemspezialist (Generalist, d.h. "Spezialist für das Allgemeine") sein; er muß möglichst alles, was zur Lösung von Problemen von Interesse ist, kennen und die Teamarbeit gezielt einsetzen können.

1.3.3.4 Allgemeine Formulierung des Systemplanungsprozesses (Ablauf)

Die Systemtechnik bietet Vorgehensmodelle sowie Methoden und Techniken für die Analyse der Problemstruktur und für die Synthese zur Problemlösung an. Trotz ganzheitlicher umfassender Betrachtungsweise geht sie weitestgehend rational vor, wenngleich immer emotionale und/oder nicht formalisierte Anteile im Planungsablauf enthalten sind (Abb. 1.4).

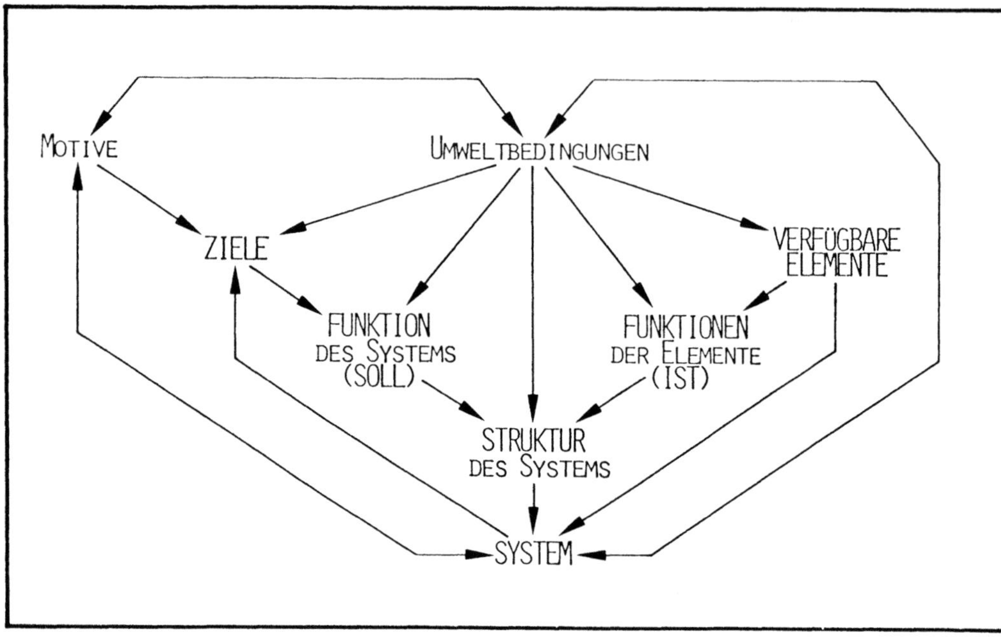

Abb. 1.3: Problemstellung der Systemplanung

Durch die Anwendung der Systemtechnik wird sichergestellt, daß Randprobleme, wie Interaktionen des Systems mit dem Operator Mensch, Sicherheitsprobleme, Wartbarkeit und Verfügbarkeit, Informationsbedarf, Auswirkungen auf die Umwelt und ähnliches vom Planungsbeginn weg berücksichtigt werden, und nicht erst im nachhinein nach Realisierung des Systems Beachtung finden, so daß sie mühsam sub-optimiert werden müssen.

Die vorliegende Arbeit versucht, aufbauend auf systemtheoretischen Begriffsbestimmungen und Grundlagen (Sachwissen), die wesentlichen Methoden der Systemtechnik nach dem Modulprinzip in einer Methodologie (Methodenwissen) zu präsentieren.

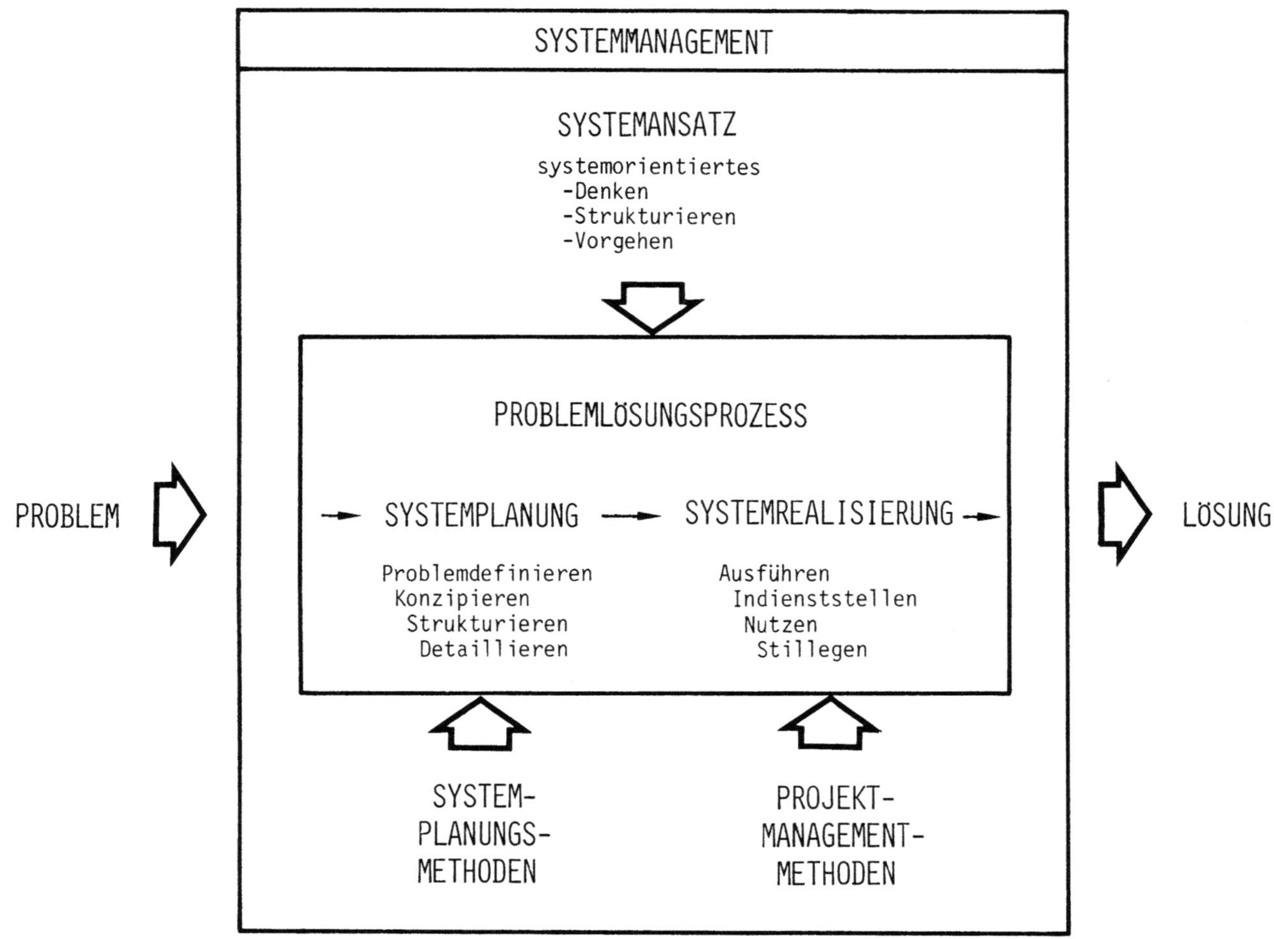

Abb. 1.4: Wirkungsweise der Systemplanung

2. Systemtheoretische Grundlagen
(Ansätze einer allgemeinen Theorie der Systeme)

2.1 Das System

2.1.1 Der Systembegriff

In der einschlägigen Literatur scheint ein breites Spektrum von Definitionen des Begriffes "System" auf, in welchen unterschiedliche Aspekte aufgrund unterschiedlicher fachlicher Ausrichtung hervorgehoben werden:

BERTALANFFY,L.v.: "A system can be defined as a complex of interacting elements. Interaction means that elements, p, stand in relations, R, so that the behavior of an element p in R is different from its behavior in another relation, R'". -CHURCHMAN/ACKOFF/ARNOFF: "Unter System verstehen wir eine Gesamtheit funktionell miteinander verknüpfter Teile". -HALL,A.: "A system is a set of objects with relationships between the objects and between their attributes". - JOHNSON/KAST/ROSENZWEIG: "A system is an organized or complex whole; an assemblage or combination of things or parts forming a complex or unitary whole". -FLECHTNER,H.: "Wir verstehen unter einem System ... eine Gesamtheit von Elementen, zwischen denen irgendwelche Beziehungen bestehen oder hergestellt werden können". -GROCHLA,E.: "Der Begriff System wird allgemein als eine aus Elementen zusammengesetzte Ganzheit, deren Elemente untereinander in mehr oder weniger komplexen Beziehungszusammenhängen stehen, definiert". - KLAUS,G.: "Ein System ist gekennzeichnet durch eine Menge von Elementen und eine Menge von Relationen, die zwischen diesen Elementen bestehen. Alle isomorphen Ganzheiten dieser Art werden als ein und dasselbe System betrachtet". -DIN 19 226: "Ein System ist ein abgegrenzte Anordnung von aufeinander einwirkenden Gebilden". -ZANGEMEISTER,C.: "Ein System ist eine Gesamtheit geordneter Elemente. Diese Elemente haben Eigenschaften und sind miteinander durch Relationen verknüpft. Die formale Abbildung dieser Verknüpfung wird als Struktur des Systems bezeichnet". -KOREIMANN,D.: "In der Systemtheorie versteht man unter einem System eine Menge von Elementen, die mit diskreten Attributen (Eigenschaften) ausgestattet sind, wobei die Elemente durch Relationen (Verknüpfungen, Beziehungen, Kommunikation) miteinander in einer organisierten Beziehung stehen". -FORRESTER,J.: "System ist eine Anzahl von miteinander in Beziehung stehenden Teilen, die zu einem gemeinsamen Zweck miteinander operieren".

Die auf den ersten Blick stark unterschiedlich scheinenden Verbaldefinitionen des Begriffs System im Rahmen der Systemtheorie weisen alle mehr oder weniger vollständig folgende Unterbegriffe auf:

Elemente (Komponenten, Teile, Bausteine, Glieder)

Eigenschaften (diskrete Attribute, einstellige Aussagefunktionen, Merkmalwerte)

Beziehungen (Relationen, mehrstellige Aussagefunktionen, Interaktionen, funktionelle Verknüpfungen, wechselseitige Verbindungen, Zusammenhänge, Kommunikation, Kopplungen, Bindungen)

Menge (abgegrenzte Anordnung, Komplex, Kombination, Gesamtheit)

Es läßt sich damit eine mengentheoretisch orientierte und daher am ehesten formalisierbare Verbaldefinition zusammenstellen, die inhaltlich alle angeführten Auffassungen abdeckt.

Definition: Ein System besteht aus einer Menge von Elementen, welche Eigenschaften besitzen und welche durch Relationen miteinander verknüpft sind.

Bzw. abstrakter:

System =
- eine Menge von Elementen (1)
- eine Menge von Eigenschaften (2), definiert auf den Elementen
- eine Menge von Beziehungen (3), definiert zwischen den Elementen

(wobei 1 und 2 das genus proximum - die Menge - und 3 die differentia spezifica gegenüber dem Mengenbegriff darstellen)

Die Systemtechnik als anwendungsorientierte Disziplin muß jedoch, da sie sich mit der Schaffung von neuen Systemen für einen vorgegebenen Zweck befaßt, die allgemein gefaßte Systemdefinition durch eine Ergänzung einschränken, die die Ziel- bzw. Zweckorientierung abdeckt. Damit ergibt sich folgender Vorschlag einer Verbaldefinition des Begriffs "System":

Ein System besteht aus einer Menge von Komponenten, welche Eigenschaften besitzen und welche durch Beziehungen miteinander zur Verfolgung gesetzter Ziele verknüpft sind.

2.1.2 Klassifikationssystematik für Systeme

Unter Zugrundelegung der obigen, für alle Systeme gültigen Definition läßt sich eine Reihe von je nach Fall unterschiedlich bedeutenden Unterscheidungsmerkmalen von Systemen zusammenstellen (vgl. Abb. 2.1). Zweck einer derartigen Einteilung der Systeme unserer Erfahrungswelt ist es, Kategorien zu schaffen und Gemeinsamkeiten zwecks leichterer Bearbeitung herauszuschälen.

In Ergänzung zu Abb. 2.1 und den darin enthaltenen Erläuterungen seien die nachfolgenden Systemmerkmale eingehender diskutiert.

2.1.2.1 Beziehung eines Systems mit seiner Umwelt

Eine theoretisch gesehen wichtige Unterscheidung der Systeme ist die in offene und geschlossene. Letztere weisen keine Interaktionsbeziehungen zu anderen Systemen auf. In der Praxis hingegen tritt Abgeschlossenheit in strengem Sinne bei konkreten Systemen nie auf, diese stehen immer in zumindest geringem Maße mit der jeweils zugehörigen Umwelt in Austauschbeziehung (Flußrelationen). Darüber hinaus bestehen Ordnungsrelationen (z.B. geographische Lagebeziehungen) in jedem Falle.

In der Literatur werden manchmal unter abgeschlossenen Systemen solche verstanden, die bloß keine Umweltbeziehung in Form der beiden ineinander überführbaren Flußgrößen Materie und Energie aufweisen, wobei die dritte Flußgröße, Information, nicht berücksichtigt wird. Als wesentliches Kriterium für die Unterscheidung von geschlossenen Systemen (im letzteren Sinne) und offenen Systemen kann die Art des Gleichgewichtes herangezogen werden:

Geschlossene Systeme sind in einem oder gehen zumindest langfristig in einen zeitunabhängigen Zustand über, welcher als Gleichgewichtszustand maximale Entropie und minimale freie Energie (Exergie) besitzt (zweiter Hauptsatz der Wärmetheorie).

Offene Systeme können ebenfalls in einen zeitunabhängigen Zustand übergehen, dieser Gleichgewichtszustand hat jedoch den Charakter eines Fließgleichgewichtes (steady state). Hierbei spielt sich der Austausch mit der Umwelt auf ein in der Zeit konstantes Maß ein. Ein derartiges Verhalten von Systemen wäre theoretisch anzustreben, wird jedoch bei komplexen Systemen, der Umweltdynamik wegen, nicht erreicht.

UNTERSCHEIDUNGSMERKMAL	AUSPRÄGUNGSBEREICH (nach dem Gesichtspunkt der Polarität)		ERLÄUTERUNGEN
SEINSEBENE	KONKRET (MATERIELL)	ABSTRAKT (IDEELL)	meist Mischformen (entspricht nicht: real - irreal)
ENTSTEHUNG	NATÜRLICH	KÜNSTLICH	künstliche sozio-technische Systeme entwickeln natürliches Verhalten bei Realisierung
BEZIEHUNG ZUR UMWELT (ÜBERSYSTEM)	OFFEN (DYNAMISCH)	GESCHLOSSEN (METASTABIL)	konkrete Systeme sind nie ganz geschlossen, vom Betrachtungszeitraum abhängend (quasi geschlossen = metastabil)
DOMINANZ VON KOMPONENTENARTEN (BEI KONKRETEN SYSTEMEN)	UNBELEBT TECHNISCH	BELEBT HUMAN-SOZIAL	wesentliche Ausprägungen: anthropotechnische Systeme sozio-technische Sysetme
BESTIMMTHEIT VON OUTPUT UND/ODER ZUSTAND	DETERMINISTISCH	STOCHASTISCH (PROBABILISTISCH)	deterministisch: eindeutig und in Sätzen prognostizierbar stochastisch: nur mit Angabe von Wahrscheinlichkeitswerten prognostizierbar
KOMPLEXITÄT (STRUKTURIERUNG): KONNEKTIVITÄT – BEZIEHUNGSARTEN BEZIEHUNGSANZAHL	EINHEITLICH GERING	UNTERSCHIEDLICH GROSS	beliebige Zwischenwerte
KOMPLEXITÄT (STRUKTURIERUNG): VARIETÄT – ELEMENTEARTEN ELEMENTEANZAHL	EINDISZIPLINÄR GERING	MULTIDISZIPLINÄR GROSS	beliebige Zwischenwerte
FUNKTION (WIRKUNG): BEI ABSTRAKTEN SYSTEMEN	AUSSAGEND	KLASSIFIZIEREND	aussagend: Gleichungssysteme, philosophische Systeme u.ä.
FUNKTION (WIRKUNG): BEI KONKRETEN SYSTEMEN	MATERIELL ENERGETISCH	INFORMATIONELL	Materie/Energie-Kontinuum (meist alle drei Übertragungsarten)
CHARAKTERISTIKA DER SYSTEMFUNKTION	LINEAR OHNE VERZÖGERUNG	NICHT LINEAR MIT VERZÖGERUNG	Approximation: abschnittweises Linearisieren
CHARAKTERISTIKUM DER SYSTEMZUSTÄNDE (ENDLICHKEIT DER ZUSTANDSMENGE)	DISKRET	STETIG	fließender Übergang bei praktischer Analyse
VARIABILITÄT (ZEITABHÄNGIGKEIT): DER FUNKTION – passiv aktiv	INVARIABEL	VARIABEL (WÄHLBAR) FUNKTIONSADAPTIV (FUNKTIONSDYNAMISCH)	(hängt von Betrachtung, d.h.Genauigkeit, Zeitraum ab) Mehrzwecksysteme Servomechanismen, Lebewesen
VARIABILITÄT (ZEITABHÄNGIGKEIT): DER STRUKTUR – passiv aktiv	INFLEXIBEL	ELASTISCH (ADAPTIERBAR) SELBSTORGANISIEREND (STRUKTURDYNAMISCH)	modular aufgebaute Systeme Homöostasie, lernfähige Systeme
VERHALTEN GEGENÜBER STÖRUNGEN	INSTABIL	(META)STABIL FLIESSGLEICHGEWICHT	(vom Beobachtungszeitraum abhängig) Ultrastabilität Multistabilität
ZIELORIENTIERTHEIT (FINALITÄT)	unbelebte Systeme: PROGRAMMIERTHEIT (Normenvorgabe)	belebte Systeme: ZIELSTREBIGKEIT (Wertungsprozeß)	Evolution, Teleologie; philosophische Problemstellung (Frage der Weltanschauung)

Abb. 2.1: Klassifikationssystematik von Systemen

2.1.2.2 Komplexität von Systemen (strukturelle Merkmale)
Um Merkmale von Systemen, wie Überschaubarkeit, Umfang, Handlichkeit, innere Vermaschung und ähnliches zu erfassen, sei der Begriff "Komplexität" als Merkmal verwendet und entsprechend Abb. 2.2 untergliedert. Komplexität bedeutet hiebei (seiner etymologischen Bedeutung entsprechend) sowohl "zusammenhängend" als auch "vielumfassend".

Die Ausprägungen beider Merkmale sind miteinander korreliert: Unter Beibehaltung einer gegebenen Systemfunktion erfordert eine Verringerung der Varietät (z.B. im Zuge von wertanalytischen Rationalisierungsmaßnahmen) eine gleichzeitige Erhöhung der Konnektivität. Dies besagt, daß eine Verringerung der Elementezahl und/oder Vereinheitlichung der Elemente durch eine Erhöhung der Beziehungen nach Art und/ oder Anzahl kompensiert werden muß.

Formal wird das strukturbeschreibende Merkmal Komplexität oft bloß durch die Verknüpfungsdichte erfaßt, d.h. es wird die Menge der Elemente als gegeben angesehen und maximal eine Beziehung zwischen zwei Elementen gezählt.

Die Verknüpfungszahl R (Verknüpfungskapazität) ist die Anzahl von Relationen in einem System (ohne unterschiedliche Beziehungsarten gesondert zu berücksichtigen - d.h. eine rein quantitative Betrachtung).
Bei Darstellung der Systemstruktur wahlweise

- in graphischer Form (Graphendiagramm)
- in Matrixform (Relationsmatrix, Kopplungsmatrix)
- in Listenform (Liste der Beziehungen)
- als Menge (Menge der existierenden binären Relationen)

kann die Verknüpfungsanzahl unmittelbar abgelesen werden.

Demgemäß wird vorgeschlagen, streng in die Begriffe Konnektivität und Varietät zu unterscheiden:

Konnektivität: Beziehungsvielfalt, Beziehungsreichtum; wird durch Art und Anzahl der Beziehungen im System bestimmt

Varietät: Elementevielfalt, Elementereichtum; wird durch Art und Anzahl der Elemente im System bestimmt.

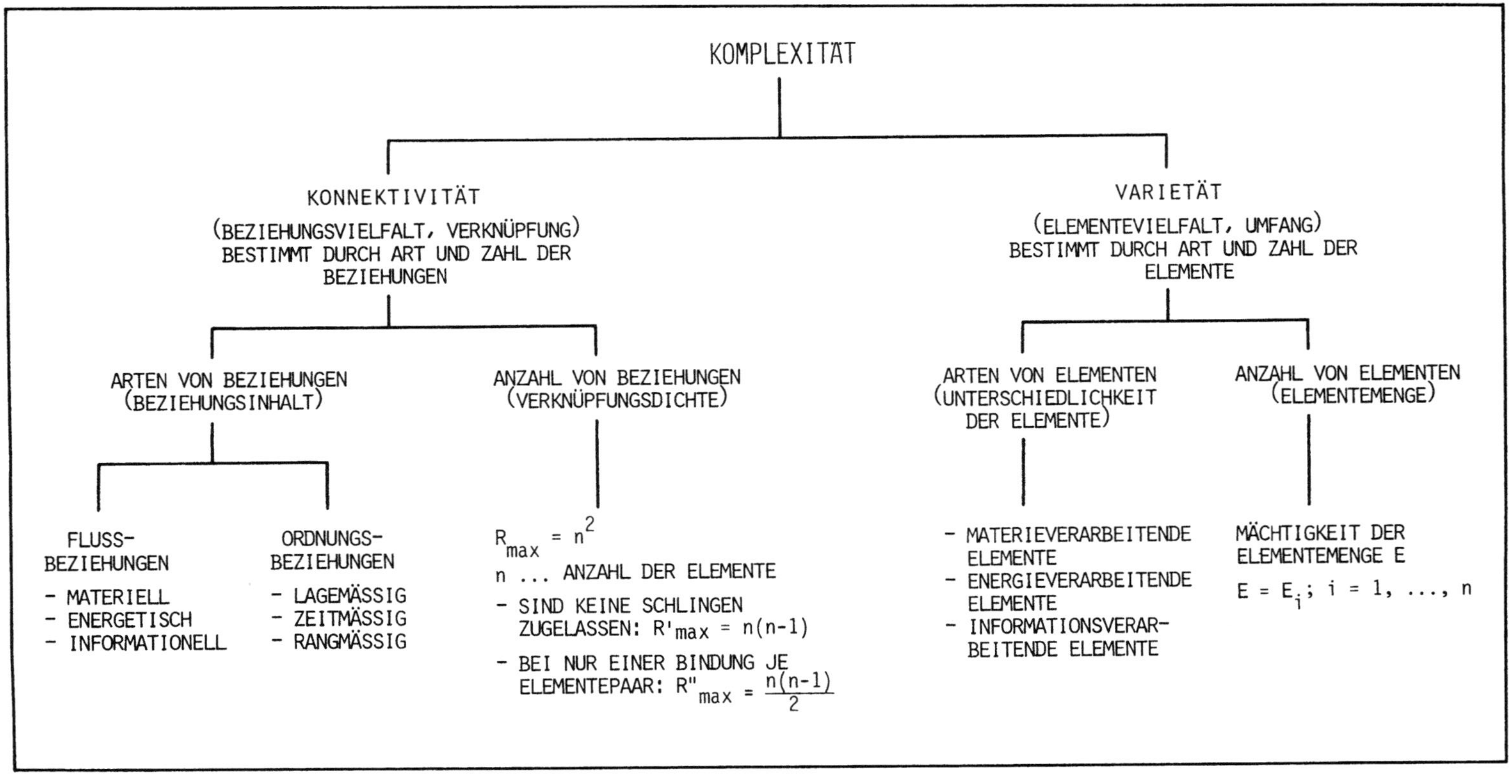

Abb. 2.2: Komplexität (Merkmale der Systemstruktur)

(Nicht zu verwechseln mit dem Begriff Variabilität, der die Veränderbarkeit bzw. potentielle Änderung eines Systems erfaßt.)

Die Verknüpfungsdichte (r) setzt die aktuelle Verknüpfungszahl zur maximal möglichen in Beziehung.

Für ein System mit n Elementen gilt:

minimale Verknüpfungszahl $R_{min} = n-1$ (z.B.Kettenstruktur)

maximale Verknüpfungszahl $R_{max} = n^2$ (Kartesisches Produkt)

Werden Schlingen (Beziehungen der Elemente mit sich selbst) nicht zugelassen, so ergibt sich $R'_{max} = n(n-1)$

Wird darüber hinaus die Richtung der Beziehungen nicht berücksichtigt, so ergibt sich $R''_{max} = n(n-1)/2$

Abb. 2.3 veranschaulicht die Merkmale Verknüpfungszahl und Verknüpfungsdichte am Beispiel Elementezahl n=4 für unterschiedliche Ausprägungen.

Um zur Konnektivität zu kommen, müssen die einzelnen Relationen in ihre unterschiedlichen Qualitäten (Beziehungsinhalte) untergliedert werden.

So kann eine einzelne (gerichtete) Beziehung auf höchster Abstraktionsebene alle drei Qualitäten von Flußbeziehungen und von mehreren Ordnungsbeziehungen beinhalten.

2.1.3 Systemgrenzen-Systemumwelt

Im Sinne einer Systemhierarchie wurde bereits festgestellt, daß jedes System selbst als Teilsystem eines nächsthöheren übergeordneten Systems zu betrachten ist, wobei es als Komponente dieses übergeordneten Systems mit anderen Komponenten in Beziehung steht, und zwar in Form des Austauschs von Materie, Energie und/oder Information sowie ordnungsmäßig bezüglich Zeit, Ort, Rang, u.ä.
Das höchste denkbare System in dieser Hierarchie sei rein verfahrenstechnisch als Universum bezeichnet.

	X_1	X_2	X_3	X_4
X_1	I	I	I	I
X_2	I	I	I	I
X_3	I	I	I	I
X_4	I	I	I	I

$R_{max} = n^2 = 16$

$R'_{max} = n(n-1) = 12$
(ohne Schlingen)

$R''_{max} = \frac{n(n-1)}{2} = 6$
(ohne Schlingen, ohne Richtung)

	X_1	X_2	X_3	X_4
X_1	0	I	0	0
X_2	0	0	0	0
X_3	I	0	0	0
X_4	I	0	0	0

$R_{min} = n-1 = 3$
gezeigt an einer von vielen Möglichkeiten

Beispiel:

	X_1	X_2	X_3	X_4
X_1	0	I	I	I
X_2	0	0	0	0
X_3	I	0	I	0
X_4	0	I	0	0

$r = \frac{R}{R_{max}} = \frac{6}{16}$

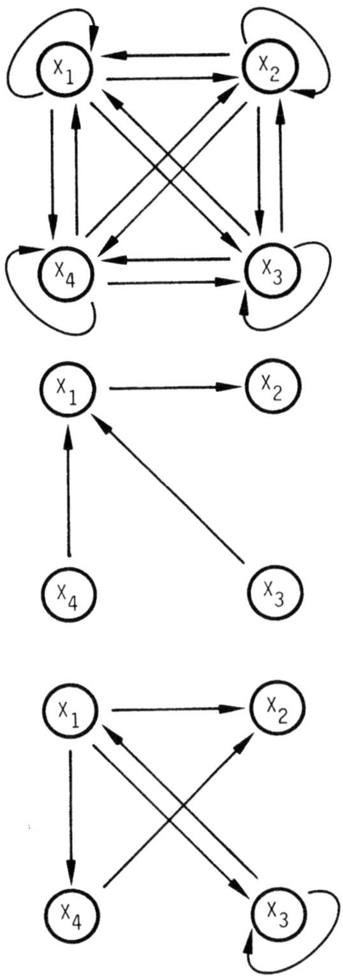

R ... Verknüpfungszahl
r ... Verknüpfungsdichte

Abb. 2.3: Verknüpfungszahl und Verknüpfungsdichte (Beispiel n=4 Systemelemente)

Die <u>Grenze des betrachteten Systems</u> ist somit als Hüllfläche aufzufassen, die sämtliche Beziehungen mit der Systemumwelt schneidet. Das Ergebnis der Abgrenzung des Systems in Form einer Zusammenfassung von bestimmten Komponenten und Abgrenzung gegen die Systemumwelt mag zunächst willkürlich erscheinen. Tatsächlich ist das Legen der Systemgrenze bestimmt durch

- Problemstellung und
- Zweckmäßigkeit

und ist somit einem denkökonomischen Prozeß unterworfen. Der Umweltbegriff in der Systemtechnik ist stark durch die Biologie geprägt, weswegen auch der Begriff Systemumgebung als relevanter Abschnitt aus der gesamten Systemumwelt Verwendung findet.

Damit ergibt sich folgende Verbaldefinition für die Systemumwelt: Die Umwelt U eines Systems S ist die Gesamtheit aller Systeme U_1, U_2,..., deren Outputvektoren problemrelevante Größen des Inputvektors des betrachteten Systems S enthalten und/oder umgekehrt.

Da nur offene Systeme Austauschbeziehungen mit ihrer Umwelt besitzen, wird im allgemeinen nur für offene Systeme die Systemumwelt festgehalten. Im Prinzip existiert auch bei geschlossenen Systemen ein jeweiliges Umsystem, es hat aber, abgesehen von unter Umständen interessierenden Zustandsbeziehungen (betreffend Zeit, Raum, Rang), keine Bedeutung für das untersuchte System. Die Systemgrenzen können hiebei beliebig unterschiedliche Aspekte berücksichtigen, und zwar vor allem

- physische Aspekte,
- funktionelle Aspekte,
- sozio-ökonomische Aspekte,

und brauchen dabei mit etwaig bestehenden Grenzen nicht übereinzustimmen.

Verfahren zur zweckrationalen Festlegung von Systemgrenzen werden im Rahmen des Systemplanungsprozesses besprochen.

Störgrößen sind als von der Systemumwelt an das System abgegebene Inputvektoren, deren Auftreten zeitlich und größenmäßig nicht exakt vorhersehbar ist, aufzufassen. Ein wesentliches Merkmal stabiler kybernetischer Systeme ist, daß sie trotz Störeinwirkung vorgegebene Ziele ansteuern.

2.1.4 Variabilität von Systemen, Verhalten gegenüber Umwelteinflüssen

Die Systemvariabilität liefert eine Aussage über die Qualität der Aktionen/Reaktionen eines Systems in Wechselwirkung mit der jeweiligen Systemumwelt.

Systemvariabilität sei definiert als die gesamte Menge möglicher Systemzustände und Systemverhaltensweisen; sie baut auf der Varietät und Konnektivität eines Systems auf.

Jedes komplexe System benötigt ein bestimmtes Mindestmaß an Anpassungsfähigkeit, formal wie folgt angeschrieben:

$V_e = V_{se} + V_{si} - V_r$ mit:

V_e ... Ergebnisvariabilität (Verhaltens-Variabilität)

V_{se} .. externe Störungsvariabilität (Störungen aus der Umwelt)

V_{si} .. interne Störungsvariabilität (interne Störungen)

V_r ... Reaktionsvariabilität (Flexibilität, Anpassungsfähigkeit)

Demgemäß kann die Variabilität der (gewünschten) Ergebnisse des Systems, V_e, nur dann kleiner als die Varibilität der externen und internen Störungen sein, wenn eine entsprechende Variabilität der Reaktionen bereitgestellt wird.

Der Begriff Reaktionsvariabilität kennzeichnet also systemtheoretisch eine notwendige Eigenschaft komplexer Systeme: Allgemein ausgedrückt kann nach diesem Gesetz ein System gegenüber seiner Umwelt nur dann bestehen (stabil sein), wenn seine Variabilität zumindest der Variabilität der Umwelt entspricht.

Folgende Merkmale werden in der Praxis zur Erfassung des Verhaltens von Systemen in der Zeit gegenüber der jeweiligen Umwelt herangezogen:

- Stabilität, als Beständigkeit gegenüber Störungen
- Flexibilität, als Änderbarkeit gegenüber geänderten Bedingungen.

Es ist offensichtlich, daß diese beiden Merkmale zwei unterschiedliche Sichtweiten ein und desselben Phänomens - des Systemverhaltens - sind.

Stabilität: Ein System ist umso stabiler, je größer die Anzahl und die Stärke von Störungen sein können, die vom System bewältigt werden können.

Flexibilität: Ein System ist umso flexibler, je größer die Anzahl der vom System angebotenen potentiellen Zustände als Anpassung an sich ändernde Umweltgegebenheiten im Sinne einer optimalen Stabilisierung ist.
Da unsere Zeit durch eine ausgeprägte Umweltdynamik gekennzeichnet ist, muß ein hohes Maß an Flexibilität für die zu gestaltenden Systeme gefordert werden, um eine hohe Wirksamkeit auf Dauer zu erzielen.

Der Grad der Stabilität komplexer Systeme gegenüber dem Einfluß der Umwelt wird durch folgende Ausprägungen klassifiziert:
Ultrastabile Systeme besitzen die Fähigkeit, gegenüber einer bestimmten Klasse von Störungen die Stabilität aufrechterhalten zu können; bei Änderung der Qualität der Störung wird über eine Stufenfunktion auf eine neue Regelqualität umgeschaltet.
Die Zustandstrajektorie des Systems beschreibt diese Folge von Systemzuständen.
Der Nachteil ultrastabiler Systeme liegt vor allem darin, daß eine partielle Anpassung eines Subsystems aufgrund des starren Beziehungszusammenhanges zwischen allen Subsystemen letztlich eine Total-Anpassung des Gesamtsystems erforderlich macht. Dies kann bei komplexen Systemen dazu führen, daß aufgrund zu hoher erforderlicher Zeit für eine Totalanpassung und mangelnder Transparenz kein neuer Gleichgewichtszustand erreicht wird, was gleichbedeutend mit einem Systemzusammenbruch ist.

Multistabile Systeme bestehen aus mehreren zunächst selbständigen Subsystemen; bei von einem Subsystem allein nicht mehr bewältigbaren Störungen erfolgt ein zeitlich befristeter Zusammenschluß der Subsysteme. Damit wird einerseits die Systemstabilität gegenüber bestimmten Störungen erreicht, andererseits ergibt sich die Möglichkeit für die Subsysteme, sich partiell an Störungen aus spezifischen Umwelt-Teilen anzupassen.

Arten von Variabilität

Das Merkmal Variabilität gibt die Möglichkeit/Fähigkeit - der Variabilitätsbereich das Ausmaß dieser Möglichkeit/Fähigkeit - eines Systems an, Struktur und/oder Funktion zu verändern.

Diese Veränderung kann passiv, d.h. von außen erzwungen, im Rahmen des möglichen erfolgen, es kann aber eine Anpassung an geänderte Gegebenheiten auch von innen heraus nach internen Entscheidungsregeln erfolgen. Letzterer Fall sei als Adaption selbstregulierender Systeme, bei Variabilität der Struktur - die höchste Stufe der Adaption - als Selbstorganisation bezeichnet.

Folgende Stufen der Reaktionsvariabilität (Flexibilität) können unterschieden werden:

Funktionswahl (passive Anpassung): außengesteuerte Änderung der Systemfunktion durch Umschaltung, Gewichtungsänderung innerhalb einer gegebenen Wahlstruktur.

Elastizität (passive Anpassung): außengesteuerte Änderung/Modifikation der Systemstruktur innerhalb eines gegebenen Toleranzbereiches.

Adaptivität: Adaption ist ein Prozeß in einem System, der durch Information gesteuert wird. Es ist die Fähigkeit von (höher organisierten) Systemen, durch Selbstregulation auf Einwirkungen der Umwelt im Sinne eines Weiterbestandes zu reagieren. Dies erfolgt durch strukturelle Abstimmung, d.h. Anpassung der Systemkomponenten und deren Verknüpfungen an sich ändernde Umweltgegebenheiten.

Wird nicht bloß innerhalb gegebener, zur Wahl stehender Strukturalternativen eine ausgewählt und aktiviert (Funktionsänderung), sondern werden neue Strukturen problemspezifisch intern entwickelt, so handelt es sich um selbstorganisierende Systeme: Belebte (organische) Systeme besitzen die Eigenschaft der Selbstorganisation, es wurden jedoch auch bereits Automaten (unbelebte Systeme) mit niederen qualitativen Stufen der Selbstorganisation entwickelt (Homöostaten). Für die unterschiedlichen Stufen der bloß funktionsmäßigen Adaptivität gibt es hingegen vielfältige Beispiele komplexer rein technischer Systeme (adaptive Mechanismen).

Lernfähigkeit: Werden Erfahrungen gespeichert und weiterverarbeitet (historische Informationen), so liegt eine spezielle Ausprägung der Adaptivität vor, nämlich Lernfähigkeit.

Lernen ist das Verbessern des Verhaltens und der Anpassung an die Umwelt durch Verarbeiten bereits gemachter Erfahrungen (Erfahrungsspeicher, trial & error-result Speicher).
Lernen kann auf unterschiedlichen qualitativen Stufen der Adaption vorliegen, es gibt somit unterschiedliche Formen des Lernens, wobei

höhere Lernformen die jeweils niedereren einschließen. Lernen kann erfolgen durch

- Abspeichern	auswendig lernen, u.ä.
- Zuordnen	bedingte Reflexe aneignen
- Erfolg	Trial & Error Methode, systematisches Probieren (in neuen Lebensbereichen notwendig)
- Optimierung	wie vorher, jedoch Variante mit höchstem Erfolgsgrad zur Grundlage späteren Verhaltens abspeichern
- Nachahmung	Verhaltensweisen eines Demonstrators werden kopiert und abgespeichert
- Belehrung	wie vorher, jedoch unter Verwendung von Modellen bei der Demonstration
- Erfassen	Anwendung eines systeminternen Modells als Abbildung der Außenwelt, interne Experimente

2.1.5 Verfahrenstechnische Klassifizierung von Systemen (Systemtypen)

Aus der Sichtweise des Problemlösungsprozesses, d.h. der Überführung von Zielvorstellungen in eine Realisierung als Mittel zur Erreichung der Ziele (Ziel-Mittel-Beziehung), werden in den nachfolgenden Betrachtungen folgende vier wesensmäßig klar abgrenzbare Systemtypen unterschieden:

Systemtypen		Erscheinungsformen
- Zielsysteme auch: Bedarfssysteme	(abstrakt)	Pflichtenheft,Lastenheft, Anforderungsbeschreibung
- Programmsysteme auch: Aufgabensysteme	(abstrakt)	Projekt, Vorhabensplan, Programm, Prozeß
- Wirksysteme auch: Handlunssysteme Arbeitssysteme	(konkret)	Organisation, Handlungsträger Instrument, Sachmittel
- Objektsysteme auch: Ergebnis, Problemlösung	(konkret/ abstrakt)	Arbeitsgegenstand, Produkt, Erzeugnis, Leistung, Ergebnis Objekt, System schlechthin

Obige Klassifizierung künstlicher Systeme nach ontologischen (wesensmäßigen) Gesichtspunkten entspricht der unter Pkt.3.2 zu besprechenden Gliederung des Planungsprozesses in

- Zielplanung, als anzustrebender Zustand
- Maßnahmenplanung, als Aktivitätenbündel samt Instrumenten zur Erreichung der Ziele, zerfallend in
  - o Ablaufplanung
  - o Mittelplanung
- Ergebnis, als Output des Planungsprozesses (konkretes oder auch abstraktes System)

Zielsysteme stellen als abstrakte Systeme das angestrebte Ziel, d.h. das Handlungsergebnis als Endzustand, in Form einer Zielhierarchie (aufbaumäßige Zerlegung) sowie u.U. als zeitliche Folge von Teilzielen (ablaufmäßige Zerlegung) dar.

Zielsysteme treten inform von Pflichtenheften, Lastenheften, Anforderungslisten und ähnlichem auf.

Programmsysteme stellen die zu setzenden Aktivitäten als Mittel zur Zielerreichung dar. Sie liefern in Form von Plänen (abstrakte Systeme) Aufschluß über die Art und Weise der durchzuführenden Aktivitäten.

Programmsysteme treten inform von Aufgabenplänen/Vorhabensplänen - bei Einmaligkeit und hoher Komplexität meist als Projekte angesprochen - auf. Ist das Schwergewicht der Betrachtung auf den Ablauf gelegt (ablaufmäßige Zerlegung), so laufen sie unter Prozeß, Programmablaufplan und ähnlichem.

Wirksysteme sind als konkrete Systeme die Träger der Aktivitäten, haben daher für das Programmsystem unmittelbaren Mittelcharakter. Sie setzen sich in ihrer allgemeinsten Form - als soziotechnische Systeme - aus belebten Komponenten (Menschen, sonstige Lebewesen) und unbelebten Komponenten (Sachmittel) zusammen, deren Zusammenwirken durch formelle, aber auch informelle Beziehungsmuster (Organisation) ermöglicht wird.

Wirksysteme - im Falle, daß der Mensch als Systembestandteil auftritt, auch Arbeitssysteme oder Handlungssysteme (zweckneutrale Betrachtung) genannt - treten als Organisationen, Unternehmungen bzw. als Sachmittelsysteme (Anlagen, Betriebsmittel, Roboter etc.) auf.

Objektsysteme sind als konkrete oder abstrakte Systeme Einwirkungsgegenstand bzw. Handlungsergebnis der von Wirksystemen bei Realisierung von Programmsystemen mit der Ausrichtung auf Zielsyteme vollzogenen Aktivitäten.

Objektsysteme treten als beliebige Systeme auf.

2.2 Eigenschaften/Merkmale von Systemen und Systemkomponenten

Im Sinne der vorgeschlagenen Definition des Begriffes "System" wird im folgenden das zweite Bestimmungsstück der Definition - die Eigenschaften - diskutiert.

Die Beschreibung eines Systems basiert auf der Kenntnis der zeitpunktbezogenen Kombination aller Eigenschaften der systembildenden Elemente.

Definition des Begriffes "Eigenschaft": Die Eigenschaft einer Sache ist ihre Beschaffenheit in einer bestimmten Hinsicht.

Systeme (die ihrerseits als Komponenten übergeordneter Systeme aufzufassen sind) weisen einen Komplex von Eigenschaften auf, der Systemeigenschaften genannt sei.

Systemeigenschaften: Abzählbare, unbekannt mächtige Menge von Größen, die einem System/einer Komponente zugeordnet werden und die die Funktion und das Verhalten des Systems/der Komponente bestimmen. Diese Größen sind dem Betrachtungsobjekt zugehörige, einstellige Aussagefunktionen ("Das System ist...").

Soziotechnische Systeme erweisen sich hiebei als die komplexeste Ausprägung konkreter Systeme; sie beinhalten die größte Vielfalt (Varietät) von Komponenten, deren Erfassung für die Beschreibung des ganzen Systems notwendig ist.

Die Komponenten soziotechnischer Systeme sind ganz allgemein:

- Menschen
- Mittel
  - o belebte: diverse natürliche Systme
  - o unbelebte: Sachmittel (gegliedert in konkrete und abstrakte)
- Aufgaben, Zwecke/Ziele

Um den jeweils problemrelevanten Ausschnitt des gesamten Komplexes der Eigenschaften zielgerichtet zu erfassen, ist eine allgemeingültige Systematik der Systemeigenschaften, jeweils für die Systemkomponente Mensch sowie Sachmittel von größtem Vorteil.

Der Aufbau einer derartigen Merkmalsystematik erfolgt gemäß folgender Untergliederung der Systemeigenschaften:

Zustandseigenschaften (Beschaffenheit):
Mit der Frage: Wie ist das System? - werden dessen originäre, für die weiteren Betrachtungen elementaren Systemeigenschaften erfaßt. Es sind dies die unmittelbaren Eigenschaften, die alle weiteren Beschreibungsgrößen eines Systems begründen.

Wirkeigenschaften (Funktion):
Mit der Frage: Welche Wirkung hat das System? - werden die auf den elementaren Systemeigenschaften aufbauenden Eigenschaften des Übertragungspotentials eines Systems erfaßt (Überführung des Input in den Output).

Verhaltenseigenschaften (Verhalten):
Mit der Frage: Wie verhält sich das System? - werden die auf den Eigenschaften der Beschaffenheit und der Funktion aufbauenden, zusammengesetzten Eigenschaften der Auseinandersetzung des betrachteten Systems mit seiner jeweiligen Umwelt erfaßt.

Als weiteres Gedankenmodell zur Deduktin einer Eigenschaftssystematik diene eine Gliederung in folgende drei Eigenschaftskategorien

- raumbezogene Eigenschaften
- zeitbezogene Eigenschaften
- inhaltsbezogene Eigenschaften, materie-energie-informationsbezogene Eigenschaften

Damit ergibt sich, als black-box-Modell, folgendes prinzipielles Bild (Abb. 2.4), wenn für Input/Output sowie für den Systemzustand obige Kategorien von Eigenschaften für die Beschreibung herangezogen werden. Festzuhalten ist hiebei, daß Information als Übertragungsgröße immer mit Materie oder Energie als deren Träger gemeinsam auftreten muß.

Die Anwendung dieses Elementarmodells wird im Rahmen der Problemdefi-

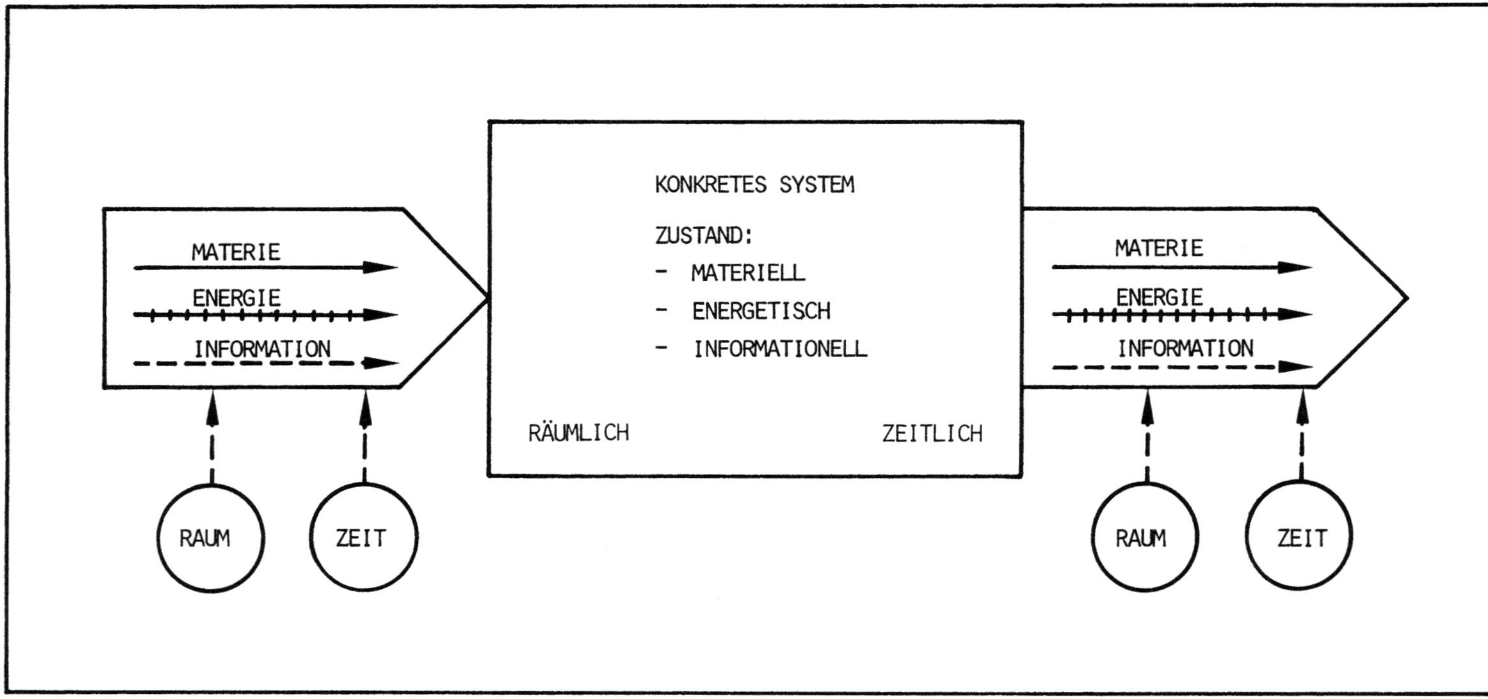

Abb. 2.4: Elementarmodell zur Ermittlung der Systemeigenschaften

nition, Pkt. 5.4, als eigene Methode noch zu besprechen sein, wobei sich das Modell als hervorragende Hilfe für das Aufspüren von möglichen Nebenwirkungen sowie Störeinflüssen aus der Umgebung auf das System erweist. Insbesondere unnötige, unerwünschte oder gar verbotene Einzelfunktionen, die aufgrund bestimmter Elementareigenschaften und/oder Input-OutputEigenschaften auftreten, können damit weitgehend bereits im Konzeptstadium erfaßt werden.

Da im allgemeinen nur bestimmte Ausschnitte der unbekannten Gesamtfunktion eines Systems bei Analyse oder Synthese Betrachtung finden, ist oft nur eine Teilmenge der gesamten Systemeigenschaften, die theoretisch unbekannte Mächtigkeit besitzt, von Interesse, und zwar sind dies vom Standpunkt der Systemanalyse gesehen:

funktionsbedingte Eigenschaften: jene Systemeigenschaften, die für die Erbringung einer beobachteten Einzelfunktion eines Systems verantwortlich sind

bzw. bei Inversion der Betrachtungsweise, d.h. vom Standpunkt Systemsynthese gesehen:

funktionsbedingende Eigenschaften: jene Systemeigenschaften, deren Nutzung eine anzustrebende Einzelfunktion eines Systems (als zweckorientiertes Verhaltenspotential) ermöglichen.

In diesem Zusammenhang muß der Begriff der ganzheitlichen Eigenschaften (holistischen Eigenschaften) diskutiert werden.

Ein System besitzt als Ganzes wesentliche Eigenschaften, die bei keiner der im System enthaltenen Komponenten als solche aufscheinen.
In dieser Arbeit wird der eher pragmatische Aspekt vertreten, daß holistische Eigenschaften eines Systems keineswegs auf metaphysische Art dem System zuwachsen, sondern daß es durch Überlagerung einzelner spezifischer Eigenschaften der unterschiedlichen Systemkomponenten und in Auseinandersetzung mit einer spezifischen Umwelt zu derartigen Verhaltenseigenschaften komplexer Systeme kommt, daß in vielen Fällen

jedoch diese Wirklogik noch nicht durchschaut bzw. bewiesen werden kann.
Die Verhaltenseigenschaften sind definitionsgemäß von der jeweiligen Umwelt geprägt, erst durch sie bekommen Begriffsinhalte objektiv feststellbarer Systemeigenschaften einen Sinn.

Systemmerkmale:
Sämtliche relevanten, d.h. interessierenden Systemeigenschaften werden im weiteren mittels Systemmerkmalen bzw. Merkmalkomplexen erfaßt sowie durch deren Ausprägungen beschrieben.

Zum Zwecke der möglichst systematischen und möglichst vollständigen Erfassung/Festlegung der relevanten Systemeigenschaften im Rahmen der Analyse und/oder Synthese wurden unter Verwendung der besprochenen Gesichtspunkte eine Merkmalsystematik für die Systemkomponente Mensch (Abb. 2.5) und eine Merkmalsystematik für die Systemkomponente Sachmittel (Abb. 2.6) hergeleitet und auf empirischem Wege gefüllt.

EIGENSCHAFTSKATEGORIEN			ERLÄUTERUNGEN	MERKMALE
ELEMENTAR ERFASSTE, DIREKTE EIGENSCHAFTEN (dem betrachteten unbelebten System unmittelbar eigen)	ZUSTANDS-EIGENSCHAFTEN (BESCHAFFENHEIT) originäre Eigenschaften	GEOMETRISCHE EIGENSCHAFTEN	topologische Beschaffenheit	Abmessungen (Längen, Flächen, Volumina, Winkel), Formmerkmale Gestalt, Symmetrie, Toleranzen Oberflächenbeschaffenheit
		KINEMATISCHE EIGENSCHAFTEN	bewegungsgeometrische Beschaffenheit	Ort, Richtung, Größe, Geschwindigkeit, Beschleunigung, Umdrehungszahl, Häufigkeit, Regelmäßigkeit, Genauigkeit
		MECHANISCHE EIGENSCHAFTEN	statische/dynamische Beschaffenheit	Masse, Kräfte, Gewichte, Trägheitsmomente, Festigkeit, Steifigkeit Spannungen (Zug, Druck), Abnützung, Eigenfrequenzen
		STOFFLICH-ENERGETISCHE EIGENSCHAFTEN	physikalische/chemische Beschaffenheit	optische Eigenschaften: Leuchtdichte (Helligkeit), Farbe, Reflexionsgrad, Brechung, Brennweite, Polarisation akustische Eigenschaften: Schallpegel, Frequenzspektrum, Homogenität, Dämm- und Dämpfeigenschaften, Eigenfrequenz, Resonanz, Nachhallzeit thermische Eigenschaften: spezifische Wärmekapazität, Wärmeübertragung (Wärmeleitung, Wärmestrahlung), Intensität, Hitzebeständigkeit elektromagnetische Eigenschaften: Widerstand, Kapazität, Induktivität, Feldstärke, Spannung, Stromstärke, Ladung, ferro-/paramagn. Eigenschaften physikalisch/chemische Eigenschaften: Material, Dichte, Härte, Elastizität, Mischungsverhältnis, Konzentration, Aggregatzustand, Valenz/Affinität, Korrosionsbeständigkeit
		ORGANISATORISCHE EIGENSCHAFTEN	strukturelle Beschaffenheit	Struktur: Beziehungen, Anzahl, Anordnung, Aufbau, Reihenfolge, Modularisierung
	WIRK-EIGENSCHAFTEN (FUNKTION) erwünscht (Zweck) unerwünscht (Belastung)	ÜBERTRAGUNGS-FÄHIGKEIT INPUT ↓ OUTPUT von - Materie - Energie - Information	Aufnehmen Transportieren (örtlich) Kombinieren/Trennen (mengenmäßig) Umformen (formmäßig) Wandeln (wesensmäßig) Kreieren/Vernichten (existenzmäßig) Bewahren (beliebig) Abgeben	FUNKTIONSMERKMALE Beschreibung des Outputs und des Inputs (einschließlich von Hilfs- und Betriebsstoffen sowie Energieverbrauch) und deren zeitliche Abläufe Art, Zustände, Mengen, Ort, Zeit, Häufigkeit, Beschränkungen, Genauigkeit, Kapazität, Wirkungsgrad, Automatisierung, Funktions-Zuverlässigkeit Determiniertheit, Steuerbarkeit UNERWÜNSCHTE WIRKUNGEN/BEDINGUNGEN (Nebenoutputs) materiell: Stoffe, Gase, Dämpfe, Stäube (Abfallprodukte) energetisch: Lärm, Vibration, Licht, Wärme, el.-magn. Energie informationell: diverse unerwünschte Belästigungen

GANZHEITLICH ERFASSTE, ABGELEITETE EIGENSCHAFTEN (aus der Beziehung des betrachteten unbelebten Systems mit der Umwelt)	VERHAL- TENS- EIGEN- SCHAFTEN	TECHNISCHES NUTZUNGS- VERHALTEN (Aufgabe- Mittel- Beziehung)	Einsatzverhalten	- Empfindlichkeit, Belastbarkeit, Fehlerhaftigkeit, Justierbarkeit - Leistungsfähigkeit, Nutzungsgrad, Nutzungsbreite, Mehrzwecknutzung - Einsatz-Zuverlässigkeit - Versorgbarkeit, Logistischer Aufwand (Inputs, Outputs)
			Beschaffungsverhalten - Herstellung, Indienststellung - Transport, Lagerung - Außerdienststellung, Vernichtung	- Herstellbarkeit (Planung, Realisierung), Fertigungseignung, Fertigungstoleranzen - Implementierbarkeit (Vss. bez. Personen, Raum, Mittel, Organisation) - Transporteignung o Sperrigkeit, Manipulierbarkeit o Transportempfindlichkeit - Lagerungseignung o Stapelbarkeit o Haltbarkeit - Verpackungseignung - wirtschaftliche Nutzungsdauer - Vernichtungseignung, Recycling-Eignung
			Langzeitverhalten	- Widerstandsfähigkeit o passiv: Haltbarkeit, Alterungsverhalten (Lebensdauer), Korrosionsbeständigkeit o aktiv: Robustheit, Verschleißverhalten (Brauchbarkeitsdauer) - Instandhaltbarkeit (Einsatz-Ruhe) o präventiv: Inspektion, Wartung (einschl.Reinigung) o korrektiv: Instandsetzung (Reparierfreundlichkeit), Prüfbarkeit, Zugänglichkeit, Austauschbarkeit - Verfügbarkeit o Ruhe: Einsatzbereitschaft o Einsatz: Einsatzbeständigkeit - Versorgbarkeit (Ersatzteile) - Anpassungsfähigkeit o artmäßig: Flexibilität o form-/mengenmäßig: Erweiterungsfähigkeit
		ANTHROPO- TECHNISCHES VERHALTEN (Mensch- Mittel- Beziehung)	Handhabungsverhalten	- Qualifikationsanforderungen an den Verwender o physisch (anthropometrisch) o psychisch-kognitiv: Wissen, Können (sensomotorisch, perzeptiv, diagnostisch, innovatorisch) o psychisch-emotional: Aufmerksamkeit etc. - Anwendbarkeit (Funktionsrichtigkeit) - Handhabbarkeit, Bedienungsfreundlichkeit - Sinnfälligkeit - Robustheit (Funktionstüchtigkeit)
			Schädigungs- und Beeinträchtigungsverhalten	- Gefährlichkeit, Bedrohlichkeit, Bedienungssicherheit o bei aufgabenentsprechender Handhabung o bei aufgabenfremder Handhabung - psychisch-physische Belastung des Verwenders (Beeinträchtigung)
			Förderlichkeitsverhalten	- psychisch-physische Förderlichkeit für den Verwender o physisch: Energieabfuhr, Training o psychisch: Stimulation, Lernmöglichkeiten o sozial: Kontakte, Kommunikation etc.
		SOZIO- ÖKONOMISCHES VERHALTEN (Gesellschaft- Mittel- Beziehung)	Gesetzes- und Normverhalten	- Gesetzteskonformität (Betriebszulässigkeit, Patentrecht etc.) - Vorschriftenkonformität (Arbeitsschutz, Unfallverhütung etc.) - Normgerechtigkeit
			Bedeutungs- und Geltungsverhalten	- syntaktische Bedeutung (Rhythmus, Muster, Gliederung, Kontrast) - semantisch-sigmatische Bedeutung (Symbolik, Gestalt, Sinn) - ästhetische Wirkung, Gefälligkeit (Maßstab, Proportion, Komposition) - Image, Geltung
			Nutzen/Kosten-Verhalten	- Preis, Ertrag (betriebswirtschaftlicher Nutzen), Restwert - Einsatzkosten (Betrieb, Instandhaltung) - Beschaffungskosten (Investitionskosten) - Sicherheitsaufwand, Schadensrisiko, Risikokosten - volkswirtschaftlicher Nutzen, Sozialkosten (soziale Folgen)

Anmerkung: Obige Merkmale bzw. Merkmalkomplexe sind als Variable zu betrachten, sie sind stark interdependent und überdecken sich teilweise

Abb. 2.5: Merkmale/Merkmalkomplexe von Sachmitteln (als Komponente von soziotechnischen Systemen)

Die Systematiken sind allgemeingültig und universell für die Erfassung von Systemmerkmalen einsetzbar. Die Listen bieten, als Checklisten verwendet, bei der Strukturierung von Sachverhalten eine wesentliche Hilfestellung, insbesondere wenn sich das Problem als komplex und vage erweist. Als Anwendungsgebiete sind vor allem die Systemanalyse und die Problemdefinition hervorzuheben; im letzteren Zusammenhang ist vor allem die darauf aufbauende Erstellung von Anforderungs-

EIGENSCHAFTSKATEGORIEN			ERLÄUTERUNGEN	MERKMALE BZW. MERKMALKOMPLEXE
ELEMENTAR ERFASSTE, DIREKTE EIGENSCHAFTEN (Gliederung aus pragmatischer Sicht, trotz starker Interdependenzen)	ZUSTANDS-EIGENSCHAFTEN (personale Beschaffenheit)	PHYSISCHE EIGENSCHAFTEN PSYCHISCHE EIGENSCHAFTEN (EINSCHLIESSLICH SOZIALER ASPEKTE)	HABITUELLE-KONSTITUTIONELLE EIGENSCHAFTEN (langfristiger Aspekt)	SOZIODEMOGRAPHISCHE MERKMALE: Alter, Geschlecht, Familienverhältnisse, Wohnverhältnisse (Wohnort u.ä.), Schichtzugehörigkeit, formale Qualifikation (Schulbildung etc.) PRIMÄR PHYSISCHE MERKMALE bzw. Merkmalkomplexe: körperliche Anlagen, Körperbau, Körpermaße,Versehrtheit, Erscheinungsbild, allgemeiner Gesundheitszustand, Merkmale der physischen Handlungskompetenz, körperliche Fertigkeiten, Geschicklichkeit; physische Leistungsfähigkeit, sensomotorische Anlagen und Leistungsfähigkeit PRIMÄR PSYCHISCHE MERKMALE bzw. Merkmalkomplexe: Wissen, Kenntnisse, Erfahrung, Trainiertheit (Übung), Bildung (Allgemeinbildung, Schulbildung, Ausbildung) Merkmale der kognitiven Handlungskompetenz (Handlungskompetenz: Fähigkeit, individuelle und/oder kollektive Handlungen zu setzen) - perzeptiv-definitorisch (Auffassen, Beschreiben) - diagnostisch-analytisch (Problemerkennen, Werten) - kreativ-innovatorisch (Planen, Disponieren, Strategien entwickeln) geistige Leistungsfähigkeit, Selbständigkeit, Kreativität, Gewissenhaftigkeit, Flexibilität, Konzentrationsfähigkeit, Lernfähigkeit, Abstraktionsvermögen, Improvisationsfähigkeit, Organisationsgeschick Merkmale der emotionalen Handlungskompetenz (Emotionalität) Temperament, Dynamik, Intro-Extrovertiertheit, Selbstakzeptanz, Zuverlässigkeit, Zielstrebigkeit, Risikofreudigkeit, Entschlußkraft, Motivierbarkeit, Verantwortungsbereitschaft, Arbeits- und Lebenszufriedenheit SOZIAL-RELEVANTE MERKMALE bzw. Merkmalkomplexe: Einfühlungsvermögen, Kommunikationsfähigkeit, Kooperationsfähigkeit, Motivierungsfähigkeit, Kontaktfähigkeit, Anpassungsfähigkeit, Verhandlungsgeschick, Urteilsvermögen, Überzeugungs-/Durchsetzungsvermögen
			KONDITIONELLE-DISPOSITIONELLE EIGENSCHAFTEN (kurzfristiger Aspekt)	Merkmale der aktuellen psychisch-physischen Verfassung: Aktiviertheit (Antriebsniveau, Aufmerksamkeit, Stimmung) Training Gesundheitszustand
GANZHEITLICH ERFASSTE, ABGELEITETE EIGENSCHAFTEN (aus der Beziehung des Menschen mit der jeweiligen Umwelt sich ergebend)	INTENTIONEN	ZIELE UND HANDLUNGSRICHTENDE BEWUSSTSEINSINHALTE	WERTE ▼ BEDÜRFNISSE ▼ EINSTELLUNGEN (bauen unmittelbar auf personaler Beschaffenheit auf)	Werte: individuelle Werte und Normen zentrale Lebensinteressen (CLI) Wertstruktur Motive: Motivinhalte (Sättigungsb.-Wachstumsb.) (z.B.nach Maslow) Motivstärken, Motivstruktur Interessen Ansprüche: Erwartungen, Anspruchsniveaus Einstellungen (kognitiv - emotional) Einsatzbereitschaft, Leistungsbereitschaft, Pflicht-Verantwortungsbereitschaft, Initiative, Kooperationsbereitschaft, Hilfsbereitschaft, Lernbereitschaft, Kontaktbereitschaft,Anpassungsbereitschaft Selbstbild, Bild der Umwelt Zufriedenheit (Arbeits- Lebenszufriedenheit)
	VERHALTEN	TÄTIGKEITEN HANDLUNGEN PROZESSE	HANDLUNGSPERFORMANZ (AUSFÜHRUNG) ART UND WEISE DER INDIVIDUELLEN UND/ODER KOLLEKTIVEN HANDLUNGSAUSFÜHRUNG (HANDLUNGSREGULATIONSWEISE) hat eine entsprechende Handlungskompetenz als Voraussetzung (bauen unmittelbar auf personaler Beschaffenheit und personellen Intentionen auf)	Merkmale menschlichen Verhaltens im Arbeitssystem Es sind alle obigen Merkmale in einer spezifischen Situation relevant zuzüglich der folgenden: individuelle Handlungsqualität: unterschiedliche Grade von o Zieladäquanz, Realitätsadäquanz (Zweckmäßigkeit) o Sorgfalt, Genauigkeit, Sparsamkeit, Leistung, Wirksamkeit o Schnelligkeit, Stetigkeit, Ausdauer, Beständigkeit, Einsatz o Selbständigkeit, Improvisation, Komplexität o Zuverlässigkeit, Sicherheit, Verantwortung soziale Aspekte der Handlungsqualität Kontakt, Kommunikation, Kooperation, Hilfestellung, Solidarität, Beziehungssymmetrie, Motivation, Beeinflussung, Führung, Durchsetzung aggregierte Merkmale des Langzeitverhaltens: Leistungserfolge, Fehlzeiten, Fehlhandlungen, individuelle Fluktuation Merkmale menschlichen Verhaltens im Nichtarbeitsbereich Beteiligung am gesellschaftlichen Leben

Anmerkung: Obige Merkmale bzw. Merkmalkomplexe sind als Variable zu betrachten, sie sind stark interdependent und überdecken sich teilweise

Abb. 2.6: Merkmale/Merkmalkomplexe des Menschen (als Komponente von soziotechnischen Systemen)

listen (Pflichtheften) zu erwähnen, die letztlich eine problemspezifische Auswahl aus der jeweiligen Merkmalsystematik mit geforderten Ausprägungen der Merkmale darstellen.

2.3 Systemstrukturen und deren Darstellung

In Analogie zur Diskussion des Begriffes Eigenschaften sei nun auf das dritte Bestimmungsstück der Systemdefinition - die Struktur, das Relationsgefüge im System - eingegangen.

Die Struktur eines Systems sei wie folgt definiert: sie ist die Abbildung der Menge der die Komponenten eines Systems miteinander verbindenden Relationen (bzw. aller dazu isomorphen Relationsgefüge). Aufbauend auf diesem Strukturbegriff lassen sich nun prinzipielle Betrachtungen bezüglich unterschiedlicher Arten von Strukturen anstellen.

2.3.1 Strukturarten

Als erstes Unterscheidungskriterium von Strukturen muß vorweg die unterschiedliche Betrachtungsweise herangezogen werden:

- Betrachtung des Systeminhaltes vom Blickpunkt bestimmter sachlicher Zusammenhänge der im System aufscheinenden Komponenten. Hiebei werden bloß statische Beziehungssetzungen wie topologische Beziehungen (Lage), stoffliche Beziehungen (materielle Beschaffenheit, Zustand), bestimmte zeitliche Beziehungen (Alter, Systemzugehörigkeit) sowie verrichtungsmäßige Beziehungen (Aufgabe, Verantwortung, Einsatz) betrachtet.
- Betrachtung des Systeminhaltes vom Blickpunkt der logischen/zeitlichen Anordnung (Kopplung) der Systemkomponenten für die Erbringung einer bestimmten Systemfunktion. Betrachtungsobjekte sind hier ausschließlich Systeme mit dynamischem Verhalten, d.h. daß im System Abläufe als Überführung von Inputgrößen in Outputgrößen bestehen bzw. möglich sind.

Das nachfolgende Schaubild (Abb. 2.7) enthält eine Gegenüberstellung obiger beider Betrachtungsweisen und damit der beiden elementaren Strukturen

- Aufbaustruktur (Gefüge von Ordnungsrelationen)
- Ablaufstruktur (Gefüge von Flußrelationen)

CHARAKTERISTIKA \ STRUKTURART	AUFBAUSTRUKTUR	ABLAUFSTRUKTUR
DEFINITION	DARSTELLUNG DES SYSTEMINHALTS GEGLIEDERT NACH SACHLICHEN ZUSAMMENHÄNGEN DER IN EINEM SYSTEM ENTHALTENEN KOMPONENTEN	DARSTELLUNG DER SYSTEMFUNKTION ALS ZEITLICH/LOGISCHE ANORDNUNG DER IN EINEM SYSTEM ENTHALTENEN KOMPONENTEN ZUM ZWECKE EINER AUFGABENERFÜLLUNG
BETRACHTUNGSWEISE	STATISCH	DYNAMISCH
DARSTELLUNGSFORM	- BAUMSTRUKTUR - HIERARCHIESTRUKTUR - MATRIX	- GERICHTETER GRAPH (NETZPLAN, ENTSCHEIDUNGSBÄUME) - PROGRAMMABLAUFPLAN FLUSSDIAGRAMM (PERSONEN-, MATERIAL-, ENERGIE-, DATEN-) BLOCKSCHALTBILD - MATRIX
ANALYSEVERFAHREN	AUFBAUANALYSE SYSTEMGLIEDERUNG	ABLAUFANALYSE FUNKTIONSANALYSE
CHARAKTERISTISCHE ANALYSE/SYNTHESE BEGRIFFE	ZERFÄLLT SETZT SICH ZUSAMMEN	LIEGT NACH, FOLGT LIEGT VOR, ERFORDERT

Abb. 2.7: Gegenüberstellung von Aufbaustruktur und Ablaufstruktur

Das zweite wesentliche Unterscheidungsmerkmal ist der Wahlaspekt, d.h. ob Verzweigungen mit Wahlcharakter (sogenannte "Oder-Verzweigungen") in der Struktur aufscheinen.

Es wird dabei unterschieden zwischen
- deterministischer Struktur und
- stochastischer Struktur (Wahlstruktur).

In diesem Zusammenhang muß erwähnt werden, daß in streng logischer

Betrachtung ein konkretes System keine Aufbau-Wahlstruktur besitzen kann, sondern in einem derartigen Fall der übergeordnete abstrakte Begriff - als Zusammenfassung mehrere Varianten konkreter Systeme - Betrachtungsgegenstand ist, so daß nicht mehr von einer konkreten Variante alleine gesprochen werden kann (vgl.Abb. 2.8).

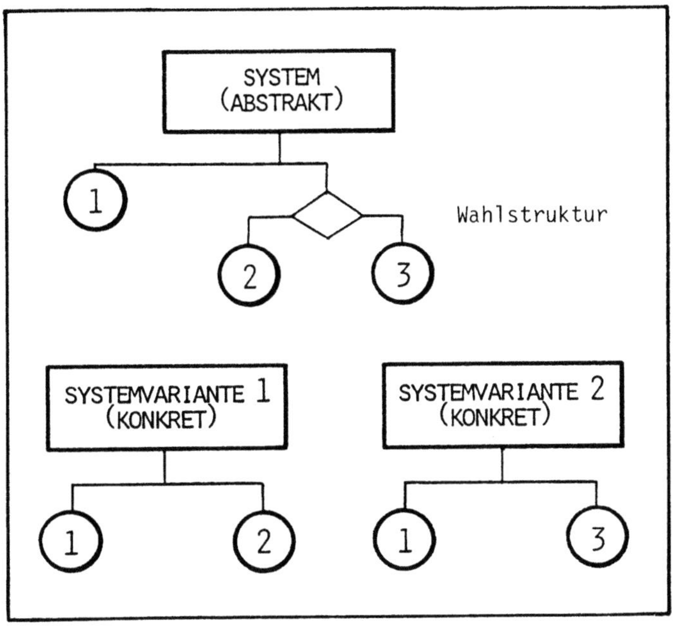

Abb. 2.8: Aufbaustruktur als Wahlstruktur eines Systems

Die Darstellung von Strukturen

Strukturen von Systemen beliebiger Art lassen sich formal darstellen, indem die Systemelemente und die zwischen ihnen bestehenden Beziehungen den Elementen eines Graphen (Knoten oder Kanten) wie folgt zugeordnet werden:

Aufbaustruktur: Zuordnung der Systemelemente zu den Knoten und der Beziehungen zu den Kanten.

Ablaufstruktur: Zuordnung der Systemelemente zu den Knoten und der Beziehungen (Kopplungen) zu den Kanten, oder auch (seltener!) umgekehrt (vgl.Kapitel 9).

Folgende Begriffe werden im Sinne einer Sprachregelung für die Gliederung beliebiger Systeme nach den jeweiligen unterschiedlichen Gesichtspunkten vorgeschlagen:

Gliederungsgesichtspunkt	Benennung der Bestandteile
zeitlich	Phasen
räumlich (örtlich)	Bereiche
mengenmäßig	Teile, Gruppen
rangmäßig (hierarchisch)	Ebenen
vorgehenslogisch	Schritte
Kombinationen dieser Gesichtspunkte	
zeitlich und räumlich/mengenmäßig	Abschnitte
zeitlich und rangmäßig	Stufen
zeitlich und vorgehenslogisch	Etappen

2.3.2 Aufbaustrukturgliederungen

Für die Erfassung von Aufbaustrukturen beliebiger Systeme muß beachtet werden, daß ein einheitliches, allgemein gültiges Aufbaustrukturschema allen Überlegungen zugrunde liegen sollte (vgl.Abb. 2.9).

Diskussion der Nomenklatur in Abb. 2.9:
Der Begriff Teilsystem stellt einen rein mengenmäßigen Ausschnitt des Gesamtsystems dar. Manche Autoren verwenden für den rein mengenmäßigen Teil eines Systems hingegen ausschließlich den Begriff Subsystem, während sie den Begriff Teilsystem für die Erfassung des Gesamtsystems vom Blickpunkt eines bestimmten Aspekts (Problemschicht) vorbehalten.

Aus streng logischen Überlegungen kann dieser Begriffsfestlegung nicht gefolgt werden: Jedes System unserer Betrachtungswelt wird, bewußt oder unbewußt, nur durch den Filter bestimmter Aspekte gesehen, es handelt sich somit immer um das ganze System unter verschiedenen Abstraktionsaspekten.
Demgemäß würde sich "Teil" nur auf eine mengenmäßige Gliederung der Aspekte und nicht des Systems selbst beziehen.

In den vorliegenden Ausführungen wird daher der treffendere Begriff Aspektsystem gewählt: Die Realität kann nur durch Modelle erfaßt werden, wobei die (Un-) Menge an Information durch Abstraktion reduziert

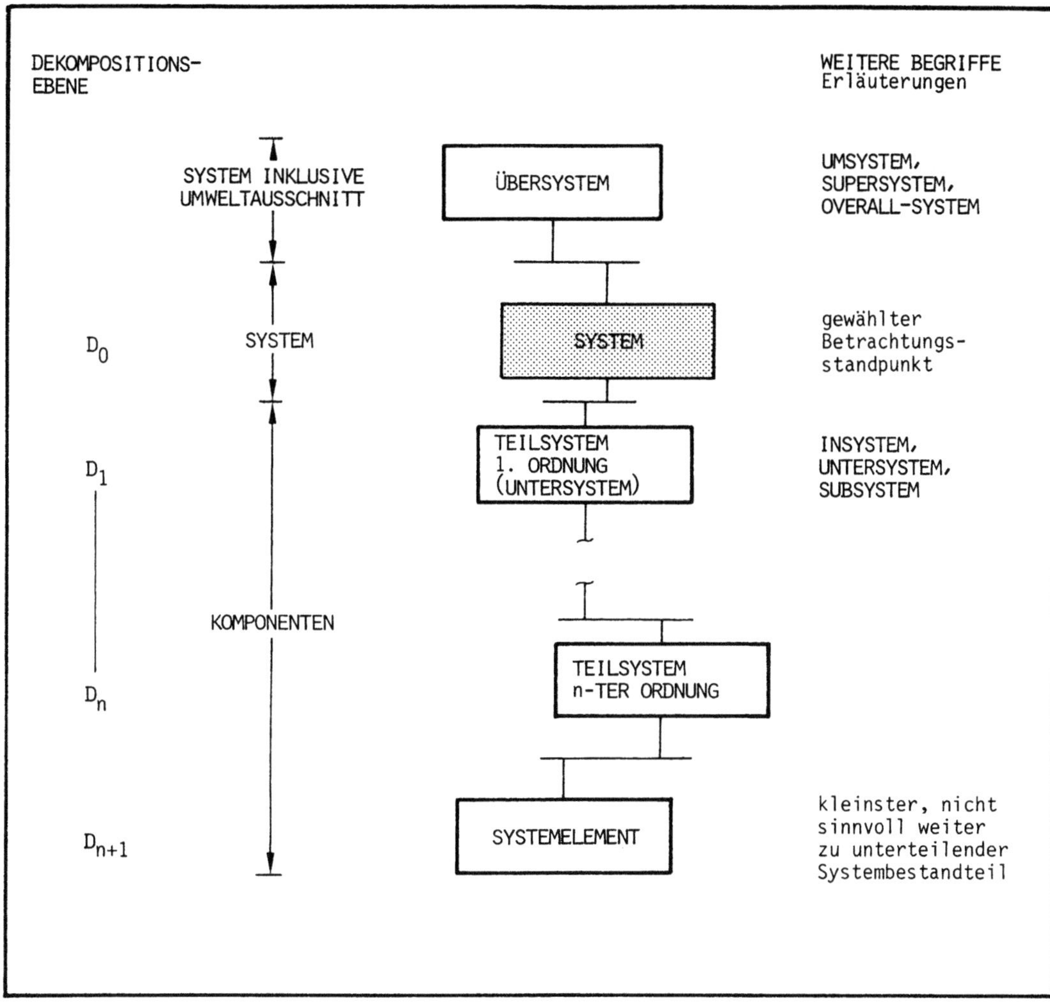

Abb. 2.9: Allgemeine Aufbaustruktur von Systemen (Hierarchische Gliederung)

werden muß. Diese Reduktion wird i.a. dadurch erreicht, daß eine Vielzahl von Aspekten nicht betrachtet wird. Die verbleibenden Beziehungen - die tatsächlich betrachtet werden - bilden ein Aspekt-System. Die betrachteten Aspekte sind abhängig vom Zweck, der mit der Entwicklung des Modells verfolgt wird.

Ein Aspektsystem enthält nur diejenigen Elemente des Gesamtsystems, zwischen welchen unter dem jeweils betrachteten Aspekt Beziehungen existieren. Durch die Wahl des jeweiligen Aspekts kann festgelegt werden, welche spezifischen Beziehungen das Aspektsystem enthalten soll. Ein Aspektsystem enthält somit nur eine Teilmenge aller Beziehungen zwischen den "betroffenen" Elementen des Gesamtsystems.

Als Beispiele für Aspektsysteme sind zu nennen

- technologisches Aspektsystem (materielles, informationelles, energetisches)
- human-soziales Aspektsystem
- wirtschaftliches Aspektsystems

Vergleicht man die Beziehungen zwischen den einzelnen Aspektsystemen mit der Realität, so sind diese Aspektsysteme nicht unabhängig voneinander.

Ein Teilsystem (Subsystem) enthält eine Teilmenge aller Elemente des Gesamtsystems und erfaßt für diese Teilmenge alle Beziehungen, die sich aus allen für das Gesamtsystem relevanten Gesichtspunkten ("Aspekten") zwischen diesen Elementen ergeben. Wird ein Teilsystem nur unter einem bestimmen Aspekt betrachtet, so entsteht ein sogenanntes Aspekt-Teilsystem. Dieses enthält - entsprechend dem betrachteten Aspekt - die für diesen Aspekt spezifischen Beziehungen zwischen den betroffenen Elementen, jedoch nur innerhalb der Grenzen des Teilsystems.

Die Erläuterungen machen deutlich, daß ein Aspektsystem kein funktionsfähiges System ist; erst die Überlagerung verschiedener Aspektsysteme führt zum funktionsfähigen System.

Der Begriff "Komponente" ist für Systembestandteile auf beliebiger Hierarchieebene vorgesehen.

Das Systemelement muß, ebenso wie die Systemgrenze, als Ergebnis eines denkökonomischen Prozesses angesehen werden: Systemelemente sind keineswegs unteilbare Bestandteile des Systems, sondern sind nicht sinnvoll weiter zu unterteilende Einheiten desselben.

Mit diesem Aufbaugliederungsschema und der vorgeschlagenen Nomenklatur ergibt sich die in Abb. 2.10 dargestellte Übersicht der hierarchischen Gliederungen für die unterschiedlichen Systemtypen.

Die Zerlegung eines gegebenen Ganzen in Komponenten (Top-Down Analyse) bzw. die Zusammenfassung von Komponenten zu einem übergeordneten

SYSTEM	SYSTEMTYPEN			
	ZIELSYSTEM	PROGRAMMSYSTEM	WIRKSYSTEM	OBJEKTSYSTEM
SYSTEM (GESAMTSYSTEM)	ZIEL (GESAMTZIEL) (OBERZIEL)	PROJEKT (VORHABEN) (AUFGABE)	ORGANISATION (ARBEITS-S.) (HANDLUNGS-SYSTEM)	ERZEUGNIS, PRODUKT (LEISTUNG) (ERGEBNIS)
TEIL(SUB)SYSTEM	TEILZIEL (ZWISCHENZIEL) (SUBZIEL)	TEILPROJEKT (TEILVORHABEN) (TEILAUFGABE)	TEILORGANISATION (ARB.-BEREICH) (GRUPPE, ABTLG.)	GRUPPE, BAUGRUPPE (TEILLEISTUNG) (TEILERGEBNIS)
SYSTEMELEMENT	EINZELZIEL	VORGANG (EINZELVORHABEN) (ELEMENTARAUF-GABE)	STELLE (ARBEITSPLATZ) (INDIVIDUUM)	EINZELTEIL (EINZELLEISTUNG) (EINZELERGEBNIS)

Abb. 2.10: Hierarchische Gliederung der unterschiedlichen Systemtypen

Ganzen (Bottom-Up Analyse) kann nach unterschiedlichen Gesichtspunkten erfolgen:

Prinzipiell ist zu unterscheiden, ob
- das Betrachtungsobjekt im Vordergrund steht, oder
- die mit dem Betrachtungsobjekt befaßte Umwelt.

Diesen prinzipiellen Überlegungen entsprechend sind die nachfolgenden Gliederungen (Aufbaustrukturen) zu unterscheiden.

Objektorientierte Gliederung

Gliederungsgesichtspunkt ist eine jeweils interessierende Eigenschaft des betrachteten Objekts, wie vor allem

- Ort (topologische Gliederung): es wird nach geometrischen/lagemäßigen Merkmalen der Komponenten gegliedert.
- Zeit (zeitliche Gliederung): es wird nach beliebigen zeitlichen Merkmalen der Komponenten gegliedert (z.B. Systemzugehörigkeit, Einsatzfolge, Einsatzintervall, Alter, etc.).
  Klar abzugrenzen ist eine derartige Gliederung zunächst von der Ablaufgliederung, die Prozesse im System darstellt und die erst durch Hintereinanderschalten von Gliederungselementen entsteht.
- Stoff (stoffliche Gliederung): es wird nach beliebigen Zustandsmerkmalen, insbesondere stofflichen Merkmalen der Komponenten gegliedert.
- Wirkung (funktionslogische Gliederung): es wird nach Merkmalen der Wirkung, der Übertragung des Inputs in den Output, der einzelnen Komponenten gegliedert (auch: funktionsorientierte Gliederung).

Verrichtungsorientierte Gliederung

Gliederungsgesichtspunkt ist eine interessierende abgeleitete Eigenschaft des betrachteten Objekts, die sich aus der Wechselwirkung mit seiner Umwelt ergibt, und die Aussagen über das Verhalten des Objekts innerhalb seines Umsystems liefert.

Insbesondere interessieren hier Eigenschaften des technischen Nutzungsverhaltens, d.h betreffend Beschaffung, Einsatz/Langzeitverhalten und Handhabung. Es kann gegliedert werden nach:

- Aufgaben: Gliederung nach unterschiedlichen Aufgabenpaketen, die mit dem System/am System durchgeführt werden sollen.
- Durchführung: Gliederung entsprechend der Zuordnung zu unterschiedlichen Ausführungsbereichen (Personengruppen, Qualifikationen).

- Mitteleinsatz: Gliederung entsprechend der Zuordnung zu unterschiedlichen Einsatzmittelgruppen.
- Verantwortung: Gliederung entsprechend der Zuordnung zu unterschiedlichen Verantwortungsbereichen.
- Ort: Gliederung entsprechend der Zuordnung zu rein örtlichen Verrichtungsstellen.
- Zeit: Gliederung entsprechend der Zuordnung zu den unterschiedlichen Phasen der Nutzung/Einwirkung. (Ein Hintereinanderschalten der einzelnen Phasen ergibt dann automatisch bereits eine Ablaufgliederung für Herstellungsprozesse, Nutzungsprozesse, usw.).

Zusätzlich zu den obigen Gliederungsgesichtspunkten sind insbesondere für die Aufgabengliederung (Gliederung von Programmsystemen) noch folgende Aspekte relevant:

- Institutionsorientierte Gliederung: es wird nach dem Rang gegliedert in Leiten und Ausführen.
- Zielrelevanzgliederung, Bezugsgliederung: es wird nach dem Bezug des Teiles zum Ganzen gegliedert in unmittelbar und mittelbar.

2.3.3 Ablaufstrukturgliederungen

2.3.3.1 Gliederungsarten

Die Erfassung einer Ablaufstruktur eines beliebigen Systems setzt voraus, daß das System einen dynamischen Charakter im weiteren Sinne besitzt, daß also Übertragungsabläufe oder Zustandsänderungsabläufe auftreten. Es ist daher nicht möglich, für abstrakte statische Systeme, wie es etwa das Zielsystem ist, eine Ablaufstruktur zu finden. Für die restlichen drei Systemtypen können immer irgendwelche Abläufe abstrahiert werden: letztlich kann man etwa bei konkreten Systemen auch die Kraftschlußkette zufolge der Gravitation als Ablauf darstellen. Desgleichen wäre die durch rein logische Kopplung entstehende Zuverlässigkeitskette (dargestellte etwa als Zuverlässigkeitsblockschaltbild, wobei Redundanzen in Form von Parallelschaltungen aufscheinen) hier zu erwähnen.

Bei Ablaufstrukturen können folgende Kriterien für eine Unterscheidung herangezogen werden:

- Quellen/Senken-Anzahl: Die Ablaufstruktur besitzt
  - o einen Anfangspunkt und einen Endpunkt
  - o mehrere Anfangspunkte und/oder mehrere Endpunkte.

- Ablaufrichtung: Die Ablaufstruktur besitzt
  - o ausschließlich zeitlich fortschreitenden Charakter
  - o Rückkopplungen inform von Schleifen (feedback).
- Stochastik: Die Ablaufstruktur besitzt
  - o deterministischen Charakter (Und-Verzweigungen, Und-Sammelstellen)
  - o stochastischen Charakter (Oder-Verzweigungen, Oder-Sammelstellen).

    Handelt es sich um eine entscheidungsbedingte (steuerbare) stochastische Verzweigung, so sei von einer Ablauf-Wahlstruktur gesprochen.

Zur Illustration seien beispielhaft folgende häufig anzutreffende Ablaufstrukturdarstellungen entsprechend obigen Kriterien diskutiert:

Deterministischer Netzplan: ein Anfangspunkt (Start), ein Endpunkt (Ziel), keine Schleifen, Und-Verzweigungen/-Sammelpunkte.

Balkenplan: mehrere Anfangspunkte, keine Schleifen, deterministisch.

Stochastischer Netzplan: ein Start, mehrere Ziele, Schleifen, stochastische Verzweigungen/Sammelpunkte.

Programmablaufplan: mehrere Anfangs-/Endpunkte, Schleifen, stochastische Verzweigungen/Sammelpunkte.

Funktionsablaufplan: mehrere Anfangs-/Endpunkte, Schleifen, meist Wahlstruktur.

Entscheidungsbaum: ein Anfangspunkt, mehrere Endpunkte, keine Schleifen, stochastisch.

Transportflußpläne (Material, Personal, Energie): mehrere Anfangs-/Endpunkte, Schleifen, auch als Wahlstruktur möglich.

Datenflußplan: mehrere Anfangs-/Endpunkte, Schleifen, stochastisch.

Auf stochastische Netzpläne zur Darstellung von Projektablaufstrukturen wird wegen deren großer Bedeutung bei Planungsproblemen mit hohem Neuheitsgrad später detailliert eingegangen.

2.3.3.2 Die Beziehung zwischen Ablaufstruktur und Funktion

Aufbauend auf der bereits gebrachten Definition des Begriffes Struktur sei nun die Beziehung zwischen Systemfunktion und Systemstruktur wie folgt herausgearbeitet:

Kennt man

- die Funktion der Komponenten eines Systems und
- die (Ablauf)Struktur des Systems (Beziehungsmuster zwischen den Komponenten),

so läßt sich daraus die Funktion des Systems ableiten.

Obiges gilt für eine analytische wie auch synthetische Vorgehensweise. Für die praktische Anwendung seien noch folgende Hinweise gegeben:
Jeder Struktur ist eindeutig eine Funktion zugeordnet; eine bestimmte Funktion kann jedoch durch unterschiedliche Strukturen realisiert werden. Anders ausgedrückt:
durch Angabe der Funktion ist ein System klassifiziert, identifiziert,
durch Angabe der Struktur ist ein System definiert.

Aus obiger Tatsache läßt sich die generelle Forderung nach einem Denken in Funktionen - ganz besonders während der ersten Schritte des Problemlösungsprozesses - ableiten, da das Denken in Strukturen bereits ein bewußtes (oder auch unbewußtes) Festlegen auf Lösungsvarianten, verbunden mit einer vorschnellen Einengung der möglichen Lösungsvielfalt, darstellt.

Wird somit bei bekannter (gewünschter) Funktion nach der diese Funktion realisierenden Struktur gefragt (Syntheseproblem), so gibt es keine eindeutige Lösung des Problems. Theoretisch liegt hiefür eine unbekannte Anzahl von Lösungen vor, von denen zumindest eine, möglichst wirtschaftliche, zu finden ist. Da überdies für die Systemnutzung nur ein Funktionsausschnitt der gesamten Systemfunktion relevant ist, können sich Problemlösungen (Systeme) mit gleicher Funktion ganz wesentlich in ihrer Struktur unterscheiden.

Das gleiche gilt für die empirische Erforschung eines Realsystems (Analyseproblem): von singulären Beoabachtungen aktueller Verhaltensweisen (Ausschnitt der Systemfunktion) kann nur mittels Induktion - somit nicht zwingend - auf die Systemstruktur geschlossen werden.

2.3.3.3 Graphische Darstellung von Ablaufstrukturen

Für die Übertragung von Erkenntnissen über das Verhalten von Systemen von einem Fachgebiet auf ein anderes, was als wesentliches Anliegen der Systemtheorie bereits festgestellt wurde, ist es notwendig, mittels Abstraktion mögliche Homomorphien (Strukturähnlichkeiten) oder Isomorphien (Strukturgleichheiten) aufzuspüren. Zu diesem Zwecke ist es unerläßlich, möglichst formal abgefaßte Systemmodelle zu bauen: hiefür eignen sich vor allem graphische wie auch mathematische Formalisierungen der Ablaufstruktur, die beide ihre Berechtigung und bevorzugten Einsatzgebiete besitzen.

Die graphische Darstellung einer Systemablaufstruktur als Modell (Abbild) der funktionellen Zusammenhänge in einem System erfolgt vorteilhaft mit Hilfe eines Blockschaltbildes (Blockdiagramm), wie aus Abb. 2.11 zu ersehen, wobei ein dem Verwendungszweck entsprechender Detaillierungsgrad des Modells zu wählen ist.

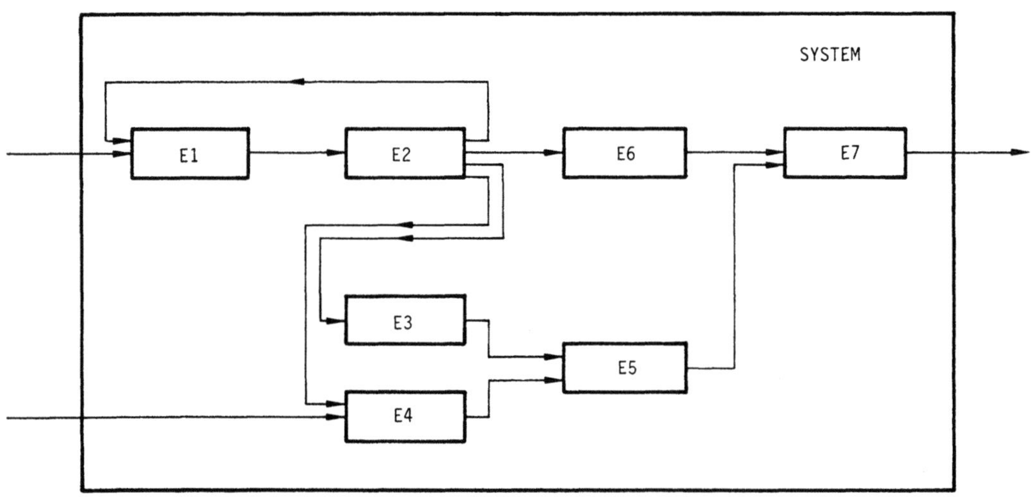

Abb. 2.11: Graphische Darstellung der Ablaufstruktur eines Systems

Hiebei können die im Ablaufstrukturmodell aufscheinenden Komponenten Teilsysteme unterschiedlicher Hierarchieebenen sein (Abb. 2.12).

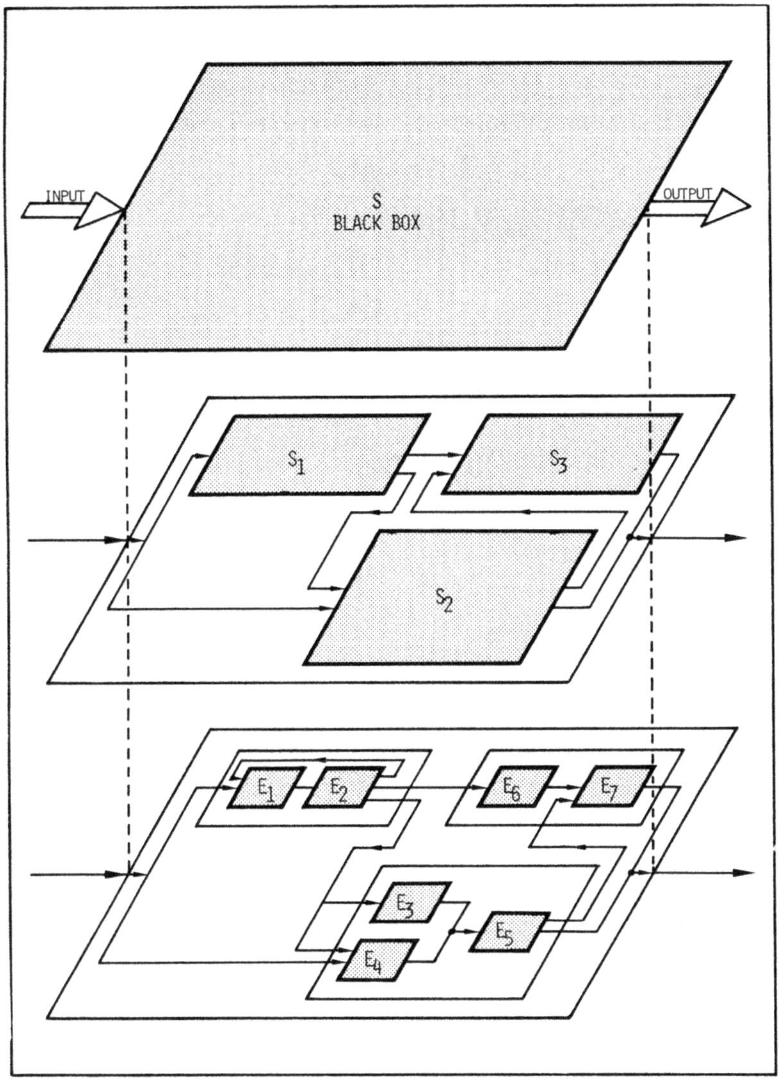

Abb. 2.12: Die Ablaufstruktur eines Systems in unterschiedlicher Detaillierung

2.3.3.4 Mathematische Darstellung der Ablaufstruktur

Unmittelbar aufbauend auf der vorgeschlagenen, allgemein gültigen Verbaldefinition des Systems sei im folgenden ein mathematisches Modell für das System durch Abbildung seiner Struktur (seines Beziehungsmusters) hergeleitet:

Für das einzelne Element im System gilt:
Element E_i besitzt die Eigenschaft F_i, $F_i = F(E_i)$

Diese Eigenschaft führt einen mehrdimensionalen Input X_i in einen bestimmten mehrdimensionalen Output Y_i in kausaler Weise über.

Obige Übertragungsrelation von Element E_i sei als Funktion anschreibbar:

$F_i : X_i \longrightarrow Y_i$, und zwar $Y_i = F_i \cdot X_i$

Bei Vorliegen von

- Inputvektor des Elementes E_i ... $X_i = (x_k)_i = \begin{pmatrix} x_1 \\ x_2 \\ \cdot \\ \cdot \\ \cdot \\ x_r \end{pmatrix}_i$

- Outputvektor des Elementes E_i .. $Y_i = (y_l)_i = \begin{pmatrix} y_1 \\ y_2 \\ \cdot \\ \cdot \\ \cdot \\ y_s \end{pmatrix}_i$

ergibt sich für die Funktion des Elementes E_i bei Operatorschreibweise der Funktor F_i,

$$F_i = (f_{kl})_i = \begin{pmatrix} f_{11} & \cdot \; \cdot \; \cdot \; \cdot \; \cdot \; \cdot & f_{1s} \\ \cdot & & \cdot \\ \cdot & & \cdot \\ \cdot & & \cdot \\ \cdot & & \cdot \\ \cdot & & \cdot \\ \cdot & & \cdot \\ f_{r1} & \cdot \; \cdot \; \cdot \; \cdot \; \cdot \; \cdot & f_{rs} \end{pmatrix}_i$$

wobei k: $k = 1, \ldots, r$
l: $l = 1, \ldots, s$

f_{kl} ist damit, im Falle des Elements i, der Beitrag, den der k-te Skalar des Inputvektors X_i zum l-ten Skalar des Outputvektors Y_i leistet.

Das Element E_i steht weiters mit Element E_j in Kopplungsrelation, die Interaktion zwischen den beiden Elementen sei als Beziehung wie folgt definiert:

$$B_{ij} = B(E_i, E_j)$$

und zwar besteht zwischen dem Outputvektor des Elements E_i, Y_i, und dem Inputvektor des Elements E_j, X_j folgende Beziehung:

$$B_{ij} = Y_i \longrightarrow X_j, \quad \text{und zwar } X_j = B_{ij}\, Y_i$$

Damit ergibt sich für die Beziehung des Elements E_i mit E_j bei Operatorschreibweise der Konnektor B_{ij},

$$B_{ij} = (b_{lm})_{ij} = \begin{pmatrix} b_{11} & \cdots\cdots & b_{1t} \\ \vdots & & \vdots \\ \vdots & & \vdots \\ b_{s1} & \cdots\cdots & b_{st} \end{pmatrix}_{ij}$$

b_{lm} ist damit, im Falle der Konnektion von Element E_i mit E_j, der Beitrag, den der l-te Skalar des Outputvektors von Element E_i zum n-ten Skalar des Inputvektors von Element E_j leistet.

Für das System, das aus Elementen mit in obiger Form gegebenen Eigenschaften zusammengesetzt ist, ergibt sich damit folgende formale Darstellung:

$$S = \left\{E,\ F,\ B\right\} \qquad \text{(mengentheoretische Systemdefinition)}$$

d.h.: Ein System besteht aus einer Menge E von Elementen, auf der eine Menge F von Eigenschaften (und damit von Funktionen) dieser Elemente definiert ist, sowie aus einer ebenfalls auf der Menge E definierten Menge B von Beziehungen.

Hiebei sind die Mengen E, F und B wie folgt aufzubauen:

Menge der Elemente: $E = \{ E_i : i=1, \dots, n \}$

Menge der Eigenschaften: $F = \{ F_i : F_i = F(E_i);\ i=1, \dots, n \}$

Menge der Beziehungen: $B = \{ B_{ij} : B_{ij} = B(E_i, E_j);\ i,j=1, \dots n;\ i \neq j \}$

Zur Verdeutlichung der mathematischen Darstellung seien die verwendeten Größen in die graphische Darstellung eingetragen (Abb. 2.13).

2.4 Relation und Funktion in der Systemtechnik

Die in der Mathematik verwendeten Begriffe Relation und Funktion haben auch in der Systemtechnik zentrale Bedeutung. Allerdings wurden bei nicht-mathematischer Betrachtung diese beiden Begriffe nicht weiter unterschieden, so daß z.B. sämtliche Übetragungsrelationen (Input-Output-Relationen) eines Systems als Systemfunktion (Systemgesamtfunktion) angesprochen werden.

2.4.1 Die Relation

Die binäre Relation ist eine Beziehungsetzung von zwei Größen; sie ist somit ein allgemeineres Konzept als das der Funktion. Werden zwei Mengen X und Y zueinander in Beziehung gesetzt, so existiert eine Relation R, für welche gilt:

X R Y ... die Menge X steht in der Beziehung R zur Menge Y.

Es kann hiebei eine Menge S(R) definiert werden, die ihrerseits eine Teilmenge des kartesischen Produkts der Menge X mit Y ist, und die als Graph der Relation angesprochen wird.

$S(R): \{ (x,y) \mid (x,y) \in X * Y \wedge xRy \}$ ... Graph der Relation R

Beispiel: $X = \{ a, b, c \}$

$Y = \{ 1, 2, 3 \}$

$S(R) = \{ (a,1), (a,3), (b,3), (c,2) \}$

Die graphische Darstellung dieser Relation findet sich in Abb. 2.14. Ist jedem Punkt der Menge X in kausaler Weise ein Punkt oder eine bestimmte Menge von Punkten in der Menge Y zugeordnet, so handelt es sich um einen Spezialfall der Relation, genannt Funktion.

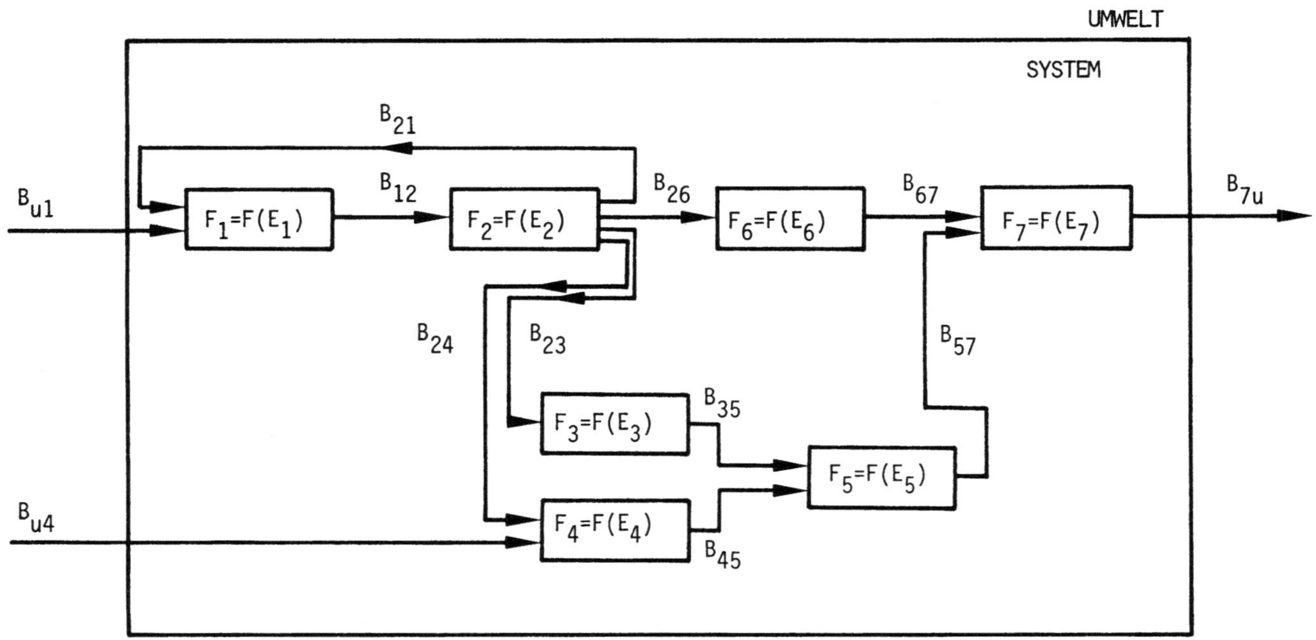

Abb. 2.13: Ablaufstruktur eines Systems als Verknüpfung der im System enthaltenen Elementfunktionen

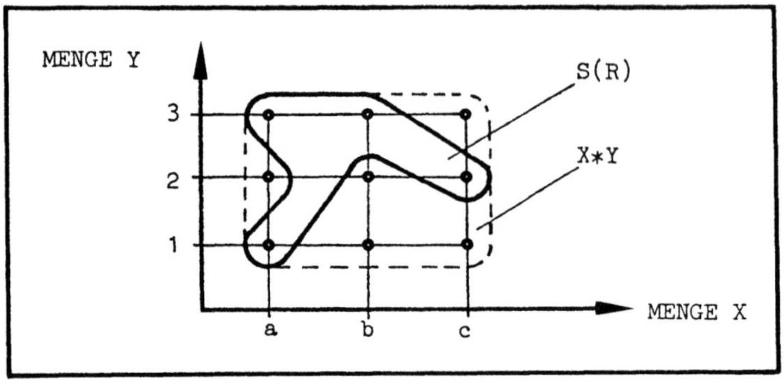

Abb. 2.14: Graphische Darstellung einer Relation zwischen Mengen

Überführung einer Relation in eine Funktion

Da in der Systemtechnik ein kausales Verhalten von Systemen angestrebt wird, versucht man durch eine sogenannte Parametrisierung die Relation in eine Funktionsfamilie zu zerlegen, um so ein von einem Parameter abhängiges kausales Systemverhalten darstellen zu können.

Es werden hiebei die Funktionen $f_q \subset S(R)$ in Abhängigkeit des Parameters Q so gewählt, daß

$\bigcup_{f \in Q} f_q = S(R)$ ... die Vereinigung aller Funktionen f_q ergibt den Graph S der Relation R.

Q ... die Menge aller Parameterwerte wird als Zustandsmenge des Systems S angesprochen

f_Q ... Parametrisierung, Funktionsfamilie
$f_Q: (Q * X) \longrightarrow Y$ gegeben durch $(q,x) \longrightarrow y = f(q,x)$

Die Parametrisierung kann abstrakt gesehen als das Kernproblem systemtechnischer Arbeit angesehen werden: Der Systemtechniker steht allgemein vor dem Problem, aus einer Menge von ihm zugänglichen Systemen, deren jeweiliges Verhalten gegeben und bekannt ist, jene auszuwählen und als Komponenten für ein nächsthöheres System vorzusehen, die in optimaler Weise einen Beitrag zur Erbringung einer gewünschten Gesamtfunktion liefern. Das bedingt, daß für jede in Frage kommende Komponente das Verhalten - formal oder zumindest verbal - durch Parametrisierung in eine kausale Form gebracht werden muß, um dann jene kausalen Verhaltensaspekte auswählen zu können, die durch Verkettung mit anderen Komponenten ein Systemverhalten erbringen, das dem Systemplanungsprozeß als Ziel vorgegeben ist. Hiebei werden immer auch Verhaltensweisen in Kauf zu nehmen sein, die nicht gefordert (unnötig oder vielleicht sogar unerwünscht) sind. Für jede Komponente sind hiebei deren zulässige Zustände (Wertemenge des Zustandsparameters) anzugeben und Vorkehrungen zu treffen, daß diese im Systembetrieb eingehalten werden.

2.4.2 Arten von Relationen in der Systemtechnik

Es wird vorgeschlagen, bei formaler Betrachtungsweise folgende Arten von Relationen zu unterscheiden:

Übertragungsrelation: Relation zwischen Flußgrößen,
Input-Output-Relation
Wird ein System (desgleichen auf beliebiger hierarchischer Ebene eine Komponente) als Ganzes betrachtet, ohne auf die innere Struktur einzugehen, so liegt eine sogenannte black-box-Betrachtung vor. Das Systemverhalten ist im vorliegenden Fall durch die Beziehung der Inputmenge X mit der Outputmenge Y definiert.

Es handelt sich somit um eine Relation zwischen Flußgrößen (Materie, Energie, Information).
Dieses Übertragungsverhalten des Systems/der Komponente wird bei kausalem Verhalten als Gesamtfunktion des Systems/der Komponente bezeichnet.

Kopplungsrelation: Relation zwischen Komponenten, Interaktion
Hiebei wird auf die interne Struktur eines Systems eingegangen. In einem System stehen die Komponenten untereinander in Beziehung, wobei die formale Abbildung des gesamten Beziehungsmusters bereits als Struktur definiert wurde und wie folgt angeschrieben werden kann.

K R K .... die Menge K der im System enthaltenen Komponenten steht mit sich selbst in Beziehung entsprechend dem Beziehungsmuster R.

Je nach statischer oder dynamischer Betrachtungsweise muß hier weiter unterschieden werden in

- Ordnungsrelation: statische Beziehung abstrakter Art zwischen den

Komponenten. Es handelt sich hiebei um ein gedankliches Inbeziehungsetzen von Komponenten bezüglich deren Zustandseigenschaften (z.B. Raum, Zeit, Rang, Inhalt). Ordnungsbeziehungen irgendwelcher Art sind grundsätzlich in jedem System anzutreffen bzw. definierbar.
Statische Systeme weisen ausschließlich Ordnungsbeziehungen auf.

- Flußrelation: Beziehung zwischen Outputmenge einer betrachteten Komponente mit der Inputmenge einer anderen Komponente bzw. der Umwelt. Es handelt sich hiebei um die tatsächliche oder potentielle Weiterleitung von Flußgrößen (Materie, Energie, Information) zwischen den Komponenten nach einem vorgegebenen Muster, was bei Gesamtbetrachtung das Systemverhalten ergibt.

Anmerkung: Übertragungsrelation und Kopplungsrelation können ineinander übergeführt werden, wenn man gedanklich für jede Kopplungsrelation zwischen zwei beliebigen Komponenten eine Zwischenschaltung eines Elementes mit dem Übertragungsverhalten 1 (Identfunktion) vornimmt (vgl.Abb. 2.15).

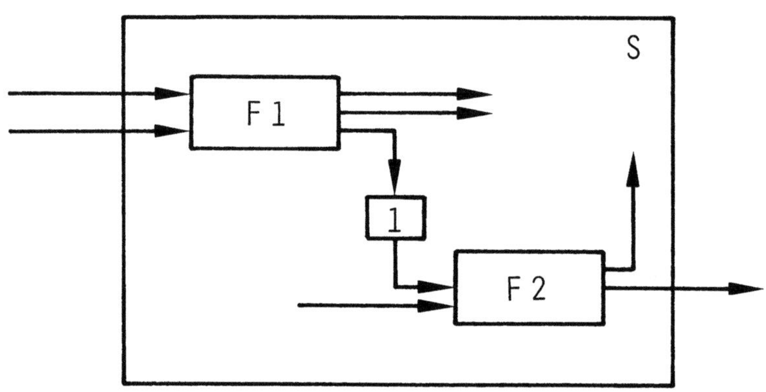

Abb. 2.15: Identfunktion zur Darstellung von Kopplungsrelationen

2.4.3 Elementare Modelle von Ablaufstrukturen: Steuerung, Regelung

Zur Bildung eines Systems bedarf es wenigstens zweier Elemente, die miteinander in Verbindung stehen. Von ausschlaggebender Bedeutung ist hierbei jedoch die Art dieser Verbindung, um die dem System vorgegebenen Ziele zu verfolgen.

Die Steuerung

Das Steuern ist der Vorgang in einem System, bei dem eine oder mehrere Größen als Eingangsgrößen andere Größen als Ausgangsgrößen aufgrund der dem System eigentümlichen Gesetzmäßigkeiten beeinflussen. Kennzeichnend für das Steuern ist der offene Wirkungsablauf über das einzelne Übertragungsglied oder die Steuerkette.

Eine Steuerkette (Abb.2.16) umfaßt eine Steuerstrecke und eine Steuereinrichtung, verbunden durch einseitig gerichtete Beziehungen (einfache Kopplung).

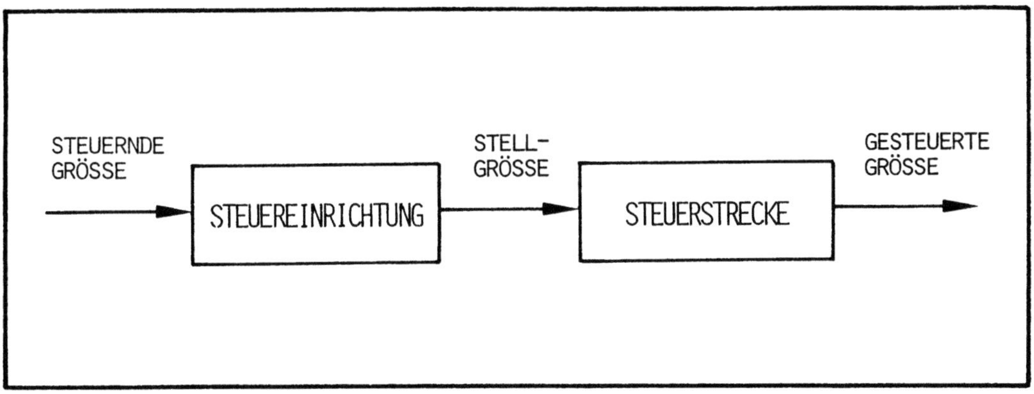

Abb. 2.16: Steuerkette

Eingangssignale der Steuerkette sind die Stellgrößen und jene Störgrößen, die auf der Strecke angreifen. Steuerketten müssen so aufgebaut sein, daß von der Steuerung selbst nicht erfaßte Störgrößen die gesteuerten Größen nur vernachlässigbar beeinflussen. Steuerketten können systemintern kein bestimmtes Ziel verfolgen.

Es kann unterschieden werden in:

- stabilisierende Steuerung: Die interessierende Zustandsvariable ist auf einem bestimmten Niveau zu stabilisieren, indem die einwirkenden Störungen (Interaktionen von außen) erfaßt werden, und nach Möglichkeit zu kompensieren sind.
  Eine wirksame Steuerfunktion ist dabei nur durch Antizipation der Störgrößen und ihrer Ausprägungen im zeitlichen Verlauf möglich; weiters muß die Auswirkung der Störgröße sowie die Kompensationswirkung der Störgröße auf die zu steuernde Variable bekannt sein.

Diese Steuerung wird (irreführend) oft auch Vorkopplung genannt.

- verändernde Steuerung: Die interessierende Variable der Steuerstrecke soll durch Aktionen der Steuereinrichtung in einer gewünschten Richtung beeinflußt werden.
  Es wird somit eine gewisse Intelligenz beim steuernden System vorausgesetzt, da Vorstellungen über einen Sollzustand des gesteuerten Systems vorliegen müssen (Mensch-Maschine-System).

Eine Zielrealisierung erfordert demgegenüber einen ständigen Soll/Ist-Vergleich der erreichten Zustände. Somit ist die Grundvoraussetzung eines Kontroll- und Regelvorganges eine wechselseitige Verbindung der Elemente. Eine Verbindung, über die die Wirkung eines ausgegangenen Impulses beobachtet werden kann, wird als Rückkopplung bezeichnet.

Die Regelung

Das Regeln ist ein Vorgang, bei dem die zu regelnde Größe (Regelgröße) fortlaufend erfaßt, mit einer anderen Größe, der Führungsgröße, verglichen und abhängig vom Ergebnis dieses Vergleichs im Sinne einer Angleichung an die Führungsgröße beeinflußt wird. Der sich dabei ergebende Wirkungsablauf findet in einem geschlossenen Kreis statt. Es handelt sich somit um einen Eingriff in einen Prozeß mit Erfolgskontrolle; - Regelung läßt sich auch als sich wiederholende, verändernde Steuerung auffassen.

Wird eines der zwei zusammenwirkenden Elemente als ausführendes Organ (Regelstrecke) gesehen, das andere als Kontroll- und Lenkungsorgan (Regler), so ist damit der einfachste Fall eines Regelkreises gegeben (Abb.2.17). Der Regelkreis stellt - zum Unterschied von der Steuerung - ein geschlossenes Rückkopplungssystem dar, das gegenüber äußeren oder inneren Einwirkungen relativ stabil bleibt.

Die Rückkopplung (feed back) ist somit die funktionale Verknüpfung der Stellgröße mit dem laufenden Prozeß (der Strecke). Man unterscheidet zwei Grundtypen der Rückkopplung:

- Gegenkopplung (negative feedback): Sie dient der Stabilisierung (Festwertregelung) oder auch gezielten Veränderung einer Zustandsvariablen, wobei die Stellgröße eine Funktion der Differenz aus Führungsgröße und Zustandsgröße ist.
  Wird die Führungsgröße zeitlich variiert, so spricht man von Folgeregelung; im letzteren Fall müssen keine Störgrößen einwirken.

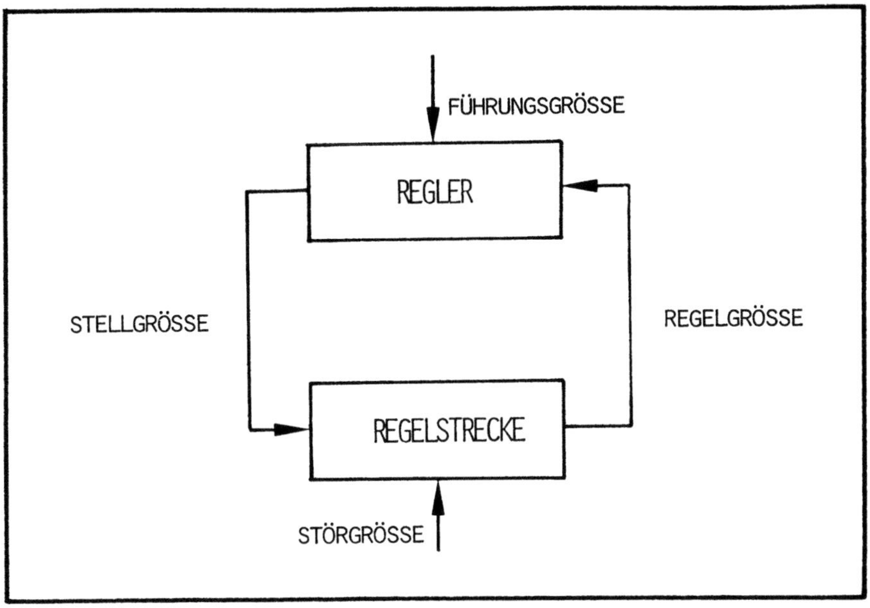

Abb. 2.17: Regelkreis

Ist die Führungsgröße ein (vom Menschen gesetzter) Sollwert, so spricht man von Sollwertregelung; diese kann vollkommen sein, wenn sowohl Unter- als auch Überschreitungen kompensiert werden, oder unvollkommen, wenn bloß Unterschreitungen oder Überschreitungen kompensiert werden können.
Ist die Führungsgröße ein gesetzter oder naturgegebener Grenzwert (z.B. Gleichgewichtswert der Zustandsvariablen), so spricht man von Grenzwertregelung. Diese unterscheidet sich von der in der Funktion ähnlichen unvollkommenen Sollwertregelung dadurch, daß die Werte der Zustandsvariablen Abweichungen nach nur einer Seite des Grenzwertes sein können.

- Mitkopplung (positive feedback): Sie bewirkt ein ständiges Anwachsen des Wertes der Zustandsvariablen und zwar mit steigender Intensität; die Stellgröße ist dabei nur von der Zustandsgröße abhängig und weist ein gleichbleibendes Vorzeichen auf.
  Reine Mitkopplungssysteme zerstören sich selbst, da es kein grenzenloses Wachsen/Schrumpfen geben kann, bzw. sie sterben an Energieerschöpfung.

Das Regelkreis-Prinzip besitzt auch große methodologische Bedeutung. Aus objektiv bestehenden Analogien in künstlichen (technischen) und anderen (organischen, ökonomischen) Regelkreisen ergibt sich die Möglichkeit, komplizierte Prozesse in einem einfacheren technischen Modell darzustellen und zu studieren.

Ein System als einfacher Regelkreis ist in der Lage, einen bestimmten stabilen Zustand aufrecht zu erhalten; ein Übermaß an Störungen und/ oder neue Störkategorien können den Regelmechanismus überfordern. Systeme höherer Ordnung - anpassungsfähige Systeme - können auch Störungen höherer Ordnung verarbeiten und ihre Stabilität bewahren:

Ultrastabile Systeme setzen sich aus einer Vielzahl von Regelkreisen zusammen, so daß unterschiedliche Verhaltensweisen selbständig gewählt werden können, und zwar solange, bis in Hinblick auf die wirkenden Störgrößen ein stabiler Zustand erreicht wird; die Auswahl erfolgt über einen Parameter, der den Charakter einer Stufenfunktion aufweist ("selbstorganisierendes System").

Noch höherwertige Systeme entstehen, wenn mehrere ultrastabile Systeme zur Erreichung eines übergeordneten Zieles gekoppelt werden. Die einzelnen ultrastabilen Subsysteme dieses sogenannten multistabilen Systems treten nur dann aktiv in Beziehung zueinander, wenn die Existenz (Stabilität) eines Untersystems bedroht ist; im übrigen ruht die Verbindung.

Die Kybernetik befaßt sich mit derartigen dynamischen, mit Rückkopplungen ausgestatteten Systemen, wobei die Information als Flußgröße im Vordergrund der Betrachtung steht (vgl.Pkt.7.3).

Anwendungsbereiche kybernetischer Betrachtungsweisen sind dabei

- Ingenieurkybernetik: Steuer- und Regelungsprobleme in der Technik, Computerwissenschaften.
- Biokybernetik: Untersuchung und fortschreitende Modellierung von Regelungsvorgängen in Lebewesen.
  (Anthropokybernetik: betreffend den Menschen)
- Sozialkybernetik: Beschäftigung mit stark vermaschten Regelsystemen der Wirtschaft (Wirtschaftskybernetik) und Gesellschaft sowie auf pädagogischem Gebiet.

2.4.4 Die Funktion als zentraler Begriff in der Systemtechnik

Die Eignung der Systemtechnik als Interdisziplin beruht in besonderem

Maße auf einer funktionsorientierten Behandlung von Sachverhalten, so daß auftretende Informationsprobleme an den fachspezifischen Problemschnittstellen (Interfaces) leichter bewältigt werden können. Dadurch kommt der Funktion als neutralem Begriff zur Beschreibung des Übertragungsverhaltens von Systemen zentrale Bedeutung in der Systemtechnik zu.

Die Funktion ist allgemein formuliert eine kausale Zuordnungsvorschrift: es werden durch sie Eigenschaften einer bestimmten Eigenschaft oder mehreren (meist anderen) Eigenschaften zugeordnet.

Da konkrete Systeme selbst eine unbekannte Anzahl von Eigenschaften besitzen, ist auch das Verhalten derartiger Systeme unbekannt vielfältig. Alle Verhaltensweisen zusammengefaßt - einschließlich der unbekannten möglichen - stellen hiebei die Gesamtfunktion eines Systems dar.

In diesem Sinne sei folgende theoretische Verbaldefinition der Funktion im Rahmen der Systemtechnik gegeben:

> Die Gesamtfunktion eines Systems ist die Abstraktion aller möglichen Verhaltensweisen des Systems (G.Klaus).

Die einzelnen Verhaltensweisen äußern sich durch unterschiedliche Reaktion auf Inputs in Form von unterschiedlichen Outputs, wobei eine Veränderung des Systemverhaltens in der Zeit (Systemzustandstrajektorie) mitberücksichtigt werden muß. Da es theoretisch eine unbekannte Anzahl von Einzelinputs sowie deren Kombinationen gibt, kann die Funktion analytisch nie erschöpfend erfaßt werden, es können immer nur Teilaspekte der Systemfunktion punktuell im Experiment überprüft werden.

Der oben formulierte Funktionsbegriff ist damit aber für die Praxis nicht operabel, es sei daher vorgeschlagen, für Einzelaspekte (Ausschnitte aus dem Funktionskörper) den Begriff Funktion (im Gegensatz zum Begriff Gesamtfunktion) zu verwenden. Man muß dann nur im Auge behalten, daß man bloß einzelne Funktionen bzw. Zusammenfassungen mehrerer von ihnen betrachtet, und einen unbekannt mächtigen Rest als Differenz auf die Gesamtfunktion vernachlässigt.

Da weiters in der Systemtechnik der Gedanke der Zweckorientiertheit verankert ist, wobei der dem System unterlegte Zweck durch Nutzung der Systemfunktion erreicht wird, sei folgende praxisgerechte Definition vorgeschlagen:

> Die Funktion eines Systems ist das Vermögen, bestimmte Eingangsgrößen in bestimmte Ausgangsgrößen überzuführen.

Obiger Definition seien einige, aus der einschlägigen Literatur entnommene Definitionen des Funktionsbegriffes gegenübergestellt, die unterschiedliche Standpunkte betonen:

- Als Funktion eines Systems wird die Aufgabe dieses Systems im Rahmen eines Systems höherer Ordnung bezeichnet (Betriebsorganisation).
- Unter Funktion ist der gewünschte Vorgang in kausaler Abhängigkeit (Zuordnung) zwischen Eingang und Ausgang zur Erfüllung der Aufgabe verstanden (VDI 2222: Konzipieren technischer Produkte).
- Unter Funktion sind alle Aufgaben (Tätigkeiten) zu verstehen, die von einem bestehenden oder noch zu entwickelnden Erzeugnis, einem Ablauf oder einer Büro- oder Verwaltungstätigkeit erfüllt werden bzw. erfüllt werden sollen (VDI 2801: Wertanalyse).

Obige Definitionen lassen durchwegs erkennen, daß das System als Funktionsträger nur mittelbares - wenn auch unumgängliches - Betrachtungsobjekt ist: das unmittelbare Ziel ist die Aufgabenerfüllung, die auch als solche vom Nutzer honoriert wird; diese Aufgabenerfüllung ist jedoch nur über den Umweg eines Systems zu erreichen.

Allgemeine Bemerkung zum funktionsorientierten Denken:
Das funktionsorientierte Planen war immer der zentrale Ansatz in den Ingenieurwissenschaften; es wird hier die Meinung vertreten, daß die Systemfunktion auch in Zukunft - trotz technikfeindlicher gegenteiler Ansichten - immer im Zentrum der Betrachtungen stehen wird müssen; man wird jedoch den Funktionsbegriff im Sinne einer systemorientierten Denkweise erweitern müssen.

Die Grundfunktion eines Systems (das Funktionsbündel) umfaßt nicht bloß technokratische, monetären Nutzen liefernde Einzelfunktionen (sogenannte Gebrauchsfunktion), sondern auch Funktionen der Ästhetik (Gefälligkeit der Form), der gefühlsmäßigen Befriedigung, der seelischen Bereicherung (sogenannte - nicht sehr treffend benannte - Geltungsfunktionen).

Damit zeigt sich jedoch, daß

- Funktionalismus (von der Gebrauchsfunktion ausgehendes Gestalten)
- Strukturalismus (von der Konstruktion/Struktur ausgehendes Gestalten)
- Formalismus (von der Gestalt/Form ausgehendes Gestalten)

nur unterschiedliche Ansätze bzw. Lösungseinstiege in das Gestaltungsproblem sind, die im allgemeinen - jedoch nicht zwingend - mit einer unterschiedlichen Betonung bzw. Gewichtung der Einzelfunktionen des zu erstellenden Systems verbunden sind, wobei auf den allgemeinen Funktionsbegriff letztlich nicht verzichtet werden kann.

Schritte zur Erfassung einer Funktion

Um aus einem Funktionsangebot eine spezifische Einzelfunktion isolieren und beschreiben zu können, wird folgender Ablauf vorgeschlagen:

1.Schritt Abstraktion des Sachverhaltes. Ausscheiden von wahrscheinlich irrelevanten Größen, Formalisierung durch Konzeption eines Modelles (verbal, graphisch, mathematisch).

2.Schritt Ermittlung der kennzeichnenden Größe (Flußgröße, Einwirkungsobjekt) durch Untersuchung der Eingangs- und Ausgangsgrößen.

3.Schritt Bestimmung der Veränderung, die die kennzeichnende Größe im System erfährt (wenn möglich quantitativ).

4.Schritt Funktionsdefinition: Angabe der kennzeichnenden Größe verbunden mit deren Veränderung als Tätigkeit an/mit der kennzeichnenden Größe.
(Beispiel: Personen transportieren)

2.4.5 Die Funktionsanalyse

Funktionsaufbauanalyse

Die Zerlegung einer Systemfunktion in ihre Einzelfunktionen, und diese weiter bis zu Elementarfunktionen erfolgt entsprechend einer Aufbaustrukturgliederung in Form eines Stammbaumes und wird im weiteren als Funktionsstufenplan bezeichnet. Als Illustration diene hiezu das Beispiel in Abb.2.18.

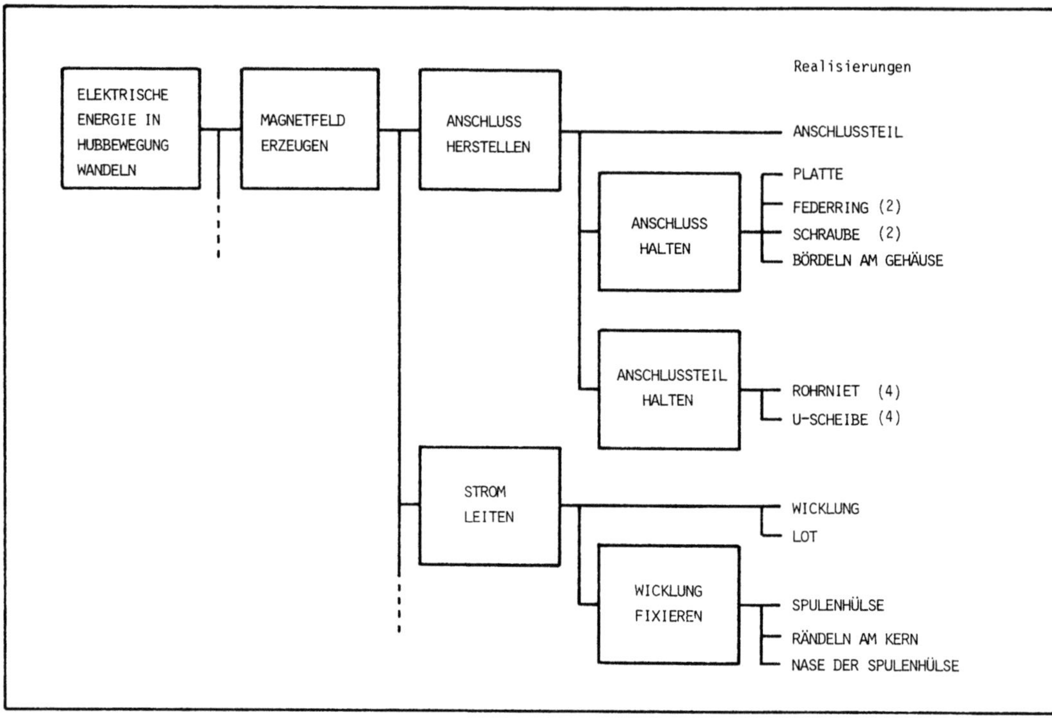

Abb. 2.18: Funktionsstufenplan des Systems "Hubmagnet" (auch: Funktions-Aufbaustrukturplan, -Stammbaum, Hierarchie)

Funktionsablaufanalyse

Eine Funktionsanalyse nach dem Gesichtspunkt des Funktionsablaufes, somit eine Zerlegung einer Gesamtfunktion in ein Gefüge von gekoppelten Einzelfunktionen, erfolgt günstig in Form eines Blockdiagrammes (Schaltplanes) und wird im weiteren als Funktionskette bezeichnet.

Funktionsabläufe können nach folgendem Prinzip aufgebaut sein:

logische Aufeinanderfolge

(z.B.: Für die Erbringung von Funktion F_i werden die Funktionen F_j, F_k ... benötigt)
Als Beispiel diene hiefür Abb.2.19

zeitliche Aufeinanderfolge

(z.B.: Auf Funktion F_l folgt F_m und F_n)
Es handelt sich hiebei um eine sequentielle Betrachtung, wie sie in der sequentiellen Funktionsanalyse vorliegt (vgl.Pkt.5.7.2.6).

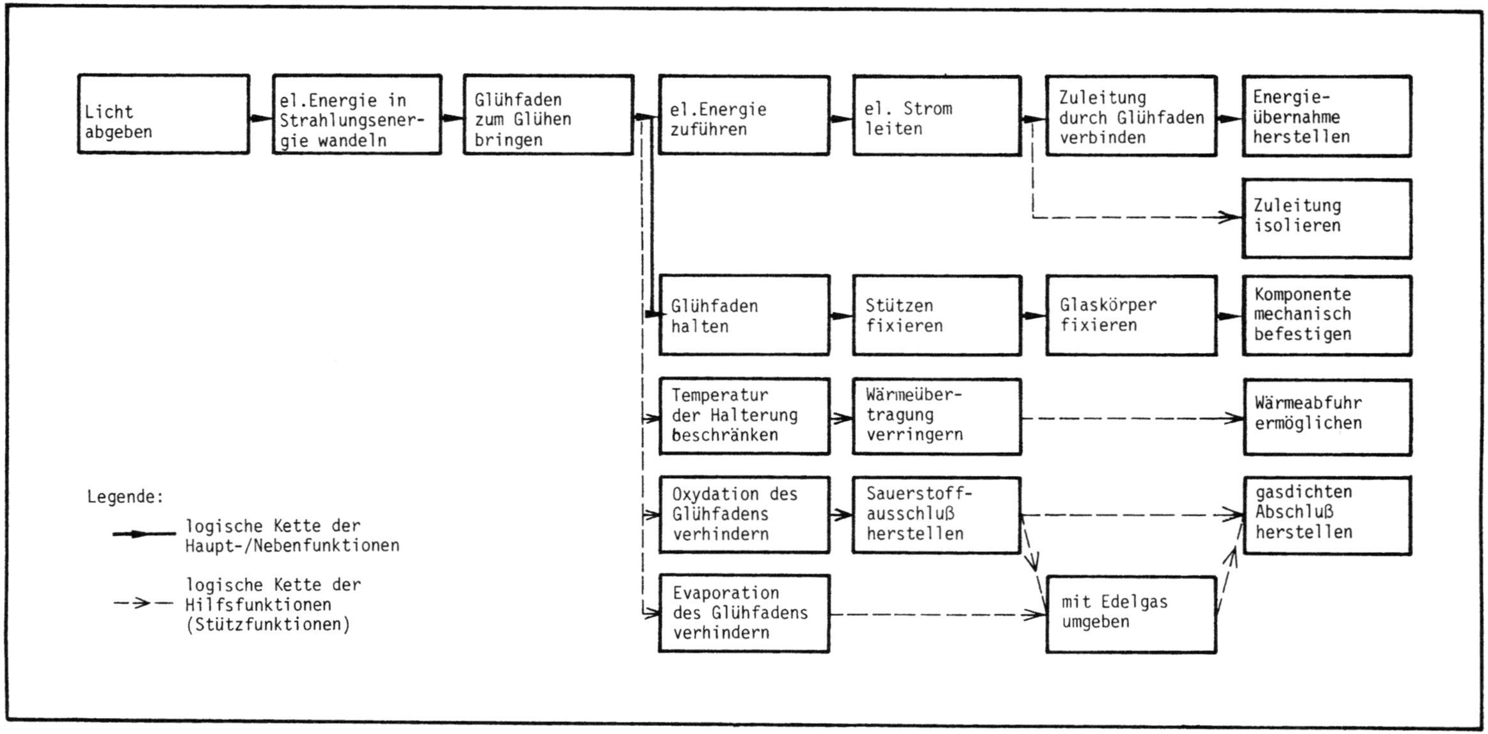

Abb. 2.19: Funktionskette des Systems "Elektrische Glühlampe" (auch: logischer Funktions-Ablaufstrukturplan, -Netz)

Eine Anleitung für das praktische Vorgehen bei Analyse sowie Synthese von Funktionen bringt Kapitel 5.7, Systemsynthese.

2.4.6 Kategorien von Funktionen

Eine Übersicht über unterschiedliche Begriffe im Rahmen der Funktionsanalyse und -synthese bringt Abb.2.20. Diese enthält eine Zusammenstellung der wesentlichen Unterscheidungskriterien von Funktionen sowie mögliche Ausprägungen von Kategorien.

	UNTERSCHEIDUNGSKRITERIUM	KATEGORIEN VON FUNKTIONEN				
ZWECKNEUTRALE BETRACHTUNG	BETRACHTUNGSAUSSCHNITT	FUNKTION (EINZELFUNKTION) — GESAMTFUNKTION				
	HIERARCHISCHE EBENE (FUNKTIONSSTUFENPLAN)	ELEMENTARFUNKTION — EINZELFUNKTION TEILFUNKTION — SYSTEMFUNKTION				
ZWECKORIENTIERTE BETRACHTUNG	ART DES ZWECKES	GEBRAUCHSFUNKTION — GELTUNGSFUNKTION				
	ZWECKORIENTIERTHEIT	HAUPTFUNKTION (BASISFUNKTION) NEBENFUNKTION HILFSFUNKTION (STÜTZFUNKTION) — IRRELEVANTE FUNKTION				
	BEITRAG ZUR ZWECKERFÜLLUNG	GEFORDERTE FUNKTION o MUSSFUNKTION (muß) o MINDESTFUNKTION (muß mindestens)	ERWÜNSCHTE FUNKTION (soll)	ERGÄNZENDE FUNKTION (kann)	UNERWÜNSCHTE FUNKTION (soll nicht)	VERBOTENE FUNKTION (darf nicht)
	UMFANG DER ZWECKERFÜLLUNG	TEILFUNKTION — VOLLFUNKTION				
	REALISIERUNGSZUSTAND	SOLLFUNKTION — ISTFUNKTION				
	REALISIERUNGSGRUND	VOM NUTZER GEFORDERTE FUNKTION — TECHNISCH BEDINGTE FUNKTION				

Abb. 2.20: Kategorien von Funktionen

2.4.7 Elementarfunktionen

Die Zerlegung von Funktionen führt bei hinreichend hohem Detaillierungsgrad auf das Problem der Existenz von nicht sinnvoll weiter zerlegbaren Elementarfunktionen. Je nach Fachrichtung bzw. nach primär betrachteten Flußgrößen werden unterschiedliche Ansätze in der einschlägigen Literatur angeboten. Es sei in diesem Zusammenhang jedoch die Behauptung aufgestellt, daß man bei logisch-deduktiver Vorgehensweise, unabhängig vom fachlichen Blickwinkel, auf eine allgemeingültige Systematik von Elementarfunktionen gelangen müßte.

Ansätze aus der Informatik

(Die Information als betrachtete Flußgröße)

Im Rahmen der Informationsverarbeitung können sowohl Übertragungsvorgänge als auch Aktionen an Informationen auftreten, letztere als Form- und/oder Substanzänderungen.

Prinzipiell können folgende zwei unterschiedliche Betrachtungsweisen eingeschlagen werden:

- empirisch-induktive Betrachtung (ausgehend von der Erscheinungsform informationsverarbeitender Maschinen),
- logisch-deduktive Betrachtung (ausgehend von einer allgemeinen Formulierung von Aufgaben bzw. Funktionen).

Bei empirisch-induktiver Betrachtung ist beispielhaft folgende Gliederung zu nennen (nach Schulz):

- Aufnahme
- Transport
- Speicherung
- Verarbeitung (Ordnen, Umformen, Vervielfältigen, Rechnen)
- Abgabe
- Nutzung durch Arbeitsperson

Kritik: Die Gliederung ist eindeutig auf die Informationsverarbeitung ausgerichtet, das Vervielfältigen entspricht informationstheoretisch einer Identfunktion, Rechnen ist mit Umformen bzw. Ordnen gleichzusetzen, Nutzung durch Arbeitsperson entspricht einem veränderten Betrachtungspunkt.

Ansätze aus den Ingenieurwissenschaften

(Materie, Energie und Information als betrachtete Flußgröße)

Vor allem im Rahmen der Wertanalyse und der Konstruktionsmethodik, die beide auf einer funktionsorientierten Betrachtung von Sachverhalten aufbauen, wurden unterschiedliche Gliederungen in Elementarfunktionen erarbeitet:

Ropohl untergliedert allgemeine Funktionen von Sachsystemen in die folgenden beiden Funktionsklassen:

- Input-Output-Transformation
- Input-Zustand-Transformation

bezogen auf die drei Flußgrößen Materie, Energie und Information. Folgende Merkmale werden hiebei verwendet:

A_i ... materielle, energetische, informationelle Attribute
R ... Raumkoordinaten
T ... Zeitkoordinaten
e,a,z ... Index für Eingang, Ausgang, Zustand.

Damit ergeben sich folgende Funktionsklassen für
Input-Output-Transformation:

- Wandlung: $A_{ai} \neq A_{ei}, R_a, T_a$
- Transport: $A_{ai} = A_{ei}, R_a \neq R_e, T$
- Speicherung: $A_{ai} = A_{ei}, R_a = R_e, T_a \neq T_e$

Input-Zustand-Transformation:

- Zustandsveränderung: $A_{zi} \neq$ constant
- Zustandserhaltung: $A_{zi} =$ constant, $A_{ei} \neq$ constant

Kritik: Die Input-Zustand-Transformation ist nur durch eine differenzierte Betrachtungsweise als eigenständige Funktionsklasse anzusprechen, eine Systemänderung müßte eher als Speicherung der Flußgrößen Information, Energie und Materie betrachtet werden (Herstellung neuer oder Veränderung bestehender Relationen im System).

VDI 2222 unterscheidet folgende "Allgemeine Funktionen"

- Leiten
- Speichern
- Wandeln
- Verknüpfen

bezogen auf die "Allgemeinen Größen": Stoff, Energie, Nachricht

Kritik: Eine begriffliche Abgrenzung zwischen Wandeln und Verknüpfen wird nicht geliefert. Aufnahme und Abgabe sind nicht berücksichtigt, Leiten ist ein im Management bzw. in der Kybernetik bereits belegter Begriff.

Blair und Whitston gehen zwar systematisch, jedoch für technische und soziotechnische Systeme getrennt vor.
Für rein technische Syseteme werden folgende Hauptklassen der Transformation angegeben:

- Trennen (separation)
- Verbinden (combination)
- Umformen (transformation),

letztere zerfallend in eine

Veränderung der physikalischen Beziehungen des Inputs durch Verzerren (distortion) z.B. Biegen, Verdrehen, Dehnen, und eine Veränderung der Lagebeziehung des Inputs durch Umordnen (rearrangement).

Für soziotechnische Systeme (Human Activity Systems) werden spezifisch folgende Elementarfunktionen (Fundamental Types of Actions) definiert:

- Transport (movement): Lageänderung des Objekts, Translation, Rotation
  - o bei physischen Objekten: Transport(ation), Positionieren.
  - o bei Information: Transmission
- Transformation: Formänderung des Objekts durch Biegen, Drehen, Quetschen, Pressen etc.
- Transmutation: Eigenschaftsänderung des Objekts durch Veränderung der internen Bedingungen im Objekt; Änderung der physikalisch-chemischen sowie psychischen Zustände der Objekte
- Separation: Trennen einer Einheit in Teile
- Kombination: Zusammenfügen von Teilen zu einer übergeordneten Einheit

Hansen geht vom Ursache-Wirkung-Prinzip aus; Eingangsgröße E und Ausgangsgröße A stehen miteinander durch die Funktion $A = f(E)$ in Beziehung. Diese Funktion wird durch eine Kopplung K symbolisiert, K ist hiebei abhängig von Strukturgrößen "geometrischen und physikalischen Charakters", die unter dem Begriff S zusammengefaßt sind. Weiters können Eingangsgrößen E_K existieren, die die Kopplungseigenschaft K beeinflussen.

Damit läßt sich definieren Hauptkette: $E \rightarrow A$

Nebenkette: $E_K \rightarrow K$

Der Schritt zur Elementarfunktion wird zunächst nicht getan.

Roth baut auf obiger Betrachtung auf und kommt zu den Elementarfunktionen

- Wandeln
- Verknüpfen
- Leiten
- Speichern

Rodenacker findet in seiner Funktionsanalyse das Auslangen mit folgenden drei Elementarfunktionen

- Leiten
- Verknüpfen
- Trennen

Kritik: Wegen unterschiedlicher begrifflicher Belegung der einzelnen Funktionen ist ein kritischer Vergleich der obigen Vorschläge schwer anzustellen; das Speichern als zeitliche Verzögerung (Zustands-Erhaltung) scheint jedenfalls grundsätzlich vonnöten.

Entwicklung einer allgemeingültigen Systematik

Im folgenden sei versucht, auf hoher Abstraktionsebene eine Systematik der Elementarfunktionen, gültig für beliebige Systeme, aufzustellen. Es ist dabei die Gliederung beliebiger komplexer Funktionen so weit vorzutreiben, daß sich auf unterster Gliederungsebene ein Satz von nicht weiter sinnvoll zerlegbaren Funktionen ergibt. Dieser Satz von Elementarfunktionen erhebt den Anspruch auf Vollständigkeit, was durch den hohen Abstraktionsgrad erst möglich wird, jedoch deduktiv nicht beweisbar ist. Auch eventuelle punktuelle Falsifizierungen der Vollständigkeit würden die Brauchbarkeit der Systematik für den Regelfall nicht wesentlich beeinflussen.

Zunächst sei überlegt, welche prinzipiellen Einwirkungen die drei Flußgrößen Materie, Energie und Information durchmachen können, wenn sie vom Input in den Output eines beliebigen Systems übertragen werden.

Es sei hiebei in einem ersten Schritt unterschieden in

- Aufnehmen und Abgeben (mittelbare Elementarfunktionen)
- Einwirken (i.e.S.) als Ändern des So-Seins (essentielle Änderung) und dessen Gegenteil, das Nichtändern (letzteres ist als permanentes Einwirken zur Kompensation einwirkender Störgrößen aufzufassen, um Veränderungen zu vermeiden!).

Das Einwirken weiters kann sich beziehen auf

- räumlich-zeitliche Lage
- Inhalt

Das Einwirken in räumlich-zeitlicher Hinsicht sei als Elementarfunktion Transportieren festgehalten.

Das Einwirken in inhaltlicher Hinsicht kann untergliedert werden in

- mengenmäßiges Einwirken (bezüglich Größe, Umfang)
- artmäßiges Einwirken (bezüglich Form, Stoff, Struktur).

Allerdings sei an dieser Stelle festgehalten, daß auch eine rein mengenmäßige Einwirkung, z.B. das Zusammenfügen von zwei Komponenten (Inputs) zu einem System (Output), einen strukturellen Aspekt besitzt, da zwischen diesen beiden Komponenten neue Relationen hergestellt werden. Es liegt jedoch kein Eingriff in die Struktur des Inputs selbst vor.

Es wird daher vorgeschlagen, wie folgt zu unterscheiden:

- primär mengenmäßiges Ändern: <u>Kombinieren, Trennen</u>
  In der Praxis treten diese beiden Elementarfunktionen unter folgenden Begriffen auf:
  informationell: Klassifizieren, Sortieren, Ordnen, Vergleichen, Duplizieren, Daten verknüpfen, Kodieren, ...
  materiell/energetisch: Montieren, Zusammensetzen, Verbinden, Mischen, Sammeln, Koppeln, Zerlegen, Filtern, Streuen, Verteilen, ...
  gemischt: Materie mit Energie laden, Materie mit Information codieren, Energie mit Information versehen.
- primär artmäßiges Ändern: <u>Umformen, Wandeln</u>
  d.h. Ändern der Form
  Ändern des Stoffes, der Struktur

Das gegenteilige Einwirken, das Nichtändern, sei durch die Elementarfunktion <u>Bewahren</u> erfaßt; sie weist bezüglich obiger Gliederungsgesichtspunkte folgende Ausprägungen auf:

Örtliches Bewahren:	Speichern, Halten, Stützen (statisch)
mengemäßiges Bewahren:	Isolieren, Hüllen, Begrenzen
artmäßiges Bewahren:	Konservieren

Für <u>informationsverarbeitende Prozesse</u>, wo die Information als Flußgröße betrachtet wird (und nicht bloß der Informationsträger als Input bzw. Output materieller oder energetischer Art), kommt noch der Da-Seins-Aspekt, der existenzmäßige Aspekt der Einwirkung dazu, erfaßt durch die Elementarfunktion <u>Kreieren</u> und <u>Vernichten</u>.
Hiezu gehören Schöpfen, Erfinden, Entdecken, Zerstören, Vergessen u.ä.

Bei diesem Paar von Elementarfunktionen liegt bezüglich des betrachteten informationellen Aspekts kein Input bzw. kein Output vor. Im Falle reiner Materie/Energie-verarbeitender Funktionen können diese Elementarfunktionen wegen des Satzes der Erhaltung von Materie/Energie nicht auftreten. Es muß jedoch bereits in diesem Zusammenhang festgestellt werden, daß sich schöpferische Tätigkeiten bei nüchterner Betrachtung zum überwiegenden Teil in verschiedenen Ausprägungen der Elementarfunktionen <u>Kombinieren</u> und <u>Wandeln</u> zerlegen lassen.

Eine Systematik der so hergeleiteten Elementarfunktionen findet sich in Abb.2.21.

Ein Vorschlag höherer Aggregation von physikalischen Elementarfunktionen samt zugehörigen inversen Funktionen ist aus Abb.2.22 zu entnehmen. Diese Systematik kann man durch eine weitere Spezialisierung des vorgeschlagenen Systems von Elementarfunktionen erhalten. Folgende Gegenüberstellung möge dies beweisen:

Elementarfunktionen	Elementarfunktionen (nach Koller)
Transportieren	Leiten, Führen
Kombinieren, Trennen	Sammeln-Streuen Koppeln-Unterbrechen Verbinden-Trennen Fügen-Teilen
Umformen	Richtung Ändern Richten-Oszillieren Vergrößern-Verkleinern
Wandeln	Wandeln-Rückwandeln
Kreieren, Vernichten	-
Bewahren	Isolieren, Speichern Nichtführen
Aufnehmen, Abgeben	Emittieren-Absorbieren Entleeren

Durch Zuordnung der ermittelten Elementarfunktionen zu den drei Flußgrößen Materie, Energie und Information ergeben sich dann <u>Grundfunktionen konkreter Systeme</u> (Abb.2.23). In der Praxis kommen diese Grundfunktionen in Reinform kaum vor, es treten meist <u>alle drei</u> Flußgrößen mit unterschiedlich starker Bedeutung zugleich auf.

ERLÄUTERUNG		ELEMENTARFUNKTION	SYMBOL
MITTELBARES EINWIRKEN		AUFNEHMEN	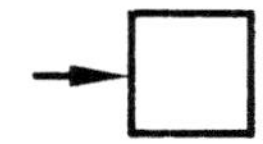
UNMITTELBARES EINWIRKEN – ÄNDERN	HINSICHTLICH: ORT	TRANSPORTIEREN	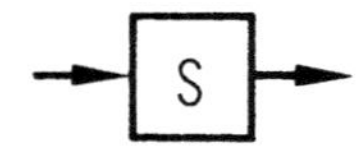
	MENGE	KOMBINIEREN, TRENNEN	
	FORM, WESEN	UMFORMEN, WANDELN	
	EXISTENZ	KREIEREN, VERNICHTEN	
UNMITTELBARES EINWIRKEN – NICHT-ÄNDERN	ORT MENGE FORM, WESEN	BEWAHREN: SPEICHERN, ISOLIEREN, KONSERVIEREN	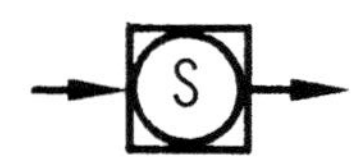
MITTELBARES EINWIRKEN		ABGEBEN	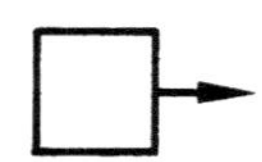

Abb. 2.21: Systematik der Elementarfunktionen

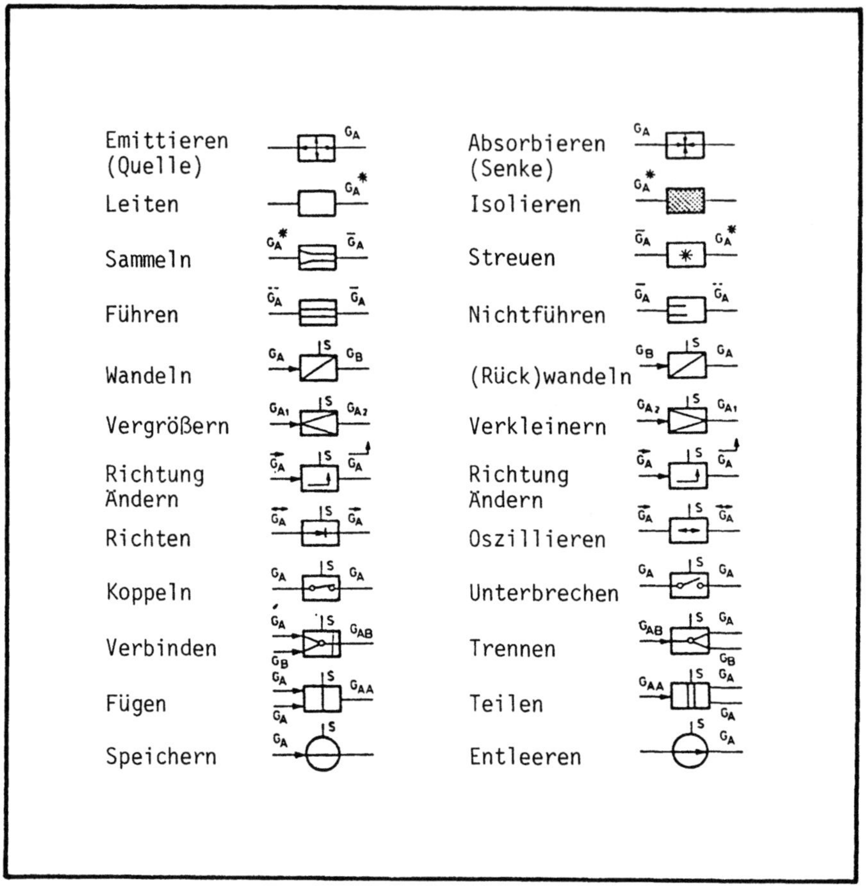

Abb. 2.22: Physikalische Elementarfunktionen (nach Koller)

ELEMENTAR-FUNKTIONEN / FLUSS-GRÖSSEN	TRANSPOR-TIEREN	BEWAHREN	WANDELN	TRENNEN	KOMBINIEREN			KREIEREN VERNICHTEN
MATERIE	MATERIE TRANSPORTIE-REN	MATERIE SPEICHERN ISOLIEREN KONSERVIEREN	MATERIE WANDELN	MATERIE ZERLEGEN	MATERIE UND MATERIE VERBINDEN	MATERIE MIT ENERGIE LADEN	MATERIE MIT INFORMATION VERSEHEN	—
ENERGIE	ENERGIE TRANSPORTIE-REN	ENERGIE SPEICHERN ISOLIEREN	ENERGIE WANDELN	ENERGIE ZERLEGEN	ENERGIE AUF MATERIE LADEN	ENERGIE UND ENERGIE VEREINIGEN	ENERGIE MIT INFORMATION VERSEHEN	—
INFORMATION	DATEN ÜBERTRAGEN	DATEN SPEICHERN KONSERVIEREN	DATEN UMFORMEN	DATEN SORTIEREN	DATEN AUF MATERIE CODIEREN	DATEN DURCH ENERGIE CODIEREN	DATEN MIT DATEN VERKNÜPFEN	INFORMATION KREIEREN ODER ZERSTÖREN

Abb. 2.23: Grundfunktionen konkreter Systeme

3. Das Wesen der Planung aus systemorientierter Sicht

3.1 Planung als Teilprozeß zweckrationaler Handlung

3.1.1 Die Bedeutung der Planung

Jede auf ein Ziel ausgerichtete rationale Handlung beinhaltet Planung, es läßt sich daher kein prinzipieller Unterschied in der Vorgehensweise bei zweckrationaler Tätigkeit feststellen, trotz Unterschieden hinsichtlich
- der Komplexität der Problemstellung,
- des Problemumfanges,
- des Wirkungsbereiches.

Manchmal ist allerdings die Planung nicht mehr als Teil der rationalen Handlung erkennbar, da sie bei Realisierungen mit hohem Wiederholungsgrad zeitlich weit zurückliegen kann (repetitive Handlungen).

Planungsaktivitäten sind jedenfalls dem Menschen als homo sapiens von jeher selbstverständlich, da es permanent gilt, die Zukunft zu bewältigen, d.h. einen auf Ziele ausgerichteten Weg zu suchen, auszuwählen und auch einzuschlagen.

Da jedoch Planung immer und überall auftritt, ist auch die Unterschiedlichkeit der Begriffsinhalte dementsprechend verwirrend, und es liegt der Wunsch nahe, über die unterschiedlichen Disziplinen hinweg
- das Wesen der Planung besser zu verstehen,
- einen beseren Überblick über die Wirkung und die Einsatzmöglichkeiten der unterschiedlichen Planungsmethoden zu gewinnen.

Vorweg muß festgestellt werden: Die Planung kann wegen ihres auf die Zukunft bezogenen Wesens niemals das Erreichen eines angstrebten Zustandes (Zieles) garantieren; trotz dieser in der Natur des Problems liegenden Unzulänglichkeit muß Planung jedoch eingesetzt werden, um ein unkontrolliertes, im Ausmaß beliebig großes Abtriften vom angepeilten Zielzustand zu verhindern. Im Widerspruch zu manchen Praktikern wird hier daher die Auffassung vertreten, daß, je vager und ungewisser eine Problemstellung ist, desto notwendiger und auch ergiebiger sich der Einsatz einer entsprechenden Planung erweist.

Bezüglich der immer bestehenden Ungewißheit gegenüber bevorstehenden Ereignissen wurde vielfach festgestellt, daß sie der Mensch erwartet und letztlich auch benötigt, um im Leben einen Sinn finden zu können. Falsch wäre es jedoch, daraus den Schluß zu ziehen, daß man durch Planung ohnedies keine Änderung herbeiführen könne: Verzichtet der Mensch auf Planung, so ist er permanent der Getriebene, der sich bloß der Illusion hingeben kann, daß er selbst antreibt.

3.1.2 Der Planungsbegriff

Der Begriffsinhalt der Planung ist in der Literatur der unterschiedlichen Fachgebiete keineswegs einheitlich, so sind etwa folgende unterschiedliche Begriffsinhalte anzutreffen:

- Vorschau, Vorgaberechnung
- Prognose
- Anordnung von Strukturelementen, Entwurf
- Vorbereitung manueller Tätigkeiten
- Absicht
- Entscheidungsalternativen und deren Beurteilung
- Entscheidungen
- Programme zur Ermittlung optimaler Lösungen (im Sinne von Linearer Planung, Dynamischer Planung, etc.)

Es gilt daher, Gemeinsamkeiten obiger unterschiedlicher Auffassungen des Planungsbegriffes herauszuarbeiten und, wenn möglich, einen übergeordneten, fachneutralen Begriffsinhalt zu finden. Da zudem der Planungsbegriff heute ideologisch belastet ist, sollte eine einheitliche und universell anwendbare Auffassung angestrebt werden.

Dies müßte m.E. mit Hilfe des Begriffs- und Methodeninventars der Systemtechnik erfolgen, da auf die Struktur des Planungsprozesses eingegangen werden muß, um allgemeingültige Gemeinsamkeiten ableiten zu können.

Definitionen der Planung aus unterschiedlichen Gesichtspunkten:
Je nach Betrachtungsschwerpunkt scheinen unterschiedliche Definitionen der Planung in der jeweiligen Fachliteratur auf:

- Handlungsaspekt: Planen ist das Ermitteln einer optimalen Verhaltensstrategie für die Zukunft. Planen ist ein gedankliches Verbreiten zielgerichteter zukünftiger Handlungen.
- Vorgehensaspekt: Planung bedeutet vorausschauendes systematisches Durchdenken und Formulieren von Zielen, Verhaltensweisen und Handlungsalternativen, deren optimale Auswahl sowie Festlegung von Anweisungen zur rationellen Durchführung der ausgewählten Alternativen.
- Entscheidungsaspekt: Planung ist antizipatorisches Entscheiden; die Entscheidungen erfolgen vor der Ausführung, sie sind untereinander abhängig und können nicht isoliert betrachtet werden.
- Problemlösungsaspekt: Planung ist der Problemlösungsprozeß schlechthin, wobei Lösungen für die Überführung eines bekannten Zustandes in einen gewünschten Zustand ermittelt werden können.
- Systemaspekt: Planung ist das Ermitteln einer geordneten Menge von Instruktionen (Plan), die unter Zuordnung der verfügbaren Mittel (Ressourcen) vorgegebene Bedürfnisse möglichst gut befriedigen (Ziel). Planung ist damit die Vorbereitung zur Verwirklichung von Zielen.
- Kybernetikaspekt: Planung heißt, zukünftige Zustände durch permanente geplante Eingriffe in den Entwicklungsprozeß (Zustandstrajektorie) so zu beeinflussen, daß sie einem angestrebten zeitbezogenen Zustand (Planungsprojektion) möglichst nahe kommen.
- Informationsaspekt: Ein Plan bestimmt eine Klasse von alternativen Handlungen - den Alternativen des Planes-, von denen jede eine Ausführung dieses Planes darstellt. Ein Plan, der mehr als eine Alternative festlegt, enthält mindestens eine Entscheidung.

3.1.3 Die Gliederung der zweckrationalen Handlung

Im folgenden sei die Planung als informationsverarbeitender Prozeß im Gesamtsystem der zweckrationalen Handlung betrachtet. Es kann darauf aufbauend eine Analyse entsprechend den im Kapitel 2.3.2 diskutierten Gliederungsgesichtspunkten vorgenommen werden. Hierbei ergeben sich folgende zu unterscheidende Gliederungen der rationalen Handlung:

GLIEDERUNGSGESICHTSPUNKTE	BESTANDTEILE
objektorientiert: Gliederung nach dem Gesichtspunkt der Transformation des Input im Sinne der Konkretisierung der Problemlösung.	- PLANEN (theoretisches Lösen eines Problems) - REALISIEREN (praktisches Lösen eines Problems)
verrichtungsorientiert: Gliederung nach dem Gesichtspunkt der Zerlegung des Informationsverarbeitungsprozesses in Handlungsgrundfunktionen.	- PLANEN - STEUERN (eigentlich REGELN) o VERANLASSEN o ÜBERWACHEN o SICHERN - DURCHFÜHREN Sind mehrere Durchführungen (Regelstrecken), bei welchen eine gegenseitige Abhängigkeit besteht, von einem Regler zugleich zu regeln, so tritt weiters auf: - KOORDINIEREN
institutionsorientiert: Gliederung nach dem Gesichtspunkt der Organisationsebene als Aufgabenträger.	- LEITEN - AUSFÜHREN

Die institutionsorientierte Gliederung hat im vorliegenden Zusammenhang geringere Bedeutung, sie kommt vorwiegend in organisationstheoretischen Betrachtungen zum Zuge; überdies kann die hierarchische Ebene bei Entwicklung zu einer Aufgabenbereicherung, zu partizipativem Führungsstil und zur Selbstkontrolle oft nicht mehr als klares Entscheidungskriterium herangezogen werden.

Objektorientierte Gliederung der zweckrationalen Handlung

Die Planung ist ein Prozeß, der sich zwischen dem Anfangszustand (der Problemstellung) und einem Endzustand (dem Ergebnis) unter aktiver Beteiligung des Menschen vollzieht (Abb.3.1).

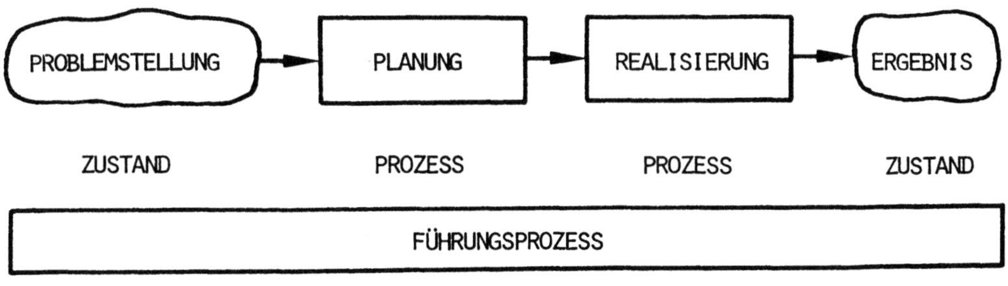

Abb. 3.1: Zustände und Prozesse im Rahmen der zweckrationalen Handlung

Der Prozeß der rationalen Handlung läuft hiebei in Richtung einer steigenden Konkretisierung des Endzustandes ab (wobei zunächst auf mögliche Rückkopplungen nicht eingegangen werden soll). Um detailliertere Aussagen über den Inhalt der black-box "Planung" machen zu können, muß auch auf die Ablaufstruktur innerhalb der Planung eingegangen werden; aus obigem Modell ist bloß zu erkennen, daß im Prozeßablauf einer rationalen Handlung immer zunächst eine Planung erfolgt, ehe die Planrealisierung einsetzen kann.

Verrichtungsorientierte Gliederung der zweckrationalen Handlung
Wird im Sinne einer verrichtungsorientierten Gliederung der Ablauf als Gliederungsaspekt gewählt, so zeigt sich zunächst, daß alle menschlichen zweckrationalen Handlungen Gemeinsamkeiten in ihrem Ablauf aufweisen:

- sie heben sich durch eine Geplantheit von ausschließlich von Reflexen und Trieben gesteuerten Aktivitäten ab;
- sie besitzen Regelungscharakter im Sinne eines iterativen Durchführens, aufbauend auf einer permanenten Zustandsanalyse und nachfolgender Entscheidungsfindung.

Unter Verwendung der beiden sich ergänzenden Elemente des Handlungsprozesses Synthese und Analyse wird daher das folgende elementare Modell für die Handlung schlechthin vorgeschlagen (Abb.3.2).

Dieses Modell bildet die Grundstruktur des Lernprozesses in Form einer Rückkoppelungsstruktur als Trial and Error-Prozedur ab, es läuft im Elementaren unbewußt ab. Das Modell ist im Prinzip auch von seiten der Erkenntnisse der Denkpsychologie (vgl.Pkt.4) gedeckt; es werden dort im organisierten kreativen Prozeß folgende Denkmethoden unterschieden: Analyse, Synthese und Evaluierung. Eine schöpferische Arbeit läuft prinzipiell in verschiedenen Gestaltstufen mit sich von Stufe zu Stufe erhöhender Dichte der Relationen und/oder Komponenten ab. Nach Erreichen einer (stets gegenüber der vorhergehenden sich als komplexer erweisenden) Gestaltstufe findet eine logische Analyse zur Festigung/Ablehnung der erreichten Gestalt statt, um dann die nächste Reifestufe der Gestalt anzugehen bzw. den Prozeß zu wiederholen.

Der Baustein, aus dem sämtliche Handlungsabläufe durch Aneinanderreihen zusammengesetzt werden können, besteht somit aus einer Folge von Handlungselementen. Die Elemente des Bausteines sind als Iterationsprozeß durch eine Rückkopplungsschleife verknüpft; folgende Elementarschritte scheinen im Baustein auf:

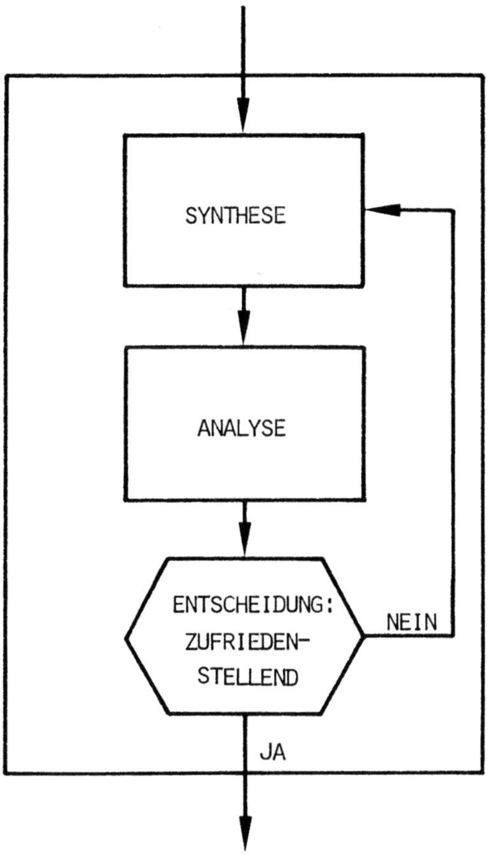

Abb. 3.2:
Elementares kybernetisches Modell der Handlung

innovativer Schritt (Synthese): Handlungselement, das im Hinblick auf die Zielvorstellung neue Sachverhalte synthetisiert und daher, einem heuristischen Vorgehen entsprechend, eher den Charakter einer "Kunst" besitzt. Es liegt somit ein schöpferisches, konstruktives Einwirken von beliebigem Neuheitsgrad auf konkrete oder abstrakte Sachverhalte vor.

deskriptiver Schritt (Analyse): Handlungselement, das eine Überprüfung des jeweils durch Zuwachs an Neuem erreichten Zustandes beinhaltet, und daher, dem algorithmischen Vorgehen entsprechend, eher den Charakter einer Technik besitzt.

selektiver Schritt (Entscheidung): Handlungselement, das ein von einem Entscheidungsträger ausgeführtes Urteilen bezüglich der Akzeptierbarkeit des jeweils erreichten Zustandes beinhaltet. Je nach Art und Datenaufbereitung im Zuge der vorangegangenen Analyse erfolgt die Entscheidung auf unterschiedlich rationale Weise.

Ergänzendes über das Verhältnis Analyse-Synthese und deren Zusammenwirken im Rahmen kreativer Denkprozesse ist aus dem Kapitel "Kreatives Denken im Rahmen des Problemlösungsprozesses", Pkt.4, zu entnehmen.

Eine Gegenüberstellung möge die dialektische Einheit von Analyse und Synthese noch verdeutlichen (Abb.3.3).

MERKMAL	ANALYSE	SYNTHESE
Charakter	Wissenschaft	Kunst
Problemstellung	gegeben: System S Inputmenge I gesucht: Systemreaktion (Outputmenge O)	gegeben: Inputmenge I Outputmenge O Randbedingungen für I, O, S gesucht: System S (Instrumentierung)
Vorgehensprinzip	von Ursache zur Wirkung (Deduktion)	von Wirkung zur Ursache (Induktion)
Methodentypus	exakte Algorithmen, Techniken, Logiken, Untersuchungsverfahren	Methoden mit i.a. hohem Freiheitsgrad Heuristische Methoden Probieren (Trial & Error) Daumenregeln
Eintreten von Lösungen	deterministisch	zufallsbedingt, entscheidungsorientiert, kann nicht erzwungen werden
Lösungsvorrat	eine bestimmte Lösung (Antwort) bzw. eine begrenzte, durchwegs bekannte Menge von Lösungen	eine unbekannte Menge von nur zum Teil bekannten Lösungen
Anwendung	Mathematik, Naturwissenschaften	Systemgestaltung (interdisziplinär) Ingenieurwesen

Abb. 3.3: Gegenüberstellung von Analyse und Synthese

Das in Abb.3.2 dargestellte Elementarmodell der Handlung ist auf jede Art menschlicher Aktivität anwendbar, d.h. auf vorwiegend geistige Tätigkeiten (planende Tätigkeiten) wie auch auf vorwiegend körperlich-muskuläre Tätigkeiten (ausführende Tätigkeiten). Da das Bewußtsein des Menschen zeitdiskret arbeitet - es können keine Dauerimpulse verarbeitet werden, sondern immer nur durch Abtastung gewonnene diskrete Werte - handelt es sich hiebei um ein zeitdiskretes Regelsystem.

3.1.4 Synthese zu Grundstrukturen der zweckrationalen Handlung

Durch ablauforientierte Anordnung und verrichtungsorientierte Zusammenfassung von Elementarprozessen (Bausteinen) ergibt sich, wie aus Abb.3.4 zu entnehmen, eine Systematik von Grundfunktionen der zweckrationalen Handlung, wie sie bereits bei der verrichtungsorientierten Gliederung, Pkt.3.1.3, festgehalten wurde.

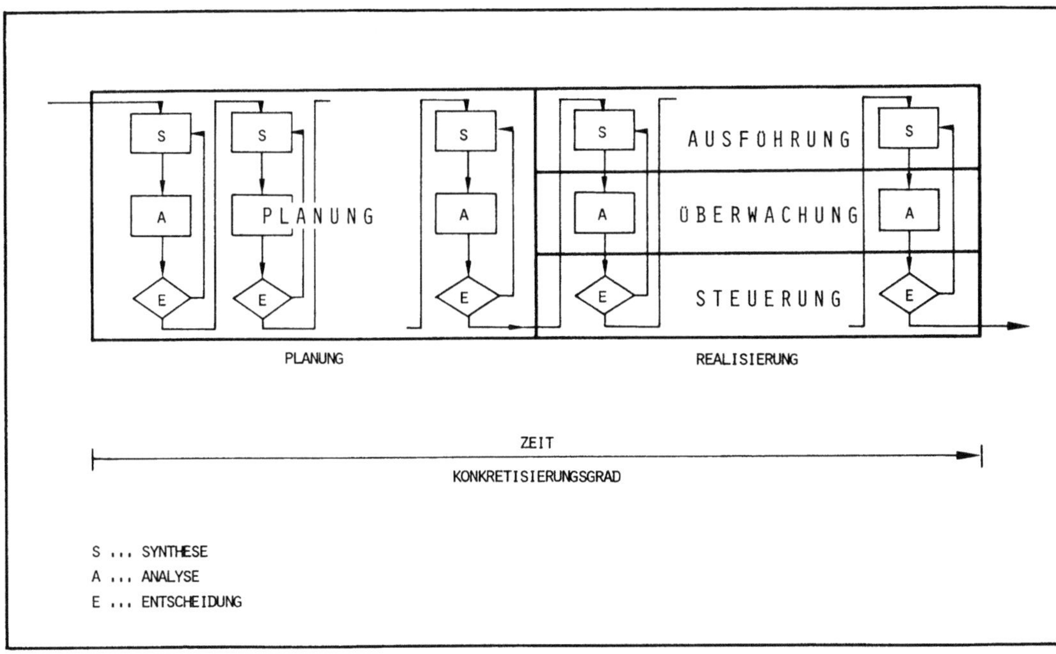

Abb. 3.4: Grundfunktionen zweckrationaler Handlung als Zusammenfassung von Handlungselementen

Unter Abstraktion seien nun die sich ergebenden Grundfunktionen jeweils als black-box dargestellt und nach der Struktur eines kybernetischen Systems angeordnet. Ergänzend sei noch eine Beziehung von der Steuerung zur Planung vorgesehen, die folgendes abbildet: Korrektive Maßnahmen können einerseits im Rahmen der Steuerung gesetzt werden

(Anpassung Ist an Soll), andererseits aber auch im Rahmen der Planung ausgearbeitet werden (Anpassung Soll an Ist); letzteres ist in jenen Fällen notwendig, wo im Zuge der korrektiven Maßnahmen der Entscheidungsrahmen der Steuerung überschritten werden müßte. Es ergibt sich damit eine Struktur, wie sie aus Abb.3.5 zu ersehen ist.

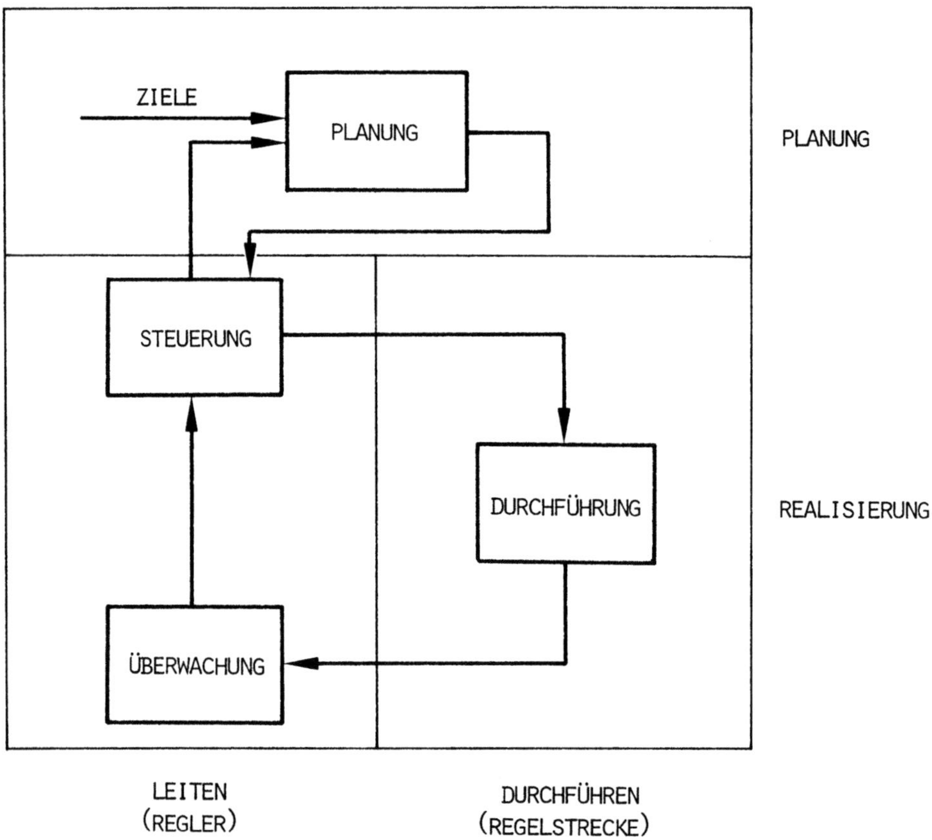

Abb. 3.5: Kybernetisches Grundmodell der zweckrationalen Handlung

Das dargestellte kybernetische Modell soll im weiteren als Basis sämtlicher Überlegungen bezüglich der Einbettung der Planung - dem zentralen Betrachtungsobjekt der vorliegenden Arbeit - in den Prozeß der zweckrationalen Handlung Verwendung finden.

Eine Untergliederung der Planung in Planungsphasen und weiter in Planungsschritte erfolgt im Kapitel "Vorgehenslogik systemtechnischer Planung", Abschnitt 5.2.

Institutionsorientierte (hierarchische) Synthese:

Jeder Durchführung (Handlungsvollzug) steht eine Planung sowie Steuerung und Überwachung gegenüber:

Ausführung	praktisches Lösen des Problems
Planung der Ausführung = Planung 1.Grades (ist zugleich Durchführung der Metaplanung)	theoretisches Lösen des Problems
Planung der Planung = Planung 2.Grades (Metaplanung, Ablauforganisationsplanung)	
Planung der Metaplanung = Planung 3.Grades (Metaplanung, Unternehmensorganisationsplanung)	

Für hierarchisch strukturierte Handlungen kann somit das in Abb.3.6 dargestellte Prinzipmodell abgeleitet werden, in dem die Handlungs-

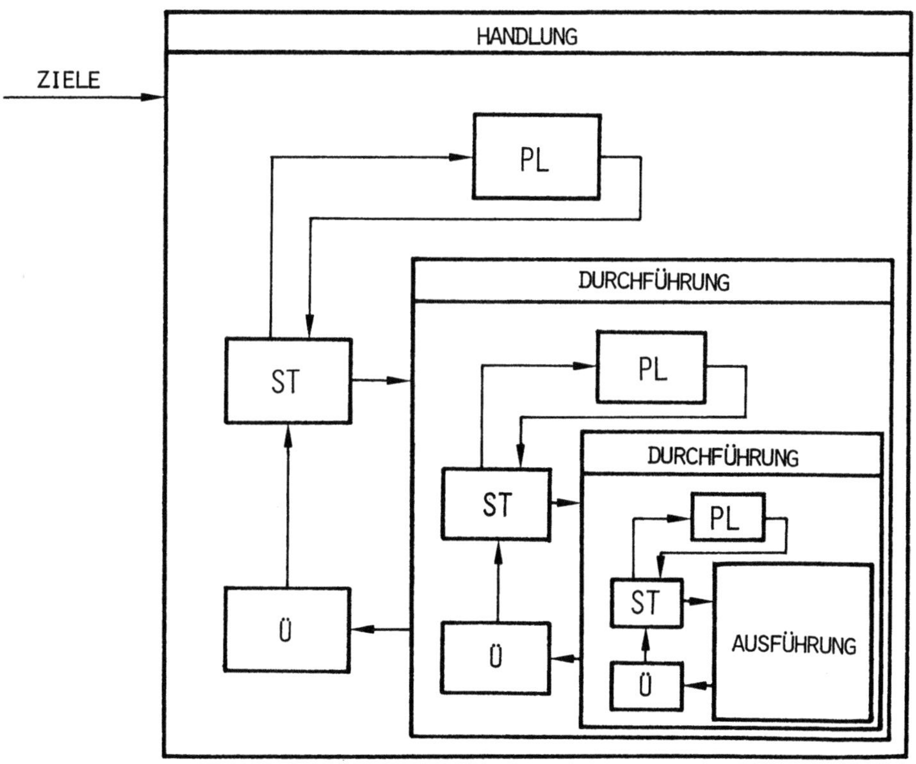

Abb. 3.6: Hierarchisches Modell der zweckrationalen Handlung (vertikal vermaschte Handlungs-Grundmodelle)

prozesse miteinander vermascht (speziell: verschachtelt) sind und damit bezüglich der eigentlichen Ausführung unterschiedlich mittelbaren Charakter aufweisen: hiebei ist jede Durchführung (bzw. Ausführung im Falle der untersten Ebene) als Regelstrecke aufzufassen und damit einem ihrer Ebene entsprechenden Regler zugeordnet.

Folgende Merkmalausprägungen betreffend die hierarchische Ebene der Regelkreise sind in Richtung zur Ausführung hin festzustellen:

- zunehmende Detaillierung (grob, detail)
- abnehmender Planungshorizont (lang, mittel, kurz)
- abnehmender Geltungsbereich (politisch, strategisch, taktisch)

Anmerkung: Aus der Abb.3.6 ist klar zu erkennen, daß der Begriff Metaplanung bzw. Planungsplanung (d.h. Planung einer Planungsaktivität, wobei letztere bezüglich ersteren den Charakter einer Durchführung besitzt) unvollständig ist, wenn die zugehörigen erforderlichen Steuerungs- und Überwachungsaktivitäten nicht beinhaltet sind.

Verrichtungsorientierte Synthese:
Die Planung als Ganzes kann, wie später besprochen, in folgende typische Planungsphasen aufgegliedert werden:

- Umweltplanung (im Sinne einer Prognose von Randbedingungen)
- Zielplanung
- Maßnahmenplanung (Mittelplanung, Ablaufplanung),

so daß sich ein erweitertes kybernetisches Modell, geeignet für die Darstellung des Ablaufes komplexer zweckrationaler Handlungsprozesse, ergibt (Abb.3.7).
Erläuterungen zu Abb.3.7:

Veranlassen beinhaltet:	- Disponieren - Bereitstellen - terminorientiertes Auslösen
Überwachen beinhaltet:	- Istdatenerfassung - Soll-Ist-Vergleich - Abweichungsanalyse
Sichern beinhaltet:	- Ausarbeiten von korrektiven Maßnahmen zur Heranführung zukünftiger Ist-Werte an den Plan innerhalb eines gegebenen Entscheidungsrahmens (Steuerung) oder

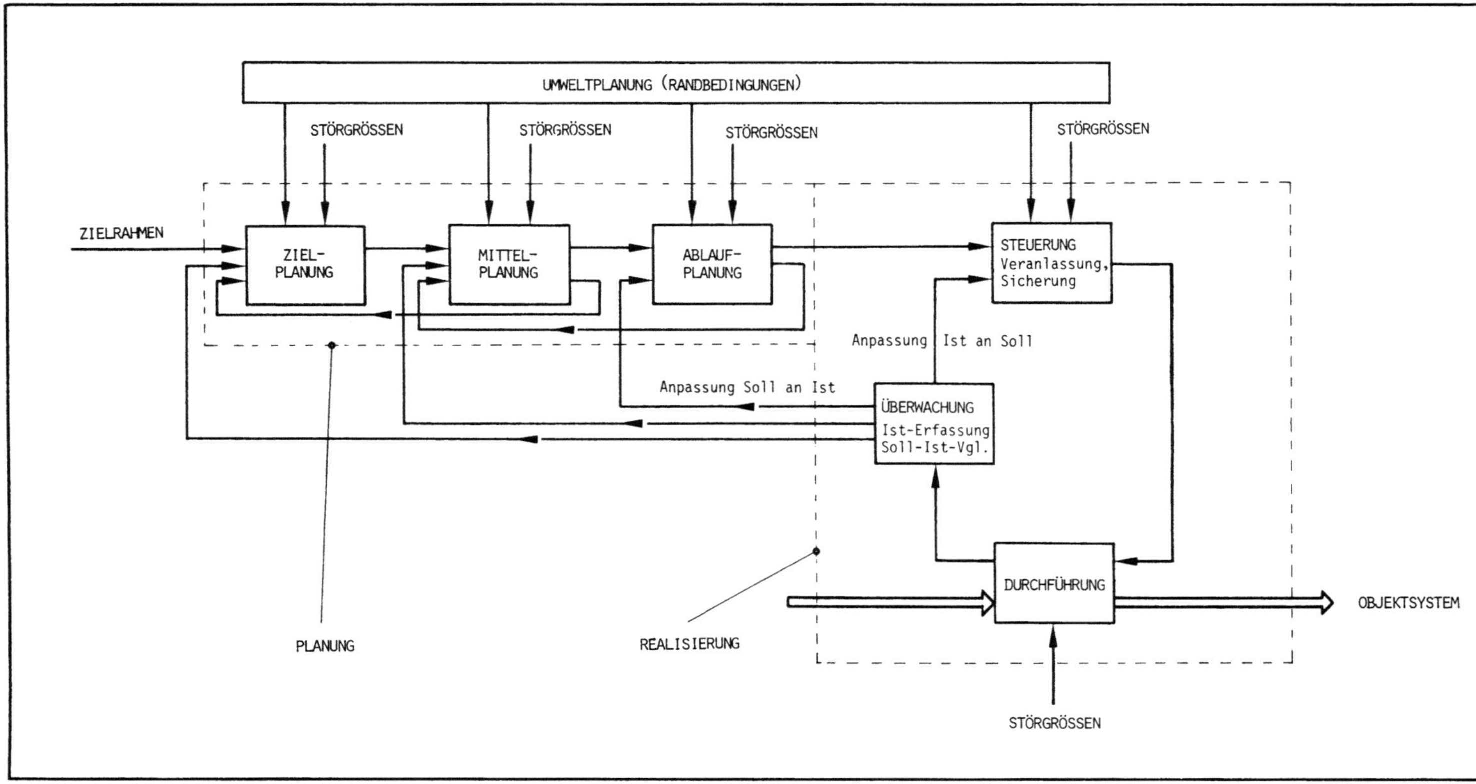

Abb. 3.7: Kybernetisches Modell der komplexen zweckrationalen Handlung (mit Rückkoppelungen zu unterschiedlichen Ablaufphasen)

- Ausarbeiten von korrektiven Maßnahmen zur Anpassung des Planes an die Realität (Plankorrektur)

Es ergeben sich somit Korrektivmaßnahmen auf folgenden Planungshierarchieebenen:

0.Niveau: Änderung der Steuerungsgrößen; (innerhalb der Toleranz des Ablaufplanes)

1.Niveau: Ablaufplan-Änderung

2.Niveau: Mittel-Änderung (Änderung der Organisation als Handlungsträger, der Technologie, der eingesetzten Menschen und Betriebsmittel)

3.Niveau: Zielplan-Änderung (Änderung der Vorgaben des angestrebten Endzustandes).

Ergänzende Bemerkungen: Die nachfolgenden Begriffe gehen über mögliche Zusammenfassungen der Grundfunktionen der zweckrationalen Handlung hinaus.

Organisieren: Der Begriff Organisieren ist systemtechnisch dem Begriff Strukturieren gleichzusetzen (man denke z.B. an selbstorganisierende Systeme), er wird hier somit nicht als Synonym für Leiten verwendet.

Führen: Beinhaltet jene Funktionen, die im Sinne der Menschenführung Bedeutung besitzen sowie dispositiven Charakter aufweisen:

- Motivieren
- Initiieren (Anstöße für Neues geben)
- Entscheiden

Führen ist Koordination der Verhaltensweisen von Personen (Mitarbeitern) in Richtung auf (betriebliche) Zielsetzungen.
Führen bedeutet somit, jemandem eine Richtung auf ein Ziel zu geben und ihn in Bewegung auf dieses Ziel zu halten. Diese Funktionen kommen in soziotechnischen, hierarchisch strukturierten Handlungsprozessen zum Tragen.

Managen (die Management-Funktion) beinhaltet:

- Mitwirkung bei der Zielsetzung
- Führungsorganisation aufbauen und sichern
- Führungstechniken und -hilfsmittel auswählen und anwenden
- Führungsaufgaben wahrnehmen

Keine Verwendung findet in der Arbeit der in der Praxis noch häufig anzutreffende Begriff Kontrolle, da es aus der Unterschiedlichkeit der Begriffsinhalte im Deutschen und im Englischen zu Fehlinterpretationen kommen kann.

Desgleichen führen die Begriffe Gestalten und Entscheiden oft zu Schwierigkeiten in der richtigen Abgrenzung. Aus dem bisher Gebrachten lassen sie sich sinnfällig wie folgt herleiten:
Gestalten: Beinhaltet jede beliebige Handlung mit kreativem Charakter. Ist der Arbeitsgegenstand abstrakt, so handelt es sich um Gestalten im Rahmen der Planung, bei konkreten Objekten liegt Gestalten im Rahmen der Realisierung vor.
Entscheiden: Beinhaltet die Auswahl einer Alternative aus einer nicht leeren Menge von Alternativen. Entscheidung ist ein integraler Bestandteil (Schritt) im iterativ ablaufenden Planungsprozeß; es ist daher nicht im Sinne des bisher Entwickelten, Planung und Entscheidung als getrennte Funktionen zu behandeln.
Oft ist es aus der Sicht der institutionsorientierten Gliederung des Handlungsablaufes notwendig, wesentliche Entscheidungen herauszulösen und einer von der Planungsinstanz abgetrennten Entscheidungsinstanz zuzuordnen. Es darf dabei jedoch nicht übersehen werden, daß nur bestimmte Auswahlentscheidungen in neuralgischen Punkten des Planungsablaufes so behandelt werden können, während der Großteil an Detailentscheidungen weiterhin in der Planungskompetenz verbleiben muß, um einen Handlungsspielraum sicherzustellen.

In diesem Zusammenhang sei erwähnt, daß der Planungsprozeß in der Literatur der Entscheidungstheorie oft auch als Entscheidungsprozeß angesprochen wird, was jedoch den kreativen Anteil der Planung stark unterbewertet bzw. vernachlässigt. Die Begründung für diese Begriffsvertauschung liegt wohl darin, daß der Planungsprozeß einen zum Teil unbewußten permanenten Ausleseprozeß beinhaltet, da es gilt, aus der zunächst unabsehbaren Lösungsvielfalt die jeweils günstigste Lösung stufenweise zu konkretisieren.

3.2 Merkmale der Planung und deren Ausprägungen

Um einen Überblick über die unterschiedlichen Erscheinungsformen der Planung zu bekommen und darauf aufbauend eine Typologie der Planung aufstellen zu können, was für eine sachliche Beurteilung des optimalen Einsatzes bei unterschiedlichen Problemstellungen notwendig er-

scheint, muß nach einer möglichst erschöpfenden Systematik relevanter Eigenschaften der Planung gefragt werden. Bei der Erstellung einer derartigen Systematik sollen alle Konzepte und Begriffe, wie sie bis zu diesem Abschnitt entwickelt und diskutiert wurden, zur Anwendung kommen.
Die Planung als abstraktes informationsverarbeitendes System sei hiebei anhand der in Abb.2.5 prioritär für konkrete Systeme entwickelten Merkmalsystematik analysiert; der prinzipielle Aufbau der Liste ist auch für die Herleitung einer Systematik der Merkmale und Merkmalgruppen der Planung gültig.

Dementsprechend sei auf oberster Ebene wie folgt gegliedert:
- Merkmale des Zustandes
- Merkmale der Funktion
- Merkmale des Verhaltens (umweltbedingte abgeleitete Merkmale).

3.2.1 Merkmalgruppe "Zustand der Planung" (Beschaffenheits-Merkmale)

3.2.1.1 Inhalt der Planung

Um Merkmale den Inhalt der Planung betreffend zu erhalten ("woraus setzt sich Planung zusammen?"), sei der Planungsprozeß von unterschiedlichen Gesichtspunkten her analysiert, etwa den prinzipiellen Möglichkeiten der Gliederung eines Systems entsprechend:
- objektorientierte Gliederung
- verrichtungsorientierte Gliederung
- institutionsorientierte Gliederung

Objektorientierte Gliederung des Planungsinhaltes: Zunächst sei folgende Klarstellung getroffen: Das Objekt der Planung im unmittelbaren Sinne ist der Problemsachverhalt (Planungsgegenstand) und nur mittelbar das Ergebnis des der Planung folgenden Realisierungsprozesses (nur für das sogenannte Systemmanagement, welches Planung und Realisierung beinhaltet, kann das Ergebnis des Gesamtprozesses unmittelbar als Objekt aufgefaßt werden).
Ist somit der Bezug auf den Planungsgegenstand das gewählte Unterscheidungskriterium der Planung ("was wird geplant?"), so lassen sich folgende klar zu unterscheidende Aspekte der Planung angeben:
- Zielplanung
- Problemumweltplanung (Prognose)
- Maßnahmenplanung

Zielplanung (Definition des anzustrebenden Zustandes):
Die Zielplanung enthält folgende Schritte:

- Zielsuche (Zielideensammlung) innerhalb eines gegebenen Zielrahmens sowie gegebener politischer Rahmen auf seiten des Handlungsträgers,
- Zielformulierung (möglichst in quantitativer Form),
- Zielgliederung, Erstellen eines Zielsystems (Zielhierarchie).

Die Zerlegung eines i.a. nicht operablen Gesamtzieles in operable Einzelziele, einschließlich deren Gewichtung, liefert das Zielprogramm, welches Ausgangssituation für die eigentliche Systemplanung ist. Die Darstellung derartiger Gliederungen erfolgt vorteilhaft in Form einer Zielhierarchie (Baumstruktur).
Zu unterscheiden sind Formalziele und Sachziele:
Das Sachziel beschreibt den materiellen Zustand, der in der Zukunft erreicht werden soll; das Formalziel beschreibt, auf welche Art und Weise die Zielerreichung erfolgen soll.

Umweltplanung (Prognose) (Ermittlung zu erwartender Randbedingungen):
Die Planung der Umwelt kann als Entartung einer Planung angesehen werden, da sie nur in prospektiver Form gestaltende Aspekte beinhaltet, ohne (bewußte) Einflußnahme in Form von aktiven Realisierungen. Trotzdem ist aus ganzheitlicher Sicht die Planung des zukünftigen Zustandes der Umwelt (die als Zusammenspiel aller nicht beeinflußbarer Faktoren definiert wurde) als wesentlicher integraler Teil der Planung zu betrachten. Die Umweltplanung hat somit bezüglich der faktischen Umwelt bloß explorativen (vorschauenden) und keinen normativen (vorgebenden) Charakter, obwohl Modelle aufgestellt werden und subjektive Meinungen und Präferenzen in diesen Schritt miteinfließen.
Es sei jedoch bereits in diesem Zusammenhang darauf hingewiesen, daß in Fällen einer phasenweisen Überführung des Ist- in den Sollzustand zwischenzeitliche Rückwirkungen auf die Umwelt auftreten ("Überführungsdynamik"), so daß für eine spätere Phase die Umwelt sich anders darstellt, als sie ursprünglich prognostiziert wurde. Diese Tatsache unterstreicht die Notwendigkeit einer systemorientierten Betrachtung von Problem und Umwelt zusammen, was durch den Einbezug der Prognose in die Planungssystematik geschieht.

Maßnahmenplanung (Planung des Weges zur Erreichung des angestrebten Zustandes):
Die Maßnahmenplanung ist die eigentliche gedankliche Vorwegnahme

künftigen Handelns. Es wird vorgeschlagen, die Maßnahmenplanung in eine Mittelplanung und eine Ablaufplanung zu untergliedern (Abb.3.8). Die Mittelplanung gibt an, welche Mittel (Arbeitsgegenstände, Menschen, Betriebsmittel, Methoden, Nominalgüter), also letztlich Einsätze auf materiellem, energetischem und informationellem Gebiet zur Erreichung des Zieles benötigt werden.

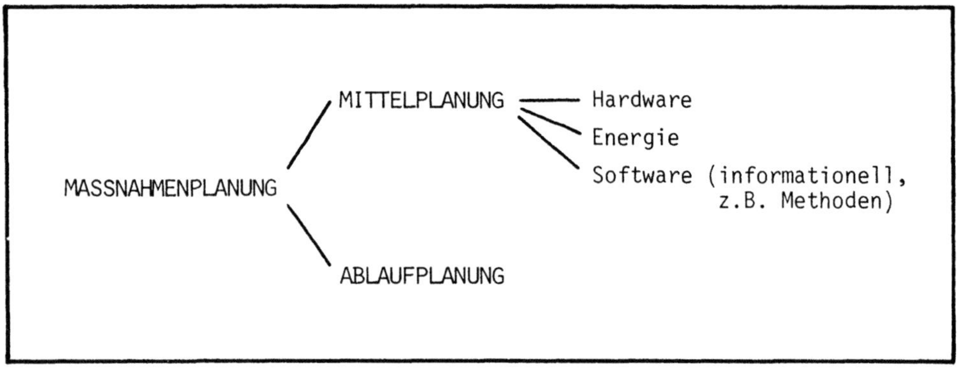

Abb. 3.8: Gliederung der Maßnahmenplanung

Werden Mittel in Form technischer Systeme zur Realisierung der in der Zielplanung definierten Ziele benötigt, die noch nicht existieren und erst geschaffen werden müssen, so ergibt sich daraus ein untergeordneter Planungsprozeß mit der Zieldefinition "Schaffung des benötigten technischen Systems" und einer zugehörigen Maßnahmenplanung.
Die Ablaufplanung (Prozeßplanung) legt das zeitlich-mengenmäßige Zusammenwirken der Mittel (Kapazitätsbedarf, Einsatztermine) im Sinne einer optimalen Zielerreichung fest.

Die Analogie dieser Gliederung der Planung mit den unterschiedlichen Systemtypen (vgl.Pkt.2.1.5) ist offensichtlich:
- die Zielplanung erarbeitet Zielsysteme.
- die Mittelplanung legt das Wirksystem als Handlungsträger fest.
- die Ablaufplanung legt den Handlungsablauf inform eines Programmsystems fest.
- das Ergebnis des Planungs-(und Realisierungs)prozesses ist das Objektsystem, konkreter oder auch abstrakter Natur.

Verrichtungsorientierte Gliederung des Planungsinhaltes: Wenn die Frage nach Merkmalen bezüglich unterschiedlicher Durchführungsweisen

der Planung gestellt ist ("wie wird geplant?"), so ergibt sich eine Systematik der relevanten Methoden im Rahmen des Planungsprozesses, d.h. eine grundlegende Klassifizierung der Planung nach dem Einsatz unterschiedlicher Methoden.
Die zentrale Bedeutung der Methode geht schon aus der Titelwahl der vorliegenden Arbeit hervor, wobei sich dieses Buch ab Kapitel 5 den systemtechnischen Methoden widmet, indem ein Überblick samt Einsatzmöglichkeiten der wesentlichen Planungsmethoden gebracht wird. Im vorliegenden Zusammenhang sei daher bloß eine grundlegende Methodensystematik hinsichtlich des Planungscharakters herausgearbeitet.

Kreative Planung
Diese stellt den Regelfall für den Methodeneinsatz dar und sie steht daher auch im Zentrum der späteren Betrachtungen. Zur Erstellung von Plänen bedarf es Methoden, die kreativ-induktive Schritte beinhalten, wo somit rein analytisches Vorgehen nicht genügt. Festgestellt sei jedoch in diesem Zusammenhang nochmals, daß im Planungsprozeß letztlich immer nur ein unerwartet geringer Teil echt kreativen Charakter besitzt, während sich der überweigende Anteil, bei detaillierterer Aufgliederung, als Routineaufgabe erweist.
Kennzeichnend ist weiters, daß durch das abschnittweise heuristische Vorgehen die Frage nach der optimalen Lösung nicht gestellt werden kann, da bei nicht gegebener Systemstruktur keine analytische Optimierung möglich ist.

Routineplanung
Bei Routineproblemen liegt eine Entartung des Planungsprozesses in der Hinsicht vor, daß kreative Anteile in den Syntheseschritten nicht bzw. nur in sehr bescheidener Ausprägung aufscheinen. Der methodische Weg ist vorgegeben, der Freiheitsspielraum gering. Die Planungsprobleme sind daher auch weitgehend an die Maschine übertragbar, wie etwa EDV-gestützte Aufbauplanungen (z.B. Stücklisten) oder Ablaufplanungen (z.B. Arbeitspläne). Ebenso fallen Optimierungsprobleme bei gegebener Systemstruktur hier hinein, wobei sich die Methoden des Operations Research besonders für die analytische oder simulative Bearbeitung mittels EDV anbieten.
Es liegt im Wesen einer Routine, daß sie häufigen Wiederholungen unterliegt, da es meist nur dann wirtschaftlich vertretbar ist, den methodischen Weg detailliert vorzuplanen. Es können jedoch auch Schnelligkeits- oder auch Sicherheitsüberlegungen zu einer derartigen Planung des Planungsprozesses (Metaplanung) führen. Es ist daher ver-

ständlich, daß zur Verbesserung der Wirtschaftlichkeit die Planungsprozesse in wiederverwendbare Routine-Module zerlegt werden, um auch bei teilweise neuartigen Problemstellungen die Vorteile von Routinen ausschöpfen zu können.

Improvisationsplanung

Bei Improvisationsplanungen liegt ebenfalls eine Entartung des Planungsprozesses vor, hier jedoch in der Hinsicht, daß, wegen der Unplanbarkeit wesentlicher relevanter Umwelteinflüsse, Optimierungen und Entscheidungen an bestimmten diskreten Stellen des Planungsablaufes nicht vorweg geplant werden können, sondern erst ad hoc im Rahmen der Realisierung vorgenommen werden.

Ganz klar muß daher die Improvisation vom spontanen Handeln, d.h. von der Ungeplantheit abgegrenzt werden. Die Improvisation besitzt einen bedeutenden Platz im Rahmen der Planung, wenngleich sie auch oft bloß aus Unvermögen oder Bequemlichkeit zum Einsatz kommt.

Letztlich muß jeder gute Plan die Möglichkeit der außerplanmäßigen Reaktion auf Katastrophen (unvorhersehbare Störfaktoren großen Einflusses) beinhalten, d.h. jeder Plan besitzt potentielle Improvisationsschritte.

Bei den in der Improvisationsplanung einzusetzenden Methoden muß auf prompte Verfügbarkeit und rasches Ergebnis Wert gelegt werden, da ein kurzfristiges Reagieren gefordert ist. Es ist weniger das "optimale" Ergebnis als das rasche Zurverfügungstellen eines akzeptablen Ergebnisses Ziel der Methoden im Rahmen der Improvisationsplanung. Daher sind Daumenregeln, Kennzahlenmethoden und globale Entscheidungsmethoden einzusetzen. Die Abgrenzung zur kreativen Planungstechnik ist dadurch gegeben, daß bei der Improvisation kein Satz von Lösungsalternativen im Planungsstadium ermittelt wird, sondern nur die Lösung des Regelfalles, so daß der Eventualfall wegen seines unabschätzbaren Auftretens ad hoc in der Realisierungsphase zu lösen ist.

Institutionsorientierte Gliederung des Planungsinhalts: Eine Erfassung der Merkmale der Planung und deren Ausprägungen aus dem Blickwinkel der Organisation ("wer führt die Planung durch?") erbringt weitere Unterscheidungskriterien für eine Typologie der Planung. Da die vorliegende Arbeit jedoch nicht organisationstheoretische Schwerpunkte beinhaltet, soll hier nicht ins Detail gegangen werden.

Planungsdelegation: Gesamtplanung/Bereichsplanung

Entsprechend der hierarchischen Gliederung der zugehörigen Organisation als Aufgabenträger ergeben sich im Rahmen einer Gesamtplanung den einzelnen Bereichen entsprechend unterschiedliche Bereichsplanungen. Voraussetzung für eine Gliederung der Gesamtplanung in Bereichsplanungen ist hiebei:

- klare Formulierung der Gesamtaufgabe,
- Teilbarkeit der Planungsaufgabe in Einzelaufgaben,
- entsprechende Kompetenzdelegation bei Aufgabenübertragungen.

Die Wirksamkeit der Bereichspläne hängt von der Koordinationsfunktion auf übergeordneter Ebene sowie den Kooperationsmöglichkeiten zwischen den Planungsstellen auf gleicher Ebene ab.

Die Gliederung der Planungsinstanzen ist Voraussetzung für die nachfolgende Betrachtung bezüglich Zentralisierung und Dezentralisierung.

Planungszentralisation: zentralisierte/dezentralisierte Planung
Um sämtliche Übergangs- bzw. Mischformen von zentraler und dezentraler Planung abdecken zu können, seien die beiden Extreme in Reinform diskutiert.
Zentralisierung der Planung liegt vor, wenn nur einer einzigen Stelle Planungsaufgaben übertragen sind. Abgesehen vom Fehlen der Motivation in den einzelnen Ausführungsstellen besteht hiebei das Problem der Beschaffung korrekter Daten, was zu falscher und/oder unvollständiger Planung führt.
Dezentralisierung der Planung liegt vor, wenn jede Stelle die sie betreffende Planungsaufgabe selst durchführt. Trotz Problemnähe ergibt sich hiebei eine unzulängliche Planung wegen des beschränkten Problemhorizonts, mangelnder Planungsübersicht und mangelhafter Ausrichtung auf ein Gesamtziel (die Zusammenfassung der Teiloptima ergibt nicht zwingend ein Gesamtoptimum!).
Ohne ideologische Scheuklappen kann daher festgestellt werden, daß eine den jeweiligen Bedürfnissen des Gesamtaufgabenträgers entsprechende Mischform die günstigste Zentralisationsausprägung der Planung darstellen wird. Diese ist abhängig von der Organisationsgröße, vom Planungsgegenstand und dem entsprechenden Informationsbedarf sowie von der Organisationsform als Beziehung zwischen Planern und Ausführenden.

3.2.1.2 Formale Beschaffenheit der Planung

Folgende Merkmale betreffend die unterschiedlichen Erscheinungsformen des Planungscharakters ("wie stellt sich die Planung dar?") seien als relevant erkannt:

- Abstraktionsgrad
- Detaillierungsgrad
- hierarchischer Gliederungsgrad

Abstraktionsebene der Planung

Ohne jegliche Wertung der unterschiedlichen modellmäßigen Darstellungsformen von Planungsprozessen sei folgende Hierarchie der Ausprägungen des Merkmals Abstraktion vorgeschlagen (vgl.Abb.3.9):

- Anschauung (gedankliche Abbildung, emotionales Verstehen)
- verbale Darstellung
- formale Darstellung (Strukturierung)
- quantitative Darstellung.

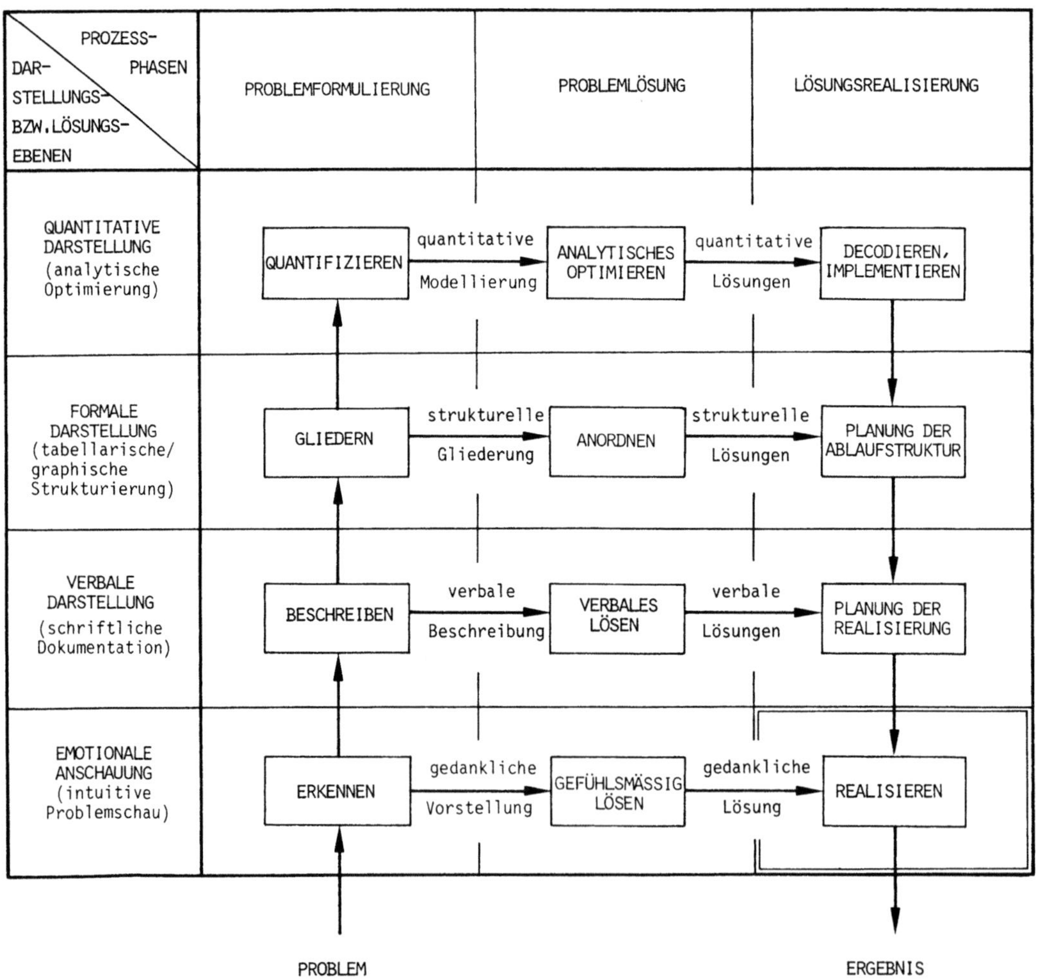

Abb. 3.9: Abbildungsebenen in der Planung (Problemlösung)

Obige Auflistung entspricht einem steigenden Abstraktionsgrad, wobei die jeweils höhere Ebene sämtliche davorliegenden Ebenen voraussetzt. Ein steigender Abstraktionsgrad ist mit steigender Formalisierung, zugleich jedoch mit zunehmendem Informationsverlust verbunden.

Die Abbildung 3.9 zeigt, daß im allgemeinen alle vier Darstellungsebenen zugleich beschritten werden, daß somit bei komplexen Planungsprozessen quantitative, formale und verbale Darstellungen nebeneinander sowie als Mischformen auftreten, wobei nicht artikulierte, emotionale Aspekte mit eine Rolle spielen.

Detaillierungsgrad

Die Wahl unterschiedlicher Auflösungsstufen des Planungsgegenstandes liefert unterschiedliche Detaillierungsgrade (Feinheitsgrade), was mittelbar mit der zeitlichen und/oder räumlichen Reichweite sowie der hierarchischen Gliederung in Beziehung steht.
Es könnten theoretisch beliebige Detaillierungsgrade innerhalb der folgenden beiden Extremwerte definiert werden:

Detaillierungsgrad 0: Gesamtes Vorhaben

Detaillierungsgrad 1: Handlungselemente
Höchste Detaillierung erhält man, wenn man ein Vorhaben bis in seine nicht weiter sinnvoll zerlegbaren Elemente (etwa entsprechend den Systemen vorbestimmter Zeiten) gliedert.

Folgende prinzipielle Ausprägungen des Merkmals "Detaillierungsgrad" seien vorgeschlagen:

- Grobplanung
- Feinplanung (Detailplanung)

Sinnvollerweise wird die Feinplanung sich im Rahmen der vorher erfolgten Grobplanung bewegen, jedoch genauere Aussagen liefern.

Hierarchischer Gliederungsgrad

Bei unüberschaubaren Planungsgegenständen ist eine Unterteilung der Planung in Teilplanungen erforderlich.
Es können (wie beim Detaillierungsproblem) beliebig viele Gliederungsebenen angegeben werden, im Prinzip sei jedoch im weiteren unterschieden in:

- Gesamtplanung (Übersichtsplanung)
- Teilplanungen

Es ist dies eine Untergliederung vom Umfang der Planung her, was nur mittelbar mit der Gliederung in Detailpläne und mit der institutionsorientierten Gliederung in Bereichspläne konform geht. Bei starker Vernetzung des Planungsgegenstandes wirft die Zerlegung in Teilplanungen Probleme auf, da je nach Schnittführung viele Schnittstellen (Interfaces) als Beziehungen zu den übrigen Teilplänen entstehen, die bei Optimierung Berücksichtigung finden müssen. Jedenfalls sind Teilpläne aufeinander abzustimmen, insbesondere wenn konkurrierende Ziele angestrebt werden.

3.2.1.3 Flexibilität der Planung (Dynamik der Planung)

Der folgende Abschnitt bezieht sich auf Merkmale betreffend die Dynamik der Planung, worunter das Reagieren auf sich mit dem Zeitablauf ändernde Bedingungen ("wie verhält sich die Planung in der Zeit?") verstanden werden soll.

Auch aufwendige Planung kann definitionsmäßig niemals vollständiges Wissen über die Zukunft vermitteln, wohl kann aber die Aussagekraft des Planes durch erhöhte Anstrengungen im Bereich der Datenerfassung wie auch durch Verwendung entsprechend aufwendiger Methoden beeinflußt werden. Wie die Planung bezüglich des unvorhersagbaren Restes des Umwelteinflusses reagiert, soll mit dem Merkmal Flexibilität gekennzeichnet werden.

Obwohl Planung als modellmäßige Abbildung einer ungewissen zukünftigen Realität nie als starres Programm verstanden werden sollte, werden meist Pläne in diesem Sinne verwendet und bloß in Form der Reaktion auf aufgetretene Umwelteinflüsse (durch Setzen von korrektiven Maßnahmen) abgeändert. Eine derartige Planung sei als deterministische Planung angesprochen.

Werden jedoch bereits in der Planungsphase Wahlstrukturen bzw. Sätze von alternativen Plänen entwickelt, die dann je nach Eintreten bestimmter Schlüsselereignisse zum Zuge kommen, so handelt es sich um eine flexible Planung, die an geänderte Bedingungen in flexibler Weise angepaßt werden kann. Ein typisches Beispiel hiefür ist die sogenannte Eventualplanung (Contingency Planning).

Wird darüber hinaus der Einfluß der Umwelt sowie die in Situationen aktuell zu fällenden Entscheidungen in Form von Wahrscheinlichkeitswerten bereits im Planungsstadium berücksichtigt, so sei dies als stochastische Planung angesprochen (Abschnitt 8 befaßt sich mit den

Methoden der Erstellung und Auswertung stochastischer Pläne in detaillierter Form).

3.2.2 Merkmalgruppe "Funktion der Planung" (Wirk-Merkmale)

Als Funktion sei auch in diesem Zusammenhang die Abstraktionsklasse der möglichen Verhaltensweisen verstanden. Die Funktion der Planung bezieht sich hiebei ("wie wirkt die Planung?") entsprechend der vorgeschlagenen Eigenschaftsgliederung auf quantitative Funktionsmerkmale, hier zeitbezogene und inhaltsbezogene, sowie auf qualitative Funktionsmerkmale.

3.2.2.1 Quantitative funktionsbezogene Merkmale der Planung

Planungshorizont (zeitliche Reichweite)

Ohne auf absolute Zahlenwerte bezüglich einer zeitlichen Reichweite bzw. Gültigkeit einzugehen, soll folgende naheliegende Gliederung bezüglich der Fristigkeit von Plänen Verwendung finden:

- langfristige Planung
- mittelfristige Planung
- kurzfristige Planung

Das Abgrenzungskriterium zwischen den angeführten Fristigkeiten ist hiebei die Bedeutung des Planungsgegenstandes innerhalb eines gegebenen Zielrahmens: Ist der Rahmen weit gesteckt, so erlaubt und/oder erfordert dies eine langfristige Planung.
Die Begrenzung des Planungszeitraumes ergibt sich dabei aus der Fristigkeit der Planungsauswirkungen: Der Planungshorizont ist so weit zu legen, wie

- einerseits die Auswirkungen des Planes mit hinreichender Aussagesicherheit überblickt werden können,
- andererseits für die gegenwärtige Situation zukünftige Situationen Bedeutung besitzen.

Die Planungshorizonte schließen einander nicht aus, sondern erfordern im Gegenteil ein Aufbauen aufeinander, wobei - wie generell in der Systemtechnik - vom Groben zum Detail gegangen wird.

Langfristige Pläne müssen, wenn sie als realistisch gewertet werden sollen, zumindest vorgeplante Möglichkeiten der Plankorrektur beinhalten; anzustreben wären probabilistische Aussagen alternativer Ausgänge (stochastische Pläne).

Geltungsbereich (organisatorische Reichweite)
Im Aufbau analog zur zeitlichen Reichweite sei weiters eine Untergliederung der Planung nach ihrer Bedeutung für die planende Organisation wie folgt vorgenommen:

- politische Planung
- strategische Planung
  (Strategie = geschickte Kampfplanung)
- taktisch-operative Planung
  (Taktik = geschicktes Kampfverhalten, geschicktes Ausnützen von Situationen)

Hiebei zeigt sich eine Analogie mit der hierarchischen Gliederung des Managements (Management-Pyramide: Topmanagement, mittleres Management, operatives Management), was für die Zuordnung der unterschiedlichen Planungsstufen durchaus beabsichtigt ist.

Das Abgrenzungskriterium zwischen den angeführten Geltungsbereichen der Planung ist hiebei letztlich, in welchem Ausmaß in den einzelnen Planungen Möglichkeiten der Einflußnahme auf das Gesamtoptimum bestehen. So kann etwa in der taktischen Planung (als kurzfristige Antwort auf Umwelteinflüsse) nur noch in jenem Rahmen optimiert werden, der durch die strategische und über dieser durch die politische Planung (Zielrahmen) gesteckt ist.

Die politische Planung, auch als Philosophie bezeichnet, befaßt sich mit dem Zielrahmen in Form von

- Auswahl des Leistungsfeldes,
- Entwicklung von Zielen,
- Formulierung von allgemeinen Grundsätzen und Regeln.

Politische Planung ist das Festlegen von generellen Richtlinien betreffend ein zielgerichtetes Verhalten hinsichtlich anzustrebender Zustände. Sie operiert vorwiegend mit subjektiven Schätzwerten (vgl. Zielplanung).

Die strategische Planung befaßt sich innerhalb des durch die politische Planung gesteckten Rahmens mit

- Festlegen des Maßnahmenpools(der Leistung),
- Formulierung von Regeln im Hinblick auf die Ausgestaltung des Systems (z.B. hinsichtlich Leistungsprogramm, Kapazitäten, Kapitalausstattung, Standort, Organisationsform, Rechtsform).

Strategische Planung ist das Festlegen von generellen Richtlinien betreffend die Maßnahmen zur Zielerreichung, sie operiert vorwiegend mit Erfahrungswerten (vgl.Maßnahmenplanung).

Die taktisch-operative Planung befaßt sich mit dem gegenwärtigen Geschehen im System und dessen Steuerung im Rahmen des durch die strategische Planung gesteckten Rahmens. Sie bezieht sich somit auf

- den Ablauf der Handlungsprozesse und dessen Steuerung (Auswahl von Maßnahmen und Auslösung, Korrektur).

Taktisch-operative Planung ist geschicktes Ausnützen von sich ändernden Situationen durch das Setzen von steuerenden Maßnahmen, sie operiert mit Fakten (vgl.Steuerung).

3.2.2.2 Qualitative funktionsbezogene Merkmale der Planung

Ablauf (Routinebildung, Auftreten von Lerneffekten)
Das Vorgehensmodell für die Planung komplexer Systeme in allgemeiner Form ist Gegenstand des später folgenden Kapitels 5.2. Auf der Struktur dieser allgemeingültigen Vorgehenslogik können nun unterschiedliche typische Planungsprozesse mit unterschiedlicher Routinebildung ablaufen, die zwar in Reinform selten auftreten werden, jedoch in einer Planungstypologie wertvolle Aufschlüsse über die Arten von Planungen liefern.

Lineare Planung: Bei rein linearem Vorgehen werden die Stufen des Planungsprozesses in der angegebenen Form einmal durchlaufen, Versuche sind nicht vorgesehen, ein Lernprozeß am Problem kann daher nicht stattfinden. Die zu bearbeitenden Probleme müssen demgemäß einfach und durchschaubar sein oder Routinecharakter besitzen.

Rollende Planung (auch "Rollierende Planung"): Im Unterschied zu einer zeitlich eindimensionalen Planung stellt sich mit der rollenden Planung das Problem, daß eine Standardplanungsaufgabe (meist als Feinplanung ausgeführt) auf ein bestimmtes Zeitintervall bezogen wird, das mit dem Zeitablauf auf der Zeitachse in diskreten Schritten verschoben wird. Es sind damit jeweils die Ergebnisse der Vorperiode als Inputdaten für die nach gleichbleibendem Schema auszuführende nächste Feinplanung zu verwenden. In einer derartigen rollenden Planung sind Planziele im Rahmen einer übergeordneten längerfristigen Planung als Randbedingungen zu berücksichtigen.
Charakteristisch hiebei ist, daß die Planung immer nach gleicher Ablaufstruktur wiederholt wird, und zwar noch vor Abschluß der Realisierungsphase der jeweils vorliegenden Planungsperiode. Das System

ist somit nicht lernend bezüglich des Ablaufes, jedoch adaptiv bezüglich der verwendeten Daten, die mittels Trendanalyse aus den Vorperioden in zeitlich vorwärtsrollender Weise aktualisiert werden.

Iterative Planung: Im Normalfall eines Planungsprozesses, insbesondere bei innovativen Problemen, ist es oft nötig, einen einzelnen Planungsschritt oder eine ganze Planungsphase zu wiederholen, was im Vorgehensmodell der Planung in Form von Rückkopplungen berücksichtigt ist. Je komplexer und innovativer ein Problem sich stellt, desto mehr wird die Planung den Charakter eines Probierverfahrens (Trial & Error) annehmen. Nur durch ein derartiges iteratives Vorgehen kann es zu einer laufenden Verbesserung des Ergebnisses im Sinne eines Lernprozesses kommen. Die Planung besitzt somit den Charakter eines lernenden Systems im kybernetischen Sinne.

Qualität des Ergebnisses (Güte der Planung)
Das Ergebnis der Planung kann je nach Formalziel und nach Konzeption des Planugnsprozesses unterschiedliche Güte aufweisen:
Liegt der Zweck der Planung darin, bloß eine zulässige, die Randbedingungen befriedigende Lösung zu finden, ohne auf ihre relative Güte zu achten, so sei eine derartige Planung als Durchführbarkeitsplanung angesprochen.
Wird hingegen entweder auf heuristischem Wege eine Vielzahl von Lösungen ermittelt, um daraus die beste Lösung auszuwählen, oder wird versucht, auf analytischem Wege eine optimale Lösung unter Berücksichtigung relevanter Randbedigungen zu gewinnen, so sei eine derartige Planung als optimierende Planung bezeichnet.

Damit ergeben sich bei Unterscheidung der Planung bezüglich der anzustrebenden Güte folgende Ausprägungen:

- Durchführbarkeitsplanung (Feasibilitätsplanung)
- optimierende Planung (Optimalitätsplanung)

3.2.3 Merkmalgruppe "Verhalten der Planung" (abgeleitete Merkmale)

Aus der Vielfalt möglicherweise interessierender Merkmale der Planung, die sich aus ihrer Einbettung in eine bestimmte Umwelt ergeben, wurden im folgenden vor allem verarbeitungstechnische und aufwandorientierte Merkmale als relevant erkannt und auf ihre Ausprägungen hin analysiert.

3.2.3.1 Verarbeitungsweise (Durchführung der Planung)
Als Informationsverarbeitungsprozeß sind auch beim Planungsprozeß Möglichkeiten des teilweisen Einsatzes des Computers gegeben, wenngleich rein kreative und rein wertungsorientierte Prozeßelemente auch weiterhin dem Menschen zur "manuellen" Bearbeitung übertragen werden müssen. Diese Aussage spricht nicht gegen den Einsatz des Computers in Synthesestufen des Planungsprozesses, wo der EDV wertvolle Hilfestellung bei kombinatorischen, ordnenden, vergleichenden und dokumentarischen Aufgaben zukommt. Es ergibt sich damit die naheliegende Unterscheidung des Merkmals Verarbeitungsweise in die Ausprägungen

- manuell (personell)
- maschinell.

3.2.3.2 Angemessenheit des Aufwandes (Kosten der Planung)
Entsprechend dem Wesen der Planung als zeitlich vorweggenommener Eingriff in eine mehr oder minder ungewisse Zukunftssituation, kann der Nutzen der Planung exakt bestenfalls im nachhinein ermittelt werden. Eine Wirtschaftlichkeitsbetrachtung der Planung bereits im Planungsstadium ist daher immer problematisch und nur mit Unsicherheiten behaftet zu führen.
Je nach Priorität von Sachziel oder Formalziel kann jedoch wie folgt unterschieden werden in:

- nutzenorientierte Planung
- kostenorientierte Planung

Bei der nutzenorientierten Planung steht das Sachziel als Ergebnis der Planung im Vordergrund der Betrachtung: Es ist ein Plan mit maximalem Nutzen (d.h. ein System von maximaler Wirksamkeit = Effektivität) unter Einhaltung einer Obergrenze für den Planungsaufwand anzustreben.

Bei der kostenorientierten Planung wird das Formalziel Planungsaufwand vordringlich betrachtet: Es ist ein bestimmtes gefordertes Mindestplanergebnis (Mindestnutzen) auf kostenminimalem Weg (unter geringstem Aufwand) zu erzielen.

3.2.4 Merkmalsystematik der Planung samt Ausprägungen (Planungstypen)

Aus den bisherigen Ausführungen kann nun eine Übersicht der betrachteten Merkmalkomplexe und Merkmale der Planung samt zugehörigen Ausprägungen zusammengestellt werden, wie sie Abb.3.10 zeigt.

MERKMALGRUPPEN		MERKMAL	MERKMALAUSPRÄGUNGEN
ZUSTAND (BESCHAFFENHEITS-MERKMALE)	INHALT	OBJEKTORIENTIERUNG (PLANUNGSGEGENSTAND)	- ZIELPLANUNG - UMWELTPLANUNG (PROGNOSE) - MASSNAHMENPLANUNG
		VERRICHTUNGSORIENTIERUNG (PLANUNGSMETHODIK)	- KREATIVE PLANUNG - ROUTINEPLANUNG - IMPROVISATIONSPLANUNG
		INSTITUTIONSORIENTIERUNG (PLANUNGSORGANISATION)	- GESAMTPLANUNG/BEREICHSPLANUNG - ZENTRALISIERTE PLANUNG/ DEZENTRALISIERTE PLANUNG
	FORMALE BESCHAFFENHEIT	ABSTRAKTIONSEBENE	- EMOTIONALE ANSCHAUUNG - VERBALE FORMULIERUNG - FORMALE STRUKTURIERUNG - QUANTITATIVE OPTIMIERUNG
		DETAILLIERUNGSGRAD	- GROBPLANUNG - FEINPLANUNG
		PLANUNGSHIERARCHIE	- GESAMTPLANUNG - TEILPLANUNG
	DYNAMIK	FLEXIBILITÄT	- DETERMINISTISCHE PLANUNG - FLEXIBLE PLANUNG - STOCHASTISCHE PLANUNG
FUNKTION (WIRK-MERKMALE)	QUANTITATIVE MERKMALE DER FUNKTION	PLANUNGSHORIZONT (zeitliche Reichweite)	- LANGFRISTIGE PLANUNG - MITTELFRISTIGE PLANUNG - KURZFRISTIGE PLANUNG
		GELTUNGSBEREICH (organisat.Reichweite)	- POLITISCHE PLANUNG - STRATEGISCHE PLANUNG - TAKTISCH-OPERATIVE PLANUNG
	QUALITATIVE MERKMALE DER FUNKTION	ABLAUF (ROUTINEBILDUNG)	- LINEARE PLANUNG - ROLLENDE PLANUNG - ITERATIVE PLANUNG
		OPTIMALITÄT DES ERGEBNISSES	- DURCHFÜHRBARKEITSPLANUNG - OPTIMIERENDE PLANUNG
VERHALTEN (ABGEL.MERKMALE)	DURCHFÜHRUNG	VERARBEITUNGSWEISE	- MANUELL (PERSONELL) - MASCHINELL
	KOSTEN	ANGEMESSENHEIT DES AUFWANDS	- NUTZENORIENTIERTE PLANUNG - KOSTENORIENTIERTE PLANUNG

Abb. 3.10: Merkmale/Merkmalkomplexe der Planung (als abstraktes System) und deren Ausprägungen

Bereits bei der Diskussion der einzelnen Merkmale wurde aufgezeigt, daß starke Korrelationen zwischen den einzelnen Merkmalen bestehen, so daß oft eine bestimmte Ausprägung eines Merkmals die eines anderen

Merkmals mit hoher Wahrscheinlichkeit erwarten läßt. Dies trifft primär für Detaillierungsgrad, Planungshierarchie, Planungshorizont und Geltungsbereich zu.

Typische Fälle von Planungsaufgaben können daher mit obiger Systematik leichter erkannt und analysiert werden, sodaß mit ihrer Hilfe die in den folgenden Abschnitten zu besprechenden Methoden problemorientiert ausgewählt und effizient angewendet werden können.

4. Kreatives Denken im Rahmen des Problemlösungsprozesses (denkpsychologische Grundlagen)

4.1 Psychologische Ansätze der Kreativität

Sowohl die Notwendigkeit, der sich immer rascher ändernden Umwelt durch eine Erhöhung der Innovationsfähigkeit des Aufgabenträgers gerecht zu werden, als auch die Tendenz, die Arbeitswelt mehr und mehr als Teil einer sinnvollen Lebensgestaltung zu betrachten, münden in das Anliegen einer systematischen Förderung der Kreativität beim einzelnen Mitarbeiter. Zum besseren Verständnis der hiefür entwickelten Methoden, Verfahren und Konzepte sei die nachfolgende Einführung in das Problem der Kreativität gebracht.

Jede Problemlösung enthält kreative Denkprozesse bzw. Teilprozesse. Die Systemtechnik erhebt für sich den Anspruch, auf die spezifischen Bedürfnisse des innovativ arbeitenden Planers und Entwicklers komplexer Systeme ausgerichtet zu sein und ihm die nötige Hilfestellung bei der Bewältigung seiner Problemlösungsprozesse anzubieten.
Um diesen Anspruch zu rechtfertigen, soll im folgenden auf die Spezifika kreativer Denkprozesse sowie deren Umsetzungsprozesse detailliert eingegangen werden.

Die Psychologie des Denkens, speziell des produktiv-kreativen Denkens, hat in den letzten Jahren in den USA, aber auch in Europa, eine große Bedeutung gewonnen, was sich in einer Vielzahl von Forschungsergebnissen und wissenschaftlichen Publikationen niederschlägt. An das Problem der Kreativität wurde von allen bedeutenden Schulen der Psychologie herangegangen; dies manifestiert sich vor allem in folgenden Ansätzen:

- tiefenpsychologische Theorien der Kreativität (psychoanalytisch, individualpsychologisch)
- gestaltpsychologische Theorie der Kreativität (ganzheitspsychologisch)
- assoziationspsychologische Theorie der Kreativität
- behavioristische Theorie der Kreativität

Die vorliegenden Ausführungen können keineswegs eine erschöpfende Gesamtschau des Problems der Kreativität bieten, es sollen bloß einige wesentliche Ideen und Erkenntnisse, die für das Verständnis der in Kapitel 5.6 präsentierten Methoden und Techniken der Systemsynthese nötig erscheinen, besprochen werden.

Verbaldefinition des Begriffes "Problem": Ein Problem bzw. eine Problemsituation sei dann gegeben, wenn ein Individuum ein bestimmtes Ziel erreichen will, jedoch nicht weiß, wie es zu diesem Ziel gelangen kann, somit nicht auf bekannte, spezifische Methoden, Techniken und Handlungsweisen zurückzugreifen vermag. Die Lösung eines Problems (von unterschiedlich großem Innovationsgrad) wird durch produktives, d.h. kreatives Denken ermöglicht.

Prinzipiell lassen sich 3 Problemarten unterscheiden:

- Informationsproblem (ich möchte etwas an sich Bekanntes wissen)
- Innovationsproblem (wie kann ich erreichen, daß ...)
- Entscheidungsproblem (soll ich oder soll ich nicht bzw. welche von mehreren Alternativen soll ich wählen)

Die folgenden Ausführungen beziehen sich primär auf Innovationsprobleme.

4.2 Arten kreativen Denkens

Das Denken wird allgemein im Rahmen des Überbegriffes "Verstand" als empirisch begründete Geistesstruktur, wie in Abb.4.1 dargestellt, untergliedert.

Obige Struktur läßt sich bis in die später zu besprechende Gliederung des Problemlösungsprozesses verfolgen, wobei grob in folgende drei Hauptphasen des Vorgehensplanes untergliedert werden kann:

- Informationsgewinnung (erfassend)
- Informationsverarbeitung (produktiv)
- Informationsauswertung (wertend)

und parallel hiezu

- Informationsspeicherung (Dokumentation)

Erfassendes Denken beinhaltet Informationsentdecken, Informationswiederentdecken und -wiedererkennen.

Produktives Denken beinhaltet die Verwendung bekannter Informationen

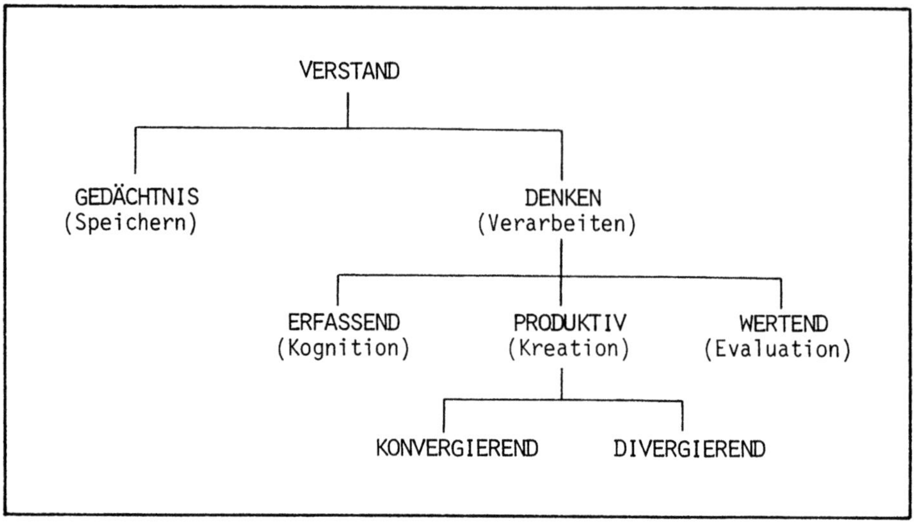

Abb. 4.1: Gliederung des Intellekts (Geistesstruktur)

zur Schaffung neuer Informationen (kreativ und produktiv werden in der Denkpsychologie gleichbedeutend verwendet).
Wertendes Denken beinhaltet die Entscheidungsvorbereitung, ob das Erfaßte oder Produzierte geeignet, richtig, angemessen und den Erfordernissen entsprechend ist.

Innerhalb des produktiven Denkens läßt sich weiters unterscheiden:

Konvergentes produktives Denken (gebundenes Denken) arbeitet auf eine einzige richtige Antwort hin, die herkömmlichen determinierten Charakter aufweist.
Z.B. Benennen von Gegenständen,
Herausarbeiten von logischen Beziehungen,
Ordnen von Begriffen.

Divergentes produktives Denken (freies Denken) geht in verschiedene Richtungen unter Variation des Verlaufes des Denkverhaltens.
Z.B. Assoziationen, Phantasien,
Umstrukturierungen,
Ergänzungen mit Freiheitsgraden höherer Ordnung.

Freud hat das letztere Denken dem Lustprinzip zugewiesen, während er das gebundene Denken, das unmittelbar auf eine zweckmäßige Realität gerichtet ist, dem Realitätsprinzip unterstellt.
Die bipolare Gliederung in konvergent (systematisches Vorgehen) und

divergent (blind tastendes Vorgehen) kann noch durch eine Mischform ergänzt werden, die gleichermaßen frei <u>und</u> gesteuert erscheint; diese sei (nach Durkin) im Hinblick auf gestaltpsychologische Erkenntnisse als produktives Denken durch <u>plötzliche Umstrukturierung</u> (sudden reorganization) bezeichnet.

Anhand einiger relevanter Merkmale seien die drei Arten produktiven Denkens (Arten des Problemlösens), wie aus Abb.4.2 zu entnehmen, erläutert.

PROBLEMLÖSUNGS-ARTEN / MERKMALE	VERSUCH UND IRRTUM (TRIAL & ERROR) intuitives Vorgehen	PLÖTZLICHE UMSTRUKTURIERUNG transponierendes Vorgehen	SCHRITTWEISE HERLEITUNG diskursives Vorgehen
VORGEHEN	blindes Tasten, Probieren, ungebundene Phantasie	plötzlicher Abbruch des Tastens	kein Tasten, sondern allmähliche Entwicklung eines Verständnisses
ORIENTIERUNG	Rückorientierung	plötzliche Voraussicht	Voraussicht
KLÄRUNGSPROZESS	Verwirrung bis zuletzt	plötzliche Klärung der Verwirrung	schrittweise Klärung
EMOTIONSZUSTAND	Gefühl der Hoffnungslosigkeit	Erregung, manchmal Erleichterung	Befriedigung
ZIELBEZIEHUNG	Aufmerksamkeit gegenüber dem Ziel distanziert-diffus	Aufmerksamkeit nicht zielgerichtet	Aufmerksamkeit auf bestimmte Zielbedürfnisse gerichtet
PSYCHISCHE EINSTELLUNG	unbestimmt, wandernd, willkürlich	passiv, rezeptiv	aktives, gerichtetes Suchen
FEHLER, ÜBUNG	Fehlerkurve unregelmäßig, fällt u.U. auch nach Lösung nicht ab; geringe Übungsübertragung	Fehlerkurve unregelmäßig, dann plötzlicher Abfall, gute Übungsübertragung	abgestufte Fehlerkurve; gute Übungsübertragung
VERHALTEN	verwirrt	verwirrt, dann plötzlich geordnet, leistungsfähig	ruhig, geordnet

Abb. 4.2: Typen des produktiven Denkens (Arten des Problemlösens)

Alle drei Problemlösungsarten finden in der Praxis ihre Anwendung, wie aus der Besprechung der sogenannten Kreativitätsmethoden in Abschnitt 5.7.2 zu entnehmen ist (in der einschlägigen Literatur wird oft auch bloß in diskursive und intuitive Methoden der Kreativitätsförderung untergliedert).

Wichtig ist in diesem Zusammenhang zu bemerken, daß bei keiner der drei Methoden der bloße Zufall im engeren Sinne beim Zustandekommen der Lösung die wesentliche Rolle spielt.

4.3 Dualität und Einheit von Analyse und Synthese

Den vorhin besprochenen Untergliederungen des Denkens, und zwar dem produktiven und dem erfassenden/wertenden, können die Begriffe Synthese und Analyse/Entscheidung zugeordnet werden.
Über die im Rahmen des kybernetischen Elementarmodells der menschlichen rationalen Handlung (Abschnitt 3.1.3) gemachten Feststellungen hinaus, soll nun die Stellung von Synthese und Analyse als Komponenten des Denkens skizziert werden.

Jeder Denkprozeß ist die Tätigkeit eines Subjekts, das mit der objektiven Welt in Wechselwirkung steht, wodurch diese Beziehung mit der Umwelt laufend einer Veränderung unterzogen ist. (So wird durch Denken etwa eine Problemsituation verändert, was neues Denken auslöst.)

Der Denkprozeß besteht aus Analysieren und Synthetisieren, sowie, jeweils damit verbunden, aus Abstrahieren und Generalisieren. Es sind dies die Elemente des Denkprozesses und damit Tätigkeiten des denkenden Individuums. Analyse und Synthese sind zwei Aspekte des ganzheitlich betrachteten Denkprozesses, sie bedingen sich wechselseitig. Analyse und Synthese nehmen je nach der jeweils erreichten Erkenntnisstufe durchaus unterschiedliche Erscheinungsformen an; dies zeigt eine Entwicklung, d.h. einen zielgerichteten Prozeß auf.
Die Aufgabe der Analyse ist es, mit fortschreitender Erkenntnis der Situation neue Momente auszusondern und hervorzuheben, um dadurch das Wesentliche zu unterstreichen und störende, beiläufige Fremderscheinungen, die die bestimmenden Gesetzmäßigkeiten des Sachverhaltes verschleiern, zu eliminieren. Die Analyse trägt daher die Anlagen der Abstraktion in sich.

Die Aufgabe der Synthese ist es, an Wahrnehmungsobjekten neue Eigenschaften aufzudecken, indem man diese in neue Zusammenhänge stellt. Jedes Herstellen einer Beziehung, jedes Gegenüberstellen und Herstellen von Verbindungen zwischen verschiedenen Elementen ist Synthese. Bei anschließender Analyse zeigt sich das Objekt in immer neuen Qualitäten, was einer Aufdeckung der verschiedenen - unbekannt vielen - Eigenschaften des Objektes entspricht. Die Synthese trägt daher die Anlagen der Generalisierung in sich.

Bezüglich der Beziehung zwischen Analyse und Synthese läßt sich nach Rubinstein folgendes feststellen: Die Synthese geht ununterbrochen in Analyse über und umgekehrt. Die Korrelativität von Analyse und Synthese im Verlauf der ganzen Denkbewegung ist schon dadurch bedingt, daß die begriffliche Charakteristik irgendeiner Erscheinung, wie synthetisch sie auch immer sein mag, dennoch das Produkt einer Analyse der Wirklichkeit und der Abstraktion von einer Reihe ihrer Seiten darstellt. Analog gilt: Mag man die Analyse, die zu irgendeinem Begriff führt, auch noch so weit treiben, der Begriff selbst enthält doch immer eine gesetzmäßige Verbindung (Synthese) der wesentlichen Seiten der Erscheinung. Und je weiter man die Analyse treibt, um so umfassender ist die Synthese, welche die dem Begriff inhärente Verallgemeinerung vollzieht.

Genaugenommen gibt es eigentlich überhaupt keine zwei Wege oder zwei Wegabschnitte der Erkenntnis, von denen der eine die Analyse und der andere die Synthese wäre. Analyse und Synthese sind vielmehr zwei Seiten eines einheitlichen Prozesses. Jedes Glied der Erkenntnis, jede Denkkategorie ist ein abstraktes Produkt einer Analyse der konkreten Wirklichkeit und zugleich auch Glied eines synthetischen Prozesses, nämlich der gedanklichen Reproduktion des Konkreten in seiner bereits analysierten Gesetzmäßigkeit.

Man könnte überspitzt folgendes formulieren: Jeder Syntheseprozeß im Rahmen der Behandlung eines Sachverhaltes kann als (entartete) Analyseaufgabe aufgefaßt werden, wobei die Entartung in der Beschränktheit und Unzulänglichkeit des menschlichen Wissens bzw. Denkvermögens begründet ist: Es wird bei der Synthese letztlich eine begriffliche Ganzheit eines Sachverhaltes mit ihren unbekannt vielen (potentiellen) Ausprägungen zum Zwecke des Findens eines Lösungsprinzips analysiert.

Demgemäß kann festgehalten werden, daß die Analyse einerseits immer eine Synthese voraussetzt, da das betrachtete Objekt in einem neuen Beziehungsgefüge zu untersuchen ist, andererseits die Synthese immer eine Analyse voraussetzt, insoferne sie die durch die Analyse ermittelten Elemente neu ordnet. Dieser Sachverhalt einer innigen Wechselbeziehung wird durch das kybernetische Elementarmodell der zweckrationalen Handlung optimal abgebildet.

Damit wird auch offensichtlich, daß Methoden der Systemanalyse immer auch Aspekte (Modellbildungen, Anregungen) der Systemsynthese beinhalten und umgekehrt, d.h. Methoden der Systemsynthese immer auch Momente der Analyse - wie insbesondere das Abtasten des potentiell gegebenen, nur z.T. bewußten Lösungsfeldes - als integralen Bestandteil enthalten.

4.4 Das Wesen produktiven Denkens als Prozeß

4.4.1 Grundlagen

Beim produktiven Denken wird zielführend von der vor- bzw. übergeordneten Aufgabe (Zielsystem), also von "oben" her, ausgegangen, wie dies auch in der Gestalttheorie Voraussetzung ist: Es kann kaum echt Sinnvolles erreicht werden, ohne daß von der Erfassung bestimmter Ganzeigenschaften, Ganzbedingungen, Ganzheiten ausgegangen wird (ausgenommen sind rein heuristische Lösungstechniken).

Auf das Gebiet des Konstruierens ausgerichtet, formuliert Bach das Problem des Lösungsweges vom Ganzen zum Einzelnen wie folgt: Als erstes wird ein Gesamtkonzept der Lösung gesucht. Das Ergebnis ist am Anfang oft ein diffuser Gesamteindruck der Endlösung, der als Prinzipskizze oder auch vage Konturenskizze zu Papier gebracht wird. Der Konstrukteur beginnt also nicht mit einzelnen Lösungselementen, sondern einer Lösungsganzheit. Diese Ganzheit enthält im Keim bereits alle weiteren Einzelheiten, die nun im Vorgang des Entwerfens entfaltet werden. Das Entwerfen ist also, genau gesehen, ein fortschreitendes Klären der zu erfüllenden Teilfunktionen und ein Unterteilen sowie Präzisieren der technisch-konstruktiven Elemente. Man kann demgemäß das Entwerfen als ein "ganzheitlich-analytisches" Verfahren kennzeichnen, wobei der Entwerfer in zwei Ebenen schöpferisch arbeitet: Einmal bedient er sich "unbewußt" (oft auch als "vorbewußt" bezeichnet) abstrakter Gestaltungsstrukturen, und zum zweiten skizziert er "bewußt" konkrete Bauelemente und Elementkombinationen.

Der Druck der Aufgabe wird dabei durch das Sehen des Problems erzeugt, die Lösung der Aufgabe ist im wesentlichen Lösung der Spannung. Die Problemstellung impliziert einerseits eine Motivation zur Lösung (Denkantrieb), andererseits aber auch eine Hemmung, bewirkt durch erkannte/vermutete Hindernisse, Schwierigkeiten und Unsicherheiten.

Der Problemlösungsweg besteht darin, alles Gegebene, aus Erfahrungen Angesammelte hinsichtlich seiner Leistungsfähigkeit (seines "Funktionalwertes") für die Lösung des Problems abzutasten. Das Verknüpfen dieser Erfahrungen (in der Assoziationstheorie als Bisoziation bezeichnet) bzw. Umstrukturieren in einer möglichst der Lösung dienenden Weise ergibt dann das mehr oder minder innovative Lösungskonzept. Eine kreative Leistung resultiert niemals aus dem Nichts, sondern baut immer auf Vorhandenem auf.

Die wesentlichste und wichtigste Intelligenzleistung im Rahmen des Problemlösungsprozesses ist es somit, daß etwas als für eine Lösung dienlich oder vermutlich dienlich angesehen wird ("positiver Transfer").

Eine schrittweise Konkretisierung eines aufgefundenen Funktionalwertes für die Lösung, das Lösungsprinzip, liefert dann die Endgestalt der Lösung. Dies bedeutet, daß die allgemeinen, grundsätzlichen Eigenschaften der Lösung den speziellen Eigenschaften genetisch vorausgehen.

Folgende aus dem bisher Gebrachten ableitbare Feststellungen haben große Bedeutung für die Praxis der Problemlösung:

- Erfahrungen sind als Funktionalwerte umso eher auf spezifische Problemstellungen übertragbar und stehen um so unmittelbarer zur Verfügung (Disponibilität), aus je mehr verschiedenartigen Aufgabenstellungen und Erfahrungen sie gewonnen worden sind.
  Eine funktionale Gebundenheit einer Erfahrung wirkt in andersartiger Umgebung (Aspektänderung) auf die Verfügbarkeit hemmend.
- Eine enge Problemdefinition engt die Gewinnung von Funktionalwerten aus dem Erfahrungsfundus ein und beschränkt damit die Mannigfaltigkeit der Verknüpfungen , d.h. der Lösungsansätze.

Das kreative Denken, das Problemlösen, hat formal große Ähnlichkeit mit dem Witz:
Schon im Rahmen vorwissenschaftlicher Psychologie hat etwa Kant das Vermögen, "Ähnlichkeiten unter gleichartigen Dingen aufzufinden", als Kriterium des produktiven Witzes erkannt.
Die Struktur des Witzes schlechthin, wie auch des produktiven Denkens, läßt sich folgendermaßen beschreiben:

1.Schritt: Ein (im Falle des Witzes möglichst alltäglicher, allgemein anerkannter) Sachverhalt wird abstrahiert.
2.Schritt: Der so (im Falle des Witzes oft auf eher Unwesentliches) reduzierte Sachverhalt wird auf ein wesensfremdes Betrachtungsfeld übertragen.
3.Schritt: Das Lösungsprinzip des Sachverhaltes wird in dieser, für den rigiden, in eingefahrenen Bahnen (stereotyp) Denkenden fremd anmutenden (im Falle des Witzes absurd und komisch wirkenden) Umgebung adaptiert und angewandt.

Auf obiger Ablaufstruktur bauen die Methoden zur Förderung der Kreativität z.T. unmittelbar auf (vgl. Synektik).

4.4.2 Phasen des produktiven Denkens

Das Suchen und Finden von Lösungsprinzipien läuft in Phasen ab, die fließend ineinander übergehen, jedoch klar unterscheidbaren Charakter aufweisen. Es gibt in der Denkpsychologie mehrere Vorschläge eines kreativen Denkmusters , die sich auf folgendes Vier-Phasen-Modell des produktiven Denkens reduzieren lassen:

Präparation	(selektive Vorbereitung)
Inkubation	(Verdauen der Problemstellung, Frustration)
Illumination	(Einfall, Aha-Erlebnis, Heureka)
Verifikation	(überprüfendes Urteil)

Diskussion der einzelnen Phasen:

Präparation: die Vorbereitung
- des Problemlösers bezüglich seiner psychophysischen Einstellung,
- des Problems durch Sammlung und optimale Aufbereitung von problemlrelevanten Informationen in möglichst unzensierter und unkategorisierter Form.

Inkubation: das Verdauen bzw. Reifen des Problems (Wartezeit);

kann in Grenzen beeinflußt werden, vollzieht sich jedoch im Unbewußten (in der obersten Schicht des Unbewußten). Es ist ein optimales Motivationsniveau anzustreben.
Die Inkubation ist ein unbewußtes Problemverarbeiten und Suchen nach Lösungen.
Der Eintritt in die Verdauungsphase ist gegeben, wenn das Problem in perserverativer Art dem Problemlöser ungewollt einfällt, aufstößt und ihn innerlich zu beschäftigen beginnt.

Illumination: die Erleuchtung, der problemlösende Einfall, das Aufsteigen der Lösung ins Bewußtsein. Diese Phase beinhaltet keine Arbeit im eigentlichen Sinne, der Erfolg kann nicht erzwungen werden, Streß und zeitlich ununterbrochene Beschäftigung mit dem Probelm wirken eher blockierend. Oft befindet sich der Denkende unmittelbar vor bzw. nach dem eigentlichen Einfall im emotionalen Zustand hoher psycho-physischer Spannung, gefolgt von erleichternder Entspannung. Andererseits ist das Tag-Träumen mit seiner Gefühlsbetontheit, der Halbschlaf, das Dösen, für die Illumination äußerst förderlich. Es können hiebei Techniken angewandt werden , um das Bewußtsein abzuschalten, damit die unbewußten Inhalte sich entwickeln und formieren können. Der Einfall tritt unerwartet, plötzlich und unter unvorhersehbaren Umständen ein.
Die Eingebung selbst ist Ausfluß einer Rückverbundenheit des menschlichen Geistes mit der Ideenwelt, man kann den Vorgang als ein geistiges Schauen bezeichnen.

Verifikation: das Adaptieren des gefundenen Lösungskonzeptes und nüchternes Überprüfen bezüglich seiner Durchführbarkeit. Es erfolgt ein Aus- und Umformen sowie Prüfen der Lösung, bis sie dem kreativen Individuum adäquat erscheint. Hinderlich hiebei kann ein mangelhaftes Beherrschen der Darstellungsmedien als Kommunikationsmittel sein, da es gilt, die subjektive, unartikulierte Einsicht in eine objektive symbolische Form (Sprache, Schrift, Zeichen) zu übertragen. Hiezu mehr unter Abschnitt 4.7.

4.5 Ansätze zur Bewertung kreativer Leistung

4.5.1 Bewertungskriterien

Um Ergebnisse kreativer Denkprozesse bewerten zu können, müssen signifikante, generell auftretende Eigenschaften von Problemlösungen als allgemein anerkannte Bewertungskriterien festgelegt werden.

Folgende drei Kriterien seien vorgeschlagen:

- Neuartigkeit
- Richtigkeit
- Brauchbarkeit

Ergänzt könnte obiges Bewertungsschema durch folgende zwei weiteren Bewertungskriterien werden:

- Eleganz
- Überlegenheit gegenüber Bisherigem

In jeder kreativen Leistung ist die Lösung bzw. Lösungsidee neu (in bezug auf ein vorhandenes relevantes System) oder zumindest ungewöhnlich (selten im statistischen Sinne), weiters ist sie in sich richtig (vom logischen Sinn her gesehen) und darüber hinaus muß sie der Realität angepaßt sein, also langfristig wirksam, brauchbar und wertvoll sein.

Eine kreative Idee stellt, generell gesprochen, einen Wertzuwachs für die Gesellschaft dar.

4.5.2 Bezugsebenen

Zur Einstufung kreativer Tätigkeit in Kreativitätsniveaus könnte folgende Hierarchie von Bezugsebenen der Kreativität behilflich sein:

- geniale Ebene (jenseits des Verständnisses der unteren Ebenen; oberste Ebene kreativen Verhaltens)
- erfinderische Ebene (das Ergebnis ist nur schwer an der Realtität zu messen, da adäquate Vergleichsmaßstäbe fehlen).
- entwickelnde Ebene (Ausprobieren von Eigenschaften, Strukturen)
- expressive Ebene (Kindheitskreativität, kaum Anspruch auf Originalität).

4.6 Situationsbedingungen beim Problemlösungsverhalten

Neben der durch die Problemstellung induzierten Motivation des Planers, das Problem zu lösen, treten weitere das Ergebnis beeinflussende Faktoren auf, die eine emotionale Beanspruchung des Problemlösers in unterschiedlicher Weise bewirken.

4.6.1 Persönlich versus neutral getönte Probleme

Hiezu kann festgestellt werden, daß die Wahrscheinlichkeit, eine gute Lösung zu finden, bei persönlichen Problemen gegenüber den neutral getönten Problemen durchaus nicht größer ist, da oft Vorurteile und Fixierungen und damit Verkrampfungen auftreten, was einem adäquaten, sachlich betonten Vorgehen hinderlich ist. Ehrgeiz und Ich-bezogene Einstellung erschweren meist das Finden von Lösungen.

4.6.2 Streß und Kreativität

Gesteigerte emotionale Erregung durch Streß bewirkt eine Zunahme stereotyper, inflexibler (rigider) Verhaltensweisen. Derartige Kreativitätsblockaden entstehen im wesentlichen

- aufgabenbedingt: inhaltlich-zeitlicher Erfolgszwang, Pönale, materielles Risiko, Sicherheitsrisiko, Konkurrenz um knappes Ressourcenpotential
- persönlichkeitsbedingt: konfliktgespannte Lebenslage, habituelle Ängstlichkeit (Angst vor Lächerlichkeit, Fehlern, Änderungen, Außenseitertum)
- rollenbedingt - gruppenbedingt: Wechsel in der Gruppenzusammensetzung, Konflikte zwischen Mitarbeitern (insbesondere bei unterschiedlicher hierarchischer Ebene), Diskrepanz zwischen Rollenerwartung und Rollenverhalten.
- zielbedingt: unterschiedliche Auffassung von anzustrebenden Zielen, unterschiedliche Bewertung von Alternativen und Konsequenzen.

Der Einfluß von Streß auf den Problemlösungserfolg wirkt sich bei hohen Ausprägungen hemmend aus, ein gewisses Maß an Streß, hervorgerufen durch Motivation (Selbstbestätigung, Selbstverwirklichung, aber auch elementare Bedürfnisse wie Sicherheit etc.), ist aber in jedem Fall notwendig (Abb.4.3).

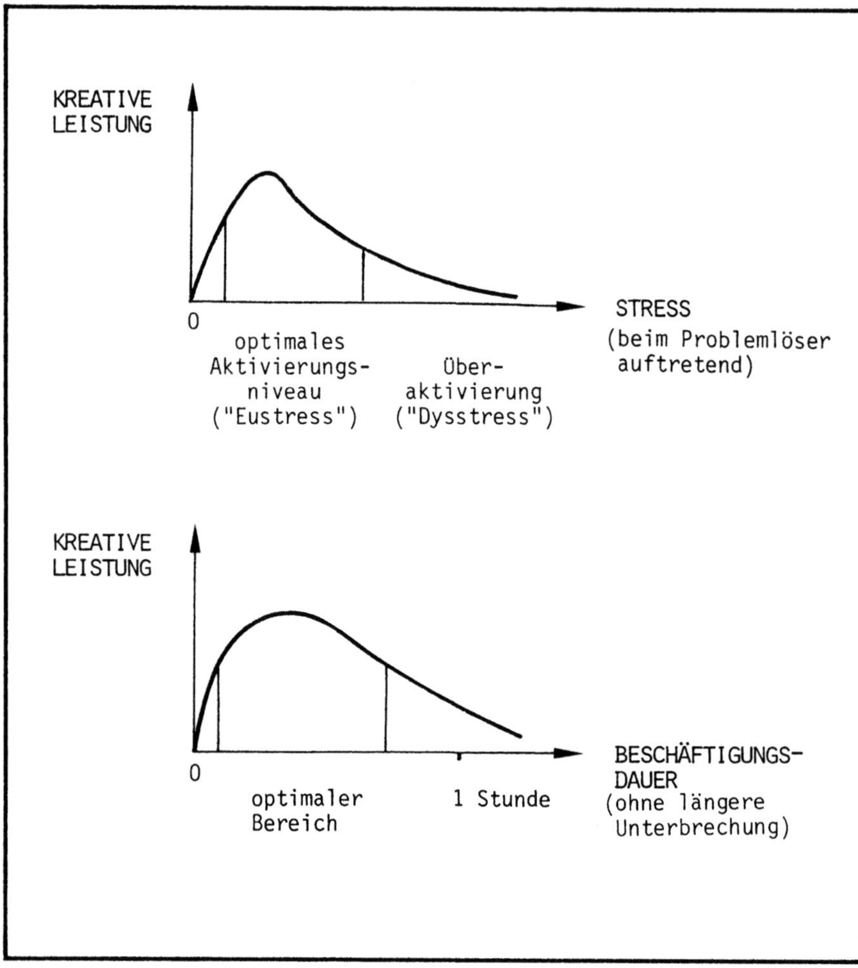

Abb. 4.3: Kreative Leistung in Abhängigkeit von Stress und Beschäftigungsdauer

4.6.3 <u>Beschäftigungsdauer und Kreativität</u>

Der Mensch ist in Schüben kreativ, d.h. stoßweise. Wird dennoch eine stetige Kurve näherungsweise für die kreative Leistung über der Beschäftigungsdauer aufgetragen, so zeigt sich ein starker Leistungsabfall noch innerhalb der ersten Stunde ununterbrochener Beschäftigung mit der Problemlösung. (Diese Erkenntnis steht nicht im Widerspruch zu Forschungsergebnissen, daß die <u>besten Ideen relativ spät</u> kommen!)

In obige "Gesetzmäßigkeiten" gehen die Einflußfaktoren <u>Aufmerksamkeitsumfang</u> und <u>Aufmerksamkeitsverteilung</u> mit ein, wenngleich die Zusammenhänge durch weitere Einflüsse überlagert sein dürften.

4.6.4 Alter sowie Geschlecht des Problemlösers und Kreativität

Aus unterschiedlichen Versuchen kann ein signifikanter Einfluß des Alters und des Geschlechts auf die kreative Leistung festgestellt werden. Höheres Alter bedingt eine eher geringere Flexibilität beim Problemlösungsverhalten und Mangel an divergentem Denken. Je älter und reifer der Mensch wird, desto automatenhafter wird er in seinen Handlungen; ohne daß er es bewußt merkt, agiert und reagiert er immer auf die gleiche Weise bei bestimmten Situationen ("Schubladen-Denken").

Dem weiblichen Geschlecht wird - entwicklungsbedingt oder anlagebedingt - eine weniger ausgeprägte Lust zum divergenten Denken zugeordnet, was in einem höheren Bedürfnis nach Sicherheit und in einer stärkeren Praxisorientierung seine Begründung haben könnte.

4.6.5 Einzelkreativität-Gruppenkreativität

Die äußerst komplexe Frage, ob die Gruppenkreativität der Einzelkreativität überlegen ist, läßt sich bis heute nicht eindeutig beantworten. Der Vorteil der Gruppe liegt offensichtlich in den unterschiedlichen Standpunkten und Standorten, welche die einzelnen Teammitglieder einnehmen.
Es gibt hiezu Untersuchungen, die nachweisen, daß die Leistung der Kleingruppe (Vierergruppe) jener von gleich vielen isoliert arbeitenden Einzelpersonen überlegen sei. Neueste Untersuchungen in den USA zeigen demgegenüber, daß nominelle Gruppen (isoliert arbeitende Individuen, deren Leistungen zusammengefaßt werden) bei gewissen Problemstellungen sowie einer Gruppengröße von mehr als sechs Personen der realen Gruppe überlegen sind, während bei geringeren Personenanzahlen sich keine wesentlichen Unterschiede erkennen lassen: Der Vorteil eines gegenseitigen geistigen Befruchtens und gegenseitigen Enthemmens scheint besonders bei größeren Gruppen durch gruppendynamisch bedingte Anlaufschwierigkeiten und innere Spannungen mehr als kompensiert zu werden.

Ebenso haben Untersuchungen ergeben, daß die Gruppe mehr Ideen produziert, deren Qualität jedoch nicht besser ist als die der individuell entwickelten, die alleine gearbeitet und die Ergebnisse in der Gruppe zur Diskussion gestellt haben.

Sicher scheint zu sein, daß für effiziente kreative Denkarbeit eine Gruppe nicht mehr als fünf Mitglieder besitzen sollte, wobei die optimale Gruppengröße mit vier Mitgliedern angenommen werden kann.

4.6.6 Eigenschaften und Verhaltensweisen des Problemlösers

Kreative Fähigkeit ist beim einzelnen sowohl angeboren als auch umweltbedingt. Insbesondere Erziehung und Ausbildung sowie die Gesellschaft als solche können kreative Anlagen fördern oder auch unterdrücken. Die Erziehung zum "normalen" Menschen, das ist jener, der sich seiner Umwelt möglichst reibungslos anpaßt, tötet kreative Ansätze ab.

Die eignungsgerechte Förderung eines kreativen Verhaltens beim einzelnen Individuum spricht sicher nicht für eine gleiche Behandlung aller Menschen; es gelte daher die Maxime: Jeder nach seinen Fähigkeiten.

Folgende wesentliche Verhaltensweisen kreativer Individuen seien erwähnt: der kreative Mensch

- ist offen gegenüber Neuem, ist flexibel
- bevorzugt Komplexes
- zeigt eine unkonventionelle Einstellung/Reaktion, paßt sich unterschiedlichen Situationen beweglich an
- nimmt verstärkt Wahrnehmungen aus der Umwelt auf, ist sensitiv
- kann Unsicherheitsgefühle, Frustrationen ertragen
- ist auch bereit, seine eigene Leistung in Frage zu stellen
- ist in seinem Urteil unabhängiger: er ist den gesellschaftlichen Forderungen weniger stark angepaßt, besitzt geringere Werthaltungen auf sozialem Gebiet, wird daher oft als asozial bzw. als unsozialisierbar eingestuft
- wehrt sich gegen Einschränkungen jeglicher Art
- ist erfolgsmotiviert, initiativ, energisch und dominant, wirkt daher oft unsympathisch
- hat Freude am Hinterfragen von Gegebenheiten, am Abgehen vom Gewohnten; für ihn wird auch das für den Durchschnittsmenschen Selbstverständliche zum Problem, er wirkt daher eher anstrengend auf die Umwelt
- zeigt leidenschaftliche Hingabe bei gleichzeitiger Distanz zum Problem, um Objektivität und Selbstkritik zu erhalten

- ist selbstbewußt, besitzt Vertrauen in sich und in die Zukunft
- betreibt das Suchen nach Lösungen als geistigen Sport
- ist eher großzügig, kein Perfektionist, wirkt daher eher oberflächlich

Folgende Merkmale der Pesönlichkeitsstruktur können zusammenfassend angegeben werden: Flexibilität, Variabilität, Sensitivität, Originalität.

4.6.7 Organisatorische Einbettung kreativer Tätigkeit

Die Organisationsform der Bürokratie wirkt sich stark hemmend auf die innovative Aktivität und damit Effizienz des Individuums aus. Eine bürokratische Organisationsform liegt vor, wenn bei eher ausgeprägter Statusdifferenzierung eine eindeutige, enge Aufgabenzuteilung mit hoher Spezialisierung und hoher Programmierung erfolgt, wobei Delegation von Kompetenz und Partizipation bei der Entscheidungsfindung gering sind (vgl.Abb.4.4).

Die kreativitäsfeindliche Wirkung der bürokratischen Organisation ist insbesondere auf folgenden Prozeß zurückzuführen: Tritt in einer organisatorischen Stelle eine Diskrepanz mit ihrer spezifischen Umwelt auf, die zu einem Leistungsrückgang, einer Störung führt, so kann sich diese Stelle gegenüber der übergeordneten Stelle nur mit dem Nachweis verantworten, das vorgeschriebene Verfahren (hohe Formalisierung!) genau befolgt zu haben. Sie wird, als Folge derartiger Erfahrungen die ihr vorgeschriebenen Verfahren, unabhängig von deren Zweckmäßigkeit, in Zukunft nur noch peinlicher einhalten. Eine Motivation zur Verbesserung kommt nicht auf, eventuell aufsteigende Ideen für neue Lösungen werden weder weitergegeben noch selbst verfolgt. Die Situation kann damit als Dysfunktionalismus mit der Struktur eines positiven (sich selbst verstärkenden) Regelkreises angesprochen werden.

Als kreativitätsfördernde Organisationsstruktur sei die Team-Konzeption nach Likert angeführt: Jedes Organisationsmitglied gehört zwei Gruppen an; die eine setzt sich aus ihm, den Kollgen seiner organisatorischen Einheit und seinem Vorgesetzten, der aber nur als primus inter pares agiert, zusammen; in der anderen Gruppe ist dieses Organisationsmitglied selbst primus inter pares. Die Charakterisierung der Teammitglieder der jeweils höheren Ebene weist darauf hin, daß diese Mitglieder keine Autoritätsfunktion ausüben, sie sind lediglich als Verbindungsagenten, als "linking pins", zwischen verschiedenen Gruppen gedacht.

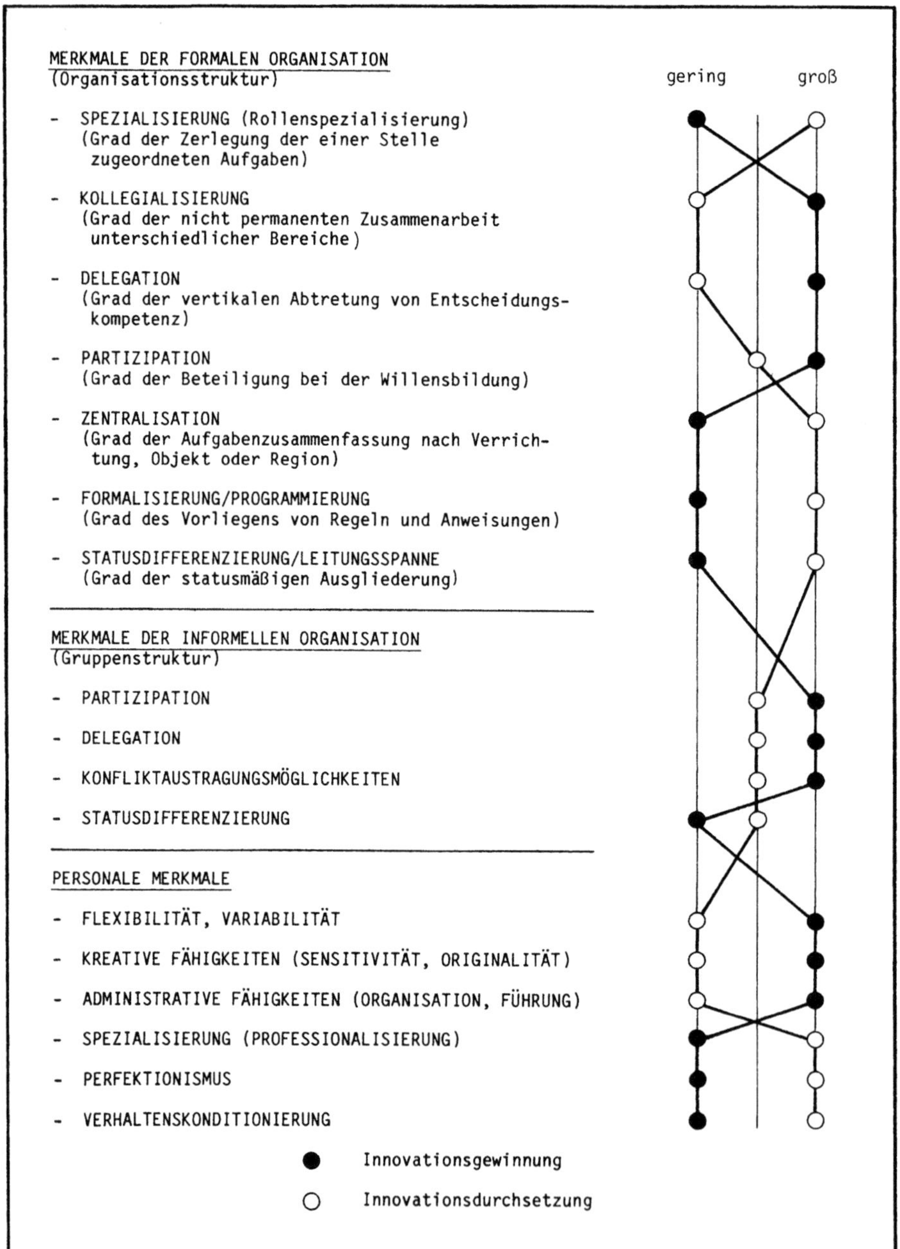

Abb. 4.4: Anforderungsprofile für Innovationsgenerierung und für Innovationsdurchsetzung

Für die beiden Phasen der Problemlösung, der durch Kreativität dominierten Phase der Gewinnung neuer Ideen und Konzepte einerseits und der Umsetzung dieser Ideen in tragfähige Innovationen in einem Unternehmen andererseits, sind somit unterschiedliche (meist konträre) Anforderungen an Organisation, Mitarbeiterteam und Person zu stellen (Abb.4.4)

4.7 Darstellungsmedien zur Umsetzung kreativen Denkens

Wie bei den Abstraktionsniveaus der Planung bereits diskutiert, bieten sich drei dem Abstraktionsgrad nach prinzipiell zu unterscheidende Darstellungsmittel an:

- Sprachliche Darstellung: Umgangssprache, Fachsprache
- Graphische Darstellung: graphische Modelle, Zeichnungen, Diagramme
- Mathematische Darstellung: quantitative Modelle, Formeln, Gleichungen.

Sprache:
Die technische Ausbildung bringt es derzeit leider mit sich, daß dieses Darstellungsmittel (das als Gradmesser des Gebildetseins allgemein angesehen wird) kaum verwendet und nicht geschult wird, was sich im beruflichen Alltag als Scheu des Ingenieurs vor der Öffentlichkeit mit dem Ergebnis einer relativen Zurückstellung gegenüber den wortgewandteren Akademikern anderer Disziplinen äußert. Sprachunabhängige Geistesleistung wird von der Allgemeinheit, wenn auch sehr zögernd, nur im mathematisch-naturwissenschaftlichen Bereich anerkannt, jedoch bis jetzt noch nicht auf dem ingenieurmäßig-kreativen Gebiet. Die Sprache als Instrument der Darstellung und damit des rationalen Denkens hat jedoch in der Systemtechnik - insbesondere in den vorformalen Abschnitten des Gestaltungsprozesses - größte Bedeutung.

Mathematik:
Um über eine verbale Beschreibung von Phänomenen hinausgehend eine möglichst hohe Exaktheit, Prägnanz und Generalisierung zu erreichen, bedient man sich des mathematischen Modells. Leider wird die Mathematik jedoch in singulären Rechenweisen und nicht als ein Denkinstrument mit charakteristischen Eigenschaften und Anwendungsgrenzen gelehrt und auch angewandt. Die Ingenieurwissenschaft sieht sich heute einer zunehmenden mathematischen Orientierung und Abstrahierung der Problemstellungen gegenüber, womit den komplexen, ganzheitlich zu be-

handelnden, soziotechnischen Systemen alleine nicht entsprochen werden kann, weshalb gerade der Systemtechnik mit ihrer Zielsetzung, isomorphe Strukturen bei unterschiedlichen komplexen Phänomensystemen herauszuarbeiten, eine steigende Bedeutung zukommt.

Graphik:
Die maßstäbliche zweidimensionale Abbildung von Stukturen im Zuge gestaltender Denkprozesse entspricht am unmittelbarsten der systemtechnischen Planungstätigkeit. Der Grund hiefür liegt einerseits in der sehr hohen Informationsdichte einer Zeichnung, gepaart mit einer ganzheitlichen, gleichzeitigen Aufnahme von nebeneinander bestehenden Objekten. Letztere Möglichkeit ist bei verbaler oder mathematischer Darstellung nicht gegeben, da im Zuge des Lesens die Bestandteile sequentiell und damit nicht wirklichkeitsgerecht aufgenommen werden.

Diese Tatsache äußert sich auch in der zunehmenden Bedeutung der Gestaltpsychologie für die Ingenieurwissenschaft und insbesondere die Systemtechnik: Erkennen ist ein Wiedererkennen mit Hilfe von Gestaltvergleichen und Gestaltbeurteilen; der Mechanismus des ganzheitlichen Erkennens ist ein Vergleichsmechanismus. Wir haben in unserem Gedächtnis Konzepte gespeichert, mit welchen wir die über unsere Sinnesorgane aufgenommenen Bilder vergleichen. Dieses Gestaltvergleichen geschieht ganzheitlich und spontan, da die Eindrücke der verschiedenen Sinneszellen gleichzeitig zum Gehirn geleitet werden und dort aus ihnen ein Bild selektiert wird. In gleicher Weise geschieht das Erkennen 'geistiger Bilder' durch Vergleichen mit gespeicherten Konzepten.
Der Systemplan verarbeitet somit Eindrücke (Bilder) vornehmlich visueller sowie geistiger Art, die er durch punktuelle Zuordnung in graphischer Form zu ganzheitlichen Strukturen zusammensetzt. Das bewußte Denken geht demgegenüber schrittweise und von Komponente zu Komponente vor sich. Durch ihre strukturierende Wirkung ist daher die Graphik das ideale ingenieurmäßige Medium zur Bewältigung der Diskrepanz zwischen logisch-analytischem Entwickeln und ganzheitlichem Erkennen eines Systems.

Festzustellen ist, daß das logisch-analytische Denken dem Menschen durch Sprache und Mathematik anerzogen wurde, während das bildhafte Denken als ganzheitliches Erkennen sowie Abspeichern von Objekten spontan gegeben ist und die Voraussetzung für kreative Tätigkeit bei komplexen Problemstellungen darstellt. Die Zeichnung ist hiebei das primäre Mittel für die Abbildung visueller Eindrücke und Vorstellungen von Strukturen.

Zusammenfassende Bemerkungen zum Kreativitätsproblem

Wichtigste Voraussetzung kreativ-produktiven Denkens ist die Bereitschaft des einzelnen, immer von neuem zu beginnen und nichts als endgültig gelöst, als perfekt und definitiv abgeschlossen zu betrachten.

Durch die kreative Beteiligung des einzelnen am Entwicklungsprozeß kann sich das Individuum vor Angst, Frustration und Entfremdung gegenüber seiner Umwelt schützen: Sich kreativ mit der Gegenwart auseinandersetzen, heißt die Zukunft mitbestimmen.

5. Methoden und Techniken der Systemplanung

5.1 Überblick: Pläne in der Systemtechnik

Entsprechend der verrichtungsorientierten Gliederung der Planung läßt sich die Maßnahmenplanung unterteilen in eine Ablaufplanung und eine Mittelplanung. Im informationsverarbeitenden Planungsprozeß entsprechen obige Planungsaspekte folgenden Planungen, die in bezug auf den eigentlichen Problemlösungsprozeß bzw. das Objektsystem als Metaplanung anzusehen sind:

- Vorgehensplanung (unter Verwendung des Vorgehensmodells der Systemtechnik)
- Methodenplanung (unter Verwendung des Methodenpools der Systemtechnik),

ergänzt durch eine von der Methodenplanung schwer zu trennende

- Datenplanung.

Generell kann gesagt werden, daß alle im weiteren besprochenen Methoden und Techniken unmittelbar auf den bisher gebrachten Wissensgebieten aufbauen:

- systemtheoretische Grundlagen (Ansätze einer allgemeinen Theorie der Systeme)
- planungstheoretische Grundlagen (das Wesen der Planung unter systemorientierter Sicht)
- denkpsychologische Grundlagen (Kreativität im Rahmen des Problemlösungsprozesses)

Der Übersichtlichkeit halber sollen im weiteren bloß die wichtigsten Rückverweise angegeben werden; im Sinne eines Methodengebäudes, einer Methodologie der Systemtechnik, können jedoch durchgehend Querverbindungen zwischen den einzelnen Kapiteln festgestellt werden.

5.2 Vorgehensmodelle (Vorgehenslogik) der Systemtechnik

5.2.1 Zugrundeliegende Theorie

Ein Vorgehensplan ist ein Programmsystem, ein abstraktes System, dessen Elemente Operationen sind, deren Verknüpfungen entsprechend den bestehenden mannigfaltigen Relationen untereinander die Struktur dieses Systems bilden. Jedes komplizierte Vorgehen, bei dem viele voneinander abhängige Unbekannte Berücksichtigung finden, und bei dem die einzelnen Operationen voneinander abhängen, benötigt einen Vorgehensplan.

Ist nach einer universell anwendbaren Gliederung des Problemlösungsprozesses in einzelne Vorgehensschritte gefragt, so lassen sich zwar in der Literatur unterschiedliche Vorschläge finden, jedoch sind diese meist vom jeweiligen Wissensgebiet geprägt, bzw. auf spezifische Anwendungen ausgerichtet.

Es sei daher ein anwendungs- sowie fachneutrales Vorgehensmodell für die Problemlösung abgeleitet, wobei dieser Vorschlag insbesondere auf folgenden bereits besprochenen Überlegungen aufbaut:

- Handlungselemente: Synthese-Analyse-Entscheidung
- Handlungsgrundfunktionen: Planung, Realisierung, letztere bestehend aus Steuerung, Durchführung, Überwachung (Regelkreisstruktur)
- Vorgehensrichtung: schrittweises zyklisches Vorgehen vom Ganzen zum Teil (Strategien hiezu vgl.Pkt. 5.2.2)
- Lösungssuchmethode: iteratives Herantasten an Lösungen (Strategien hiezu vgl.Pkt. 5.2.3)
- Darstellungstechnik: Bevorzugung der Graphik als ganzheitliches Darstellungsinstrument

5.2.2 Vorgehensstrategien

Die Systemtechnik befolgt hinsichtlich der umfassenden Planungsabläufe die Vorgehensphilosophie, daß vom Gesamtproblem, d.h. von der Gesamtwirkung des zu entwickelnden Systems, einschließlich dessen Einbettung in eine gegebene Umwelt, ausgegangen wird.

Die Vorgehensrichtung bei der Problemlösung ist somit

vom Ganzen zum Teil

speziell:

- vom Umfassenden zum Ausschnitt (Aspekt Problemumfang)
- vom Groben zum Detail (Aspekt Detaillierung)
- vom Langfristigen zum Kurzfristigen (Aspekt Planungshorizont)
- vom Politischen zum Taktischen (Aspekt Geltungsbereich)
- vom Idealen zum Realisierbaren (Aspekt Lösungsfeld)

Diese Vorgehensstrategie, auch als "von außen nach innen"-Strategie bezeichnet, hat den Vorteil der Ausrichtung der Problemlösung am Gesamtproblem (Top-Down Analysis). Da es sich jedoch bei der Problemlösung um einen "Versuch und Irrtum"-Prozeß handelt, sind für jeden Planungszustand Möglichkeiten der Wiederholung in Form von Rückkopplungen vorzusehen.

Aus letzterem Grunde, daß nämlich die Lösbarkeit (Durchführbarkeit) nicht zwingend gegeben ist, ist es innerhalb einzelner Planungsphasen manchmal angebracht, die komplementäre Vorgehensstrategie

vom Teil zum Ganzen

einzuschlagen.

Letztere Vorgehensstrategie, auch "von innen nach außen"-Strategie genannt, kann als punktuell eingesetzte Ergänzung eine wesentliche Ideenquelle darstellen, insbesondere bei der Verbesserung bestehender Systeme durch Modifikation der Systemelemente (Bottom-Up Analysis). Sie kann jedoch nicht Grundphilosophie des systemorientierten Vorgehens sein.

Bei der Gestaltung soziotechnischer Systeme werden vorteilhaft beide Strategien zugleich angewendet, wobei die Entwicklung von Handlungsorientierungen auf Konzeptebene vom Gesamtproblem her geschehen sollte, während die schrittweisen Verbesserungen im Sinne einer Evolution nacheinander als Teilproblemlösungen umgesetzt werden sollten, insbesondere deshalb, da bei soziotechnischen Systemen Fehlentwicklungen nie vollständig rückgängig gemacht werden können.

Prinzipiell kann gesagt werden, daß hochkomplexe Problemstellungen, der begrenzten Kapazität des Planers insbesondere hinsichtlich der Überschaubarkeit wegen, in einzelnen Planungsschritten in Teilprobleme zerlegt werden müssen, um von unterschiedlichen Fachteams parallel, zunächst unabhängig, bearbeitet zu werden. Es werden dabei

Teillösungen entwickelt, die jedoch noch innerhalb der jeweiligen Planungsstufe in einer Gesamtschau mit den Ergebnissen der übrigen Teilproblembearbeitungen abgestimmt werden müssen, um ein Gesamtoptimum anzusteuern. Es stellt dies eine Synthese beider Strategien dar; die Vorgehensstrategie sei als Jo-Jo-Methode der Planung angesprochen.

Bemerkt sei, daß bei Zerlegung in Teilprobleme/Aspektsysteme jeweils eine Zieldefinition betreffend das Teilproblem zwischengeschaltet werden muß, wohingegen bei ganzheitlicher Top-Down Planung nur an einer Stelle - wenn auch über Rückkopplungen mehrmals durchlaufen - eine Zielplanung erfolgt.

5.2.3 Suchstrategien

Dem Vorgehensmodell in der Systemtechnik ist eine Suchstrategie zur Ermittlung der Problemlösung unterlegt, die in ihrer allgemeinen Form iterativen Charakter besitzt.
Das heißt, es werden die alternierenden Schritte

- Varietät bilden: Entwickeln von Lösungsalternativen für das betrachtete Teilproblem (Syntheseschritt)
- Einengen: Reduktion der Lösungsmenge durch Auswahl der günstigsten Lösung des betrachteten Teilproblems (Analyse- und Entscheidungsschritt)

in einer Ablaufstruktur mit Rückkopplungen angeordnet.
Es handelt sich somit um eine stufenweise optimierende Suchstrategie.
Der Vorgehensplan der Systemtechnik ist nach dieser Suchstrategie in ihrer Grundstruktur aufgebaut (vgl.Abb.5.1).
Dieser Suchstrategie wird etwa in der Branch-and-Bound Methode gefolgt.

Zu erwähnen ist, daß aktivierte Rückkopplungsmöglichkeiten wegen der inzwischen gewonnenen erweiterten Problemeinsicht zur Entwicklung weiterer, zusätzlicher Alternativen führen können.

Streng genommen führt ein stufenweises Entwickeln von Alternativen, verbunden mit der Auswahl der jeweils besten Stufenlösung (Optimierung), nicht zwangsweise zu einem Gesamtoptimum: Es ist durchaus möglich, daß eine bloß suboptimale (und damit ausgeschiedene) Stufenlösung sich in der nächsten Stufe als ideale Ausgangssituation für die Entwicklung von auf ihr aufbauenden Lösungsalternativen für die nachfolgenden Stufen erweisen hätte können.

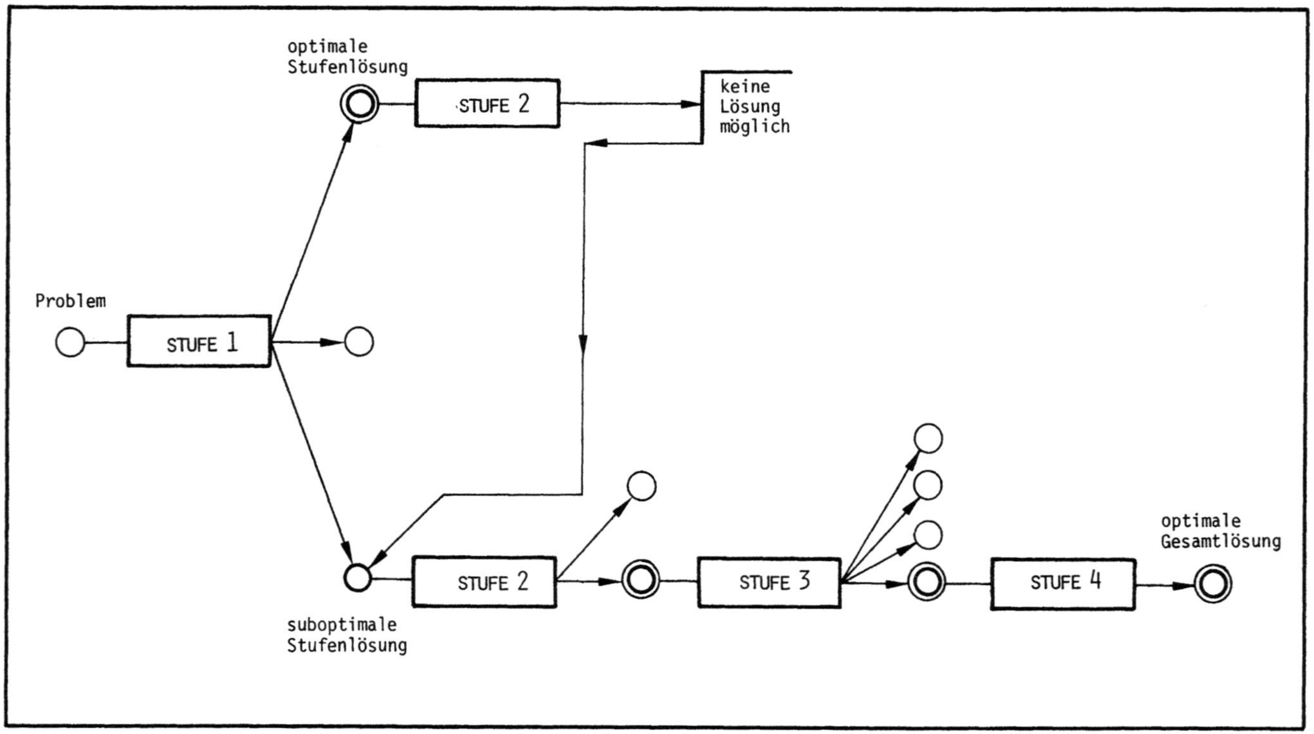

Abb. 5.1: Stufenweis-optimierende Suchstrategie (Begrenzte Enumeration); Beispiel

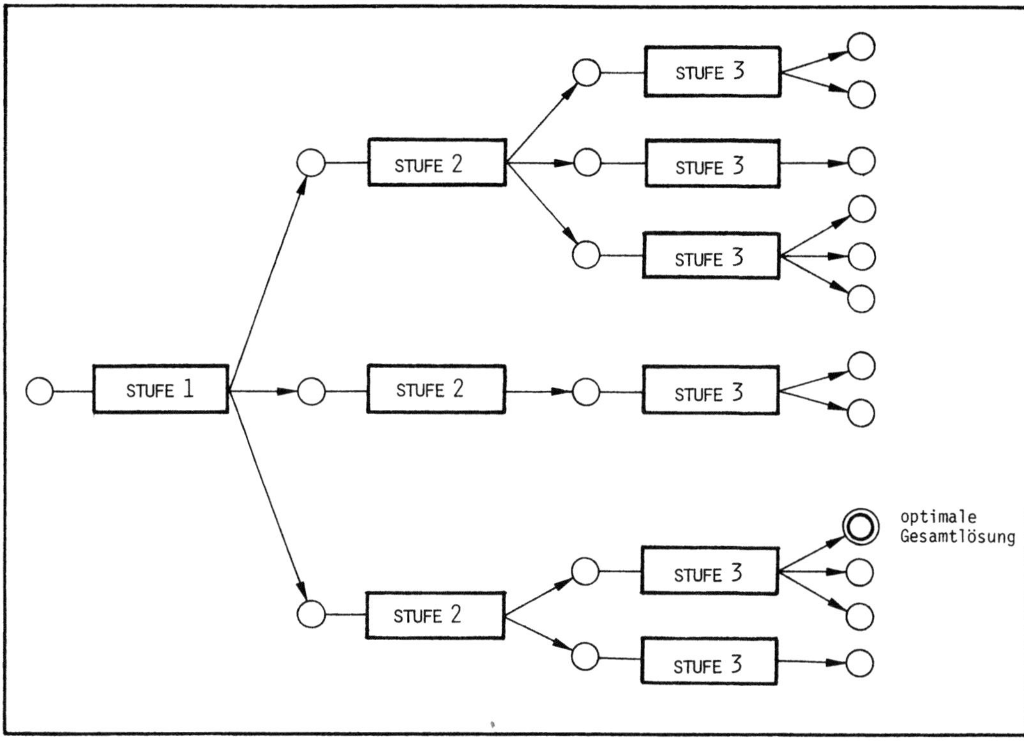

Abb. 5.2: Gesamt-optimierende Suchstrategie ("Vollständige" Enumeration, entspricht Entscheidungsbaum)

Diesen Nachteil umgeht eine andere in der Systemtechnik verwendete Suchstrategie: Für überschaubare Probleme mit hohem Innovationscharakter und hohem Risiko ist es besonders in der Konzeptphase vorteilhafter, vorerst <u>alle</u> verfolgbaren Lösungswege bis zu einer aufwandsmäßig vertretbaren Konkretisierung durchzuplanen und aus dieser "vollständigen" Lösungsmenge die beste Lösung zu wählen (Abb.5.2). Obige Suchstrategie wird etwa in der Funktionsanalyse (alternative branching, exhaustive search) befolgt.

In der Vorgehenslogik der Systemtechnik ist letztere Suchstrategie <u>innerhalb</u> der einzelnen Schritte vorgesehen, während der Gesamtablauf sich an der stufenweise optimierenden Suchstrategie orientiert (vgl. Abb.5.3).

5.2.4 <u>Diskussion des entwickelten Vorgehensmodells</u> (Abb. 5.4) (Modellvergleich und Kritik)

Die Überführung eines unbefriedigenden Zustandes (<u>Bestand</u>) in einen Sollzustand (<u>neuer Bestand</u>) erfolgt in Syntheseschritten, die zwecks

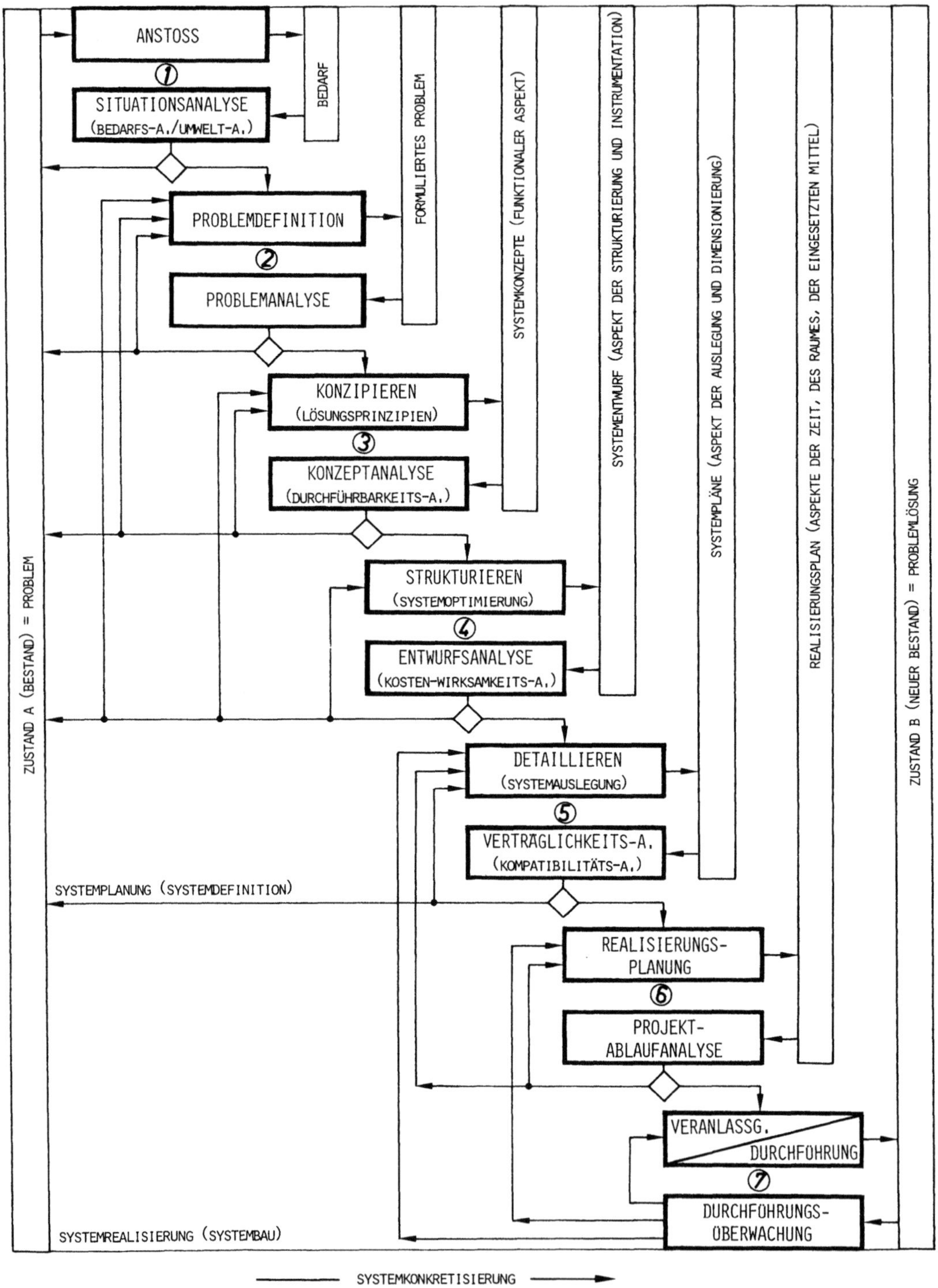

Abb. 5.3: Vorgehenslogik der Systemplanung und -realisierung (Problemlösungsprozeß)

Orientierung auf eine optimale Zielerreichung durch Analyseschritte jeweils getrennt sind. Diese Folge von Synthese- und Analyseschritten beinhaltet zugleich jeweils ein Varietät-Bilden und anschließendes Einengen. Im Zuge dieses Vorgehens wächst der Wissensstand betreffend die Problemlösung in diskreten Schritten im Sinne einer Systemkonkretisierung und zunehmenden Detaillierung. Der <u>iterative Charakter</u> des Ablaufes kommt durch die mannigfaltigen Rückkopplungen zum Ausdruck.

Wird bloß die System<u>planung</u> betrachtet, so ergeben sich damit <u>fünf Stufen</u> des Problemlösungsprozesses, wird die System<u>realisierung</u> mit eingeschlossen, so sind zwei <u>weitere Stufen</u> vorgesehen.

Die <u>jeweiligen Fragestellungen</u> in den sieben <u>Analyseschritten</u> lauten hiebei:

<u>Systemplanungsphase</u>:

Stufe 1: Welcher Bedarf liegt vor?
Welche zugehörigen Randbedingungen und Beschränkungen müssen berücksichtigt werden?

Stufe 2: Entspricht das definierte Problem dem tatsächlich anstehenden?
Ist es (wahrscheinlich) überhaupt lösbar?
Scheint eine Lösung erstrebenswert?
Welche Informationen werden benötigt?

Stufe 3: Sind die gestellten Forderungen im Prinzip erfüllt?

Stufe 4: Welche Alternative besitzt die höchste Effizienz (Kosten-Wirksamkeit)?

Stufe 5: Wie gut paßt das im Detail vorliegende System in eine bestehende Umwelt, auch über längere Zeit betrachtet?

<u>Systemrealisierungsphase</u>:

Stufe 6: Welcher Realisierungsablauf stellt ein Optimum bezüglich Zeit, Kosten und Einsatzmittel dar?

Stufe 7: Wieweit wurden die gesteckten Ziele tatsächlich erreicht?

Das Vorgehensmodell der Systemtechnik (Ablaufplan) stellt eine allgemeingültige, interdisziplinär anwendbare Makrologik für die Planung und Realisierung komplexer Systeme dar. Die <u>Organisation</u> des gesamten Ablaufes fällt hiebei dem <u>Systemmanagement</u> zu, das dementsprechend in das Planungs-Projektmanagement und das Realisierungs-Projektmanagement zerfällt.

Vergleich mit anderen Gliederungsvorschlägen des Problemlösungsprozesses

Ein Vergleich typischer, aus den verschiedensten Disziplinen und Wissensgebieten bekannter Abläufe der Problemlösung zeigt, daß der entwickelte Vorschlag aus Abb. 5.4 alle wesentlichen Aspekte abdeckt. Er weist gegenüber den anderen Vorschlägen größere Detaillierung auf und ist interdisziplinär anwendbar; er ist aufgrund der logischen Herleitung in sich konsistent, modular strukturiert und vollständig.

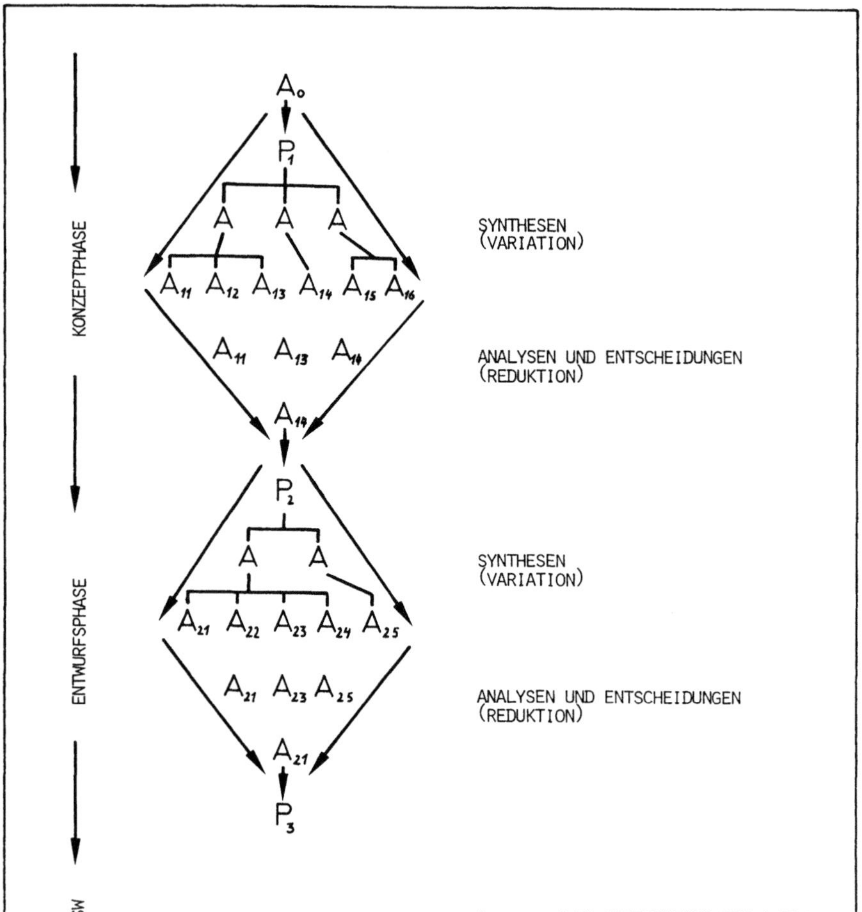

Abb. 5.4: Variation und Reduktion (Synthese-Analyse/Entscheidung)

Um den Anspruch der Allgemeingültigkeit zu demonstrieren, seien in Abb. 5.5 und 5.6 einige markante Beispiele von Problemlösungsprozessen aus unterschiedlichen Fachbereichen gegenübergestellt: Es zeigt sich hiebei, daß in den Beispielen unterschiedliche Vorgehensschritte aufscheinen, welchen auch unterschiedliche Bedeutung zugemessen wird bzw. die mit unterschiedlichem Inhalt gefüllt sind. Im Prinzip müssen jedoch alle Schritte durchlaufen werden, egal ob technische, soziale, ökonomische, juridische oder beliebige Mischformen von Problemen vorliegen.

Entsprechend den einzelnen Schritten der vorgeschlagenen Vorgehenslogik der Systemtechnik soll im folgenden eine Zusammenstellung der jeweils in den einzelnen Schritten anwendbaren Methoden gemacht werden. Aus diesem Methodenpool können, je nach Problemstellung und nach fachlichem Vermögen des Anwenders, einzelne Methoden ausgewählt und zur Anwendung gebracht werden (Methoden-und Datenplan). Dadurch erhält der Vorgehensplan einen modularen Charakter, was mit Voraussetzung für eine interdisziplinäre, universelle Anwendbarkeit ist.

Im folgenden wird versucht, ein einheitliches Schema bei der Diskussion der in den einzelnen Vorgehensschritten anwendbaren Methoden einzuhalten.

5.3 Der Anstoß im Rahmen der Systemplanung (Erkennen eines Problems/Bedarfes)

Zugrundeliegende Theorie

Der Anstoß als Auslösung des gesamten Problemlösungsprozesses, mit dem Abschluß der Bereitstellung eines Systems zur Bedarfsbefriedigung, basiert auf dem Erkennen oder zumindest Vermuten von nicht abgedeckten subjektiven Bedürfnissen.

Jeder spezifische Bedarf baut auf allgemeinen Bedürfnissen bzw. Motiven des Menschen auf. Prinzipiell gilt es, die vor allem vom sozialen Status, der Bildung und der Gesellschaft geprägten individuellen Bedürfnisse des Menschen bzw. von Gruppen von Menschen zu erkennen und Systeme für die Befriedigung dieser Bedürfnisse anzubieten.

Die Bedürfnisse des Menschen hängen somit von seiner Umwelt (seinem Umsystem) und seinem akutellen Zustand ab.

SYSTEMTECHNIK (Patzak)	PROBLEMLÖSUNG (Hall, Zangemeister)	SYSTEMTECHNIK (Beitz)	KONSTRUKTION (Kesselring,Arn)	DESIGN PROCESS (Asimow)	INGENIEUR-WISSENSCHAFT (Krick)	WERTANALYSE (VDI 2801)	RATIONALISIERUNG (REFA-6-Stufen-M.)
ANSTOSS SITUATIONSANALYSE	ZUSTANDSANALYSE	SYSTEMSTUDIEN	AUSWÄHLEN DER AUFGABE			ERMITTLUNG IST-Z. KRITIK IST-ZUSTAND	
PROBLEMDEFINITION	PROBLEMDEFINITION	ZIELPROGRAMM	KLÄREN DER AUFGABENSTELLUNG	ANALYSE	PROBLEM-FORMULIERUNG		ZIELE SETZEN AUFGABE ABGRENZEN
PROBLEMANALYSE					PROBLEMANALYSE		
KONZIPIEREN	KONZEPTENTWURF	SYSTEMSYNTHESE	KONZIPIEREN		SUCHEN	ERMITTLUNG VON ALTERNATIVEN	IDEALE LÖSUNG SUCHEN
KONZEPTANALYSE	KONZEPTANALYSE	SYSTEMANALYSE		SYNTHESE	ENTSCHEIDEN	PRÜFUNG DER ALTERNATIVEN, AUSWAHL	
STRUKTURIEREN			ENTWERFEN				DATENSAMMELN, PRAKTIKABLE LÖSUNG SUCHEN
ENTWURFSANALYSE	BEWERTUNG, AUSWAHLENTSCHEIDUNG	SYSTEMBEWERTUNG SYSTEMENTSCHEIDUNG		BEWERTUNG ENTSCHEIDUNG			OPTIMALE LÖSUNG AUSWÄHLEN
DETAILLIEREN	ENTWICKLUNGS-PLANUNG			OPTIMIERUNG	SPEZIFIKATION		
VERTRÄGLICHKEITS-ANALYSE			AUSARBEITEN				
REALISIERUNG	AUSFÜHRUNGS-PLANUNG	AUSFÜHRUNGS-PLANUNG		REVISION		EMPFEHLUNG AN GESCHÄFTSLEITUNG	LÖSUNG, EINFÜHRUNG, ZIELERFOLGSKONTROLLE
Bemerkungen-Kritik	auf Bewertung und Auswahlentscheidung (Nutzwertanalyse) abgestimmt, Konzeptanalyse falsch definiert	sehr grob	grob, keine Angabe der zugehörigen Analysen	grob, nur 1-stufig, geringe Aussagekraft	nur 1-stufig	keine Problemdefinition, nur 1-stufig	keine Zustandsanalyse, Analysen fehlen, rationalisierungsorientiert

Abb. 5.5: Problemlösungsabläufe
(Beispiele aus technischen Disziplinen)

SYSTEMTECHNIK (Patzak)	ENTSCHEIDUNGS-THEORIE (Scientific Managmt.)	MODELLBILDUNG SIMULATION, O.R. (Mertens, Churchman)	DENKPSYCHOLOGIE (Taylor)	RECHTSSPRECHUNG	MILITÄR	INFORMATIONS-VERARBEITUNG	RAUMFAHRT (NASA)
ANSTOSS SITUATIONSANALYSE					ERKENNE, SAMMLE DATEN		PRELIMINARY ANALYSIS PHASE
PROBLEMDEFINITION	BESTIMMUNG UND ANALYSE DES PROBLEMS,	FORMULIEREN DES PROBLEMS	PRÄPARATION	AUSSCHEIDEN IRRELEVANTER GRÖSSEN		INFO-GEWINNUNG (KOLLEKTION)	DEFINITIONSPHASE
PROBLEMANALYSE	FESTLEGEN DER ENTSCHEIDUNGSKRITERIEN		INKUBATION				
KONZIPIEREN	SAMMLUNG VON ENTSCHEID.-ALTERNAT.	ERSTELL.DES MODELLS, DATENSAMMELN	ILLUMINATION	ÜBERTRAG.D.PROBLEMS, NEUFORMULIERUNG			
KONZEPTANALYSE			VERIFIKATION			INFO-VERARBEITUNG (EXPLORATION, INNOVATION, SELEKTION)	DESIGN-PHASE
STRUKTURIEREN		AUFSTELLEN DES PROGRAMMS			FÜHRE MÖGLICHE LÖSUNGEN AN		
ENTWURFSANALYSE	GEWICHTG.D.KRITERIEN BEWERTG.D.ALT.,AUSW.	KRITIK DES PROGRAMMES (TEST)		FESTSTELLEN DER GESETZL.ZUSAM.HÄNGE	TESTE LÖSUNGEN, WÄHLE BESTE		
DETAILLIEREN		AUSLEGUNG UND BEMESSUNG					DEVELOPMENTPHASE
VERTRÄGLICHKEITS-ANALYSE						INFO-AUSWERTUNG (NORMATION)	
REALISIERUNG		SIMULATION UND ANALYSE D.ERGEBNISSE			WEISE AN, LÖSE AUS		
Bemerkungen-Kritik	keine Zustandsanalyse, nur 1-stufig, entscheidungsorientiert	keine Zustandsanalyse, nur eine Analyse aufscheinend	nur 1-stufig	die kreative Leistung ist die Neuformulierung! Fachspezifisch	nur 1-stufig, keine Problemdefinition	grob, "Auswertung" ist relativ	"Phased Project Planning", grob, Analyse und Synthese in "Phasen" zusammengefaßt.

Abb. 5.6: Problemlösungsabläufe (Beispiele aus nichttechnischen Disziplinen)

Der Begriff Bedürfnis basiert auf 3 Bestimmungsstücken:

- Bedürfnissubjekt (wer hat ein Bedürfnis)
- Bedürfnisobjekt (wonach hat jemand ein Bedürfnis), Ort, Zeit, Art, Menge
- Bedürfnisgrund (warum hat jemand ein Bedürfnis)

Eine eindeutige, objektivierte Bedarfsdefinition muß auf diesen Bestimmungsstücken aufbauen.

Empfindet ein Mensch seine Bedürfnisse subjektiv, ist er sich ihrer bewußt oder fühlt er zumindest eine bestimmte Unruhe, ein Gefühl des Mangels, so handelt es sich um subjektive Bedürfnisse.

Es gibt demgegenüber jedoch auch Bedürfnisse, die dem Bedürfnissubjekt unbekannt/unbewußt sind; manchmal weiß seine unmittelbare Umwelt besser um einige seiner Bedürfnisse Bescheid als er selbst. Letztere werden als objektive Bedürfnisse angesprochen. Die Zahl der möglichen menschlichen Bedürfnisse sei verfahrenstechnisch als unendlich angenommen.

Sind die Bedürfnisse unmittelbar Ausdruck der wechselseitigen Abhängigkeiten im Menschen, die sich als physische und psychische Funktionen darstellen, so sei von inneren Bedürfnissen gesprochen:

- physisch: Nahrungsbedürfnis, Schlafbedürfnis, Erholungsbedürfnis u.ä.
- psychisch: Informationsbedürfnis, Sicherheitsbedürfnis, Ruhebedürfnis u.ä.

Stellen die Bedürfnisse hingegen unmittelbar die Abhängigkeit des Individuums von seiner Umwelt dar, so seien sie als äußere Bedürfnisse angesprochen. Ihrem Charakter nach werden sie untergliedert in:

- biologische Bedürfnisse: Abhängigkeit von Umgebungstemperatur, Atmosphäre, Luftdruck, Feuchtigkeit, Gravitation, Nahrung, Wasser, Sexualpartner usw.
- soziokulturelle Bedürfnisse: Abhängigkeit von anderen Menschen, von Institutionen administrativer, sozialer, kultureller Art und von Gegenständen technischer Art (Gebrauchsgegenstände)

Methoden und Hilfsmittel

Die in Form einer Hierarchie konzipierten, aufeinander aufbauenden Bedürfnisklassen nach Maslow stellen für das Erkennen latenter menschlicher Bedürfnisse eine wertvolle Orientierungshilfe dar (Abb.5.7).

SELBSTVERWIRKLICHUNGSBEDÜRFNISSE (NEED FOR SELF-ACTUALIZATION) Bedürfnis nach Entfaltung der Persönlichkeit
GELTUNGSBEDÜRFNISSE (ICHBEZOGENE BEDÜRFNISSE) (ESTEEM NEEDS) a) ANERKENNUNG DURCH ANDERE Bedürfnis nach Status, Aufmerksamkeit, Anerkennung b) SELBSTEINSCHÄTZUNG Bedürfnis nach Leistung, Können, Wissen Bedürfnis nach Selbständigkeit Bedürfnis nach Unabhängigkeit und Freiheit Bedürfnis nach Selbstvertrauen
SOZIALE BEDÜRFNISSE (BELONGINGNESS AND LOVE NEEDS) Bedürfnis nach Gesellschaft, Kontakt, nach Aufnahme bei seinesgleichen Bedürfnis nach Liebe, Freundschaft, Kameradschaft
SICHERHEITSBEDÜRFNISSE (SAFETY NEEDS) Schutz vor Krankheit und Schmerz Sicherheit im Alter und bezüglich Arbeitslosigkeit Bedürfnis nach Wohnung, Heim Schutz vor Bedrohung, Beraubung, Diskriminierung, Beschimpfung und Wutausbrüchen anderer
PHYSIOLOGISCHE BEDÜRFNISSE (PHYSIOLOGICAL NEEDS) Hunger, Durst (eigentlich: Stillen von...) Sex Ruhe, Bewegung Schutz vor den Elementen Obdach

Abb. 5.7: Klassifzierung der Bedürfnisse (nach Maslow)

Während die Bedürfnisse der Klassen 1 bis 4 in sich verständlich erscheinen, seien bezüglich der Selbstverwirklichungsbedürfnisse einige Erläuterungen gegeben (nicht zuletzt, da die Selbstverwirklichung derzeit Gefahr läuft, als Schlagwort ohne einheitlich anerkannten Sinn - manchmal sogar als "Worthülse" - verwendet zu werden):
Selbstverwirklichung ist als Prozeß und zugleich als dessen Ergebnis aufzufassen und beinhaltet u.a.:

- Umfassendere und tiefere Wahrnehmung der Realität, häufigeres Auftreten von Grenzerfahrungen und bewußtseinserweiternden Erfahrungen, verbesserte zwischenmenschliche Beziehungen.

- Größeren Reichtum der emotionalen Reaktion, Erhöhung der eigenen Kreativität, wachsende Autonomie, umfassendere Handlungskompetenz, Resistenz gegen Anpassung, zunehmende Spontaneität und Wahrhaftigkeit des eigenen Handelns.
- Vermehrte Möglichkeiten der Besinnung durch Zurückgezogenheit, wachsende Akzeptierung des Ich, der Mitmenschen und der Natur, wachsende Identifikation mit der menschlichen Spezies.
- Erlebnis der Sinnhaftigkeit des Lebens.

Für die im nächsten Punkt "Situationsanalyse" diskutierte, methodisch gestützte sowie wirklichkeitsnahe Erfassung menschlicher Bedürfnisse ist eine Einsicht in deren Entstehungs- und Befriedigungsprozeß vorteilhaft (Ontogenese der Bedürfnisse):

Aufgrund des beschleunigten, unser gesamtes Leben betreffenden Entwicklungsprozesses technisch-organisatorischer Art ist unser Hauptaugenmerk vornehmlich auf sogenannte variable Bedürfnisse gerichtet, für die es gilt, Methoden der Erfassung, Analyse und Prognose anzubieten.

Liegen keine unbefriedigten Bedürfnisse, d.h. - systemtechnisch gesprochen - Abhängigkeiten interner sowie externer Art vor, so befindet sich ein System (ein Individuum) in einem Gleichgewichtszustand (Homöostase), hingegen stellt jedes unbefriedigte Bedürfnis für das betrachtete System eine Störung des Gleichgewichtes dar.

Lebende Organismen erreichen nie den Zustand völligen Gleichgewichtes, streben diesen im Normalfall jedoch permanent an. Ursache für diesen mehr oder minder stark erlebten Diskrepanzzustand ist die Entwicklung im Individuum selbst wie vor allem in der Umwelt, wodurch immer neue Funktionsstörungen und Zustände der Nichtbefriedigung von Bedürfnissen entstehen. Regulationsprozesse im Menschen haben hiebei die Aufgabe, im Sinne des Strebens nach Gleichgewicht (sog.Fließgleichgewicht) durch Anpassung (Reaktion) sowie insbesondere durch Handlung (Aktion) in Richtung auf einen derartigen "Sättigungszustand" zu wirken.

Das Erkennen eines unbefriedigenden Zustandes und damit eines Bedürfnisses, das sich als materiell-instrumentale Ausprägung inform eines konkreten Bedarfes manifestiert (sog.Funktionsbedarf), gibt den Anstoß für die Erstellung neuer Systeme.

Eine graphische Darstellung der Konstellation für ein zumindest diffuses Bewußtwerden eines konkreten Bedarfes liefert Abb. 5.8.

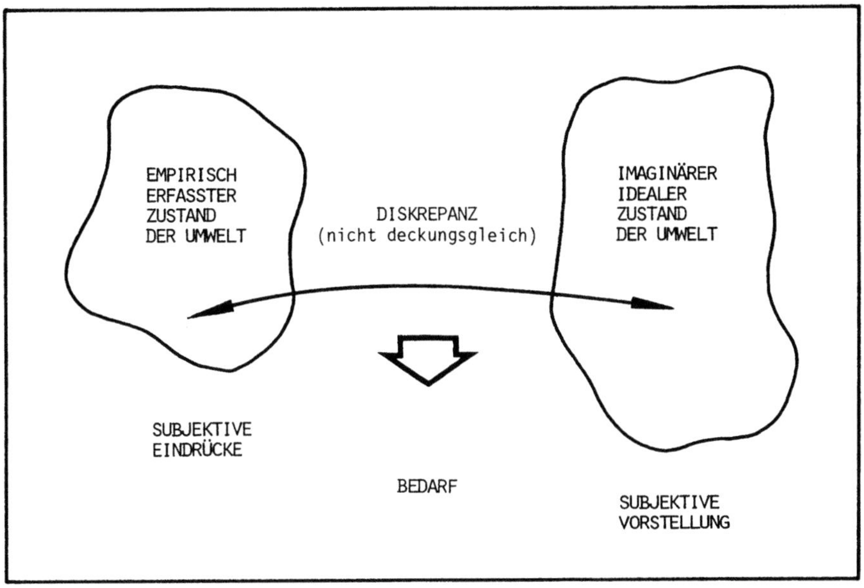

Abb. 5.8: Erklärungsmodell der Bedarfsentstehung

5.4 Situationsanalyse

Ziel: Die Situationsanalyse soll Aufschluß über die Problemstellung erbringen, d.h. den Bedarf und seine in der gegebenen Umwelt begründeten Randbedingungen möglichst in quantitativer Weise erfassen.

Vorgehensprinzip und Gliederung

Es sind Informationen über die vorliegende Situation zu sammeln, bezüglich welcher ein Bedarf für eine Änderung bzw. Verbesserung vermutet wird. Die Situationsanalyse gliedert sich in folgende Aspekte:

- Bedarfsanalyse: Wo liegt ein spezifischer Bedarf vor und was beinhaltet er, d.h. was soll befriedigt werden? Welche Beschränkungen sind gefordert?
- Umweltanalyse: Welche Randbedingungen aus der Problemumwelt liegen vor und beeinflussen so das Problem der Bedarfsbefriedigung in restriktiver Weise?

Anmerkung: in der vorliegenden Arbeit wird wie folgt unterschieden:

Randbedingungen (constraints): Relevante und daher zu berücksichtigende, vom Planer nicht veränderbare Umwelteinflüsse auf das zu planende Objektsystem (z.B. klimatische Einwirkungen bei geforderter Nutzung des Systems an exponierten Orten u.ä.)
Beschränkungen (ranges of interest,restrictions): Aus der Problemdefinition sich ergebende, d.h. dem Gestaltungsprozeß auferlegte und damit zu berücksichtigende Grenzen einzelner Systemparameter.
Solche Grenzen der Systemparameter betreffen dementsprechend:

- o Zustandseigenschaften (Beschaffenheit), z.B. Höchstgewicht, kein PVC, ...
- o Wirkeigenschaften (Leistung), z.B. Mindestgenauigkeit, zulässiger Funktionsbereich, ...
- o Verhaltenseigenschaften (Beziehung zur Umwelt), z.B. Kostenlimit, Mindestzuverlässigkeit, ...

Randbedingungen wie auch Beschränkungen der Systemparameter schränken das Feld zulässiger Lösungen ein.

5.4.1 Bedarfsanalyse (Need Assessment)

Zugrundeliegende Theorie
Ausgehend von einem durch latente oder manifestierte/artikulierte Bedürfnisse ausgelösten Anstoß für einen Systementwicklungsprozeß gilt es, im Zuge der Bedarfsanalyse den konkreten Bedarf zu erfassen und zu definieren. Ein Bedarf sei hiebei als ein nach Art, Menge, Ort und Zeit möglichst quantitativ festgelegtes "Instrument" zur späteren Befriedigung der angesprochenen individuellen Bedürfnisse aufgefaßt.

Der Bedarf sollte in Form einer Funktion (und nicht einer Problemlösung) angegeben werden, um die Lösungsvielfalt und Optimierungsmöglichkeit nicht vorweg einzuschränken.

Beispiel: Es liegt ein Bedarf für ein System mit der Funktion "Energie speichern" vor (Energie-Speicher-System), mit den nachfolgenden Spezifikationen (Anforderungen) betreffend Qualität, Quantität, Ort und Zeit: ...

Im Zuge der Erfassung eines Bedarfes sollte wie folgt unterschieden werden:

- ein spezifischer Bedarf liegt vor und wird als Folge festgestellter Mängel erkannt,
- ein spezifischer Bedarf wird aufgrund sich abzeichnender Mängel für die Zukunft vermutet,
- ein spezifischer Bedarf wird durch (gezielte) Information geweckt und somit geschaffen.
  Auch ein derartiger, künstlich geschaffener Bedarf muß sich jedoch bestehenden (in diesem Fall meist unbewußten) Bedürfnissen zuordnen lassen, er liegt somit a priori vor, wenn auch unartikuliert und unspezifiziert.
  Gründe für letzteres Vorgehen auf Seiten des Systemherstellers können sein: Überkapazität, strategische Überlegungen am Absatzmarkt, Verwertung von Know-How aus der Forschung (R & D) u.ä.

Bei der Bedarfserkennung kann wie folgt unterschieden werden:

- negative Bedarfserkennung: Problemerkennung an den negativen Problemauswirkungen,
- positive Bedarfserkennung: Problemerkennung an besseren Alternativen. Es wird das bisherige "Soll" durch ein sich an neuen oder neu entdeckten Alternativen orientierendes, anderes "Soll" ersetzt.

Bemerkung: Aus obigem Verständnis der Bedarfsanalyse ergibt sich folgendes
Optimalitätskriterium der Systemgestaltung: Ein System ist optimal, wenn es in optimaler Weise einen vorliegenden Bedarf befriedigt.

Methoden und Techniken (Hilfsmittel, Gedankenmodelle)
Die Einsicht in die psychischen Vorgänge beim subjektiven Zustandekommen eines Bedarfserlebnisses sowie die allgemeine Bedürfnishierarchie bieten eine wertvolle Hilfestellung, sich selbst sowie die Mitarbeiter zu einer offenen und feinfühligen Haltung gegenüber dem Aufspüren eines spezifischen Bedarfs zu motivieren.

Abb.5.9 gibt eine Zusammenstellung der grundsätzlichen Strategien zur Feststellung bzw. Analyse eines Bedarfes.

Auf die einzelnen in Abb.5.9 zusammengestellten Strategien mit den zugehörigen Methoden der Bedarfsanalyse soll hier nicht weiter eingegangen werden, da sie bei gegebener Fragestellung zum Standardgut des Marketing gehören und keine spezifisch systemtechnischen Merkmale

1. WARTEN BIS SICH EIN BEDARF VON SELBST ZEIGT

2. VERWERTUNG VON ERFAHRUNGEN (subjektiv, intuitiv)

2.1 Introspektion, Selbstanalyse

2.2 Theoretische Spekulationen und Kombinationen; Ausgangsbasis kann hiebei sein:
- o Kernfunktionen vorhandener Systeme
- o Arbeitsprinzipien vorhandener Systeme
- o Vorhandene Technologien und Produktionsmittel

3. VERWERTUNG VON STATISTISCHEM MATERIAL (objektiviert, quantitativ)

3.1 Selbstanalytische Statistiken (quantitative Analyse des subjektiv empfundenen individuellen Bedarfes)

3.2 Individuelle Statistiken (Fragebogen/Interviews) zur Ermittlung von Meinungen, Neigungen und Bedürfnissen Einzelner
Kundenbefragungen; Mitarbeiterbefragungen; Vorschlagswesen

3.3 Marktstatistiken (Analyse des anonymen Marktes zur Erfassung kollektiver Bedürfnisse)

4. COMPUTER-SIMULATION STATISTISCH FUNDIERTER SPEKULATIONEN (quantitatives Szenario)

Abb. 5.9: Strategien der Bedarfsermittlung

aufweisen. Ausnahme hievon bildet jedoch die Gruppe 4, die Computersimulation: Sie beinhaltet eine Abbildung des Ist-Zustandes durch ein vermaschtes kybernetisches Modell, wobei, dem soziotechnischen Charakter der Problemstellung entsprechend, kaum Einschränkungen bezüglich des Modellaufbaues gesetzt sind: So wird das Modell im allgemeinen folgende Eigenschaften aufweisen:
- nicht linear
- stochastisch
- dynamisch (mit Verzögerungen höherer Ordnung)
- diskret-stetig vermischt.

Derartige Modelle können in der Praxis sinnvoll nur mittels Simulation ausgewertet werden, wie später im Abschnitt Mathematische Modelle in der Systemtechnik ausführlich beschrieben wird.
Als Checkliste für eine systematische Informationsgewinnung im Rahmen der Bedarfsanalyse möge weiters Abb. 5.10 dienen.

Erwähnt sei bezüglich dieser Abbildung, daß Untersuchungen zufolge 60-80% aller erfolgreichen Innovationen von der Nutzerseite, d.h. vom Konsumenten her angeregt wurden, während etwa bloß 20% durch neue technisch-wissenschaftliche Kenntnisse initiiert wurden.

ORGANISATORISCHER BEREICH	INFORMATIONSQUELLEN
MARKETING VERTRIEB	- Nutzer: Wünsche, Beschwerden, Anregungen, Kosten-Nutzenbetrachtungen, Schadensstatistiken (Fehlerart, Fehlerkosten) - Produkt o Produktdefinitionen o Sortimentserweiterungen o Absatzerwartungen o Preisvorschau - Konkurrenz, Analyse von Konkurrenzprodukten, Fachmessen, Ausstellungen - Erfinder (Patentanmeldungen etc.) - Fachliteratur, Medien, eigene Dokumentation
BESCHAFFUNG	- Beschaffungsbedarf - Beschaffungsmärkte hinsichtlich o Arbeitskräfte, Know How o Güter (Material u.Erzeugnisse) o Betriebsmittel o Dienstleistungen o Energie
TECHNIK Forschung u.Entwicklung Konstruktion Fertigung, Montage	- Mitarbeiter: Impulse, Anregungen, Verbesserungsmöglichkeiten (Mitarbeiterweiterbildung) - Technologien, Verfahren, Methoden, Arbeitsweisen - Betriebsmittel, Betriebsstätten - Arbeitsgegenstände (Qualitätswesen u.ä.)
BETRIEBLICHES RECHNUNGSWESEN	- Produkterfolgsrechnung (Vorschau) - Kostenschätzungen
BELIEBIGE BEREICHE	- systematische Ideensuche - betriebliches Vorschlagswesen

Abb. 5.10: Informationsquellen für die Bedarfsermittlung

Der Kontakt zum Kunden und Endverbraucher ist demgemäß auszubauen und besser zu nützen. Grundlage dafür ist ein Informationssystem, das alle relevanten Informationen - aus unterschiedlichen Quellen stammend sowie unter unterschiedlichen Aspekten betrachtet - zentral sammelt und auswertet.
Weiters ist die Aktivierung des Potentials an Wissen und Erfahrung auf Seiten der Mitarbeiter betreffend Vorschläge für mögliche Systeme zur Bedarfsbefriedigung besser zu nützen. Hiefür ist durch Motivation ein geeignetes "Klima" der Innovationsfreudigkeit zu schaffen, das durch organisatorische Maßnahmen, wie etwa ein betriebliches Vorschlagwesen, zu ergänzen wäre.

5.4.2 Umweltanalyse (Environment Analysis)

Zugrundeliegende Theorie

Jedes zu erstellende, erkannte Bedürfnisse befriedigende System ist bestehenden, in der Systemumwelt begründeten Randbedingungen unterworfen. Je mehr Randbedingungen zu berücksichtigen sind, desto geringer ist der Freiheitsgrad in der Systemgestaltung, desto stärker ist das Lösungsfeld eingeengt (vgl.Abb.5.11).

Bemerkung: Der Mensch neigt dazu, oft auch aus Bequemlichkeit, mehr Randbedingungen hinzunehmen als tatsächlich vorliegen. Durch ein derartiges Vorgehen wird die Lösung stark prädeterminiert. Im Grenzfall geht es überhaupt nur noch um geringfügige Modifikationen einer gängigen, durchaus bekannten Realisierung. Aufgabe des Systemplaners ist daher, alle die Problemstellungen einschränkenden Randbedingungen auf ihre Relevanz hin zu prüfen.

Es ist somit zu unterscheiden und festzulegen, welche Aspekte der Problemstellung einer Gestaltung unterworfen werden können und welche als relevante Randbedingungen zur Kenntnis genommen werden müssen, d.h. einer Gestaltung nicht zugänglich sind (Systemumwelt). Die gegenseitige Abgrenzung dieser beiden, das Problem beeinflussenden Gruppen von Merkmalen stellt einen denkökonomischen Prozeß dar, mit dessen Hilfe die dem Systemplaner durch die Problemstellung vorgegebene Systemgrenze festzulegen ist.

Jede Gestaltungssituation ist durch folgende Gruppen von Merkmalen beschreibbar:

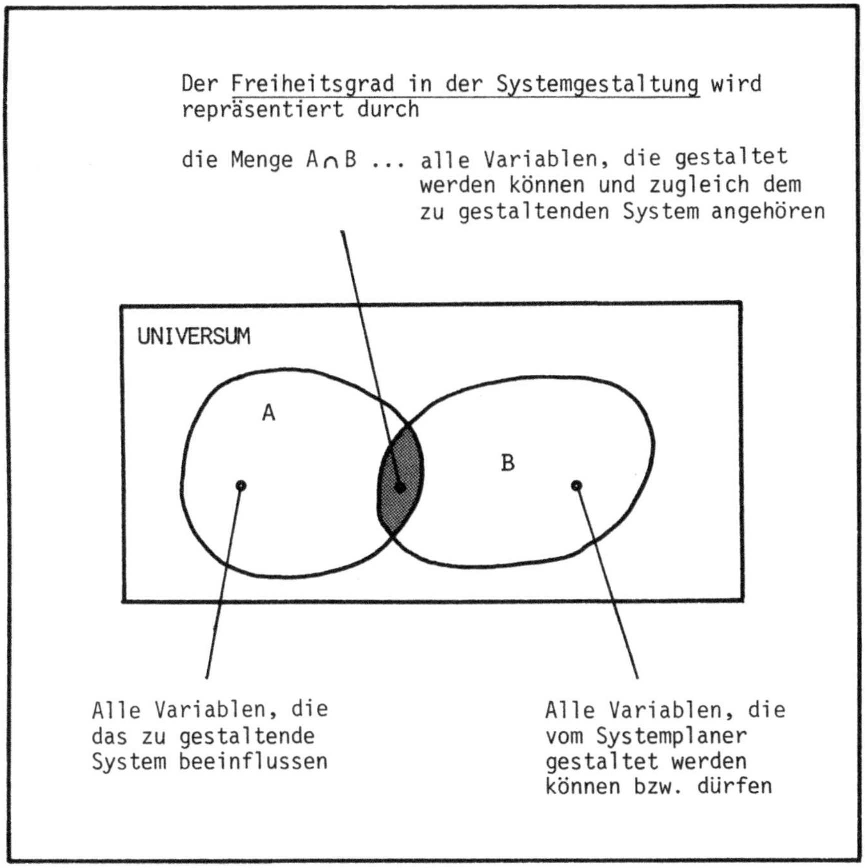

Abb. 5.11: Der Freiheitsgrad in der Systemgestaltung

- Merkmale, die grundsätzlich zwar variablen Charakter besitzen, in einer konkreten Situation jedoch nicht verändert werden können oder dürfen. Sie sind damit Merkmale der (relevanten) Umwelt und seien genannt
  Randbedingungen (Constraints) oder Situationsvariable.
- Merkmale, die variablen Charakter besitzen und auch tatsächlich im Zuge der Systemgestaltung festgelegt werden. Sie sind damit Merkmale des zu gestaltenden Systems und seien genannt
  Systemparameter (System Parameters) oder Instrumentalvariable.
  Der Gestaltungsspielraum einzelner Systemparameter kann in einer konkreten Situation einen mehr oder weniger großen Ausschnitt von zulässigen Ausprägungen in der Skala von allgemein denkbaren Ausprägungen ausmachen. Die entsprechenden Grenzausprägungen ergeben sich dabei aus der Abhängigkeit von vorgegebenen Beschränkungen (Restrictions).

- Merkmale, die in einer gegebenen Situation veränderbar sind (wie Systemparameter/Instrumentalvariable), für die jedoch eine Optimierung angestrebt wird, d.h. deren Ausprägungen maximal/minimal werden sollen bzw. ein befriedigendes Ausmaß erreichen sollen.
  Es sind dies ausgewählte Systemparameter oder Merkmalkomplexe, die von den Ausprägungen einzelner anderer Systemparameter abhängen und in Wechselwirkung mit gegebenen Randbedingungen stehen. Sie bilden Gestaltungs-Bewertungs-Auswahl-Kriterien für alternative Problemlösungen und seien genannt
  Systemkriterien (Design/Evaluation Criteria) oder Zielvariable.

Methoden und Techniken

Beschreibungsmethoden: Die Umwelt als Komplementsystem zum zu erstellenden System wird günstig wie folgt gegliedert:

natürliche Umwelt
- belebte Umwelt
- unbelebte Umwelt

künstliche Umwelt
- technische Umwelt
- ökonomische Umwelt
- rechtlich-politische Umwelt
- sozio-kulturelle Umwelt

Für eine möglichst erschöpfende Suche nach Umwelteinflüssen bietet sich eine Checkliste an, wie sie etwa in Abb.5.12 vorgeschlagen wird.

Die mit Hilfe der Checkliste ermittelten relevanten Einflußfaktoren sind darüber hinaus auch auf ihre spezifischen Entwicklungstrends zu untersuchen. Ganz besonders gilt dies im Falle langfristiger, in Phasen realisierter Projekte, da sich dann im allgemeinen Rückwirkungen von den einzelnen bereits realisierten Phasen auf die Umwelt ergeben (Abb.5.13). Bei soziotechnischen Systemen tritt dieses Phänomen sogar bereits in der Planungsphase auf, etwa wenn Prognosen durch gesetzte Gegenmaßnahmen in der Gesellschaft nicht eintreten (Rückkopplungseffekt).

Eine Entscheidungssystematik (Abb.5.14) möge weitere Hilfestellung bei der methodischen Ermittlung der Systemgrenzen liefern.

Bemerkung: Der Systemansatz ermöglicht, wie aus obiger Tabelle ersichtlich, daher keineswegs eine "vollständige" Behandlung eines

1. NATÜRLICHE UMWELT

1.1 ASPEKTE DER BELEBTEN UMWELT

- Humanfaktoren
  Physische Faktoren (anthropometrische Eigenschaften)
  Psychische Faktoren, Verhaltensmuster, Normen, Gewohnheiten
- Fauna, Flora, ökologische Eigenschaften der Umwelt
- Natürliche Ressourcen

1.2 ASPEKTE DER UNBELEBTEN UMWELT

- Umgebungsfaktoren im eigentlichen Sinne, Klima
- Natürliche Ressourcen (Rohstoffe, Energiequellen)

2. KÜNSTLICHE UMWELT (vom Menschen geschaffen)

2.1 TECHNISCHE ASPEKTE

- Bestehende technische Systeme
- Stand des Wissens, der Technologie, der technischen Entwicklung
- Bestehende technische Normen, Standards

2.2 ÖKONOMISCHE ASPEKTE

Einzelwirtschaftliche Faktoren (der systemerstellenden Organisation)
- Unternehmensstruktur, Aufbau- und Ablauforganisation
- Unternehmenspolitik, Unternehmensstrategien hinsichtlich Herstellung, Technologie, Qualität, Sicherheit, Wartung etc. des Systems
- Budgetäre Bedingungen
- Betrieblicher Bestand an Know-how, Methoden

Volkswirtschaftliche und gesamtwirtschaftliche Faktoren
- Beschaffungsmärkte (Struktur, Kapazität, Zugänglichkeit) hinsichtlich Arbeitskräfte, Energie, Material, Zukaufkomponenten, Betriebsmittel, Know-how/Information, Finanzmittel
- Absatzmärkte (Struktur, Aufnahmekapazität, Zugänglichkeit) konkurrierende Systeme, Einkommensverteilung etc.
- Nationale und internationale Verflechtungen, Zölle und Abgaben
- Rezession/Expansion

2.3 RECHTLICHE UND POLITISCHE ASPEKTE

- Gesetze, Verordnungen auf Bundes-, Landes- und Gemeindeebene (Steuergesetzgebung, Arbeitsrecht etc.), außerbetriebliche Vereinbarungen
- Öffentliche Institutionen, Verbände
- Politische Gegebenheiten (Investitionsförderung, Arbeitsplatzsicherung etc.)

2.4 SOZIO-KULTURELLE ASPEKTE

- Bevölkerungsentwicklung (Altersstruktur, Besiedlungsstruktur, Beschäftigtenanteil etc.)
- Kultureller Entwicklungsstand, Bildungs- und Qualifikationsstruktur der Bevölkerung
- Gesellschaftliche Bewußtseinsstruktur (Werte, Normen, soziales Klima)
- Bedürfnisse und Anspruchsniveaus der Bevölkerung,Lebensstandard

Abb. 5.12: Checkliste zur Ermittlung der relevanten Systemumwelt

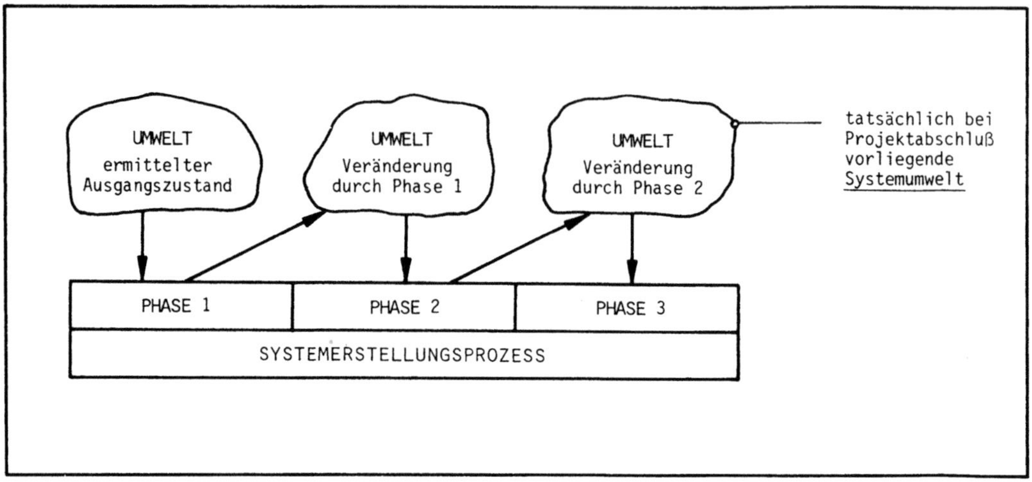

Abb. 5.13: Umweltbeeinflussung bei phasenweiser Systemrealisierung (Überführungsdynamik)

Nr.	Prüffrage (Analyse)				
1	Beeinflußt die untersuchte Größe die Funktion des betrachteten Systems?	JA			NEIN
2	Kann diese Größe in ihrem Auftreten und ihrer Ausprägung grundsätzlich beeinflußt werden?	JA		NEIN	—
3	Ist eine Beeinflussung im Zuge der Problemdefinition zunächst unbeschränkt?	JA	NEIN	—	—
	Die Größe hat den Charakter einer	gestaltbaren Variablen	Beschränkung	Randbedingung	—
	Die Größe ist Bestandteil	des Systems		der relevanten	der irrelevanten
				Umwelt	

Abb. 5.14: Logik zur Ermittlung der Systemgrenzen im Planungsprozeß

Problems (dies wäre ein Widerspruch in sich), sondern fördert das Bewußtmachen einer Beschränktheit der Problemschau, wobei allerdings die Beschränkungen auf rationale Weise erfolgen.

Ein wesentlicher Aspekt systemorientierter Planung ist, daß das zu schaffende System hinsichtlich aller Phasen seines Lebenszyklus (vgl. Abb.5.15),d.h. von der Bedarfsplanung bis zur Vernichtung, betrachtet werden muß. Erst dadurch ist sichergestellt, daß Anforderungen aus der Umwelt, die erst später zum Tragen kommen (und an die zunächst nicht gedacht wird), Berücksichtigung finden, wie etwa das Problem des Loswerdens und Wiederverwertens (Recycling) eines Systems.

SYSTEMBEDARFSPLANUNG
(Problemdefinition)

SYSTEMPLANUNG
(Systemdefinition)

SYSTEMREALISIERUNG
(Systembau)

SYSTEMEINFÜHRUNG
(Inbetriebnahme)

SYSTEMNUTZUNG
(Betrieb)

SYSTEMSTILLEGUNG
(Betriebsunterbrechung)

SYSTEMVERNICHTUNG/
SYSTEMMODIFIKATION

Abb. 5.15: Lebensphasen von Systemen

Bemerkung: Aus dem Verständnis der Umweltanalyse ergibt sich analog ein weiteres Optimalitätskriterium der Systemgestaltung:
Ein System ist optimal, wenn es sich in optimaler Weise in seine vorbestimmte Umwelt während seiner gesamten Lebenszeit einfügt.

Prognosemethoden: Im Rahmen der Situationsanalyse sind Informationen über zukünftige Ausprägungen jener Größen, die auf das zu planende System wesentliche Einwirkungen ausüben, jedoch einer Gestaltung nicht zugänglich sind, von großer Bedeutung. Es handelt sich somit um eine gedankliche Vorwegnahme möglicher/wahrscheinlicher zukünftiger Zustände der Umwelt des zu planenden Sytems sowie deren Entwicklungstrends.

Diese Vorhersage zukünftiger Zustände der Systemumwelt sollte auf möglichst rationale Weise mit Hilfe, wenn durchführbar, quantitativer Methoden erfolgen, wobei das Vorliegen verläßlicher historischer Daten, die das Verhalten des zu analysierenden Phänomensystems in der Vergangenheit beschreiben, erforderlich ist.

Prognosen liefern Aussagen über zukünftige Zustände, die entweder auf Zeitpunkte oder Zeitintervalle bezogen werden.
Echte Prognosen beziehen sich auf die Zukunft, d.h. daß der Analysebezugspunkt T=0 mit dem Zeitpunkt "Gegenwart" zusammenfällt, während unechte Prognosen historische Ausprägungen des Systemzustands durch das Prognosemodell nachvollziehen. (Die sich ergebende Diskrepanz ist eines der Gütemerkmale der Methode.) Unechte Prognosen dienen der Validierung einer gewählten Prognosemethode.

Die Prognosemethoden können in 4 Gruppen untergliedert werden:

- Trend-Extrapolationsmethoden (Tangentenverfahren, Regressionsanalyse, exponentielle Glättung)
- Trend-Korrelationsmethoden, Hüllkurvenverfahren
- Analogie-Methoden
- nichtquantitative Methoden: Prognose-Delphi, Expertenbefragung, Scenario-Writing

Die Trend-Extrapolationsmethode und die Trend-Korrelationsmethode liefern Aussagen über voraussichtliche Zukunftsergebnisse unmittelbar aufgrund der Analyse der Entwicklungen von Datenreihen ausgewählter Merkmale. Durch Vorsehen von Korrekturfaktoren kann der sonst rein mechanistische Charakter der Methoden abgeschwächt werden.

Die Korrelationsmethode fundiert ihre Aussagen hierbei auf der Prognose bloß einer signifikanten Größe (Orientierungsgröße, Indikator), wobei die Vorhersagen der weiteren interessierenden Systemmerkmale aufgrund unterlegter Zusammenhänge mittels Korrelation abgeleitet werden.

Die Analogie-Methode basiert auf der Annahme von Analogien zwischen einer bekannten und einer unbekannten, interessierenden Größe hinsichtlich deren Entwicklungsmuster. Es kommen hier bereits stark subjektive Elemente in der Prognosemethode zum Tragen.

Alle drei Methoden (Zeitreihenmethoden) sind eher für kurz- und mittelfristige Vorhersagen geeignet.

Für schlecht strukturierte Problemstellungen, d.h. Vorhersagen des Verhaltens komplexer, vager Systemstrukturen, ohne Möglichkeit der modellmäßigen Erfassung kausaler Datenzusammenhänge, bietet sich die Methodengruppe 4 (z.T. auch schon 3) an:
Diese baut auf der Ermittlung der Variablen, die die zu prognostizierende Größe beeinflussen, auf.

Das Prognose-Delphi (in Abgrenzung zum Ideen-Delphi, Pkt.5.7) verarbeitet in Form einer Befragung subjektive Meinungen von Experten zu einer pseudo-objektiven Aussage über zu erwartende Systemzustände. Es fließen dabei stark intuitive, irrationale und auch normative Momente, "legitimiert" durch den Expertenstatus, mit ein.

Das Scenario-Writing erfaßt darüber hinaus auch nicht quantitativ erfaßbare, komplexe Situationen der Umwelt und liefert für diese Situationen intuitive Aussagen für die Zukunft.

Die Abb.5.16 enthält eine Systematik der Merkmale von Prognosemethoden sowie deren prinzipielle Ausprägungen, die in der Systemtechnik von Bedeutung sind.

Vorgehen bei der Prognose

Die Durchführung von Prognosen läuft in folgenden Schritten ab:

- Definition des Prognoseproblems
  Festlegen des interessierenden Phänomens, Herausarbeitung der beschreibenden Merkmale, die prognostiziert werden sollen. Festlegen von Prognosehorizont, gewünschter Genauigkeit und Reliabilität, Aussagecharakter sowie zur Verfügung stehender Zeit, Mittel und Know-how.
- Auswahl der Prognosemethode
  Mit steigender Komplexität, sinkender Einsicht in die Strukturierung des Prognoseproblems und steigendem Prognosehorizont wird es erforderlich, in zunehmendem Maße auf die quantitative Auswertung

MERKMAL	AUSPRÄGUNGEN	BEMERKUNGEN
PROGNOSEHORIZONT	- kurzfristig - mittelfristig - langfristig	vom Problemcharakter abhängig. Genauigkeit und Reliabilität der Aussage fällt mit steigendem Prognosehorizont
AUSSAGENFUNDIERUNG	- analytisch/rational (historische Daten) - intuitiv (Erfahrungen, Meinungen)	intuitive Prognosen basieren auf nicht-quantitativer Auswertung von Erfahrungen und Einstellungen des Prognostikers
AUSSAGENBEZUG	- direkt - indirekt o inhaltliche Analogie o zeitl./örtl. Analogie	bei indirekter Prognose wird mit Hilfsgrößen in Form von Indikatoren auf die zu prognostizierende Größe geschlossen
AUSSAGENERMITTLUNG	- mathematisch - graphisch	oft läßt sich mit hinreichender Aussagegenauigkeit auf graphischem Wege eine Prognose ableiten
AUSSAGENCHARAKTER	- quantitativ - qualitativ	bei komplexen und/oder schlecht strukturierten Problemstellungen muß auch mit schwer quantifizierbaren Daten gearbeitet werden, wobei u.a. aus Ökonomiegründen auch qualitative Methoden eingesetzt werden

Abb. 5.16: Merkmale der Prognose und deren Ausprägungen

von Zeitreihen zu verzichten und die stark intuitiv durchsetzte Analogie-Methode und insbesondere die Delphi-Methode anzuwenden. Der große Vorteil dieser Methoden ist hierbei, daß zu erwartende Störeinflüsse und Regelmechanismen in qualitativer Form mitberücksichtigt werden.

- Ableitung der Prognoseaussage

  Insbesondere bei den intuitiv gefärbten Methoden sollten mehrere, zum Teil dem Problem neutral gegenüberstehende Personen herangezogen werden.

  Sollte sich das vorliegende historische Datenmaterial als nicht ausreichend erweisen, muß die Methode gewechselt und/oder der Anspruch an die Qualität der Aussage reduziert werden.

- Kompatibilitätsprüfung
  Das Ergebnis der Prognose muß hinsichtlich des Einklangs mit verwandten Aussagen geprüft werden, wobei Diskrepanzen eine Fehleranalyse und möglicherweise eine Wiederholung mit anderen Methoden auslösen.
  Durch Wiederholung derselben Prognoseprozedur zu einem späteren Zeitpunkt wird eine Erhöhung der Aussagegenauigkeit (Verringerung des Streubereiches) erreicht.

Im folgenden wird auf die aus der mathematischen Statistik kommenden, in der Praxis allgemein angewandten, quantitativ-analytischen Prognosemethoden nicht näher eingegangen. Hingegen seien die Grundzüge der für schlecht strukturierte, komplexe Problemstellungen geeigneten Prognosemethoden eingehender diskutiert, da diese, dem Anliegen und Aufgabenbereich der Systemtechnik entsprechend, zusätzliche Hilfestellung bieten.

5.4.2.1 Delphi Methode: Prognose-Delphi

Das Prognose-Delphi basiert, wie auch das Ideen-Delphi, auf der sukzessiven Befragung einer Mehrzahl von einschlägigen Experten, wobei hier die Vorhersage zukünftiger Zustände zeit- und mengenmäßiger Art im Zentrum der Betrachtungen steht (vgl.Pkt.5.7.2.4).

Ablauf: Der Versuchsleiter entwickelt ein Konzept für die Problemstellung. Die Experten als prospektive Teilnehmer an der Befragung werden ausgewählt. Es wird das Einverständnis der Teilnehmer eingeholt.

In der ersten Runde werden in Form eines gering strukturierten Fragebogens Fragestellungen zum festgelegten Themenkreis eingesammelt, die von den Experten als sinnvoll erachtet werden.

In der zweiten Runde erfolgt beim Versuchsleiter die Auswertung der eingegangenen Anregungen und darauf aufbauend die Konzeption eines zweiten Fragebogens zum Zwecke der Präzisierung einiger ausgewählter Fragestellungen (Rückkopplung).

In der dritten Runde wird aufgrund der nun detaillierteren Frageformulierungen, abgeleitet aus den Antworten der Experten, ein Fragebogen abgefaßt, der endgültig ausgewählte Fragen den Experten zur Beantwortung vorlegt.

Die Experten versuchen nach bestem Wissen und Gewissen, als mit dem Problem Vertraute, diese formulierten Fragen individuell zu beantworten.

In der vierten Runde werden die eingegangenen Antworten der Experten ausgewertet, gegenübergestellt, klassifiziert und in Form eines weiteren Fragebogens aufbereitet (Rückkopplung). Dieser Fragebogen fordert zur Präzisierung, zum Vergleich mit anderen Antworten - vorwiegend mit jenen von extremer Position - und damit zum nochmaligen Überdenken des Problems aufgrund neuer Informationen auf.

Die Delphi-Methode schließt mit einer Auswertung der überarbeiteten Antworten, wobei die Hypothese zugrundegelegt ist, daß ein mehrmaliges Befragen von Experten die Streuung abgegebener Meinungen sukzessive verringert.

Es bestehen Auffassungsunterschiede hinsichtlich der Abwicklung betreffend die Frage, ob von Beginn weg oder bloß in Runde 4 die Namen der Experten allen Teilnehmern bekannt sein sollen oder nicht; einiges spricht dafür, einiges dagegen (Motivation, Beeinflussung, Meinungsdruck u.ä.).

Wird eine Gewichtung der Antworten entsprechend der wissenschaftlichen Kompetenz der Experten vorgenommen, so kommen stark subjektive Momente seitens des Versuchsleiters zum Tragen.

Beim Prognose-Delphi ist eine quantitative Formulierung der Frage meist möglich, sodaß sich eine statistische Auswertung (Probenmittel, Probenstandardabweichung) anbietet (vgl. Beispiele, Abb.5.17).

Kritik: Die Delphi-Methode ist relativ aufwendig und benötigt im Vergleich zu einer einfachen Diskussionsrunde eine relativ große Durchlaufzeit. Die Eignung des Versuchsleiters (Delphist) schlägt sich in hohem Maße in der Effizienz der Methode nieder. Wunschdenken seitens des Versuchsleiters kann das Ergebnis wesentlich beeinflussen, indem etwa subjektiv gefärbte Fragestellungen abgefaßt werden.

Die Philosophie, daß die Richtigkeit einer Antwort mit der Anzahl gleicher Antworten steigt, kann nicht von jedem akzeptiert werden: gerade richtungsweisende Ideen mußten sich immer gegen eine überwiegende Mehrheit durchsetzen.

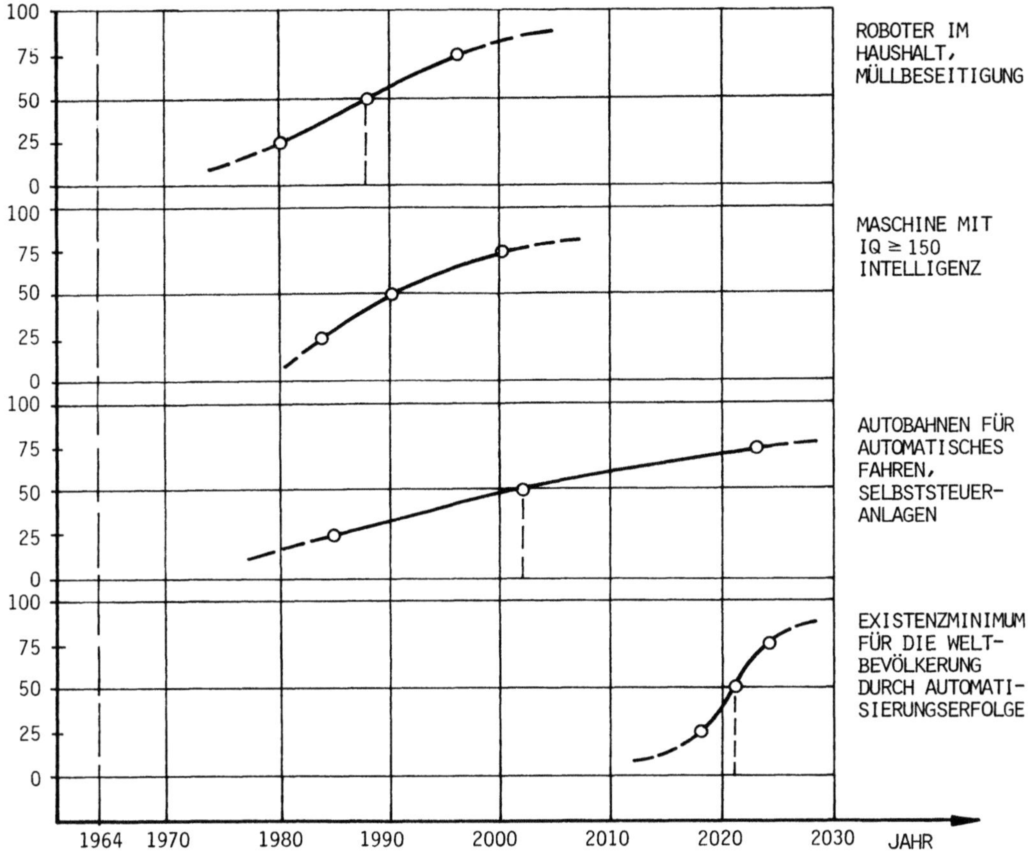

Abb. 5.17: Ergebnisse von Delphi-Prognosen (Erwartungswerte und 2σ -Grenzen)

5.4.2.2 Szenario-Methode

Das Scenario-Writing hat als eigenständige Methode zur Gewinnung von Einsichten in die Umweltentwicklung der näheren oder ferneren Zukunft bei komplexen Problemstellungen heute eine große Bedeutung, wenngleich die Technik der gedanklichen Simulation, des Gedankenexperiments und Hypothesenfindungsexperiments immer schon Bestandteil logischer Erarbeitung möglicher zukünftiger Zustände von Systemen war. Die Methode wurde von H.Kahn etwa 1965 als Technik der Verbesserung wissenschaftlicher Entwicklungen konzipiert.

Die Methode fördert eine systematische Herleitung zukünftiger Situationsalternativen als logische Folge unterschiedlicher Ereignisse und/oder Weichenstellungen, wobei schrittweise, ausgehend von einer gegenwärtigen Situation, vorgegangen wird.

Ähnlich wie in der später zu diskutierenden Methode Synektik, ist oft die persönliche Identifikation mit Problemaspekten und das sich daraus ergebende Kräftespiel der unterschiedlichen in der Problemstellung verkörperten Rollen eine wesentliche, das Geschehen vorantreibende Kraft zur Ermittlung realitätsnaher Prognosen.
Die Methode ist für schlecht strukturierte Problemstellungen mit stark qualitativ durchsetzten Einflußfaktoren und unklaren, intuitiv erfaßten, wechselseitigen Abhängigkeiten einzusetzen. Dies grenzt die Methode klar von den nicht näher besprochenen, herkömmlichen Prognoseverfahren ab, bei welchen auf der Annahme einer kontinuierlichen Entwicklung von Trends in der Vergangenheit auf zukünftige Zustände der Umwelt geschlossen wird.

Szenarios sind somit <u>nicht-quantitative Simulationen</u>, wobei Ansätze des Brainstorming, der Synektik und der kombinatorischen Analyse der Morphologie mit den eher formal-mechanistischen Konzepten der Trendextrapolation kombiniert werden: sie versuchen, eine Systematik in die stark intuitiv durchsetzte, auf Phantasie basierende Erfassung möglicher Zukünfte zu bringen.
Sie liefern daher keine Punktprognose, weder hinsichtlich des Parameters Zeit noch bezüglich betrachteter Systemgrößen. Vielmehr liefern sie umfassende Beschreibungen und Beurteilungen spekulativen Charakters von interessierenden komplexen, zukünftigen Situationen, die unter Mitwirkung von Fachexperten der einzelnen betroffenen Disziplinen erarbeitet werden.

<u>Ziel</u> ist einerseits, in Form von qualitativen Aussagen, <u>zukünftige Situationen</u> komplexer Natur mit höherer Zuverlässigkeit zu prognostizieren, anderseits Einsicht über den Ablauf, d.h. die <u>alternativen Wege</u> der Entwicklung mit ihren den Ablauf bestimmenden Knoten in Form probabilistischer Ereignisse und/oder möglicher Entscheidungen aufzuzeigen (vgl.Pkt.9.3, Stochastische Netzpläne).

<u>Ablauf</u>: Ausgehend von einem definierten Untersuchungsgegenstand wird dessen zugehörige relevante Umwelt umrissen und so ein Problemverständnis für das Scenario-Writing geschaffen.

<u>Erster Schritt</u> (Synthese): Es werden wahrscheinliche Einflußfaktoren der Gegenwart sowie möglicherweise neu auftretende, in der Zukunft wirksame, herausgearbeitet und isoliert, wobei die Problem-Gesamtschau nicht verlassen wird. (Einflußsphären, Trendbrüche verursachen-

de, mögliche Eingriffe als Steuergrößen - etwa aus der Gesellschaft).
Zweiter Schritt (Analyse): Es werden mögliche Entwicklungstendenzen der wesentlichen Einflußfaktoren (Szenariobausteine) unter Mitwirkung von Experten aus den einzelnen Fachsparten qualitativ prognostiziert (durch Introspektion, Intuition, Entwicklungsannahmen, aber auch Trendextrapolationen unter Verwendung statistisch aufbereiteter Quellen).
Dritter Schritt (Bewertung): Für die unterschiedlichen, jeweils möglichen Entwicklungsprognosen werden Eintrittswahrscheinlichkeiten abgeschätzt sowie wechselseitige Abhängigkeiten hypothetisch festgelegt (Interaktionen).
Vierter Schritt (Synthese): Mittels Kombinatorik werden sogenannte Rohszenarien als Prognosen wahrscheinlicher zukünftiger Systemzustände samt zugehöriger Entwicklungstendenzen in Form von Zugfolgen eines "Sandkastenspieles" zusammengesetzt (Berücksichtigung der Interaktionen, Ordnen der Kombinationen nach Gesamt-Eintrittswahrscheinlichkeit).
Fünfter Schritt (Analyse): Testen der Rohszenarien hinsichtlich möglicher Einflüsse von Extremwerten, unvorhergesehenen Störgrößen, "Katastrophen" (Extremwertanalysen, Worst-case Studies, kreativitätsfördernde Methoden wie vor allem Brainstorming).
Sechster Schritt (Bewertung und Entscheidung): Die bereinigten Szenarien werden aufbereitet, gruppiert, interpretiert und mit den Entscheidungsträgern konfrontiert (stark mit Subjektivität behafteter Schritt).

Ergebnis des Scenario-Writing ist es, Entscheidungsgrundlagen für die Ausarbeitung von Strategien zur Bewältigung der prognostizierten Umwelt zu liefern.

Die Methode wird vorteilhaft im Krisen-Management, in der Futurologie sowie in der Systemplanung bei nicht-mechanistisch funktionierender Umwelt, wie es für komplexe sozio-technische Systeme generell zutrifft, angewandt.

5.5 Problemdefinition

Ziel
Aufbauend auf den Ergebnissen der Bedarfsanalyse und unter Berücksichtigung der festgestellten Randbedingungen und Beschränkungen (be-

züglich verfügbarer Mittel, technologischer und organisatorischer Möglichkeiten) ist die geforderte Systemfunktion zu definieren und ein detailliertes Zielsystem für die Bewertung derselben aufzustellen.
Über die Sachziele (Leistungen des angestrebten Objektsystems) hinausgehend, sind auch die Formalziele (Zeit- und Einsatzmittelbedarf) zu definieren.
Da bei der Festlegung des zu erreichenden Ergebnisses dem Erkennen zukünftiger Ereignisse (Bedarfsstrukturwandel, sich ändernde Umwelteinflüsse) große Bedeutung zukommt, ist bereits im Zuge der Problemdefinition wie folgt zu unterscheiden:

- Planungsproblem unter Sicherheit (gibt es streng genommen nicht!)
- Planungsproblem unter Risiko
- Planungsproblem unter Ungewißheit

Bei der Problemdefinition geht es somit um die Beantwortung der Frage: Was soll das benötigte System wie gut können? Was darf dafür aufgewendet werden?

Vorgehensprinzip

Zunächst sind die sich aus der Beschreibung des Bedarfs ergebenden Systemfunktionen zu formulieren, die durch ein noch zu erstellendes System erbracht werden sollen und obigen Bedarf befriedigen sollen. Genau besehen sind somit Funktionen gefordert und nur mittelbar ein System, das diesen Funktionskomplex erbringt.
Im weiteren ist die Systemfunktion (etwa in Form einer hierarchischen Funktionszerlegung) aufzugliedern (Dekomposition) und damit im Detail zu präzisieren. Es werden hiebei auf möglichst erschöpfende Weise die relevanten Wirkeigenschaften des zu erstellenden Systems operational definiert, wie auch damit verbundene Verhaltensweisen festgelegt. Die dem Problem auferlegten Beschränkungen sind als Grenzen zulässiger Ausprägungen der die Systemfunktion beschreibenden Merkmale festzuhalten.

Die Festlegung relevanter Randbedingungen aus der Systemumwelt und der für die optimale Bewertung/Auswahl erforderlichen Beurteilungskriterien vervollständigt die Problemdefinition.

Zugrundeliegende Theorie

Der Problemdefinition kommt höchste Bedeutung zu, da hier bereits die Weichen für die Systemkonzipierung wie auch die Systembewertung gestellt werden, da mit einer bestimmten Fragestellung häufig bereits der wichtigste Beitrag zu einer neuartigen Entwicklung geleistet wird. Daraus ergibt sich folgende

Bemerkung: Ein weitgehend definiertes Problem ist bereits halb gelöst; die eigentliche Leistung beim Problemlösen besteht darin, ein Problem produktiv zu formulieren.

Es werden heute zwar Techniken als Hilfe zum Problem-Lösen erfolgreich eingesetzt, selten jedoch wird gelehrt, wie man Probleme entdeckt und definiert.
Da bloßes logisches Denken zunächst rein destruktiv ist, kann damit alleine das Sehen und Formulieren von Problemen nicht gefördert werden.

Im Prinzip müssen die in Abb.5.18 gegenübergestellten Problemtypen unterschieden werden.

PROBLEMTYP	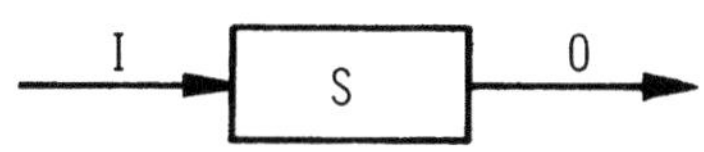 gegeben	gesucht
ANALYSEPROBLEM	I (gewählt), S (vorliegend)	0
INSTRUMENTATIONSPROBLEM	S (vorliegend), 0 (gefordert)	I
IDENTIFIKATIONSPROBLEM (Suchproblem, Abbildungsproblem)	I (gewählt), 0 (vorliegend)	S
SYNTHESEPROBLEM (Gestaltungsproblem)	I (vorliegend), 0 (gefordert) Randbedingungen für S, Menge S_i der verfügbaren Komponenten	S (Struktur von S)

Abb. 5.18: Typen von Problemstellungen

Bemerkung:
Ein System ist identifiziert, wenn seine Funktion bekannt ist.
Ein System ist definiert, wenn seine Struktur und die Eigenschaften seiner Komponenten bekannt sind.

Folgende im Zuge der Problemdefinition vornehmlich auftretende Begriffe sollten klar auseinandergehalten werden:

Funktion: Die Funktion eines Systems ist jener Ausschnitt des Systemverhaltens (Gesamtfunktion), der zur Zweckerfüllung herangezogen wird.
Sie wird erfaßt durch Angabe
- eines Hauptwortes (das Objekt betreffend, auf welches eingewirkt wird)
- eines Zeitwortes (die Art betreffend, wie auf das Objekt eingewirkt wird)

Beispiel: Systemfunktion "Lasten heben".

Gesamtziel: Gesamtziele sind komplexe Ziele, die sich in Form einer Zielhierarchie (Aufbaugliederung) aus Teilzielen und diese letztlich aus Einzelzielen zusammensetzen, die untereinander in Beziehung stehen (multidimensionale Ziele). Allgemein formuliert lautet das Gesamtziel beliebiger Systeme wie folgt:

MAXIMALE SYSTEMEFFIZIENZ (Kostenwirksamkeit)
Erbringung der bedarfsbefriedigenden Systemfunktion im angestrebten Ausmaß unter geringstem Aufwand.

Zweck: Der Zweck eines Systems ist die von Außenstehenden durch Nutzung bestimmter Systemeigenschaften (Verhaltensweisen) angestrebte Wirkung im Sinne einer Zielerreichung.

Aufgabe: Die Aufgabe ist ein einem belebten System (Individuum, Gruppe) übertragenes oder auch von diesem sich selbst auferlegtes Funktionsbündel, definiert einschließlich zugehöriger situativer Randbedingungen und vorgegebener Durchführungsrichtlinien.
Ist die Aufgabe auch in bezug auf den Parameter Zeit definiert, so sei dafür der Begriff Leistungsvorgabe verwendet.
Von Aufgaben sei daher ausschließlich im Zusammenhang mit Lebewesen (mit Bewußtsein) gesprochen, so daß sich eine klare Abgrenzung zum allgemeinen Funktionsbegriff ergibt.

Ziel: Ein Ziel ist ein angestrebter Zustand eines Systems (d.h. angestrebte Ausprägungen von Merkmalen eines Systems).
Unbelebte Systeme: Dynamische, selbstregulierende Systeme können ein Verhalten aufweisen, bei welchem diese nach Gesetzmäßigkeiten der Wechselwirkung bei Störungen aus einem Gleichgewichtszustand diesem wieder zustreben

(teleologisches Verhalten).

Belebte Systeme: Für belebte Systeme sind Ziele bestimmte, in der Zukunft angestrebte Zustände, wobei über den Weg und die Realisierbarkeit der Zielerreichung nichts ausgesagt wird.

Anforderungen - Fähigkeiten - Eignung:

Anforderungen sind sämtliche von einem System zu erbringende Eigenschaften (Funktionen) zur Zweckerfüllung (Anforderungsprofil: quantifizierte Ausprägungen obiger Eigenschaften).

Die Definition der Anforderungen ist nach ihren jeweiligen Beiträgen zur Zweckerfüllung wie folgt zu untergliedern:

- o geforderte Eigenschaften (muß - muß mindestens)
- o erwünschte Eigenschaften (soll)
- o ergänzende Eigenschaften (kann)
- o unerwünschte Eigenschaften (soll nicht)
- o verbotene Eigenschaften (darf nicht)

Die Zusammenstellung der Anforderungen an ein System wird Anforderungskatalog bzw. Pflichtenheft genannt.

Fähigkeiten sind sämtliche für die Zweckerfüllung relevanten, tatsächlich vorliegenden Eigenschaften eines Systems (Fähigkeitsprofil: quantifizierte Ausprägungen obiger Eigenschaften).

Eignung ist der Grad der Deckung von Anforderungsprofil und Fähigkeitsprofil.

Methoden und Techniken

Im folgenden werden das Vorgehen und die anzuwendenden Methoden bei der Festlegung der Systemfunktion und der Zielformulierung besprochen.

5.5.1 Festlegen der Systemfunktion

Prinzipiell ist es vorteilhaft, von einem Input-Output-Modell (Blackbox-Modell) bei der Beschreibung der geforderten einzelnen Systemfunktionen auszugehen; die Überführung eines Inputvektors I (Zustand A) in einen bestimmten Outputvektor O (Zustand B) ist hiebei die gewünschte Systemfunktion (Abb.5.19).

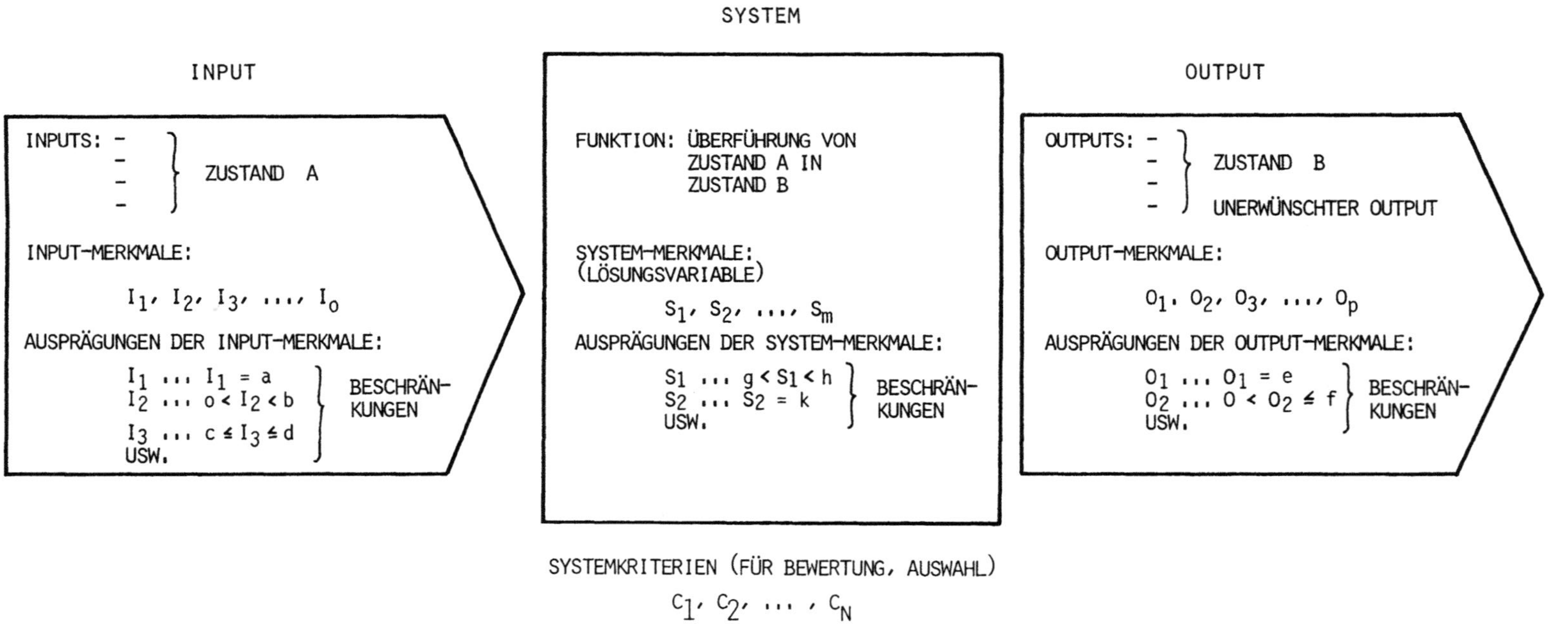

Problemstellung: Es ist ein System zu erstellen, welches ein m-Tupel von Werten (S_i, $i = 1, \ldots, m$) als Ausprägungen relevanter Systemmerkmale besitzt, einen vorgegebenen Inputvektor I in einen gewünschten Outputvektor O überführt, und für welches die System-Effizienz als Funktion $F(C_j)$, $j = 1, \ldots, n$, ein MAXIMUM liefert, unter der Bedingung, daß sämtliche Beschränkungen bezüglich I, S und O erfüllt sind.

Abb. 5.19: Allgemeine Formulierung des Systemgestaltungsproblems

Die Analyse der Gesamtfunktion sollte hiebei vor allem nach folgenden (bereits besprochenen) Gesichtspunkten der Unterscheidung erfolgen:

- Hauptfunktion-Nebenfunktion-Hilfsfunktion
- geforderte(vitale)-erwünschte-ergänzende-unerwünschte- verbotene Funktion
- Gesamtfunktion-Einzelfunktion
- Gebrauchsfunktion-Geltungsfunktion

Die Zerlegung der Systemfunktion in mögliche Teilfunktionen ist in dieser Phase verfrüht, da sie erst im Schritt "Konzipieren", wo Teilfunktionen zu Funktionsketten zusammengesetzt werden, benötigt wird. Wohl aber können wesentliche Teilfunktionen bereits Bestandteil der Systemanforderungsliste (Pflichtenheft) sein.

5.5.2 Zielformulierung

Ziele müssen operational sein, d.h. in eindeutigen Größen ausgedrückt sein, um handlungsbestimmende Wirkung zu besitzen, d.h. um praktisches Handeln zu ermöglichen. Die Zielerreichung (der Zielbeitrag) muß nicht unmittelbar meßbar sein, oft lassen sich Ziele nur durch Hilfsgrößen (Indikatoren) indirekt quantifizieren oder auch bloß mittels Nominalskalen oder Ordinalskalen abbilden.

Ziele sollten möglichst quantitativ (exakt und eindeutig) formuliert sein; sie müssen folgende 4 Bestimmungsstücke besitzen:

- Zielgegenstand (auch Zielobjekt):
  Legt den Bereich, auf den sich das Erstreben richtet, fest.
- Zielinhalt:
  Beschreibt den angestrebten Zustand durch Merkmale.
- Zielausmaß (auch Zieleigenschaft):
  Gibt die angestrebten Ausprägungen der wesentlichen Merkmale an, den angestrebten Zielerfüllungsbeitrag.
- Zielzeitpunkt:
  Gibt den zeitlichen Bezug der Zielerreichung an.

Aufstellen des Zielsystems: Zur Ermittlung der Kriterien (vgl.Abb. 5.19) für die Bewertung und Auswahl des Systems ist ein Zielsystem aufzustellen.
Das in der Abbildung 5.20 dargestellte, universell anwendbare Gliederungsschema kann hiebei Anhaltspunkte für den ersten Schritt der

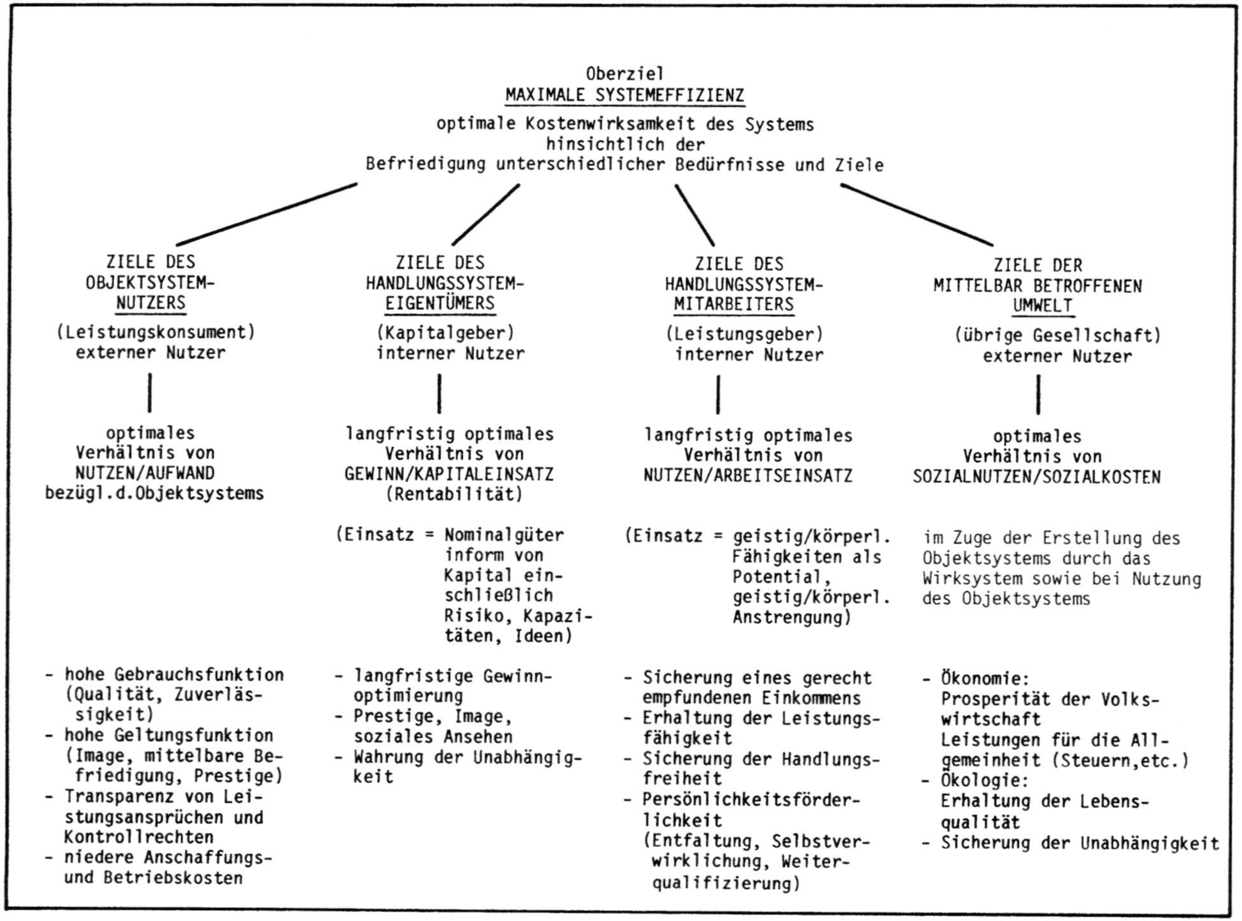

Abb. 5.20: Unterschiedliche Zielaspekte für beliebige Systeme

Gliederung des Gesamtzieles in Einzelziele liefern. Je nach Problemstellung können hiebei einzelne Äste der Gliederung verschwinden bzw. mit anderen zusammenfallen, d.h. ein und dasselbe Individuum betreffen.

Wichtiger als die Auswahl des richtigen Systems ist es, vorerst die richtigen Ziele zu bestimmen: Wählt man falsche Ziele, dann löst man eine irrelevante Problemstellung; wählt man dagegen ein falsches System (auf der Basis richtiger Ziele) so wählt man letztlich nur ein nicht optimales System (A.Hall).

Zielsysteme werden vorteilhaft in Form einer Zielhierarchie dargestellt und nach folgenden Gesichtspunkten ermittelt:

Die Entwicklung einer vertikalen Zielordnung ermöglicht die Überführung eines nicht-operationalen Gesamtzieles in operationale, möglichst quantitativ - oft auch bloß qualitativ - definierte Einzelziele.
Mittel-Zweck-Beziehung (Wechselwirkung zwischen Zielen unterschiedlicher hierarchischer Ebenen):
Ein untergeordnetes Ziel ist Mittel zur Erreichung des nächsthöheren Zieles, das selbst wieder eines der Mittel ist, um letztlich das darüberstehende Gesamtziel zu erreichen (vgl. Relevanzbaum-Methode).

Die horizontale Zielordnung (Ziele auf einer Hierarchieebene) dient der Beziehungsetzung der Ziele untereinander hinsichtlich ihrer Bedeutung bezüglich des jeweiligen Oberzieles. Zugleich ermöglicht die horizontale Gliederung die Überprüfung auf Vollständigkeit (im weichen Sinne) und Disjunktheit (möglichst geringe Überdeckungsbereiche); letzteres ist bei komplexen Problemstellungen nie zu erreichen, jedoch schon das Aufzeigen von Überschneidungen ermöglicht es, Übergewichtungen von Aspekten, die durch mehrfaches Berücksichtigen sich ergeben würden, zu vermeiden.
Zielabhängigkeit (Beziehungstypen zwischen Zielen):
Prinzipiell können folgende wechselseitige Abhängigkeiten bei Zielen auf beliebiger, jedoch gleicher Ebene der Zielhierarchie auftreten:

1. Komplementarität (Zielgleichsinnigkeit)
   Zwei Ziele sind voneinander wechselseitig abhängig. Die (graduelle) Erfüllung eines Zieles fördert die Erfüllung des anderen Zieles.

Die Zielkomplementarität von Z_1 bezüglich Z_2 kann progressiv, konstant oder degressiv sein.

2. Indifferenz (Zielneutralität)
   Zwei Ziele sind voneinander unabhängig.
   Die Erfüllung eines Zieles hat keine Auswirkung auf die Erfüllung des anderen Zieles.
3. Konkurrenz (Zielkonflikt)
   Zwei Ziele Z_1 und Z_2 sind konfligierend, d.h. sie sind voneinander wechselseitig abhängig, wobei die (graduelle) Erfüllung eines Zieles zwangsweise die Erfüllung des anderen Zieles behindert, hemmt.
   Es ist dies die einzige der möglichen 4 Situationen, wo Optimierung platzgreifen kann.
   Die Zielkonkurrenz von Z_1 bezüglich Z_2 kann progressiv, konstant oder degressiv sein.
4. Antinomie (Zielgegensatz)
   Zwei Ziele schließen sich gegenseitig aus, sie sind unvereinbar.

Da in hierarchischen Gliederungen generell eine disjunkte Zerlegung des Gliederungsgegenstandes in überschneidungsfreie Teile je Gliederungsebene anzustreben ist, sollte dieser Gedanke bei Zielsystemen ebenfalls verfolgt werden.

Die Behandlung von Zielkonflikten kann erfolgen durch

- Gewichtung: Zielkompromiß
  Konkurrierende Ziele werden gleichzeitig entsprechend ihrer jeweiligen Wichtigkeit (Bewertungsvorgang) berücksichtigt.
  Auf einer hierarchischen Ebene ergeben sich damit Haupt- und Nebenziele. Es kommt zu einer Zusammenfassung unterschiedlicher Wertmaßstäbe und Abbildung dieser auf einem einzigen.
- Prioritätensetzung: Zieldominanz
  Es wird jenes Ziel, dem die größte Bedeutung beigemessen wird, (zunächst) allein berücksichtigt. Liefert dieser erste Ansatz mehrere gleich gute Alternativen, so wird der Grad der Erfüllung des in der "Warteschlange" nächstwichtigen Zieles als Kriterium herangezogen.
- Sequentielle Berücksichtigung: Zielschisma
  (Schisma = Spaltung, Verweigerung der Unterordnung, ohne den inhaltlichen Anspruch aufzugeben)
  Die konkurrierenden Ziele gelangen alle, jedoch nicht gleichzeitig zur Anwendung. Zu unterschiedlichen Zeitpunkten, möglicherweise

auch durch unterschiedliche Personen, werden einzelne konkurrierende (auch unvereinbare) Ziele berücksichtigt.

Es wird damit die Einbuße an Erfüllung eines Zieles bei weitestgehender Erfüllung eines anderen konkurrierenden Zieles erfaßt (Regret-Analyse).

Die Beziehungstypen von Zielen können sich mit der Höhe der Ausprägung ändern (z.B. Übergang von Konkurrenz zu Indifferenz und weiter zu Komplementarität).

Vorgehen bei der Zielsystemerstellung

Die Ermittlung eines Zielsystems, insbesondere bei stark innovativen Problemstellungen, erweist sich als iterativer Prozeß - somit als stark kreative Tätigkeit. Dabei können Zielsysteme auf deduktivem oder induktivem Wege ermittelt werden.

Deduktive Zielsystemerstellung: Zerlegung eines nicht-operational definierten Gesamtzieles in Teilziele und weiter bis zu den Einzelzielen. Der Gliederungsvorgang kann nach unterschiedlichen logischen Gesichtspunkten der Aufbaugliederung erfolgen. Es muß hierbei jedoch festgehalten werden, daß die Zerlegung zugleich eine Spezifizierung und Detaillierung bedeutet, daher auch induktive-kreative Anteile beinhaltet. Die Teilziele sind jeweils nach den Kriterien der weitestgehenden Überschneidungsfreiheit aufzugliedern.

Induktive Zielsystemerstellung: Sammlung von Zielen auf heuristischem Wege und schrittweise Zusammensetzung dieser Ziele, ihren Abhängigkeiten untereinander entsprechend, zu einem Zielsystem.

Nach Ermittlung einer unstrukturierten Menge von Wünschen (Zielen) wird durch Analyse der Zusammenhänge (deduktiver Anteil) dieser Ziele festgestellt, inwieweit ein Ziel in einem anderen umfassenderen bereits enthalten ist, so daß sich eine Mittel-Zweck-Beziehung ergibt. Gegebenenfalls müssen Ergänzungen, Streichungen und Umformulierungen nachträglich vorgenommen werden, um weitestgehend disjunkte Gliederungen zu erhalten (vgl.Abb.5.21).

Im Prinzip sind bei der induktiven Zielsystemerstellung folgende Schritte zu durchlaufen (mit Rückkopplungen):

- Ziel(ideen)sammlung
- Zieldifferenzierung
- Zielabstimmung

Kombinierte Zielsystemermittlung: Beide obigen Strategien werden als iterativer Prozeß parallel, d.h. sich ergänzend verfolgt.

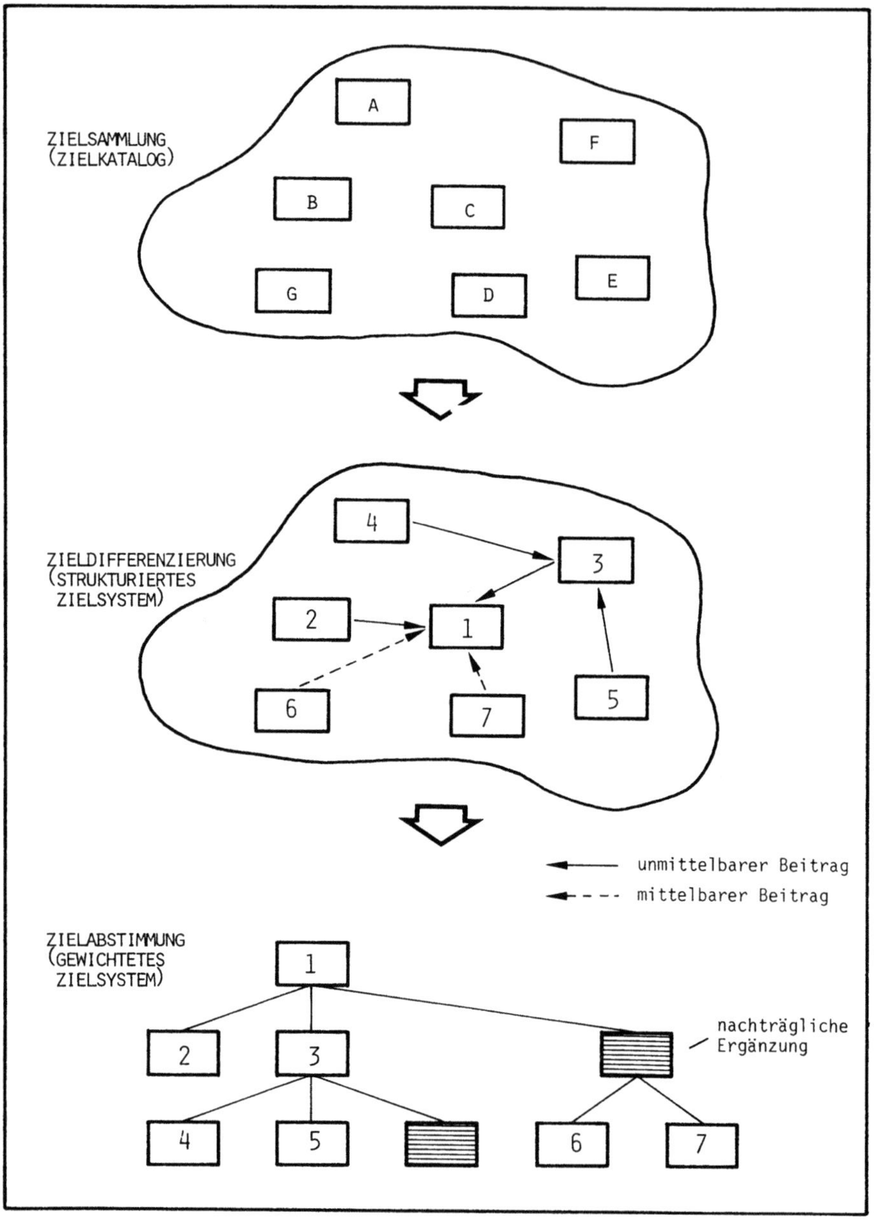

Abb. 5.21: Induktives Vorgehen bei der Ermittlung von Zielsystemen

<u>Zielfindung in Organisationen</u> (Ziele soziotechnischer Systeme)
Die Zielfindung, das Ermitteln eines zu verfolgenden Zielsystems, kann definitionsgemäß nur in belebten Systemen ablaufen, wobei es bei sozio(technischen) Systemen neben intraindividuellen zusätzlich auch zu interindividuellen Konkurrenzsituationen kommt.

Bei Organisationen allgemeiner Art ergibt sich eine Transformation von Zielen der Individuen in Ziele dieser Organisation als Präzisierung gemeinsamen Wollens (Kooperation) auf dem Spannungsfeld z.T. kollidierender Einzelziele. Es ist die Aufgabe des Managements, durch Anregung, Überzeugung, Motivation und Kompromißanregung diesen Prozeß zu ermöglichen und ablaufen zu lassen. Jeder einzelne, dem soziotechnischen System Angehörende, bringt hiebei seine Wertvorstellungen und, darauf aufbauend, Bedürfnisse, Anspruchniveaus und emotionale Einstellungen, z.T. auch unbewußt und unartikuliert, als Grundlage für den partizipativen trade-off-Prozeß ein, wobei bestehende Machtstrukturen den Grad der Aufnahme individueller Ziele in das Zielsystem der Organisation (Unternehmung) bestimmen.

Als Rahmen sind Grenzen der Machbarkeit (technischer, kapazitätsmäßiger, zeitlicher, rechtlicher Art) zu berücksichtigen.

Der Zielfindungsprozeß in sozialen Systemen kann nur erfolgreich sein, wenn alle dem System Angehörenden daran mitwirken. Dadurch erhöht sich die Chance, daß Zielkonflikte tatsächlich ausgetragen werden und der einzelne die Ziele der Organisation akzeptiert und mitwirkt, sie zu erreichen. Dies bedeutet, daß der einzelne sich individueller Ziele bewußt ist sowie den Zusammenhang mit den Zielen der Organisation (des Unternehmens) erkennt, d.h. die Bedeutung seines Beitrages zu diesen versteht.

Systemkriterien (Bewertungskriterien, Auswahlkriterien): Die auf unterster Ebene der Zielhierarchie aufscheinenden Einzelziele stellen Anforderungen an das zu schaffende System dar, die im Rahmen der Systemgestaltung zu verfolgen und bei Systembewertung/Auswahl als Entscheidungskriterien herangezogen werden.

Systemkriterien sind damit ausgewählte Eigenschaften oder entsprechende Komplexe von Eigenschaften; die Wahl der Ausprägungen spezifischer

- Zustandseigenschaften (z.B. Gewicht, Farbe, Material)
- Übertragungseigenschaften (z.B. Art der Kraftübertragung)
- Verhaltenseigenschaften (z.B. Kosten, Sicherheit)

beeinflußt den Grad der Erfüllung der Systemkriterien.

Hilfestellung bei der Erfassung der Systemeinzelziele und damit der Systemkriterien liefert die als Checkliste verwendete Eigenschaftssystematik konkreter Systeme, wie sie in Abschnitt 2.2 entwickelt wurde.

Ergebnis des behandelten Syntheseschrittes der Vorgehenslogik ist eine Problemdefinition (auch Anforderungsplan, Pflichtenheft oder Lastenheft genannt): Das Problemdefinitionsblatt enthält in möglichst vollständiger, quantitativer Form die vom zu erstellenden System zu erbringenden Eigenschaften einschließlich zugehöriger Beschränkungen, ohne über die Beschränkungen hinausgehend den Lösungsweg zu präjudizieren und einzuengen.

5.6 Problemanalyse

Ziel: Es sind, aufbauend auf der erarbeiteten Problemdefinition, durch Analyse die folgenden Fragen zu beantworten:

1. Ist es überhaupt das Problem, das definiert wurde?
2. Kann das in der Problemdefinition geforderte System erstellt werden?
3. Soll das in der Problemdefinition geforderte System in dieser Art und Weise erstellt werden?
4. Welches zusätzliche relevante Datenmaterial wird für die Problemlösung benötigt: was muß erhoben werden und was steht bereits zur Verfügung?

Zugrundeliegende Theorie, Überblick

Entsprechend der obigen Zielformulierung für den vorliegenden Schritt "Problemanalyse" lassen sich folgende Einzelanalysen unterscheiden:

1. Problemdefinitionsanalyse
   Es ist zu prüfen, ob das definierte Problem tatsächlich dem ursprünglich festgestellten Bedarf entspricht.
2. Vorläufige Durchführbarkeitsanalyse
   (Prefeasibility Study = Preliminary Feasibility Study)
   In einer einleitenden, aufgrund des vorliegenden noch geringen Wissensstandes entsprechend vagen Analyse ist zu klären, ob die Problemstellung unter den gegebenen Randbedingungen überhaupt lösbar ist, noch ohne hiebei das Lösungsprinzip zu kennen bzw. sich für eines zu entscheiden.
   Analysiert wird
   - technologische Durchführbarkeit

- zeitlich-finanzielle Durchführbarkeit
- rechtliche Durchführbarkeit

Bemerkung: Die Einschränkung "unter gegebenen Randbedingungen", also einschließlich wissensmäßiger Beschränkungen, ist in obiger Beschreibung der Durchführbarkeitsanalyse wesentlich.

3. Vorläufige Verträglichkeitsanalyse, vorläufige Akzeptierbarkeitsanalyse

   Auf obigen Analysen aufbauend ist zu untersuchen, ob die Lösung des Problems, basierend auf den Gegebenheiten des Systemerstellers, möglich und darüber hinaus wirtschaftlich erstrebenswert sein dürfte. Zu untersuchen ist daher
   - die Verträglichkeit mit dem Systemersteller (objektiv)
   - die Akzeptierbarkeit seitens des Systemerstellers (subjektiv)

   Es handelt sich hiebei um sogenannte Soft Analyses, also um keine Analysen im streng formalen Sinn, unter Verwendung von Soft Data.

4. Datenanalyse

   Aufbauend auf der Durchführbarkeits- und Akzeptierbarkeitsanalyse läßt sich abschätzen, welche weiteren relevanten Daten in den unmittelbar nächsten Schritten des Problemlösungsprozesses voraussichtlich benötigt werden. Diese Daten sind zu erheben und bezüglich ihrer Reliabilität zu analysieren. Da der Datenbedarf jedoch mit der Lösungsentwicklung zusammenhängt, wird es, nicht zuletzt aus Ökonomiegründen, auch in späteren Phasen immer wieder zu weiteren Datenerhebungen bzw. Datenanalysen kommmen.

Methoden und Techniken:

5.6.1 Problemdefinitionsanalyse

Oft entfernt man sich im Zuge der Problemdefinition, besonders bei zunächst relativ vage formulierten Problemen, von dem ursprünglich festgestellten Bedarf: Es entspricht dies einer häufig zu beobachtenden unbewußten Veränderung des semantischen Inhaltes eines gegebenen Sachverhaltes im Zuge der Modellierung desselben.

Durch Vorsehen einer Rückkopplungsschleife als Überprüfungsmaßnahme soll methodisch sichergestellt werden, daß tatsächlich jenes Problem dem weiteren Gestaltungsprozeß unterzogen wird, dessen Lösung den ursprünglich erkannten Bedarf befriedigt.

5.6.2 Vorläufige Durchführbarkeitsanalyse

Technologische Durchführbarkeitsanalyse

Die Durchführbarkeitsanalyse wird sich je nach dem Neuheitsgrad der Problemstellung als unterschiedlich schwierig, aber auch als unterschiedlich wichtig erweisen.

Im Prinzip sind folgende Stufen des Syntheseproblems, geordnet nach fallendem Neuheitsgrad, im Rahmen der Systemplanung zu unterscheiden:

- Originalentwicklung: Arbeiten im Neuland, Neukonstruktion
- Prinzipvariation: Abänderung des Lösungsprinzips unter Beibehaltung der Problemstellung samt Randbedingungen
- Strukturvariation: Abänderung der Struktur unter Beibehaltung des Lösungsprinzips
- Maß-/Stoffvariation: Abänderung der Ausprägungen der Parameter unter Beibehaltung der Struktur

Anmerkung: Wenn auch in der Praxis meist bloß Maßvariationsprobleme oder bestenfalls Strukturvariationsprobleme anfallen, so sei doch festgestellt, daß eine Durchführbarkeit bei Abänderung bloß der Abmaße nicht automatisch gegeben ist: So kann etwa eine Produktreihe durch bloße Vergrößerung oder Verkleinerung der Abmaße unter Beibehaltung von Lösungsprinzip und Gestalt nicht beliebig erweitert werden.

Beispiel: Der Muskel als Lösungsprinzip für die Leistungserbringung. Bei linearer Vergrößerung steigt zwar die Leistung mit dem Muskelquerschnitt (quadratische Abhängigkeit), das Gewicht steigt jedoch mit dem Muskelvolumen (kubische Abhängigkeit), wodurch das Leistungsgewicht immer ungünstiger wird (es ist dies eine Hypothese für das Aussterben der Saurier).

Beispiel: Mit zunehmender Größe einer Organisation wird ein überproportional großer Anteil des Leistungsvermögens derselben für den Erhalt der Organisation selbst aufgewendet (sie beschäftigt sich selbst).

Beispiel: Ein wesentlicher Zweck von Wohnsiedlungen, die Isolation des einzelnen zu bekämpfen und den persönlichen Kontakt zu fördern, ist bei übergroßen Anlagen nicht mehr zu realisieren.

Vorläufige technologische Durchführbarkeitsanalysen sind von großer Bedeutung, wenn das Lösungsprinzip noch unbekannt ist (Originalentwicklungen und Prinzipvariationen). Es wird durch sie vermieden, daß Fragestellungen verfolgt werden, die ein verstecktes perpetuum mobile genereller Art enthalten.

Vorgehen:

1. Stelle die wesentlichen Phänomene fest, die wahrscheinlich im zu erstellenden System eine Rolle spielen werden.
2. Ermittle signifikante Merkmale zur Beschreibung der Phänomene, schätze die auftretenden Extremwerte dieser Parameter ab (z.B. 2σ-Grenzen; keine Katastrophen berücksichtigen!).
3. Analysiere (analytisch, simulativ, szenario-mäßig) mit diesen Werten, ob die Problemstellung fundamentalen Gesetzmäßigkeiten primär physikalisch-technologischer Art widerspricht (eine Art Extremwerte-Studie, Worst-Case Study).

Beispiel: Badezimmerspiegel, der sich nicht beschlagen soll.
Physikalische Phänomene: Luftfeuchtigkeit, Lufttemperatur, Taupunkt, Wärmeleitung von Glas, Wärmestrahlung.
Es läßt sich zeigen, daß ein derartiges System bei gegebenen Randbedingungen (übliches Material, übliche intermittierende Nutzung) sich nicht realisieren läßt.

Vorläufige zeitlich-finanzielle Durchführbarkeitsanalyse

Sind im Zuge der Problemdefinition Termin- und Kostenziele gesetzt, die keinesfalls zu überschreiten sind, so ist zu prüfen, ob das Projekt in der zur Verfügung stehenden Zeit mit den gegebenen Mitteln durchgeführt werden kann. Als Methode für eine vage Abschätzung des Zeitbedarfs bietet sich einzig die Netzplantechnik, insbesondere in Form ablaufstochastischer Netzwerke, an. Eine ausführliche Beschreibung dieser Methoden kann aus Kapitel 9, Systemrealisierung, entnommen werden.

Bemerkung: Eine vorläufige Durchführbarkeitsanalyse wird selten endgültige positive Ergebnisse bringen, sie ist mit steigender Konkretisierung und mit Veränderung des Wissensstandes zu wiederholen (Feasibility Study). Zugleich handelt es sich hiebei um eine sehr vage, vom einzelnen Anwender stark beeinflußte und damit um eine unscharfe, relativ unbefriedigende Methode.

5.6.3 Vorläufige Analyse der Verträglichkeit und Akzeptierbarkeit

Vorläufige Analyse der unternehmensmäßigen/rechtlichen Verträglichkeit (Kompatibilität)

Es ist einerseits abzuklären, ob die entwickelten Voraussetzungen beim Systemersteller gegeben sind, um das Planungsproblem zu einem erfolgreichen Abschluß bringen zu können.

Hiezu zählen Voraussetzungen auf dem Gebiet der

- Software: Wissensstand des Systemplaners, Know-how, Technologiebeherrschung, organisatorische Bedingungen
- Hardware: Ausstattung an Betriebsstätten und Betriebsmitteln, organisatorische Einrichtungen (z.B. Vertriebsapparat), Kapitalausstattung

sowie Möglichkeiten der kurzfristigen Beschaffung derselben.

Anderseits ist die Kompatibilität des definierten Problems (z.B. Idee für ein neues Produkt, eine neuartige Leistung) hinsichtlich der Ziele des Systemerstellers zu prüfen.

Im Falle eines Unternehmens sind dies die Unternehmensziele.

Gesamtziel: Langfristige Sicherung des Unternehmensbestandes gegliedert in

- langfristig gesicherte/steigende Rentabilität
- langfristig gesicherte/steigende Arbeitszufriedenheit

Erstes Subziel kann durch folgende (nicht disjunkte) Teilziele verfolgt werden:

materiell: Gewinn, Kapitaleinsatz, Liquidität, Umsatz, Arbeitsproduktivität, Flexibilität

immateriell: Prestige, Image, Autonomie des Handelns

Zweites Subziel kann durch folgende (nicht disjunkte) Teilziele verfolgt werden:

- materielle und immaterielle Gegenleistungen für Arbeitseinsatz
- Erhaltung der Leistungsfähigkeit (Verhinderung von Schädigungen und Beeinträchtigungen bei der Arbeit)
- Förderung der Persönlichkeit (psychische/physische Entwicklungsmöglichkeiten bei der Arbeit)
- Sicherung der Handlungsfreiheit

Hinsichtlich der Kompatabilität eines Problems mit Zielen ist eine Abgrenzung zur nachfolgenden Akzeptierbarkeit nicht möglich; es ist eher eine Frage des Ermessens.

Vorläufige Analyse der wirtschaftlichen und sozialen Akzeptierbarkeit

Auch hier liegt die Problematik in einer vagen, vorläufigen Abschätzung der die Nutzen-Kosten-Relation bestimmenden Parameter, um beurteilen zu können, ob die Fortführung der Planungsaufgabe erstrebenswert erscheint. Es ist besonders die langfristige zukünftige Wirkung des zu erstellenden Systems zu prognostizieren, wobei Nutzenaspekte entsprechend Abb.5.20 für alle an der Herstellung und Nutzung des Systems Beteiligten zu beachten sind.
Hinsichtlich der Nutzenerwartungen werden personenbezogene, d.h. individuelle bzw. kollektive Vorstellungen auch emotionaler Art auftreten, die es in Form einer subjektiven Akzeptanz mitzuberücksichtigen gilt (Methoden im Rahmen einer solchen Akzeptanzanalyse: Einstellungsmessungen, Nutzwertverfahren).

5.6.4 Datenanalyse (Analyse des informationsmäßigen Ausgangsmaterials)

Je nach Problemstellung, d.h. ob es sich um eine Originalentwicklung oder bloß um eine Struktur- oder Maßvariation handelt (wie etwa bei Rationalisierungen eines bestehenden Systems), wird der Bedarf an Information über gegenwärtige und historische Zustände bestehender Systeme unterschiedlich umfangreich sein.
Im Zuge der Datenanalyse geht es um eine Datenbedarfsfeststellung, Datenerfassung und Datenbearbeitung (Aufbereitung und Auswertung) betreffend die für eine erfolgversprechende Behandlung des Problems benötigten Ausgangsdaten.

Zugrundeliegende Theorie

Ein grobes Prinzipmodell kann Hilfestellung bei der Analyse geben, welche vorliegende Größen mit hoher Wahrscheinlichkeit im zu gestaltenden System Bedeutung haben werden und welche Größen daher im Rahmen einer ergänzenden Datenerfassung Berücksichtigung finden sollten. (Im Zuge des anschließenden Gestaltungsprozesses auf Konzeptebene kann sich durchaus zeigen, daß weitere Einflußgrößen zu analysieren sind und/oder die Detaillierung bereits erfaßter Daten zu gering ist. Diese Tatsache zeigt bloß auf, daß es sich bei der Datenerfassung nicht um einen einmaligen Schritt im Rahmen des Vorgehensplanes der Systemtechnik handelt, sondern daß über Rückkopplungsschleifen auch dieser Vorgang mehrmals zu durchlaufen sein wird.)

Datenbestände, die Objekte (Phänomensysteme) abbilden sollen und die von einem Beobachter erfaßt werden, um Schlüsse über das Beobachtungsobjekt zu ziehen, können mittels folgender Merkmale (Kriterien) analysiert/bewertet werden:

Reliabilität: (Zuverlässigkeit)	Die Daten differieren in ihren Werten bloß innerhalb gegebener Toleranzen bei wiederholter/paralleler Datenerhebung; Einzelmerkmale sind: o Reproduzierbarkeit o meßtechnische Präzision o Objektivität (vom Beobachter unabhängig)
Validität: (Gültigkeit)	Die Daten sagen aus, was sie zu messen vorgeben; o Bestimmtheit o inhaltliche Präzision o Geeichtheit
Repräsentativität: (Abbildungsgüte)	Die Daten stellen eine geeignete Auswahl als Grundlage für die abzuleitenden Schlüsse dar; o Vollständigkeit (problemorientiert) o hinreichende Detaillierung o hinreichende Trennschärfe o semantische Kongruenz

Obige Merkmale sind so gereiht, daß sie jeweils notwendige aber nicht hinreichende Voraussetzung für das nachfolgende Merkmal darstellen.

Die Information über einen Zustand muß immer unvollkommen sein; bei der Datenerfassung sollte daher auch eine Nutzen/Kosten-Betrachtung vorgenommen werden; d.h. der erwartete Nutzen zusätzlicher Daten in Form einer besseren Problemlösung muß dem dafür notwendigen Aufwand gegenübergestellt werden (subjektive Bewertung des Grenznutzenbeitrages einer Information).

Aus obigen Überlegungen heraus ist klar, daß es keine praktisch anwendbare Formel geben kann, die den optimalen Informationsstand festlegen könnte, bei dem die Datensammlung mit Sicherheit abzubrechen ist. Prinzip für eine wirtschaftliche Vorgehensweise sollte sein: Zunächst eher weniger Daten erheben, primär jene mit wahrscheinlich hohem "Ertrag".

Methoden und Techniken

Unter Verwendung elementarer Systemmodelle wurde in Abb.5.22 für beliebige soziotechnische Systeme (Arbeitssysteme) (z.B. Unternehmung

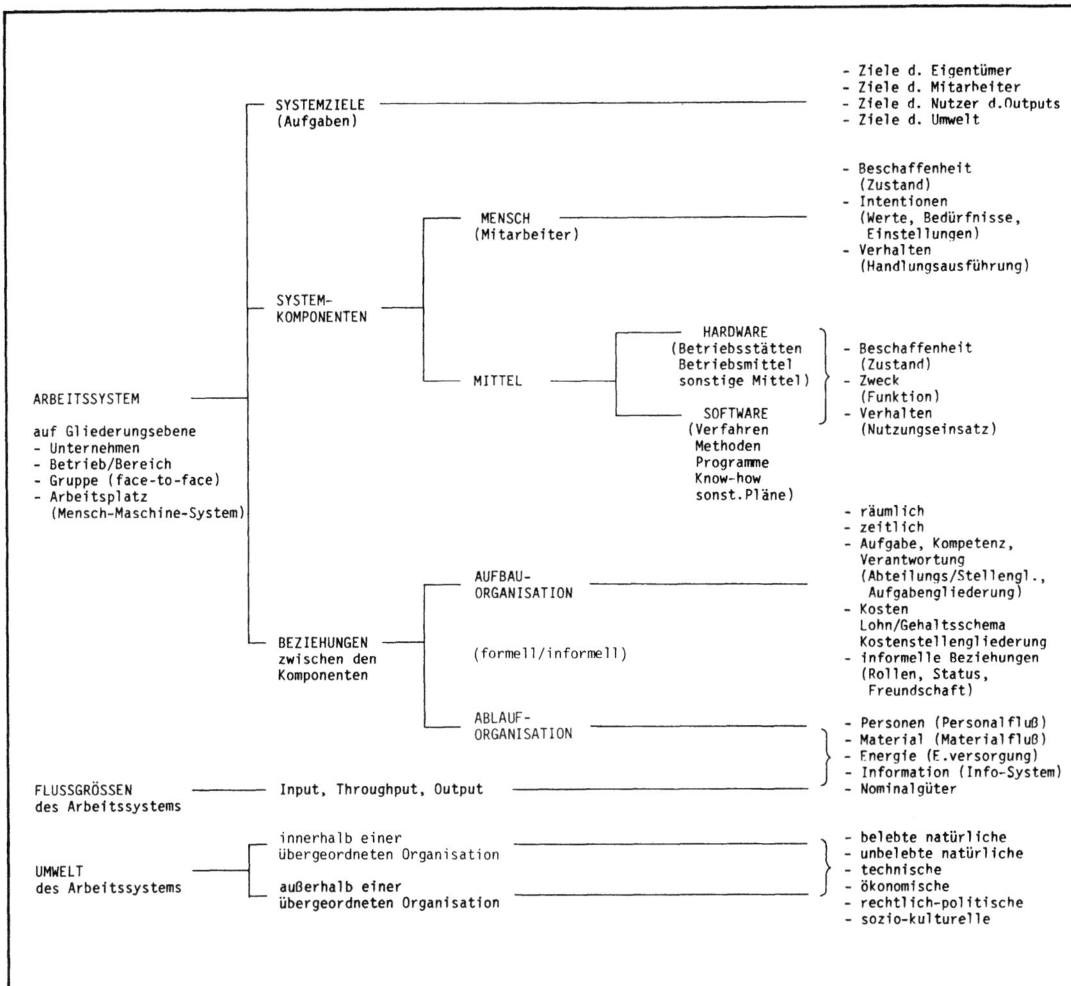

Abb. 5.22: Allgemeine Gliederung soziotechnischer Systeme (Handlungssysteme, Arbeitssysteme) zur Systembeschreibung (Datenermittlung)

bzw. Teile derselben) eine Zusammenstellung der auftretenden Datenkategorien vorgenommen, die als Ansatz für eine Systembeschreibung dienen möge. Für die detaillierte Auflistung der Gliederung mögen folgende weitere Checklisten herangezogen werden:

- Zielgliederung: Prinzipieller Aufbau von Zielsystemen (Abb.5.20)
- Merkmalsystematik Sachmittel (Abb.2.5)
- Merkmalsystematik Mensch (Abb.2.6)
- Aufbaustrukturen, Ablaufstrukturen (Pkt.2.3.1)
- Checkliste für Aufgaben-/Tätigkeitsanalysen (Abb.5.23)
- Checkliste für die Analyse der Systemumwelt (Abb.5.12)

Aufgabenanalyse/Tätigkeitsanalyse
Zur Analyse des Weges, auf dem ein Ziel (ein angestrebter Endzustand/ ein gewünschtes Systemoutput) erreicht werden soll bzw. wird, ist eine umfassende Betrachtung der Aufgabe bzw. Tätigkeit erforderlich.

Während die Aufgabe in unterschiedlicher Detaillierung die Prozedur der Überführung des Input in den Output festlegt - es ist dies eine Frage des Programmierungsgrades - weist die Tätigkeit als real ablaufender Prozeß den gesamten Komplex von beschreibenden Größen einschließlich der Umgebungsbedingungen auf. (Beide Analysen liefern Informationen für die Anforderungsermittlung.) Eine Systematik der beschreibenden Größen einer Tätigkeit sei in Abb.5.23 präsentiert.

Universell anwendbarer Fragenkatalog
Zur Anleitung für die Durchführung einer effizienten Datenerfassung möge folgender universell anwendbarer Fragenkatalog dienen (wobei die Fragen einer logischen Sequenz entsprechend angeführt sind).

Wozu (Zweck)	Zu welchem Zweck, für wen?
Was (Aufgabeninhalt)	Welche Daten? Wie sollen sie verwendet werden? Welche Qualität?
Wann (zeitlicher Bezug)	Wann erhoben, in welcher Folge, wie lange, bis wann bereitstellen? Wie lange gültig?
Wo (räumlicher Bezug)	An welchem Ort? Welche Beobachtungsobjekte?
Wie (Verfahren)	Welche Erhebungsmethoden? (Primär-/ Sekundärerhebung, Interviews, Fragebogen etc.)
Wer (Durchführender)	Wer führt die Erhebung durch? Welche Qualifikation?
Womit (Mitteleinsatz)	Welche Mittel werden eingesetzt? Woher genommen? Wovon abhängig?

Im Rahmen der Datenbearbeitung kommen weitgehend bekannte, in den unterschiedlichen Fachdisziplinen vielfach gebräuchliche Methoden und Techniken zum Einsatz, wie etwa:

ABC-Analyse: Zur Klassifizierung von Daten nach ihrer relativen Bedeutung bei vorgegebenen Klassen (Lorenz-Kurve). Es wird eine Selektion prioritär bedeutender und der Analyse zu unterwerfender Daten aus einer unüberschaubaren/unhandlichen Datenmenge vorgenommen.

Cluster-Analyse: Zur automatischen Klassifizierung bei nicht vorgegebenen Klassen. Es wird eine Menge von Merkmalswerten einer (abhängi-

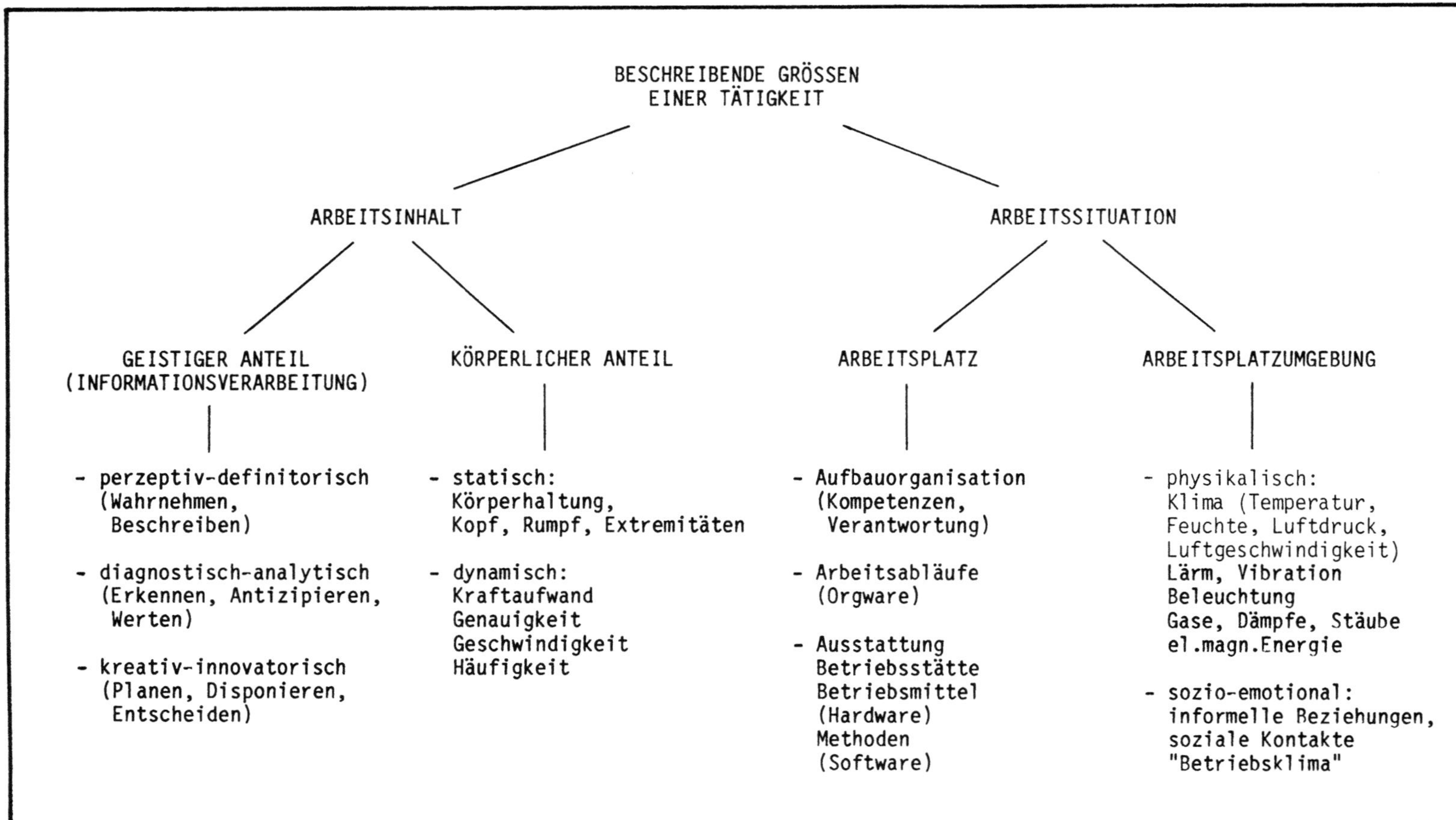

Abb. 5.23: Gliederungsvorschlag zur Arbeitsanalyse (Aufgabenanalyse, Tätigkeitsanalyse)

gen) Zufallsvariablen (Punkthaufen) durch schrittweises Zusammenfassen in eine Anzahl von zusammengehörigen Untermengen (Cluster) untergliedert.

Analyse mittels Mathematischer Statistik
- Deskriptive Statistik: Bestimmung von beschreibenden Kenngrößen eines Datenbestandes
  Lagemaß ... Stichprobenmittel (arithmetischer Mittelwert)
  Streumaß .. Stichprobenvarianz, Standardabweichung der Stichprobe (analytisch/graphisch mittels Wahrscheinlichkeitspapier)
- Inferenzstatistik: Schließende Beurteilung und Wertung von Stichprobenkenngrößen in Hinblick auf die wahren, unbekannten Werte der Grundgesamtheit (Schätzen von Parametern, Bestimmung von Konfidenzintervallen, Testen von Hypothesen).

Regressionsanalyse: Näherungsweise Ermittlung (pseudo-)funktionaler Abhängigkeiten zwischen zwei oder mehreren Variablen eines Phänomens (linear/nicht linear; mathematisch/graphisch; eindimensional/mehrdimensional).
Korrelationsanalyse: Bestimmung des Grades oder der Stärke von Abhängigkeiten zwischen Zufallsvariablen.

Varianzanalyse (Analysis of Variance, ANOVA): Analyse von Abhängigkeiten durch Beobachtung des Streuverhaltens von
- einer Variablen (Single Factor Experiments) oder von
- mehreren Variablen (Two or More Factors Experiments)

in Abhängigkeit von Einflußgrößen, wobei ein immer bestehender zufallsbedingter Fehler des Versuchs isoliert wird. Mit Hilfe des Testens von Hypothesen wird die Signifikanz der Beeinflussung ermittelt.
Weitere Tests nach ANOVA: Orthogonaler Kontrast, Newman-Keuls Streubreitentest, Scheffé's Test.
Die sogenannte Versuchsplanung (Design of Experiments) befaßt sich mit dem Aufbau einer sowohl problemgerechten als auch auswertungsgünstigen Datenstruktur (Block Design).

Faktorenanalyse: Es wird an Gruppen von Variablen (Items), basierend auf einer Korrelationsmatrix, analysiert, inwieweit Abhängigkeiten zwischen den Variablen durch einen gemeinsamen Faktor verursacht sind.

5.7 Systemsynthese

Ziel: Aufbauend auf der überprüften Problemdefinition sind alternative Lösungsprinzipien und weiters optimale Systemstrukturen sowie Detailauslegungen zu entwickeln.

Vorgehensprinzip: Entsprechend den in Kapitel 4 besprochenen denkpsychologischen Gesetzmäßigkeiten und theoretischen Grundlagen sind in den Syntheseschritten im wesentlichen folgende Aspekte zu beachten:

- Problemstellung (Originalentwicklung bis Maßvariation)
- Problemlösungsstrategie (intuitiv/umstrukturierend/diskursiv)
- Eigenschaften und Verhaltensweisen des Problemlösers
- organisatorische und (gegebenenfalls) gruppendynamische Voraussetzungen für den Problemlösungsprozeß

5.7.1 Zugrundeliegende Theorie

Die theoretische Einbettung der Kreativität wurde wegen der zentralen Bedeutung für den Problemlösungsprozeß im Rahmen eines eigenen Kapitels bereits behandelt; es besitzen hiebei sämtliche dort gemachten denkpsychologischen Feststellungen fundamentale Bedeutung für den Aufbau und den Einsatz der im folgenden zu besprechenden Methoden der Systemsynthese, insbesondere der kreativitätsfördernden Methoden und Techniken.
Grundgedanke hiebei ist folgender: Um dem ständigen Wunsch des Menschen nach Neuem bzw. Verbessertem zu entsprechen, müssen auch die 'Normalkreativen' bei der Suche nach neuen Lösungen und Ideen mitwirken. Ihnen sind Hilfsmittel an die Hand zu geben, die es ihnen ermöglichen, ihre Fähigkeit zu kreativem Denken zu reaktivieren: es gilt, die ursprünglich vorhandene, dann aber verkümmerte Kreativität wieder zu wecken und zu schulen.
Der Fortschritt in Wissenschaft und Technik und dessen wirtschaftliche Umsetzung (Innovation) kann nicht auf Genies angewiesen sein.

Vorerst seien folgende allgemeingültige Regeln für das Entwickeln von Lösungskonzepten angegeben:

1. Regel: Denke nicht an gewesene Lösungen; gehe von einer Idealvorstellung aus und leite davon ein realisierbares System durch Detaillierung ab.

2.Regel: Entwickle mehr als eine Lösung des Problems, wähle die beste davon. Es gibt keinen absoluten Maßstab, um eine Optimalität einer einzelnen Lösung feststellen zu können.
Darüber hinaus kann die Kombination von Lösungsmethoden zu einer neuen, besseren Lösungsalternative führen.

3.Regel: Kritisiere und bewerte so spät wie möglich. Beides besitzt Analysecharakter und sollte daher erst im nächsten Schritt, der Systemanalyse, platzgreifen.

"Es scheint nicht gut und dem Schöpfungswerk der Seele nachteilig, wenn der Verstand die zuströmenden Ideen an den Toren schon zu scharf mustert. Eine Idee kann, isoliert betrachtet, sehr unbeträchtlich und sehr abenteuerlich sein, aber vielleicht wird sie durch eine, die nach ihr kommt wichtig, vielleicht kann sie in einer gewissen Verbindung mit anderen, die vielleicht ebenso abgeschmackt erscheinen, ein sehr zweckmäßiges Bild abgeben. Bei einem schöpferischen Kopf hat der Verstand seine Wachen von den Toren zurückgezogen, die Ideen strömen hinein, und erst alsdann übersieht und mustert er den großen Haufen." (Friedrich Schiller)

5.7.2 Methoden und Techniken der Systemsynthese

Einleitend sei nachdrücklich erwähnt, daß es sich bei den Kreativitätsmethoden immer nur um unexakte Methoden handelt, die sich für manchen, unbeschadet der zunehmenden Wertschätzung auch solcher Methoden, am Rande der wissenschaftlichen Seriosität zu bewegen scheinen. In Summe wurden diese Methoden jedoch der Forderung "besser wenig als nichts" in hohem Maße gerecht.

Entsprechend den Arten produktiven Denkens kann man folgende drei Methoden bzw. Methodengruppen der Kreativität unterscheiden:

- rein intuitives Vorgehen: Brainstorming und Varianten
- umstrukturierendes Vorgehen: Synektik und Varianten
- diskursives Vorgehen: Morphologie (aufbauend auf Funktionszerlegung) und Varianten

Alle drei Methoden bzw. Methodengruppen, also auch die rationale, d.i. die bewußt die um Lösung ringende Vernunft ansprechende, diskursive Methode, sind letztlich auf das Element der Intuition angewiesen. Das rationale Element der Diskursion bringt vor allem den Vorteil besserer Erklärbarkeit und Nachvollziehbarkeit mit sich.

Unabhängig von den mehr oder minder ausgearbeiteten Methoden seien zunächst allgemeine Denkstrategien aufgezeigt, die (als Ein- oder Mehrpersonen-Rollenspiel) den Geist auf "fündige" Lösungsfelder führen helfen:

- Infragestellen: (Mäeutik)	Ansätze, Hypothesen, Argumente werden prinzipiell angezweifelt, Fragen gestellt. Der Zwang zur besseren Argumentation führt zu neuen Lösungen.
- Negieren: (Advocatus Diaboli)	Es wird konsequent das Gegenargument, d.h. die Begründung, warum etwas falsch sein müsse bzw. nicht funktionieren könne, gesucht. Der Zwang zur Verteidigung löst Modifikationen und damit durchführbare neue Lösungen aus.
- Übertreiben: (Karikatur)	Durch Übertreibung wird ein Gedanke ad absurdum geführt, wodurch anhand von extremen Ausprägungen zu neuen Ideen angeregt wird.
- Dummstellen: (Inkompetenz)	Aus Uninformiertheit heraus werden (insbesondere von Nichtfachleuten) unerwartete, neue Gesichtspunkte artikuliert oder zumindest gefördert (geht nur bedingt als Einzelperson).
- Übertragen: (Freie Assoziationen)	Es werden völlig ungeplante ad hoc-Erlebnisse, Eindrücke aus der Umwelt sowie Perseverationen hinsichtlich eines möglichen Beitrages zur Problemlösung geprüft (Zwangsanalogie).

Eine Zusammenstellung der wesentlichen Methoden der Kreativität, gegliedert in Gruppenkreativität und Einzelkreativität, zeigt Abb.5.24. Selbstverständlich sind im Rahmen von Gruppenaktivität vom einzelnen Teilnehmer auch die Methoden der Einzelkreativität anwendbar, wenn auch nicht primär daran gedacht ist.
Zu erwähnen ist in diesem Zusammenhang nochmals, daß sich Lösungen von Syntheseaufgaben nicht erzwingen lassen; der Einsatz der Kreativitätsmethoden fördert bloß die kreative Leistung.

5.7.2.1 Brainstorming

"Gedankensturm", entwickelt von Osborn als "Applied Imagination", aufbauend auf assoziationspsychologischen Überlegungen. Wesentlich

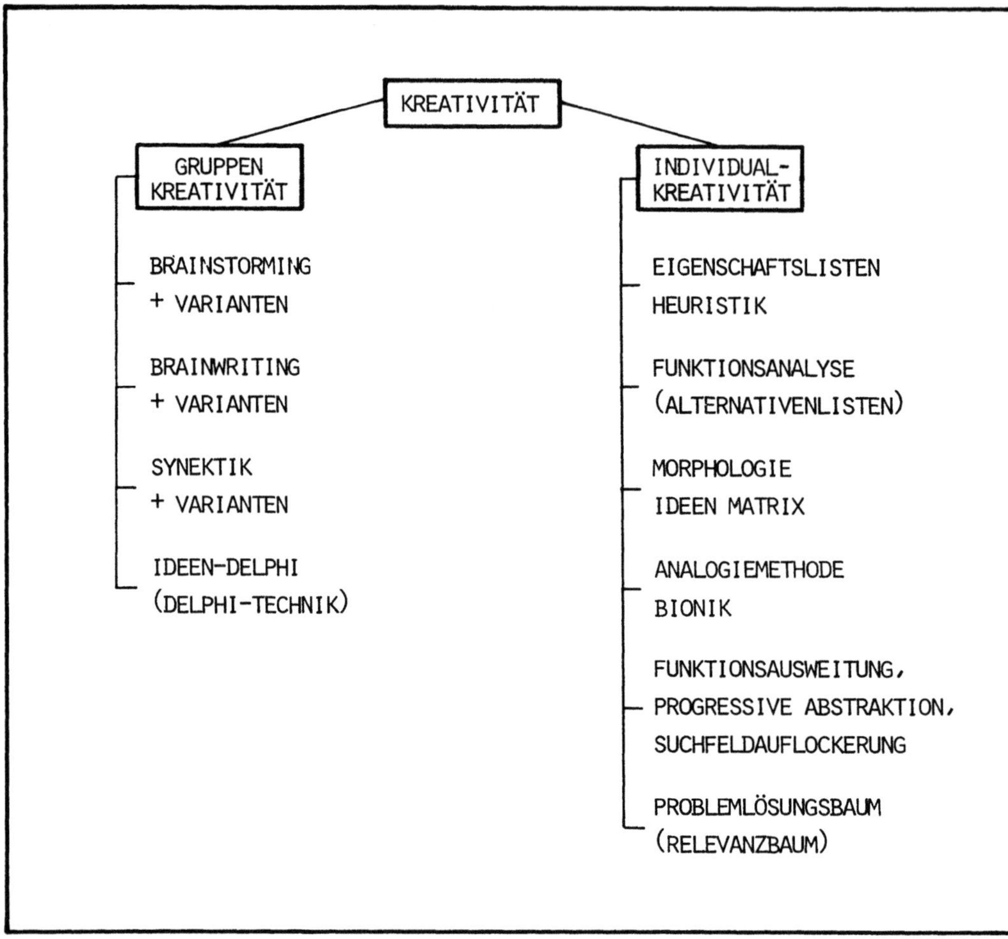

Abb. 5.24: Methoden zur Förderung der Kreativität (Methoden der Ideenfindung)

beim Brainstorming ist die möglichst freie Assoziation und die zeitlich hinausgeschobene Bewertung:
Es gilt hiebei die Voraussetzungen dafür zu schaffen, daß eine Gruppe von aufgeschlossenen Menschen, die aus möglichst vielen unterschiedlichen Erfahrungsbereichen stammen sollten, vorurteilslos Ideen produziert und sich von den geäußerten Gedanken wiederum zu weiteren neuen Vorschlägen anregen läßt.
Dieses Vorgehen macht vom unbefangenen Einfall Gebrauch und spekuliert weitgehend auf Assoziationen, d.h. auf Erinnerungen und auf Verknüpfungen von Gedanken, die bisher noch nicht im vorliegenden Zusammenhang gesehen wurden oder einfach noch nicht bewußt geworden sind (G.Pahl).

Vorgehen:

- Eine Gruppe mit einem Leiter wird gebildet. Diese Gruppe sollte etwa 5 bis 10 Personen umfassen: weniger als 5 Personen bewirken zu wenig gegenseitige Anregung und haben ein zu geringes Anschauungs- und Erfahrungsspektrum. Mehr als 10 Personen garantieren nicht mehr eine intensive Mitwirkung des Einzelnen, d.h. Passivität und Absonderung können auftreten.
- Die Gruppe sollte nicht aus lauter Fachleuten zusammengesetzt sein. Wichtig ist, daß möglichst viele unterschiedliche Fach- und Tätigkeitsbereiche vertreten sind (Außenseiter produzieren die revolutionärsten Ideen!).
- Die Gruppe sollte möglichst aus Mitgliedern der gleichen hierarchischen Ebene zusammengesetzt sein, damit Hemmungen in der Gedankenäußerung, die möglicherweise durch Rücksicht auf Vorgesetzte oder auf unterstellte Mitarbeiter entstehen können (Autoritätsprobleme) entfallen.
- Eine lockere, störungsfreie Sitzungsatmosphäre sollte vorgesehen werden: Keine Sitzordnung, freies Arrangieren von Tischen und Sitzen, kein Telefon; Tafel, Flip-Charts, Overhead-Projektor sind bereitzustellen.
- Die Sitzung soll im allgemeinen nicht länger als eine dreiviertel Stunde dauern. Eine längere Dauer bringt erfahrungsgemäß nichts Neues und führt zu unnötigen Wiederholungen. Es ist besser, später mit einem neuen Informationsstand oder anderer personeller Zusammensetzung eine neue Sitzung zu veranstalten.
- Alle Beteiligten müssen in der Gedankenäußerung ihre Hemmungen überwinden, da nichts bei einem selbst oder in der Gruppe als absurd, als falsch, als blamabel, als dumm oder als schon bekannt angesehen wird ("Quantität vor Qualität"). Die Ideen sollen möglichst in einem Wort oder in ganz kurzer Beschreibung ohne Erläuterung vorgebracht werden.
- Die Realisierungsmöglichkeit der Vorschläge wird vorerst nicht beachtet. Daher darf niemand am Vorgebrachten Kritik üben, und jeder muß sich sogeannter "Killerphrasen" enthalten, wie
  "Ist alles schon dagewesen"
  "Haben wir noch nie/schon immer so gemacht!"
  "Geht niemals"; "Versuche damit haben bereits fehlgeschlagen";
  "Das können wir nicht durchsetzen"
  "Das ist viel zu teuer"
  "Gehört doch nicht hierher"; "Das ist doch Unsinn"; "Meinen Sie das im Ernst?"

Derartige Diskussionsbeiträge bzw. Äußerungen lassen sich oft auf eine gewisse Expertenarroganz zurückführen.

- Die vorgebrachten Ideen werden auch von den anderen Teilnehmern aufgegriffen, abgewandelt und weiterentwickelt (wechselseitige Assoziationsketten). Ferner können und sollen mehrere Ideen kombiniert und als neuer Vorschlag vorgebracht werden.
- Alle Ideen oder Gedanken werden schriftlich oder auf Tonband festgehalten.
- Das Ergebnis wird von den zuständigen Fachleuten gesichtet, wenn möglich geordnet und auf Brauchbarkeit hinsichtlich einer möglichen Realisierung untersucht. Hiebei ist jede Idee zunächst hinsichtlich ihrer positiven Aspekte zu analysieren und nicht sofort zu suchen, warum sie nicht realisierbar ist.
- Das so gewonnene Ergebnis sollte mit der Gruppe diskutiert werden, damit etwaige Mißverständnisse oder einseitige Auslegungen der Fachleute vermieden werden. Auch könnten bei dieser Gelegenheit neue, weiterführende Gedanken entwickelt werden.
- Eine Aufgliederung der Problemlösungskonzepte in folgende Gruppen ist anzustreben
  - sofort/unmittelbar verwendbar
  - später/mittelbar verwendbar
  - noch zu überprüfen
  - undurchführbar

  wobei die Ideen der ersten beiden Gruppen mittels Bewertungsverfahren hinsichtlich ihrer Vor- und Nachteile zu analysieren sind.
- Der Leiter der Gruppe sollte nur im organisatorischen Teil (Einladung, Zusammensetzung, Überwachung der Sitzung und Auswertung) initiativ sein. Vor Beginn des eigentlichen Brainstorming muß er das Problem schildern und bei der Sitzung für das Einhalten der Spielregeln, vor allen Dingen für eine aufgelockerte Atmosphäre sorgen. Er sollte keine Lenkungsfunktion bezüglich der Ideenfindung ausüben, wohl aber die Gesprächsbeteiligung fördern, dominante Teilnehmer dämpfen und ruhige Teilnehmer zur Beteiligung anregen - beides mit größter Feinfühligkeit, um unnötige Spannungen in der Gruppe zu vermeiden. Sollte der Ideenfluß ins Stocken geraten, kann der Sitzungsleiter durch gezielte Fragen die Diskussion wieder in Gang bringen. Er sollte jedoch keine eigenen Ideen vorbringen.

Kritik: Vorteilhafterweise macht man vom Brainstorming Gebrauch, wenn

- noch kein realisierbares Lösungsprinzip vorliegt

- das Gefühl vorherrscht, mit bekannten Vorschlägen nicht weiterzukommen
- eine völlige Trennung vom Konventionellen angestrebt wird.

Man ist immer wieder überrascht, wie groß die Vielfalt und Breite von Ideen ist, die ein solcher Kreis produzieren kann.

Brainstorming ist auch dann zweckmäßig, wenn es sich um die Bewältigung von Teilproblemen innerhalb bekannter oder bestehender Systeme handelt. Das Brainstorming hat außerdem einen nützlichen Nebeneffekt: Alle Beteiligten erhalten indirekt neue Informationen, weil der vielseitig zusammengesetzte Kreis über ein sehr breites Wissensspektrum verfügt.

Kritisch ist zu bemerken, daß naheliegenderweise nur die wenigsten Vorschläge (etwa 3÷6%) technisch oder wirtschaftlich realisierbar sein werden. Brainstorming soll in erster Linie Anstoß zu neuen Ideen geben, kann aber keine fertigen Lösungen produzieren, weil die Probleme meistens zu komplex und zu schwierig sind, als daß sie im Handumdrehen durch spontane Ideen allein lösbar wären. Wenn aber aus den Äußerungen ein bis zwei brauchbare neue Gedanken entspringen, die es wert sind, weiter verfolgt zu werden, ist der Einsatz der Methode bereits gerechtfertigt.

Varianten:
- Diskussion 66 (bei großen Gruppen)
- didaktisches Brainstorming: Vorsitzender leitet, es wird eine Checkliste (wie für die Methode "Eigenschaftslisten" aufgezeigt) angewendet.
- Stop and Go (Progressives Brainstorming) auch "And Also..."-Methode genannt
- destruktiv-konstruktives Brainstorming

5.7.2.2 Brainwriting

Diese Methodengruppe ist eine Weiterentwicklung des Brainstorming auf schriftlicher Basis. Nach Definition der Aufgabe und einer eingehenden Analyse werden die Teilnehmer aufgefordert, jeweils drei Lösungsansätze zu Papier zu bringen und stichwortartig zu erläutern. Nach etwa fünf Minuten gibt man diese Unterlage an seinen Nachbarn weiter, der wiederum, nach Durchlesen der vom Vorgänger gemachten Vorschläge, drei weitere Lösungen, vornehmlich in einer Weiterentwicklung, hinzufügt. Bei 6 Teilnehmern wird dies solange fortgesetzt, bis alle 3 Lösungsansätze von den jeweils fünf restlichen Teilnehmern ergänzt oder assoziativ weiterentwickelt wurden (daher auch die Bezeichnung Methode 635). Die Erfolgsrate der Methode 635 liegt bei über 15% realisierbaren Lösungen.

Kritik (Vorteile gegenüber Brainstorming):
- Tragende Ideen werden systematischer ergänzt und weiterentwickelt
- es ist möglich, den Entwicklungsvorgang zu verfolgen und den Urheber des zum Erfolg führenden Lösungsprinzips annähernd zu ermitteln, was aus patentrechtlichen Gründen fallweise gewünscht ist
- Gruppen-Spannungen wirken sich nicht auf die kreative Produktivität aus
- die Problematik der Gruppenleitung entfällt weitgehend

Als nachteilig kann sich hingegen eine geringere Kreativität des Einzelnen durch mangelnde Stimulierung erweisen, weil gruppendynamische Mechanismen nur schwach zur Wirkung kommen und weil nicht zwangsläufig alle Ideen von den Teilnehmern gelesen werden.

Varianten:
- Pool-Methode (einige Lösungsvorschläge liegen bereits vor)
- Notebook-Methode (tägliche Eintragung von Ideen)

5.7.2.3 Synektik

Entwickelt von Gordon etwa 1960, aufbauend auf der Methode Brainstorming und verbunden mit Analogie- und Assoziationsdenken. Synektik ist die anspruchsvollste und denkpsychologisch am stärksten fundierte aller Kreativitätsmethoden, sie baut unmittelbar auf dem Prinzip des positiven Transfer auf, simuliert somit den unbewußt ablaufenden kreativen Prozeß.

Der Name Synektik kommt aus dem Griechischen und bedeutet Zusammenfügen verschiedener, scheinbar zusammenhangloser Begriffe. Das Wesen der Synektik besteht darin, sich etwa bei technischen Problemen durch Analogien aus dem nichttechnischen oder dem halbtechnischen Bereich anregen zu lassen und umgekehrt. Man schreitet, durch Gleichnisse und Verwandtschaften angeregt, von einem durch Assoziationen entstandenen Gedanken zum anderen, entfernt sich vom eigentlichen Problem, gewinnt so eine verfremdete andere Betrachtungsweise und sucht dabei, im weiten Bogen zurückkehrend, eine Lösungsidee für das ursprüngliche Problem zu finden.

Die Momente, in denen das Individuum Zugang zum Informationsvorrat des Vorbewußten hat, sind selten. Wenn wir vor einem schwierigen Problem stehen, halten wir es oftmals für klüger, die Lösung nicht zu erzwingen; wir lassen statt dessen die Angelegenheit eine Zeitlang ruhen - bis wir inspiriert sind, d.h. bis einer jener Tage kommt, an denen uns alles gelingt" (W.Gordon).

Mit der Synektik wird versucht, ein Instrumentarium zu schaffen ("operational mechanism"), das es dem Problemlöser ermöglichen soll, quasi nach Belieben die Intuition zu "engagieren".

Die grundlegenden Aktivitäten, die sich wie ein roter Faden durch die synektische Methode ziehen, sind somit:

1. Das Fremde vertraut machen (durch Analyse, Generalisierung, Analogiebildung).
2. Das Vertraute fremd machen (durch Abänderung des Blickwinkels der Betrachtung).

Vorgehen

Die Methode ist im Vorgehen systematischer als das Brainstorming mit seinem willkürlichen Sammeln von Ideen. Bezüglich der Unbefangenheit sowie Vermeidung von Hemmungen und Kritik gilt dasselbe wie beim Brainstorming. Der Leiter der Gruppe hat hier die zusätzliche schwierige Aufgabe, anhand der geäußerten Analogien den Gedankenfluß, entsprechend dem nachfolgenden Schema, weiterzuführen. Die Gruppe sollte nur etwa sechs Teilnehmer umfassen, damit ein Zerfließen der Gedankengänge vermieden wird.

Folgende Schritte werden in der Synektik durchlaufen:

1.Schritt: Darlegung des Problems

2.Schritt: Vertrautmachen mit dem Problem

3.Schritt: Das Problem wird verstanden, Loswerden von Spontanreaktionen. Es werden, ähnlich dem Brainstorming, spontane Einfälle zur Problemstellung von den Teilnehmern geäußert und vom Diskussionsleiter gesammelt. ("Welche Ideen fallen Ihnen unmittelbar zu der definierten Problemstellung ein?") Es geschieht dies einerseits, um versprechende Ideen als Einstieg in die spätere Analogienbildung auswählen zu können, andererseits, um eine Ablenkung der Teilnehmer durch das gedankliche Fixiertsein auf nicht geäußerte Ideen zu vermeiden.

4.Schritt: Neuformulierung des Problems

5.Schritt: Verfremden des Vertrauten: Es werden Analogien und Vergleiche aus anderen Lebensbereichen angestellt. Durch das Verfremden wird der positive Transfer angeregt: Das Beschäftigen mit Fragestellungen, die anscheinend nichts mit dem eigentlichen Problem zu tun haben, fördert das Entstehen von neuartigen, spontan aufsteigenden Lösungsideen (Illumination).
Die erste Verfremdung wird üblicherweise durch direkte Analogiebildung erreicht, und zwar bei technischen Systemen durch Wahl von Analogien aus der Natur ("Wo in der Natur finden wir Beispiele als Lösung unseres Problems?") und umgekehrt.
Die zweite Verfremdung erfolgt durch persönliche Analogiebildung: Die Teilnehmer werden nach Art eines Rollenspiels aufgefordert, sich in die einzelnen Komponenten, die das gewählte Beispiel aus der Analogiebildung der ersten Stufe beinhaltet, hineinzudenken und frei ihre "Erlebnisse" und Eindrücke anhand dieser Gedankensimulation zu schildern ("Wie fühlen Sie sich als ....?"). Es wird hiebei der gleiche Ansatz verwendet wie in der sogenannten Gestalttherapie, nämlich durch Identifikation mit Dingen der Umwelt unbewußte Gedankengänge bewußt zu machen bzw. neue Erkenntnisse zu gewinnen.
Eine mögliche dritte Verfremdung erfolgt durch symbolische Analogiebildung: Aus der Schilderung im Zuge der persönlichen Analogien werden markante Worte ausgewählt (Substantiva, Adjektiva, Verben) und der Diskussionsrunde als Stichworte für eine symbolische Umschreibung vorgelegt. Insbesondere paradoxe Ergänzungen erweisen sich hiebei als kreativitätsförderlich (z.B. sanfte Pressung,...).
Die schrittweise Rückführung auf die Ausgangs-Problemstellung erfolgt am günstigsten durch eine weitere direkte Analogie, jedoch diesmal im umgekehrten Sinn.

6.Schritt: Analyse ausgewählter geäußerter Analogien bezüglich Funktionsprinzip, Eigenschaften, Wirkungsweise.

7.Schritt: Vergleich zwischen Analogie und bestehendem Problem.

8.Schritt: Ableitung einer Lösungsidee aus diesem Vergleich durch Übertragung der gefundenen Merkmale auf die ursprüngliche Problemstellung ("Denken Sie an unser Ausgangsproblem, was könnte das mit der vorgebrachten Idee .... zu tun haben, welche Gemeinsamkeiten können Sie feststellen?"). Sogenanntes Force-fit.

9.Schritt: Entwicklung einer möglichen Lösung durch Analyse der Realsierbarkeit.

Kritik:

Die Synektik-Methode ist wesentlich zeitaufwendiger als Brainstorming, liefert jedoch im Mittel mehr brauchbare Lösungen (im Mittel bis zu 30%; achtzig Prozent der von der NASA zur kommerziellen Auswertung freigegebenen Erfindungen gehen auf Synektik-Sitzungen zurück). Sie benötigt speziell ausgebildete Leiter und trainierte Teammitglieder mit hoher Bereitschaft, Analogien auch skuriler Art zu äußern.

Beispiel: Das Ergebnis einer durchgeführten Synektik-Sitzung und der Weg vom Problem zum Lösungsprinzip zeigt beispielhaft Abb.5.25.

Abb. 5.25: Problem "Entfernung von Harnleitersteinen"
Ermittlung eines Lösungsprinzips mittels Synektik
(praktisches Beispiel einer Problemlösung)

Varianten:

- Visuelle Synektik (beliebige Dias, Muster, Farbflecken werden analysiert)
- Reizwortanalyse
- Forced Relationship (beliebige Objekte werden verglichen)

5.7.2.4 Ideen-Delphi

Zum Unteschied von der im Kapitel "Prognoseverfahren" besprochenen üblichen Version der Delphi Methode, dem Prognose-Delphi, ist im Zusammenhang mit den hier besprochenen kreativitätsfördernden Maßnahmen die Delphi Methode in Form des sogenannten Ideen-Delphi anzuführen. Das Ideen-Delphi unterscheidet sich hiebei primär durch die Fragestellung: Während das Prognose-Delphi Vorhersagen zeit- und mengenmäßiger Art zum Inhalt hat, soll das Ideen-Delphi für die Zukunft denkbare Realisierungsvarianten für formulierte Problemstellungen liefern - von der Fragestellung her besteht damit eine Analogie zur Brainstorming-Methode.

Die Delphi-Methode wurde von Gordon und Helmer entwickelt. Sie ist benannt nach dem Orakel von Delphi mit der Priesterin Pythia, die vor allen wichtigen Unternehmungen befragt wurde. Die Methode basiert auf der sukzessiven Befragung einer Mehrzahl von einschlägigen Experten: Es werden ausgewählte Experten, jeder für sich, zu ihren Meinungen und Vorstellungen hinsichtlich einiger aufgezählter, frei ergänzbarer Problemlösungsprinzipien befragt. Diese subjektiven, stark intuitiven Ideen werden durch Gegenüberstellung schrittweise erhärtet oder verworfen.

Es wird hiebei von der These ausgegangen, daß, trotz der voneinander abweichenden subjektiven Beurteilung einer zukünftigen Entwicklung, durch eine systematische, wiederholte Expertenbefragung zuverlässige "objektive" Vorhersageergebnisse erzielt werden können. Diese These wird begründet durch die relativ genauen Wahrscheinlichkeitsangaben, die Experten aufgrund ihrer (oft bloß intuitiv angewendeten) spezifischen Fachkenntnisse und ihres häufig breiten Zusatzwissens über Entwicklungen in ihrem Fachgebiet machen können.

Erfolgversprechend wird die Methode bei vagen, stark zukunftsorientierten (futurologischen) Problemstellungen angewendet.

Vorgehen:

Es wird mit anerkannten Experten eines bestimmten Fachgebietes, unabhängig voneinander und räumlich getrennt, Kontakt aufgenommen, indem ihnen zunächst ein strukturiertes Fragenprogramm vorgelegt wird. Die zurückkommenden, unterschiedlich stark streuenden Antworten werden nach dem Prinzip einer Dissonanzreduktion (Sozialpsychologie) durch mehrmalige Rückkopplung hinsichtlich ihrer gegenseitigen Abweichungen immer mehr eingeengt. Dies geschieht dadurch, daß die einzelnen Gruppenmitglieder, nach Abgabe ihrer Stellungnahme, mit den (anonymen)

Meinungen und Argumenten der übrigen - insbesondere der extrem liegenden - Mitglieder konfrontiert werden und um Überprüfung ihrer Ansicht und neuerliche Stellungnahme gebeten werden. Diesem Vorgang liegt die Hypothese zugrunde, daß eine so entstandene kollektive Meinung von Experten dem Wert mit der höchsten Wahrscheinlichkeit des Eintretens entspricht.

Kritik:
Problematisch ist eine objektive Auswahl von Experten, zumal diese auch aus entfernt fachverwandten Gebieten kommen sollten. Weiters kann das Einpendeln auf eine relativ konforme Meinung bloß aus Bequemlichkeitsgründen erfolgen, d.h. der einzelne paßt sich einfach der Mehrheitsmeinung an. Ebenso kann jedoch das Gegenteil eintreten, daß "gegnerische" Argumente nicht beachtet werden, sondern der einzelne in eine Verteidigungsposition geht, weil er fürchtet, das Gesicht zu verlieren. Letztlich kann die Strukturierung und Formulierung des Fragebogens bekanntlich die Art der Antworten stark beeinflussen.

5.7.2.5 Eigenschaftslisten (Attribute Listing)
Wurde von Crawford etwa 1954 als Methode der Kreativität konzipiert. Obwohl ein analoges Vorgehen bereits im Rahmen der Problemdefinition beim Aufbau von Anforderungslisten vorgeschlagen wurde, sei doch die Eigenschaftsliste (Merkmalkatalog) auch als Technik der Kreativitätsförderung betrachtet, wenngleich sie ausschließlich für Rationalisierungsprobleme (Verbesserung bestehender Systeme) geeignet ist.

Vorgehen:
Anhand einer als Checkliste verwendeten Eigenschaftsliste, etwa wie sie für konkrete Systeme in Abschnitt 2.2 entwickelt wurde, werden die wesentlichen Eigenschaften des zu verbessernden Systems aufgelistet, ohne zunächst auf deren relative Bedeutung für die Funktionserfüllung zu achten. Mit Hilfe einer weiteren Checkliste, wie etwa in Abb. 5.26 vorgeschlagen, sind nun die einzelnen Eigenschaften bezüglich möglicher Abänderungen in Richtung einer Systemverbesserung zu analysieren.

Kritik:
Die Methode ist äußerst einfach anzuwenden, sie liefert prompt marginale Verbesserungen, sie ist jedoch für Originalentwicklungen nicht geeignet.

WEGLASSEN ?	auf Funktion völlig verzichten
↓	
ERSETZEN ?	andere Komponente verwenden
VERWENDUNG ÄNDERN ?	andere Funktion einer bestehenden Komponente nützen
↓	
UMORDNEN ?	Neustrukturieren
INVERTIEREN ?	Ablaufstruktur umdrehen
ANPASSEN ?	Adaptieren an vorgegebene Struktur
↓	
KOMBINIEREN ?	mit anderer Funktion zusammenfassen
TRENNEN ?	von anderer Funktion separieren
↓	
VERGRÖSSERN ?	dimensionsmäßig ändern
VERKLEINERN ?	dimensionsmäßig ändern

Abb. 5.26: Checkliste für die Systemverbesserung mittels Eigenschaftslisten (heuristisches Vorgehen)

Beispiel: Verbesserung des Systems "konventionelle Schreibmaschine": Die Eigenschaft "Übertragung der Information bzw. Energie" wird bezüglich der Möglichkeit des Invertierens analysiert; dies liefert den Anstoß, vom Lösungsprinzip Typenhebel abzugehen und ein neues Lösungsprinzip Kugelkopf zu konzipieren.

5.7.2.6 Funktionszerlegung (Ermittlung von Teilfunktionen)

Die gedankliche Zerlegung einer geforderten (d.h. nicht durch ein bereits realisiertes System erbrachten) Funktion stellt eine kreative Aufgabe dar: Es gibt unbekannt viele Möglichkeiten, eine geforderte Systemfunktion durch Verknüpfung von zu wählenden Teilfunktionen nach Art eines Funktionsnetzes unter Einhaltung vorgegebener Randbedingungen und Beschränkungen zu realisieren.

Mit anderen Worten: In der Aufgabenstellung ist das zu schaffende System bloß identifiziert (seine Gesamtfunktion ist festgelegt), die Definition des Systems durch Angabe der Struktur, d.h. der Auswahl von Teilfunktionen und deren Verknüpfung, ist innerhalb des durch Randbedingungen abgesteckten Rahmens noch völlig offen, sie unterliegt der kreativen Fähigkeit des Systemplaners.

Aus diesem Grund ist die Funktionszerlegung auch als eine Methode der

Kreativitätsförderung zu sehen, sie stellt letztlich die Basis für alle diskursiven Kreativitätsmethoden dar.

Definition: Die Allgemeine Funktionsstruktur eines Systems definiert ein Beziehungsmuster auf der Menge der Elementarfunktionen, welche das geforderte Übertragungsverhalten des Systems bezüglich Material, Energie und Information liefert. Ihre übliche Darstellung ist ein Blockdiagramm (Schaltplan).

Vorgehen:
Um zu einer Funktionsstruktur und, davon abgeleitet, zu Komponenten zu kommen, welche die erforderlichen Teilfunktionen erbringen, kann entsprechend Kapitel "Arten von Strukturen" wie folgt vorgegangen werden:
Die Gesamtfunktion vom Grade n ist gedanklich in Teilfunktionen vom Grade n-1 und diese weiter je nach Zweckmäßigkeit u.U. bis zu den Elementarfunktionen vom Grad 1 zu zerlegen. Um effizient vorzugehen und eine möglichst vollständige Erfassung der Teilfunktionen zu erhalten, sollten je Gliederungsebene Gliederungsaspekte gewählt werden, wie:

- technologischer Gesichtspunkt: Gliederung nach inhaltlichen Kriterien (hiezu Beispiel Abb.5.27)
- topologischer Gesichtspunkt: Gliederung nach räumlichen Kriterien
- sequentieller Gesichtspunkt: Gliederung nach dem zeitlichen Ablauf (hiezu Beispiel Abb.5.28,5.29)

Zu beachten ist bei der sequentiellen Funktionsgliederung, daß auch Nebenäste der Hauptfunktionskette, wie etwa "Dokumentation", Berücksichtigung finden müssen, wodurch eine Vermaschung von Funktionsketten zu Funktionsnetzen entsteht.

Im sogenannten FAST-Diagramm (Functional Analysis System Technique) wird die Hauptfunktionskette, wie in der Netzplantechnik, als kritischer Weg bezeichnet, die auf diesem liegenden Funktionen als Critical Path Functions, während Hilfsfunktionen als Supporting Functions auf Nebenwegen liegen.

Entsprechend den prinzipiellen Ausprägungen von Ablaufstrukturen können folgende Typen unterschieden werden:

- lineare Funktionsketten
- verzweigte Funktionsketten
- geschlossene Funktionsketten (Regelkreissysteme)
- gemischte Funktionsketten bzw. -netze

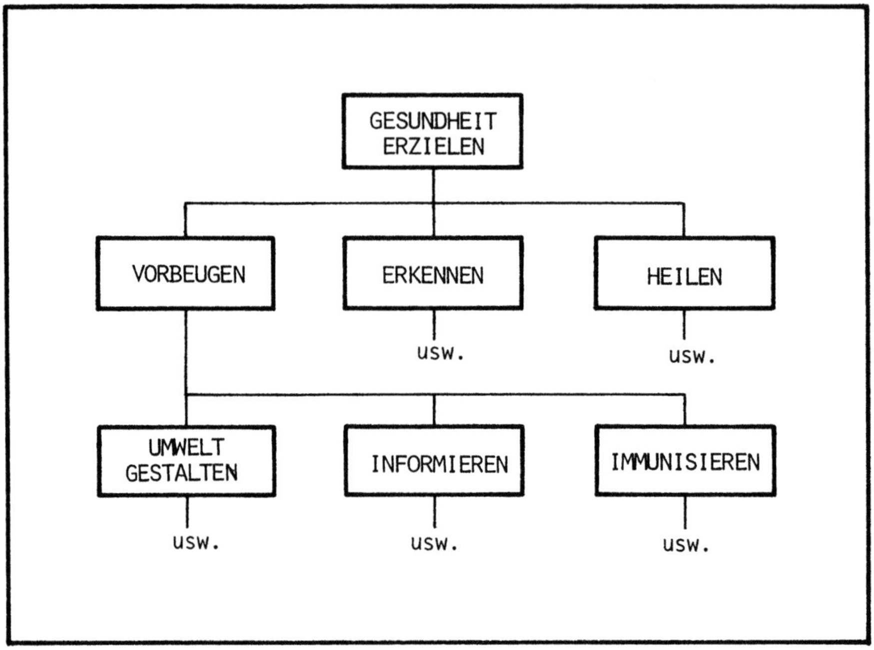

Abb. 5.27: Funktionszerlegung in Teifunktionen nach dem Kriterium "Inhalt" (Funktionsstufenplan) Beispiel: Sicherung/Hebung der Volksgesundheit (Gesundheitswesen)

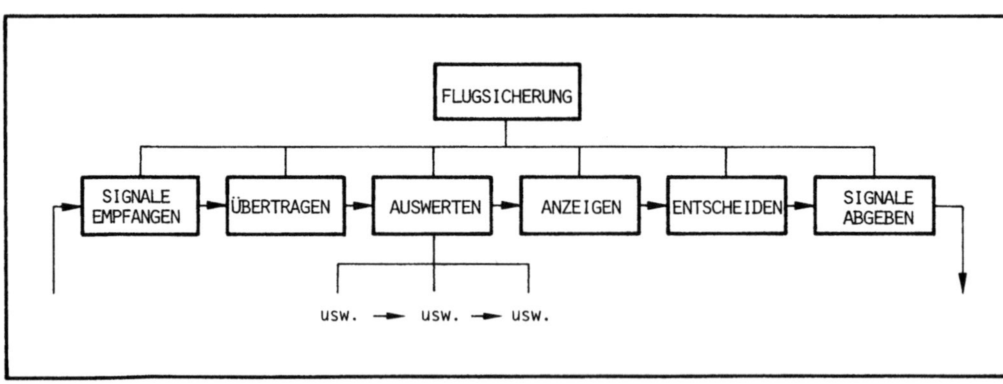

Abb. 5.28: Funktionszerlegung in Teilfunktionen nach dem Kriterium "Ablauf" (Funktionskette) Beispiel: Sicherung des Flugverkehrs (Flugsicherungssystem)

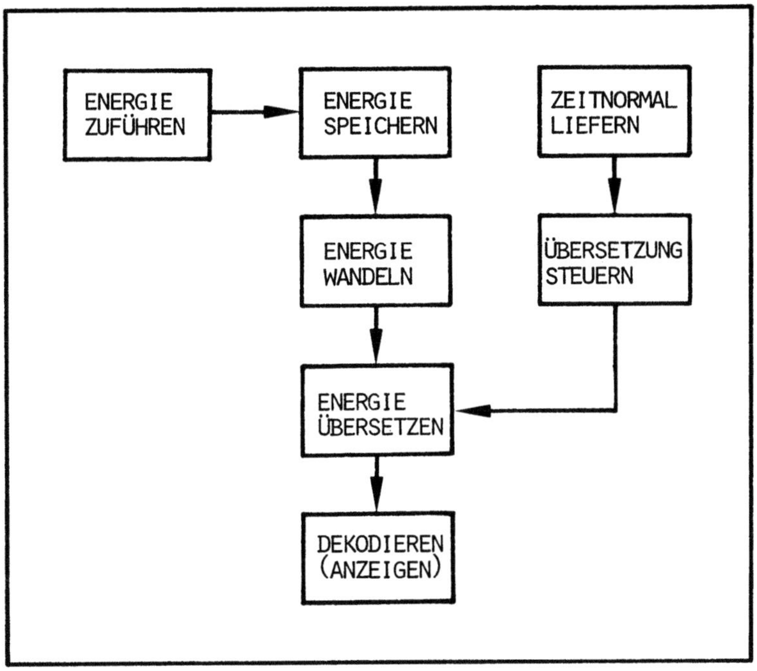

Abb. 5.29: Funktionszerlegung in Teifunktionen nach dem Kriterium "Ablauf"
Beispiel: Uhrzeit anzeigen (System Uhr)

Für die einzelnen Teilfunktionen sind darauf aufbauend Realisierungsmöglichkeiten zu suchen bzw. auszuwählen. Bei weitestgehender Zerlegung der Gesamtfunktion muß letztlich mit den in Kapitel 2.4.6 vorgeschlagenen Elementarfunktionen gearbeitet werden, die dann zu komplexen Teilfunktionen zusammenzusetzen sind.

Die Funktionsanalyse erweist sich damit - bei stimulierender und lösungsdienlicher Zerlegungsweise (kreativer Aspekt) - als kreativitätsfördernde Maßnahme mit hoher Wirksamkeit, da durch sie das Auffinden von Funktionsträgern für Teilfunktionen (und mittelbar bei Zusammensetzung derselben für die Systemfunktion) methodisch gefördert wird.

5.7.2.7 Morphologie (Ideenmatrix, Morphologischer Kasten)

Die Methode Morphologie (griechisch: Gestaltlehre) bzw. Morphologischer Kasten wurde aufbauend auf Ausführungen von J.Arnold und von F.Zwicky entwickelt. Der Name deutet darauf hin, daß es um eine schematisierte Gliederung (Logik) der Problemstellung als Voraussetzung für eine (schrittweise) Lösung derselben geht. Die Methode baut direkt auf der Funktionsanalyse oder dem später zu besprechenden Relevanzbaum auf, betreibt jedoch die Suche und Auswahl von Realisierungen für die Systemfunktionen nicht rein intuitiv, sondern als schematisierte kombinatorische Aufgabe.

Die Methode ist besonders für stark innovative Probleme geeignet, wenn entsprechend dem jeweiligen Stand des Wissens möglichst alle denkbaren Lösungen berücksichtigt werden sollen.

Vorgehen:

1\. Schritt: Die gewünschte Systemfunktion ist mittels Funktionsanalyse in eine Menge n möglichst disjunkter, gegenseitig unabhängiger Teilfunktionen zu zerlegen. Bei schlecht strukturierten Problemstellungen ist das Problem als solches mittels Relevanzbaum in sich möglichst wenig überschneidende Teilprobleme zu zerlegen.

2\. Schritt: Für jede Teilfunktion ist völlig isoliert eine möglichst "erschöpfende" Anzahl von Realisierungsmöglichkeiten zu erarbeiten und anzugeben. Hier können auch Methoden der Gruppenkreativität wie Brainstorming eingesetzt werden.

3\. Schritt: Durch Kombination ergibt sich daraus eine Gesamtlösungsmenge, wobei jedes n-Tupel von Teillösungen eine theoretische Lösung darstellt. Die Mächtigkeit der Lösungsmenge N ergibt sich mit

$$N = \prod_{i=1}^{n} a_i$$

... wobei a_i für die Anzahl von gefundenen alternativen Realisierungsmöglichkeiten der i-ten Teilfunktion steht

4\. Schritt: Ausscheiden der in sich unverträglichen Lösungskombinationen. Als Hilfsmittel diene hiezu die Durchführbarkeitsanalyse und im weiteren die Akzeptierbarkeitsanalyse.

Beispiel (in Anlehnung an W.Boesch): Gesamtfunktion "Uhrzeit anzeigen".
Zunächst wurde eine Funktionszerlegung nach sequentiellem Gesichtspunkt vorgenommen (Abb.5.29), der Morphologische Kasten ist aus Abb. 5.30 zu entnehmen.

Kritik: Die Vielfalt theoretischer (nicht unbedingt realisierbarer) Lösungen ist sehr groß. Bei bloß fünf Teilfunktionen und bloß vier

TEIL-FUNKTIONEN	REALISIERUNGEN der Teilfunktionen durch FUNKTIONSTRÄGER									
	1	2	3	4	5	6	7	8	9	10
ENERGIE ZUFÜHREN	Hand-aufzug	Wärmeaus-dehnung	Druck-schwan-kung	Temp.-schwan-kung	hydraul. Energie	galvani-sches Element	Photo-element	Gravi-tation	elektr. Netz	
ENERGIE SPEICHERN	Feder	Bimetall	Druck-gefäß	Akku	Gewicht-speicher	kein Speicher				
ZEITNORMAL LIEFERN	Dreh-schwin-ger	Pendel	Spiral-schwin-ger	Längs-schwin-ger	Wechsel-strom	Schwing-quarz				
ÜBERSETZUNG STEUERN	mechani-sche Hemmung	Schritt-schalt-werk	Flieh-kraft-regler	Wirbel-strom-bremse	kein Regler					
ENERGIE WANDLEN	Feder-haus	Elektro-motor	pneuma-tischer Motor	hydrau-lischer Motor	elektro-nisch	kein Motor				
ENERGIE ÜBERSETZEN	Zahnrad	Kette	Rollen	Schnecke	Magnet	Flüssig-keit	keine Über-setzung			
DEKODIEREN, ANZEIGEN	bewegl. Zeiger, Zifferbl.	bewegl. Zifferbl.	Rollen-fenster	Leucht-dioden	Wende-blätter	Projek-tion	Flüssig-keits-kristall	akust. Anzeige		

LÖSUNGS-ALTERNATIVE: Konventionelle Uhr

Abb. 5.30: Morphologischer Kasten (Lösungsfeld)
Beispiel: Uhrzeit anzeigen

Realisierungen je Teifunktion ergibt sich eine Matrix,die

$$N = 4^5 = 1024$$

theoretische Lösungen enthält.

Der Vorteil der Methode ergibt sich dadurch, daß auch Lösungen, die man wegen ihrer vermeintlichen Unrealisierbarkeit sonst überhaupt nicht behandeln würde, einer Analyse unterzogen werden. Bei umfangreichen Problemen kann vorteilhaft ein Computer eingesetzt werden. Bei zu groß werdenden Lösungsfeldern (mehr als 5 bis 8 Teilfunktionen) sollte das Gesamtproblem in eine Hierarchie von Teilproblemen zerlegt werden und die Morphologiemethode auf diese angewandt werden.
Zusammenfassend sei gesagt, daß die Methode eine weitgehende Vollständigkeit, präzise Problemanalyse und höchstes Problemverständnis garantiert. Sie liefert allein jedoch kaum wirklich originelle Lösungen, ist daher vorteilhaft als Rahmen für intuitive Methoden anzuwenden. Bestechend an der Methode ist, daß jeder Benützer auch ohne einschlägige Einschulung damit Erfolge erzielen kann.

Hilfsmittel: Elementekataloge und Lösungskataloge
Für eine effiziente Anwendung der morphologischen Methode, vor allem eine möglichst erschöpfende Erfassung denkbarer Lösungen bezüglich der Teilprobleme, bedient man sich vorteilhaft sogenannter Elementekataloge und/oder Lösungskataloge; diese unterscheiden sich im wesentlichen dadurch, daß ihre Bestandteile nach unterschiedlichen Gesichtspunkten zusammengestellt sind:
Elementekataloge enthalten Elemente, z.B. physikalische Effekte, Werkstoffe oder Verfahren, ohne direkten Bezug zu festumrissenen konstruktiven Teilaufgaben wie etwa "Bewegung führen" oder "Kraft verstärken". Sie stellen wertungsfreie Sammlungen (Checklisten) von Möglichkeiten beliebiger Phänomene dar. Lösungen des Teilproblems entstehen hiebei durch algorithmische Kombinationen von Elementen aus Elementekatalogen.
Demgegenüber enthalten Lösungskataloge fertige Lösungen für definierte Teilaufgaben. "Fertig" ist hiebei auf den Grad der Konkretisierung der betrachteten Problemlösungsphase zu beziehen. Lösungen des Teilproblems ergeben sich durch direkte Zuordnung von Lösungen zur jeweiligen Aufgabe.

Aus den folgenden Überlegungen heraus müssen bzw. können Lösungskataloge anstelle von Elementekatalogen verwendet werden:

- Wenn es nicht möglich ist, einen Algorithmus für die kombinatorische Synthese einer Lösung anzugeben.
- Wenn es aus Ökonomiegründen nicht sinnvoll erscheint, bei jeder Aufgabe wieder mit den Elementen niedrigster Komplexität zu beginnen.
- Wenn eine Reihe bewährter und normierter Lösungen vorliegt, aus denen manchmal sogar der gesamte Lösungsprozeß bis zur Optimierung zusammengesetzt werden kann.

Mit zunehmender Konkretisierungsstufe der Problemlösung steigt auch die unmittelbare Anwendbarkeit des Katalogs, zugleich nimmt jedoch die Chance der Erfassung "aller" möglichen Lösungen ab.
Ein nach dem derzeitigen Stand des Wissens erschöpfender Lösungskatalog für das Teilproblem "Krafterzeugung" findet sich in Abb. 5.31.

Variante: Problemfelddarstellung
Die Methode, von Rothenbach entwickelt, verbessert den Überblick (die Sichtbarkeit der Lösungsvorschläge) gegenüber dem morphologischen Kasten. Sie liefert ein einfach handhabbares Verfahren zum Ordnen und übersichtlichen Darstellen von Ideen.
Das morphologische Schema wird hiebei als schaltalgebraische Gleichung angeschrieben: ein Problem P sei in m Teilprobleme zerlegt, für jedes dieser Teilprobleme (Teilfunktionen/Merkmale) liege eine Menge von Lösungsvorschlägen (Mermalsausprägungen) vor. Das Lösungsfeld L ergibt sich dann aus folgenden Einzellösungen:

$$
\begin{aligned}
L = \; & (K_{1,1} \cup K_{1,2} \cup \ldots \cup K_{1,n}) \cap \\
& (K_{2,1} \cup K_{2,2} \cup \ldots \cup K_{2,o}) \cap \\
& (K_{m,1} \cup K_{m,2} \cup \ldots \cup K_{m,q})
\end{aligned}
$$

Sind Kombinationen von Lösungsalternativen innerhalb eines Parameters (Inklusives Oder) nicht zulässig (Exklusives Oder), so wird die Lösungsvielfalt stark reduziert.
Beispiel (nach F.Rothenbach): Problemfeld "Transportsysteme"
Die Parameter und ihre jeweiligen Lösungsvarianten lauten:
P_1: Medium und Abstützung (Bewegungsort)

$K_{1.1}$ Weltraum
$K_{1.2}$ Atmosphäre
$K_{1.3}$ Erdoberfläche
$K_{1.4}$ Wasseroberfläche
$K_{1.5}$ im Wasser
(unter der Erde sei vernachlässigt)

Gliederungsteil				Hauptteil			Zugriffsteil					
Krafttyp	Physikalisches Gesetz		Spezieller Effekt	Gleichung	Anordnungsbeispiel		Ständige Energiezufuhr nötig	Dauer der Kraftwirkung	Größe der erzeugbaren Kräfte	Charakteristische Abmessung	Anordnung aus ausschließlich Festkörpern	Typisches Beispiel (Anwendung, Auftreten)
1	2		3	1	2	Nr	1	2	3	4	5	6
Schwerkräfte	Gravitationsgesetz	$F=\Gamma\cdot\frac{m_1\cdot m_2}{r^2}$	Erdanziehung	$F=\Gamma\cdot\frac{m_E\cdot m}{r^2}$	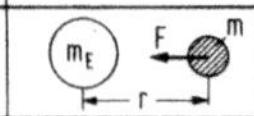	1	nein	bei Wirkung auf ruhendes System beliebig	mittel	$\sqrt[3]{m/\rho}$	ja	Satellit
			Gewicht (Erdoberfl.)	$F=m\cdot g$	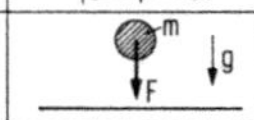	2						Waage
			Auftrieb	$F=\rho\cdot g\cdot V$	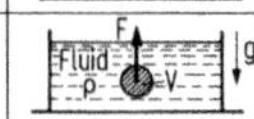	3			groß	$\sqrt[3]{V}$	nein	Schiffe
Trägheitskräfte	Newtonsches Gesetz	$\vec{F}=\frac{d(m\vec{v})}{dt}$	Bahnbeschleunigung	$F=m\cdot a$	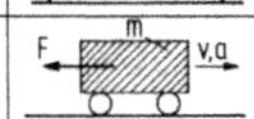	4	ja (Reibung)	begrenzt		$\sqrt[3]{m/\rho}$	ja	Beschleunigungsmesser
			Zentrifugalkraft	$F=m\cdot\omega^2\cdot r$	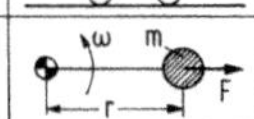	5		beliebig		r		Zentrifuge
			Corioliskraft	$F=2m\omega v_r$	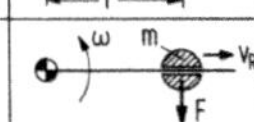	6		begrenzt durch Weg				Foucaultscher Pendelversuch
			Strahlkraft „Staudruck"	$F=\dot{m}\cdot v(1-\cos\alpha)$ α Ablenkwinkel	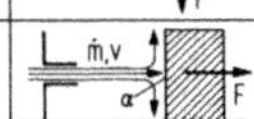	7	ja			—	nein	hydrostatische Lager
			Rückstoßprinzip	$F=\dot{m}v_r$	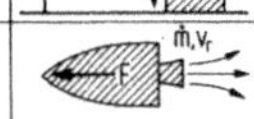	8			sehr groß			Rakete
			Konvektive Beschleunigung	$F=A\cdot\rho\cdot\frac{v^2}{2}\left[\left(\frac{A_1}{A_2}\right)^2-1\right]$	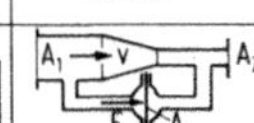	9			groß	$\sqrt[6]{A_1A_2A}$		Spritzvergaser
Elektrische Kräfte	Coulombsches Gesetz	$F=f_e\frac{Q_1\cdot Q_2}{r^2}$	Coulombsche Kraft	$F=Q\cdot E$		10	nein	bei Wirkung auf ruhende Systeme beliebig, sonst begrenzt durch zulässige Bewegungen oder durch Feldbereich	sehr klein	—	ja	Kathodenstrahloszillograph
			Kondensatoreffekt	$F=\frac{1}{2}\varepsilon\cdot\varepsilon_0\frac{U^2}{l^2}\cdot A$	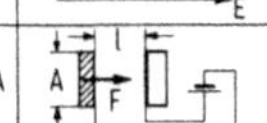	11			mittel	$\sqrt{A}$		Spannungswaage
			Johnson-Rhabeck-Effekt	$F=k\cdot U^2\cdot A$	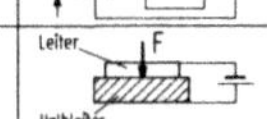	12	ja (endlicher Übergangswiderstand)		mittel	$\sqrt{A}$		Schnellschaltbremse, -Kupplung
			Dielektrikum im inhomog. Feld	$F=\frac{r^3}{2}\frac{\varepsilon-1}{\varepsilon+2}\frac{dE}{ds}$		13	nein		sehr klein	Feldbereich		Elektroentstauber
			Dielektrische Flüssigkt. i. Feld	$F=A\frac{\varepsilon_0}{2}(\varepsilon-1)E^2$		14					nein	Messung der Dielektrizitätskonstante
Magnetische Kräfte	1. Maxwellsche Gleichung	$\oint\frac{\vec{F}}{M}ds=I+QV+\frac{d\vec{\Phi}_E}{dt}$	Permanentmagnet	$F_{max}\approx k\cdot(mg)^{\frac{2}{3}}$	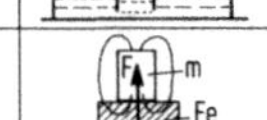	15			mittel	$\sqrt[3]{m/\rho}$	ja	Türverschlüsse
			Elektromagnet	$F=\frac{\mu_0 w^2 I^2}{l^2}A$	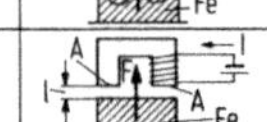	16	ja, (Joulesche Wärme)		groß	$\sqrt{A}$		Relais
			Lorentzkraft	$F=Q\cdot v\cdot B$	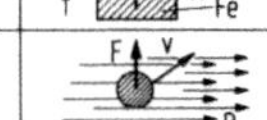	17	ja	begrenzt	klein	Feldbereich		Wirbelstrombremse
			Induktionseffekt	$F=I\cdot l\cdot B$		18		beliebig für ruhende Systeme	groß	l		Elektromotor
			Dia- u. paramagn. K. im inhomog. F.	$F=V_k\cdot\mu_0 H\frac{dH}{ds}$		19	nein		sehr klein	Feldbereich		Erzscheideverfahren
			Versuch von Elihu-Thomson	$F=k\cdot I^2$	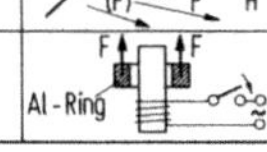	20		kurzzeitig	groß		ja	Betatron

Gliederungsteil				Hauptteil			Zugriffsteil					
Krafttyp	Physikalisches Gesetz		Spezieller Effekt	Gleichung	Anordnungsbeispiel		Ständige Energiezufuhr nötig	Dauer der Kraftwirkung	Größe der erzeugbaren Kräfte	Charakteristische Abmessung	Anordnung aus ausschließlich Festkörpern	Typisches Beispiel (Anwendung, Auftreten)
1	2		3	1	2	Nr.	1	2	3	4	5	6
Molekulare Kräfte	Verschiedene	$\frac{\Delta F}{A} \sim \Delta m$	Osmose	$F = A \frac{\nu}{V} RT$ ν Molzahl		21	nein	bei Wirkung auf ruhendes System beliebig	mittel	$\sqrt[3]{V}$	nein	Stofftransport in biologischen System
		$F = \sigma_0 \cdot l$	Kapillarwirkung	$F = 2\pi r \sigma_0$ σ_0 Oberflächenspannung	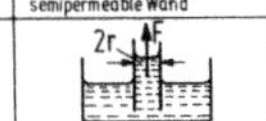	22			klein	—		Messung der Oberflächenspannung
		—	Adhäsion	$F = f(\text{Material}, R_t)$ R_t Rauhtiefe	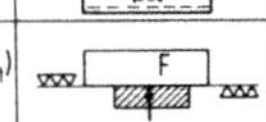	23					ja	Streichmaß, Endmaß
Strahlungskräfte	Newton	$F = \frac{d(mv)}{dt}$	Schalldruck	$F = \rho \cdot v \cdot c \cdot A$	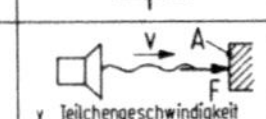	24	ja		sehr klein		nein	Mikrofon
			El.-magnet. Strahlungsdruck	$F = 2 \frac{\bar{S}}{c} \cdot A$ $\bar{S}$ Energieflußdichte	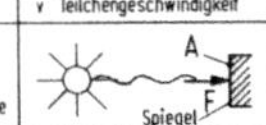	25						Lichtrotor für Dekoration
Elastische Kräfte	Hookesches Gesetz	$\frac{F}{A} = E \cdot \frac{\Delta l}{l}$	Federdeformation	$F = c \cdot s$	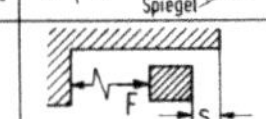	26	nein		groß	s	ja	Federwaage
			Elektrostriktion	$F = c \cdot [l(E) - l(E_0)]$		27		bei Energiezufuhr und Wirkung auf ruhendes System beliebig	klein	l		Ultraschallsender
			Magnetostriktion	$F = c \cdot [l(B) - l(B_0)]$	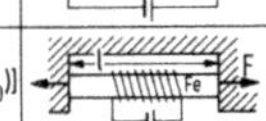	28	ja (Verluste)					Ultraschallsender
			Wärmedehnung	$F = c \cdot [l(T) - l(T_0)]$	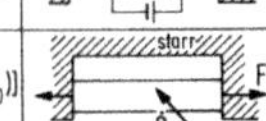	29	ja (Abkühlung)					Bimetallschalter
	Boyle-Mariotte-Gay-Lussac	$\frac{F}{A} = p_0 \left[\frac{T}{T_0} \cdot \frac{1}{1 + \Delta V / V_0} - 1\right]$	Isotherme Kompress., stat. Druck	$F = p_0 \frac{\Delta V}{V} \cdot A$ Grenzfall inkompr. Fluid	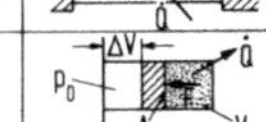	30	für kurzzeitige Wirkung nein, sonst ja (Abkühlung und Leckverluste)		groß	$\sqrt[3]{V}$	nein	Luftfederungssysteme
			Adiabate Kompression	$F = p_0 \left[\frac{1}{(1 - \frac{\Delta V}{V_0})^{\varkappa}} - 1\right]$	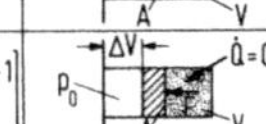	31						Kompressionstakt v. Ottomotoren
			Isochore Kompression	$F = p_0 \frac{\Delta T}{T_0} \cdot A$	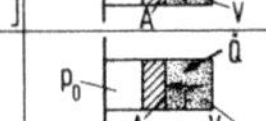	32			sehr groß			Explosionsprozesse
Reibungskräfte	Coulomb	$F = \mu \cdot F_n$	Gleitreibung	$F = \text{sign}(v) \mu \cdot F_n$	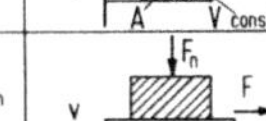	33	ja	beliebig bei Rotation	sehr groß	—	ja	Reibbremsen
	Newton	$\frac{F}{A} = \eta \cdot \frac{dv}{dl}$	Widerstand i. laminarer Strömung	$F = 6\pi \eta r \cdot v$	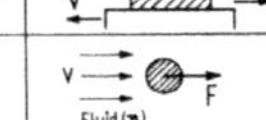	34		beliebig	klein	r	nein	Dämpfung
			Widerstand i. turbulent. Strömung	$F = \lambda \cdot \frac{l}{d} \cdot \frac{\rho}{2} v^2 \cdot A$	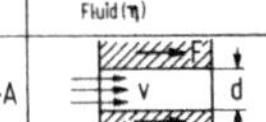	35				l		Rohrwiderstand
Reibung und Trägheit	Reynolds	$Re = \frac{F_{träg}}{F_{reib}}$	Dynamischer Widerstand	$F = c_w \frac{\rho}{2} v^2 \cdot A$	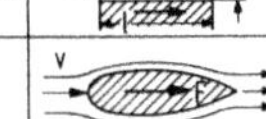	36				$\sqrt{A}$		Bremsklappen
			Dynamischer Auftrieb	$F = c_a \frac{\rho}{2} v^2 \cdot A$	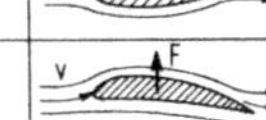	37			mittel			Tragflügel
			Magnuseffekt	$F = 2\pi r^2 \rho \cdot \omega \cdot v \cdot b$	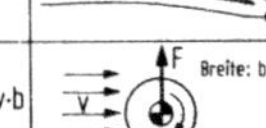	38				$\sqrt{r \cdot b}$		Flettner-Rotor
Elastizität und Trägheit	Mach	$Ma = \frac{F_{träg}}{F_{elast}}$	Elastischer Stoß	$F_{max} = \sqrt{c/m} \cdot mv$	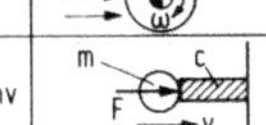	39	nein	kurzzeitig	groß	$\sqrt[3]{m/\rho}$	ja	Typenhammer
			Lavaldüse	$F = A \cdot \rho_1 c_1^2 \cdot f(\varkappa)$ c Schallgeschwindigkeit	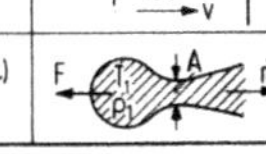	40	ja	bei ruhendem System beliebig		$\sqrt{A}$	nein	Lavalturbine

Abb. 5.31: Lösungskatalog für das Problem "Krafterzeugung" (Blatt 1 und Blatt 2) nach Roth

P_2: Antrieb (Energiequelle)

$K_{2.1}$ Eigenantrieb (Antriebsaggregat wird mitgeführt)

$K_{2.2}$ Fremdantrieb

P_3: Bewegungsart

$K_{3.1}$ gesetzmäßig

$K_{3.2}$ geführt

$K_{3.3}$ gesteuert

P_4: Freiheitsgrad der Bewegung

$K_{4.1}$ eindimensional

$K_{4.2}$ zweidimensional

$K_{4.3}$ dreidimensional

Bei Unterdrückung von Kombinationen innerhalb eines Parameters ergibt sich dann die Matrix in Abb.5.32.
Das Diagramm zeigt 90 Lösungsfelder, die schraffierten Felder sind Null-Lösungen (unvereinbare Kombinationen). Für einige Felder läßt sich derzeit noch keine Realisierung angeben.

5.7.2.8 Analogiemethode

Bei der Analogiemethode wird bewußt bloß jener Abschnitt des kreativen Denkens herausgegriffen und methodisch untermauert, der das Suchen nach nicht-naheliegenden Ähnlichkeiten beinhaltet.
Unter Analogie sei eine erkennbare Gleichartigkeit oder Ähnlichkeit hinsichtlich interessierender Merkmale von Systemen verstanden.
Den Kategorien von Systemeigenschaften entsprechend, ist daher wie folgt zu unterscheiden: Gleichartigkeit/Ähnlichkeit hinsichtlich ausgewählter

- Zustandseigenschaften: wie etwa Form, Aufbau (Gestaltähnlichkeit, strukturelle Isomorphie)
- Wirkeigenschaften: spezifische Einzelfunktionen (Funktionsähnlichkeit, funktionelle Isomorphie)
- Verhaltenseigenschaften: wie etwa Nutzen, Zusammensetzung der Kosten, Transporteignung, Implementierung, Image u.ä. (Nutzen-Kosten-Analogie, Wirksamkeitsanalogie)

Kann etwa eine Analogie der Funktion zwischen einer Problemstellung (wo diese Funktion gefordert wird) und einem aufgefundenen Realsystem (wo diese Funktion erbracht oder zumindest annähernd gleich erbracht wird) festgestellt werden, so wird eine Analyse des vorliegenden Systems wertvolle Aufschlüsse für die Entwicklung von Problemlösungsalternativen liefern.

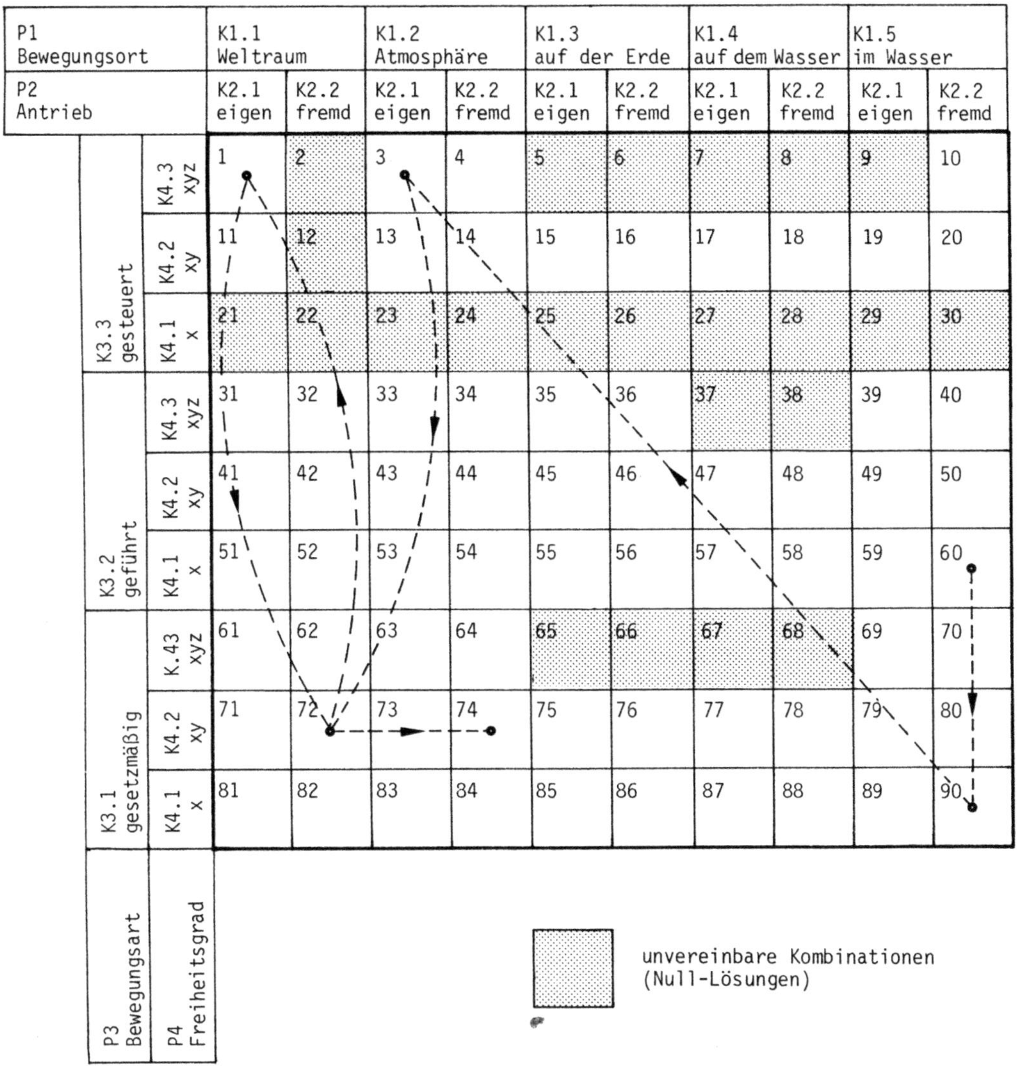

Abb. 5.32: Problemfeld Transportsysteme
(eingezeichnetes Beispiel: Polaris-Rakete)

Die bewußte, methodische Suche von Analogien sei generell als Analogiemethode angesprochen. Wird die Suche auf natürliche Systeme beschränkt, so handelt es sich um die Methode Bionik.

Bionik (Analogien mit natürlichen Systemen)

Bionik ist die Wissenschaft, die sich mit dem Studium lebender Organismen befaßt mit dem Ziel, aufgefundene Funktionsprinzipien und Strukturen in Biosystemen als Anleitung für die Problemlösung bei der

Entwicklung von Technosystemen (technischer oder soziotechnischer Systeme) zu verwenden.
Es geht somit um ein Transponieren und Adaptieren von in der Natur vorgefundenen Lösungsprinzipien für beliebige Problemstellungen im Zuge der Gestaltung neuer künstlicher Systeme.
Die systematische und bewußte Analyse der in der Natur vorliegenden Lösungsprinzipien zum Zwecke der Nutzung derselben in künstlichen Systemen hat methodisch erst in den letzten Jahren eingesetzt, initiiert etwa 1955 von der NASA. Der Name Bionik wurde 1966 durch Zusammenziehen der Worte Biologie und Technik gebildet.
Die unterschiedlichen Wissensgebiete bio-technischer Art, in denen Biologie und Technik eine Symbiose eingehen, wie etwa Biomechanik einschließlich Biohydromechanik, Biochemie, Biophysik, Biokybernetik, Biomathematik, Biomedizin, bauen zwar auf Erkenntnissen der Bionik auf, machen zusammen aber nicht die Bionik selbst aus; letztere befaßt sich primär mit dem Auffinden von Homöomorphismen zwischen Natur und anscheinend artfremden technischen Problemstellungen sowie mit einer mehr oder minder systematischen Nutzung dieser Erkenntnisse.

Die Natur ist eine nie auszuschöpfende Quelle für Problemlösungen, sie kann als riesiger unstrukturierter Informationsspeicher zur Förderung der Kreativität aufgefaßt werden.
Man ist heute der Ansicht, daß außer dem Problemlösungsprinzip "Rad" für alle Probleme in der Natur mehr oder minder treffende übertragbare Lösungsprinzipien zu finden sind.

Das Rad (genauer: die Drehkupplung, zum Unterschied von der Walze) wurde aus diesem Grunde von amerikanischen Wissenschaftlern in einer Rangreihe der größten Erfindungen der Menschheit an die erste Stelle gesetzt. Die Natur hat keine Möglichkeit, Versorgungsleitungen für den Radkörper herzustellen.
Neueste Forschungsergebnisse deuten jedoch darauf hin, daß auch das Prinzip des Rades in der Natur als Lösung vorliegt: Die rotierende Geißel als Fortbewegungsinstrument von Bakterien dürfte auf dem Drehkupplungsprinzip basieren, wobei die Kraftübertragung noch nicht schlüssig erklärt werden kann.

Das Studium von Formen, Strukturen und Prozessen von bzw. in natürlichen Systemen sowie die Nutzung derselben, zumindest als schöpferische Anregung für den Systemplaner, führt jedenfalls zu neuartigen, meist eleganteren technischen Lösungen.

Beispiele: Zur Demonstration möglicher oder auch tatsächlich erfolgter Nutzung von in der Natur vorliegenden Lösungsprinzipien sei im folgenden eine Auflistung einiger typischer Beispiele gegeben.

PROBLEM	PROBLEMLÖSUNG IN DER NATUR
Statik:	
o Leichtbaukonstruktionen mittels Schalen, Waben, Rohren, Sandwichplatten mit Waben, Wellblech	o Pflanzenstiele, Halme, Vogelknochen, Blattaufbau, Schwimmblätter (Seelilie) Festigungsgewebe bei Pflanzen, Knochen
o Seilkonstruktionen, Fangzäune	o Spinnennetze, Schlingpflanzen
o hochelastische Biegekonstruktionen durch Faserverstärkung, durch Schichtenaufbau	o Lianen, Wurzeln (z.B. Mangroven) relative Elastizität beim Seeigel durch Plättchenstruktur des Kalkaufbaus
o Konstruktionen mit hoher Steifigkeit (Sendetürme, Masten mit Schlankheitsgrad bis zu 20) Profilbleche	o Pflanzen (Bambus, Sonnenblume, Getreidehalm, Schlankheitsgrad bis 500!) Insektenflügel (Profil) Organisationsprinzip beim Baum: Alle Äste beliebiger Ausladung besitzen die gleiche Biege-Eigenfrequenz (Wachsen = Lernprozeß)
o Druckresistente Systeme Hohlkörper	o Kammersystem (Nautilus) Chitinpanzer von Insekten, Wale, Kopffüßer
Kinematik:	
o spezielle Öffnungsmechanismen (Tore), komplizierte kinematische Problemstellungen mit Sperrvorrichtungen (Prothesenbau)	o Kieferkonstruktionen bei Raubfischen, Schlangen, Gelenke bei Muscheln, Käfern
o Triggervorrichtungen	o Bewegungsmechanismen von Blüten, Gelenke bei Fischflossen
o Scharfstellen bei optischen Geräten ohne Verschiebung	o Augenkonstruktion (Biofokus)
Dynamik:	
o strömungsgünstige Gestaltung von Transportmitteln (Schiffe, Flugobjekte)	o Fischkörper (Forelle, Hai), Meeressäugetiere (insbes. Delphin)

o Flügelformen bei Flugzeugen (z.B. Tragflächenprofil 63o16 der NASA, Winglets = Flugendenknick oder senkrechte Endscheiben am Flügel zur Verringerung hemmender Luftwirbel bzw. Umwandlung derselben in erhöhten Auftrieb)	o Vogelflügel (stark ausgeprägt bei Greifvögeln, Weihe etc.)
o reibungsarme Schiffskörper	o turbulenzreduzierende doppelschichtige Hautkonstruktion, sog.Außenmembrane (Delphin): Umwandlung von Turbulenz in Vorschub. Noppenstruktur der Hautoberfläche, Schleimoberfläche bei Fischen
o Gleitflug, Fallverzögerungsmechanismus (Hubschrauber)	o Flugsamen (Linde)
o bessere Formen des Antriebes im Wasser, Verbesserung des Wirkungsgrades (Schiffschraube)	o Form und Bewegungsablauf der Fischflossen, Fischkörper
o Antrieb (Beschleunigung und Verzögerung) und Steuerung unter Verwendung des Rückstoßprinzips	o Kopffüßer, Quallen, Muscheln, etc.

Energiegewinnung,-umformung,-speicherung:

o Lichterzeugung mit hohem Wirkungsgrad (Glühlampen 4%, Neonröhre 10%, "kaltes Licht" 100% Wirkungsgrad) dzt. im Labor realisiert mittels Reaktion von ATP (Adenosintriphosphat) + Luziferase (Enzym) + Luciferin	o Biolumineszenz (Glühwürmchen, Tiefseefische, Tiefsee-Sepia, Feuerwurm, moderndes Holz = Pilze/ Bakterien)
o Erzeugung von elektrischer Energie (Energieumwandlung chemisch/elektrisch) Energiespeicherung	o Bioelektrik / Elektrochemie biologisch/biochemische Elektrizität (elektrischer Aal, Zitterwels,Zitterrochen) Chloroplaste (Photosynthese)

Orientierung:

o Ortung von Gegenständen (Orientierungshilfe für Blinde, Radar, Sonar)	o Echolot (Fledermaus, Flußdelphin), Elektrolotung: Deviation el.magn.Kraftlinien durch Gegenstände (Zitteraal)

o Infrarot-Orientierung	o Klapperschlange (Sensitivität 10^{-3}°C) Anopheles
o Orientierung im Magnetfeld	o Goldfische (bevorzugen bestimmte Lage im Erdmagnetfeld in Ruhestellung)

Versorgung, Instandhaltung, Sicherung:

o ausfahrbare Versorgungsmechanismen bei bewegten Systemen (Tanken von Flugzeugen in der Luft)	o Legestachel von Erdwespen, Zungenkonstruktionen bei Insekten, Reptilien, Ameisenbär
o Versorgung unter Wasser (Luftzufuhr)	o Anopheles-Larve
o Regeneration von Gliedmaßen (beim Menschen durch physikalische Impulse, Reizung)	o Krustentiere, Lurche
o Komplexe Servomechanismen, ultrastabile Systeme, Homöostaten, selbstorganisierende Systeme	o Regelprozesse in Organismen (z.B. wurden im menschlichen Körper bisher mehrere hundert Regelkreise isoliert)
o Steuerung durch Pulsfrequenzmodulation (= Impulse gleicher Stärke, variabler Frequenz und u.U. variabler Dauer)	o Muskelsteuerung über 2 Halbkanäle, Akzelerator (erregend) und Retardor (hemmend)
o Schutzeinrichtungen gegen radioaktive Strahlung	o Skorpione (überleben etwa das 100-fache der für den Menschen letalen Strahlendosis von 600 rem)
o Tarnfarben bei wechselnder Umgebung (Omega-Grau)	o Sturmvogel der Antarktis
o Farbanpassung	o Fische (Rochen), Kopffüßer (Oktopus), Reptilien

5.7.2.9 Funktionsausweitung, Progressive Abstraktion, Suchfeldauflockerung, Idealkonzept nach Nadler

Die Methode der Funktionsausweitung hat zum Ziel, die Problemstellung schrittweise so breit wie möglich umzuformulieren, wobei man durch Abstraktion und anschließende Rückführung zu neuen, besseren Lösungsvorschlägen gelangt.

Folgende Illustration möge das Anliegen der Funktionsausweitung verdeutlichen (5.33): Das Huhn hat das Problem, an das Futter, das an der anderen Seite des Zaunes liegt, zu gelangen (Ziel). Das Huhn schafft es während der Problemlösung nicht, das unmittelbare Problem

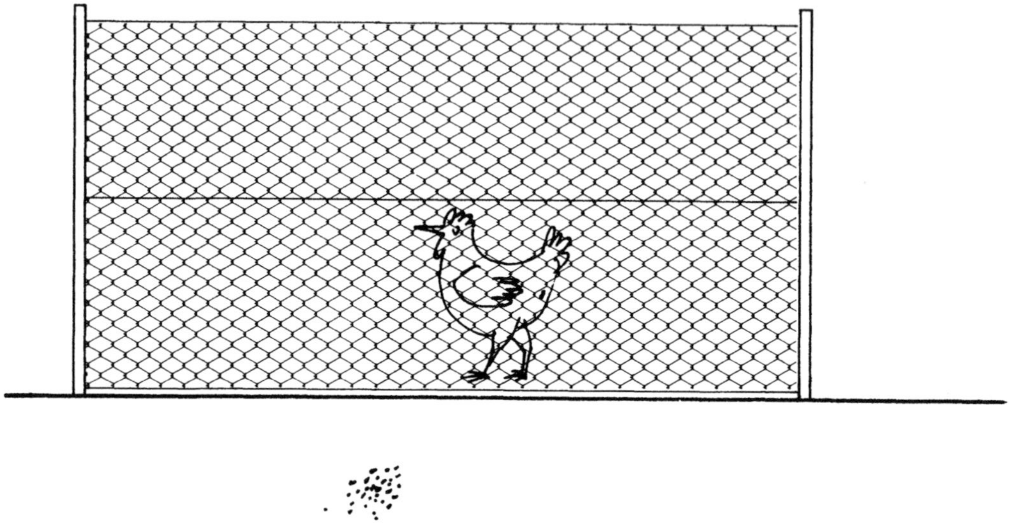

Abb. 5.33: Problemlösung durch Funktionsausweitung/ Suchfeldauflockerung (Verhaltenstheoretische Illustration)

(Futter) <u>aus den Augen zu verlieren</u>: Sobald das Futter beim Umlaufen des Hindernisses nicht mehr in Sichtweite ist, bricht das Huhn seine Aktion ab und orientiert sich wieder am Futter. Ähnlich verhält sich der Mensch in der Problemlösungssituation. Dabei ist aber gerade für die Lösung von Problemen eine <u>Distanz vom Problem</u>, die einem Austreten aus der Wahrnehmungsblockierung und dem Begriffsgefängnis gleichkommt, notwendig. Die Funktions- bzw. Problemausweitung fördert eine derartige Distanzierung in methodischer Weise.

<u>Vorgehen:</u>

Die ursprünglich formulierte Problemstellung mit ihren Randbedingungen und Beschränkungen ist oft nicht oder zumindest nicht in befriedigender Weise einer Lösung zuzuführen. Durch schrittweise, systematische Problemausweitung und damit ein Übergehen auf ein nächsthöheres Abstraktionsniveau der Problemstellung wird das Problem zum Teil verfremdet; man befreit sich von vorgeprägten Lösungsansätzen und läßt neue, umfassendere Lösungsmöglichkeiten zu.

Charakteristisch hiebei ist das bewußte Ignorieren von ursprünglich vorgegebenen Randbedingungen und Beschränkungen, die sich im nachhinein oft als gar nicht zwingend oder gerechtfertigt erweisen. Zu unterscheiden sind hiebei

- <u>im Problem</u> definierte Randbedingungen und Beschränkungen

- unbewußte, ungerechtfertigte Randbedingungen
- die (immer vorliegenden) relevanten Wissensbeschränkungen

Ganz besonders zwingt die Methode, vom Denken in Realisierungen (stoffliche Verwirklichung durch Funktionsträger) wegzukommen und mit abstrakten Funktionen zu arbeiten.

Beispiel aus der Denkpsychologie: Als Beispiel, wie leicht man geneigt ist, Randbedingungen als solche hinzunehmen, obwohl sie entweder gar nicht gestellt sind oder zumindest nicht gerechtfertigt sind, verdeutlicht die in der Denkpsychologie wiederholt erwähnte Denksportaufgabe (Maiersches Problem):

o o o o o o o o o	Aufgabe: Die nebenstehend angeordneten Punkte sind durch einen geschlossenen Linienzug bestehend aus maximal vier Geraden zu verbinden.

Die Lösung des Problems ist unmöglich, wenn man die (sich selbst unbewußt auferlegte) Randbedingung berücksichtigt, daß über die Quadratfläche nicht hinausgegangen werden darf.
Gestalttheoretische Erklärung des Versagens: Die Figur bildet eine gewisse Struktur, und das Vorhandensein dieser Struktur verhindert die Lösung.
Behavioristische Erklärung des Versagens: Der Mensch ist gewohnt, Punkte als Punktvorlage aufzufassen, zwischen welchen Striche gezogen werden können, wodurch sich eine Begrenzung ergibt.

Beispiel: Futtermittelversand (nach E.Krick)
Ursprüngliche Problemformulierung:
- Füllen, Wiegen, Verschließen und Stapeln der mit Futtermittel gefüllten Säcke

und deren Ausweitungen:
- Übergabe des Futtermittels vom Mischsilo in Vorratssäcke im Lagerhaus
- Übergabe von Futtermittel aus dem Mischsilo in Säcke auf den Lieferwagen
- Übergabe von Futtermittel aus dem Mischsilo an ein Transportmittel
- Übergabe von Futtermittel aus dem Mischsilo an den Vorratsbehälter des Verbrauchers
- Übergabe von Gut aus den Vorratsbehältern der Futtermittelkomponenten an den Vorratsbehälter des Verbrauchers
- Übergabe von Futtermittel vom Erzeuger zum Verbraucher

Gründe für das Berücksichtigen nicht gestellter Randbedingungen sind

- Konvention
- Einstellung, Prägung (Aktualisierung vorgeformter Gewohnheiten)
- mangelnder Überblick

Beispiel: Man teile einen Zylinder (Torte) mittels dreier geradliniger Schnitte in 8 gleichgroße Teile (Tortenstücke).
Lösung: Man muß die nicht gestellte Randbedingung negieren, daß keine waagrechten Schnitte vorgenommen werden dürfen - was bei fertigen Torten in der Tat nicht üblich ist.

Methode des Idealkonzepts nach G.Nadler
Grundsatz: Gestalte das System auf der höchstmöglichen Ebene!
Man gehe nicht von bestehenden unbefriedigenden Problemlösungen (Realisierungen) aus, um ein neues System zu entwickeln, sondern man gehe von einer Idealvorstellung für die Problemlösung aus und leite von dieser eine realisierbare Lösung ab, die sich meist als besser erweisen wird als die konventionell erarbeitete Lösung.

Vorgehen (vgl.Abb.5.34):
Bei der Erstellung des "Idealkonzepts" geht man von den Systemzielen aus, wobei zur Erreichung dieser Ziele ein ideales System für ideale Bedingungen geschaffen werden soll: Ideale Bedingungen bedeuten hiebei den unbehinderten Zustand, in dem ein System auf ideale Weise seine Systemfunktion erbringt. Dieses ideale System wäre dann der Leitfaden für die Entwicklung des vorzuschlagenden Systems, das die tatsächlichen Beschränkungen und Umweltbedingungen berücksichtigt.

Varianten:

- Methode Inside-Out:
  Die zentrale Funktion eines Systems wird als fix angenommen; es werden, dem Zwiebelschalen-Denkmodell entsprechend, Ergänzungen der Systemfunktion durch Anlagerung zugeordnet, wobei jeweils Notwendigkeit und Zweckmäßigkeit zu prüfen sind (bei gerichteten Beziehungen, Transportproblemen u.ä.)
- Suchfeldauflockerung durch semantisches-syntaktisches Umformulieren
- Suchen von synonymen Ausdrücken
- Übersetzen in fremde Sprachen - Rückübersetzen
- von fachfremden Personen interpretieren lassen

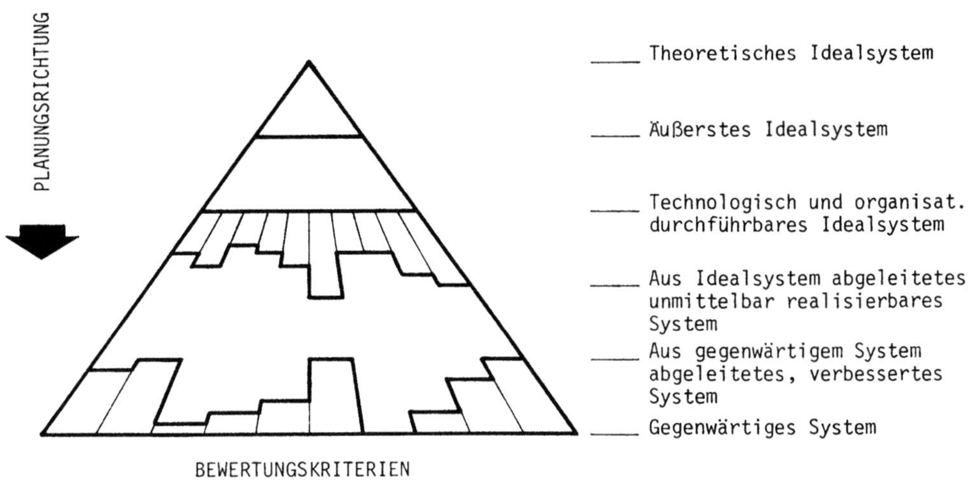

<u>Theoretisches Idealsystem</u>: Stellt einen theoretischen Grenzwert dar; kann unmöglich realisiert werden, liefert den gedanklich weitestmöglichen Rahmen für die Konzipierung der Problemlösung (Null-Kosten-Systeme, Perpetuum Mobile unterschiedlicher Art).

<u>Äußerstes Idealsystem</u>: Stellt ein System auf lange Sicht dar, das auf einen Gesamtrahmen ausgerichtet ist. Es kann selbst bei genau festgelegten Bedingungen nicht sofort realisiert werden, da es noch von künftigen Erkenntnissen abhängig ist.

<u>Technologisch und organisatorisch durchführbares Idealsystem</u>: Nützt derzeit vorliegendes Wissen und vorhandene Gegebenheiten, berücksichtigt aktuelle Einschränkungen jedoch noch nicht.

Abb. 5.34: Methode des Idealkonzepts (nach Nadler)

5.7.2.0 <u>Problemlösungsbaum, Relevanzbaum</u> (Relevance Tree)

Die Methode Relevanzbaum wurde, in starker Anlehnung an die Funktionsanalyse, von der Firma Honeywell entwickelt und als PATTERN-Verfahren (Planning Assistance Through Technical Evaluation of Relevance Numbers) für die Praxis propagiert. Hiebei wird eine <u>Aufgliederung von Problemstellungen</u> in Form einer Baumstruktur vorgenommen und wegen der darauf aufbauenden Gewichtung der einzelnen Äste hinsichtlich ihrer relativen Bedeutung für das übergeordnete Problem als Relevanzbaum bezeichnet.

Formal handelt es sich beim Relevanzbaum um einen gerichteten Graph ohne Zyklen.

Der Problemlösungsbaum eignet sich für die Zerlegung von komplexen Zielsetzungen bzw. Problemstellungen. Wegen der zwischen Hierarchieebenen bestehenden Mittel-Zweck-Beziehung ist die jeweils nächste Untergliederung (Zerlegung) in Form von Teilzielen bzw. Problemaspekten als Mittel- oder Maßnahmenkatalog zur Bewältigung der übergeordneten Ziele bzw. Probleme zu betrachten.

Werden in die Hierarchie Gewichtungen eingetragen, so handelt es sich um die Methode Relevanzbaum, wobei für die Ermittlung der Gewichte die unterschiedlichen Methoden der Prioritätensetzung herangezogen werden sollten. Es sind hiebei für jede Stufe die Bewertungskriterien und deren Gewichtung speziell zu ermitteln. Die so ermittelten Relevanzzahlen geben damit die Vorzugswürdigkeit einzelner Maßnahmen hinsichtlich der übergeordneten Zielsetzung an.

Das Relevanzbaumverfahren stellt sich zusammenfassend als mehrstufiger rückgekoppelter Suchprozeß mit nicht eindeutigem, deduktivem Vorgehen und keineswegs wertfreier Auswahlheuristik dar. Die Methode regt in starkem Maße zum systematischen kreativen Denken an; sie ist im Begrifflichen zwar deduktiv, erweist sich jedoch hinsichtlich der Systemgestaltung als induktive Methode.

Damit bewährt sich der Relevanzbaum als äußerst wirksames Mittel für die

- Gewinnung von Informationen bei der "vollständigen" Erfassung von Sachverhalten bzw. als Suchstrategie zum Auffinden von Lücken bei der Analyse abstrakter Systeme (Probleme, Ziele, Maßnahmen)
- Bewertung der Gliederungselemente (Teilprobleme, -ziele, -maßnahmen) im Hinblick auf übergeordnete Einheiten.

Vorgehen:

Komplexe und dadurch nicht als Ganzes bearbeitbare Problemstellungen werden in eine hierarchisch strukturierte Menge von untereinander möglichst klar abgegrenzten Teilproblemen zerlegt und als Baumstruktur gegliedert, wobei die Lösung eines jeden Teilproblems in direkter Relevanz zum unmittelbar übergeordneten Teil- bzw. Gesamtproblem steht, also zur Lösung des letzteren beiträgt. Auch wegen der Beschränktheit der Möglichkeit für die Weiterverfolgung sämtlicher Teilprobleme (aus Kosten-, Zeit-, Kapazitätsgründen) wird nun eine Bewertung der Teilprobleme hinsichtlich ihres Beitrages, ihrer Relevanz, für die Lösung des übergeordneten Problems vorgenommen.

Die Methode läuft in folgenden Schritten ab:

1.Schritt: Definition des Betrachtungsobjekts

Das zu analysierende Problem ist zu definieren und abzugrenzen. Betrachtet werden hiebei Gesamtziele, Problemstellungen, Aufgabenkomplexe.

2.Schritt: Zerlegung des Betrachtungsobjekts

Entsprechend einer Aufbaustruktur ist das Gesamtproblem stufenweise zu zerlegen. Dieser Schritt hat deduktiven Charakter verbunden mit induktiven Überlegungen, wobei sich die Darstellungsweise und die Möglichkeit von Cross-Checks als kreativitätsfördernd auswirken.

Die Untergliederung auf einer Ebene soll möglichst disjunkt (überdeckungsfrei) erfolgen, die Gliederungsbreite jeweils maximal 8 Elemente, die gesamte Gliederungstiefe maximal 4 Ebenen betragen. Zur Identifikation der Untergliederungen wird vorteilhaft eine Dezimalklassifizierung verwendet (vgl.Abb.5.35).

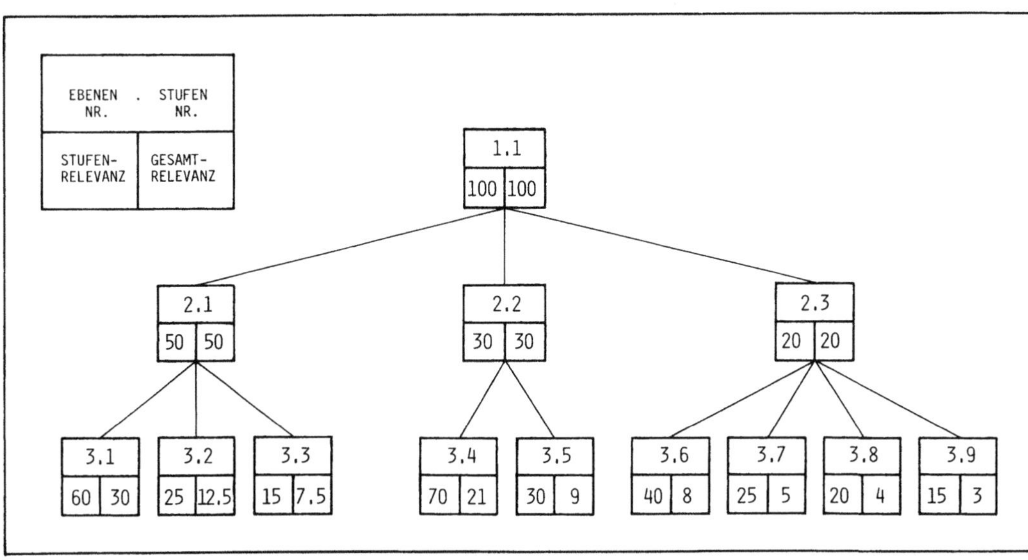

Abb. 5.35: Relevanzbaum mit eingetragenen Relevanzwerten

Der Schritt 2 liefert nach meist iterativem Vorgehen eine übersichtliche Struktur, in der die Komponenten entsprechend ihrer Relevanz angeordnet und miteinander verknüpft sind.

3.Schritt: Quantifizierung der Relevanzen (Stufenrelevanzen)

Die relative Bedeutung der einzelnen Elemente bezüglich des jeweils übergeordneten Problems (bzw. ihr relativer Beitrag zur Erfüllung des

jeweils übergeordneten Zieles) wird mit Hilfe von Gewichten quantitativ angegeben.
Hierfür sind vorher Relevanzkriterien festzulegen wie

- Zeitraum, Planungshorizont
- örtliche Abgrenzung
- inhaltliche Kriterien wie Realisierbarkeit, Kompetenzen, verantwortungsmäßige Grenzen

Die Relevanzunterschiede der Elemente einer Stufe sind nun durch Gewichtungsfaktoren zu erfassen und abzubilden, wobei die verschiedenen Methoden der Prioritätensetzung (vgl.Pkt 6.3) angewendet werden können.
Die Quersumme der Gewichte je Verzweigung (Relevanzpaket), d.h. die Summe der Stufenrelevanzen, muß 100% ergeben (d.h. es ist ein Normierungsvorgang vorzunehmen).
4.Schritt: Ermittlung der Gesamtrelevanzen
Ausgehend von der 1.Ebene der Baumstruktur, dem Betrachtungsobjekt mit dem Gewicht 100%, werden die Gesamtrelevanzen durch Multiplikation von Stufenrelevanz mit der Gesamtrelevanz der übergeordneten Einheit berechnet. Die Quersumme der Gewichte je Gliederungsebene, d.h. die Summe der Gesamtrelevanzen, muß hiebei ebenfalls 100% ergeben.
5.Schritt: Ordnen der Elemente nach Gesamtrelevanzen
Um einen besseren Überblick über die relative Bedeutung der einzelnen Elemente (auf unterster Gliederungsebene) zu bekommen, kann eine Rangfolge in Listenform abgeleitet werden.
Je nach Fragestellung könnte, darauf aufbauend, mittels ABC-Analyse eine Auswahl der weiter zu verfolgenden Maßnahmen vorgenommen werden.

Kritik:
Der Problemlösungsbaum ist eine sehr effiziente methodische Hilfe zur Untergliederung komplexer Sachverhalte.
Werden darüber hinaus Gewichtungen bezüglich der relativen Bedeutung für das gesamte Betrachtungsobjekt vorgenommen, so besitzt die nun Relevanzbaum genannte Methode eine sehr gute Aussagekraft hinsichtlich der Vorzugswürdigkeit von Maßnahmen.
Probleme ergeben sich bei der Abgrenzung der Gliederungsebenen gegeneinander sowie bei der Bewältigung von wieder zusammenführenden Untergliederungen (vgl.Abb.5.36; arbeitet mit nicht normierten Gewichten!).

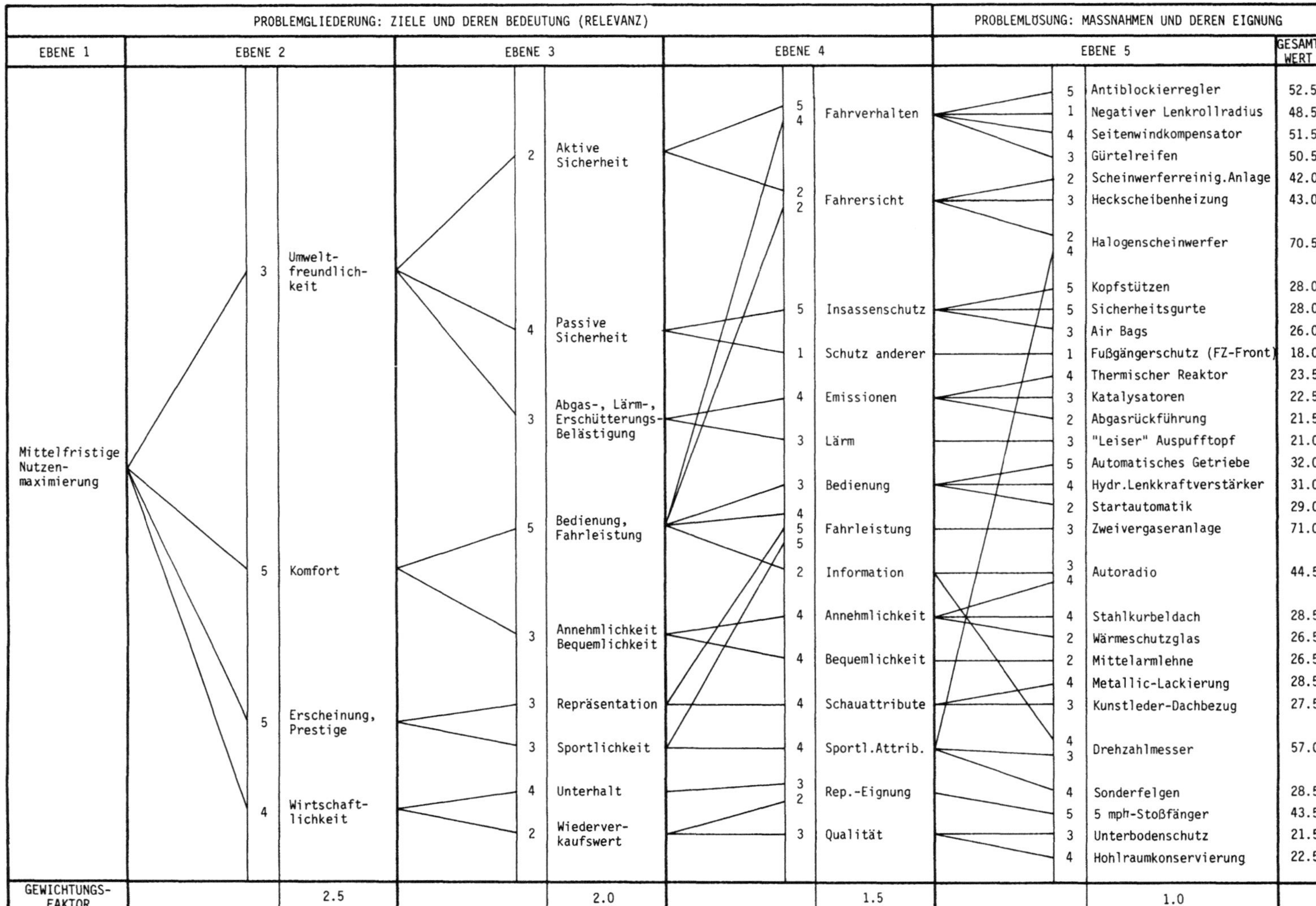

Abb. 5.36: Relevanzbaum mit zweifacher Gewichtung
Beispiel: Beurteilung von Fahrzeugkomponenten (Volkswagenwerk AG, Wolfsburg)

Eine Erweiterung der Methode stellt das Eintragen der Gliederungskriterien in die Baumstruktur dar: Je Ebene oder auch bloß je Verzweigung wird zwischen den einzelnen Gliederungsschritten festgehalten, nach welchem Gesichtspunkt die nächste Untergliederung vorgenommen wird.

5.7.3 Allgemeine Richtlinien, nichtschematisierte Techniken

Aufbauend auf den Erkenntnissen des bisher Gebrachten seien im folgenden einige Rezepte für die möglichst erfolgversprechende Durchführung kreativer Aktivitäten angegeben.
Als Überblick liefert zunächst Abb. 5.37 (aufgebaut als Problemlösungsbaum) Einblick in die Verhaltensweisen, Methoden und Techniken der Kreativität.

Checkliste für die Auswahl kreativ tätiger Personen:
Folgende Eigenschaften sollten Personen, die sich mit der Lösung von Problemen beschäftigen, besitzen:
- Optimismus
- Selbstvertrauen, aber keine Dominanz-Sucht, Begeisterungsfähigkeit
- Lust am divergenten Denken, Phantasiereichtum, geistige Flexibilität, Experimentierfreudigkeit
- Geduld, Beständigkeit, Bestimmtheit
- Fähigkeit des Denkens in Analogien
- kein ausgeprägtes fachliches Spezialistentum (keine "Experten"): Kenntnisse und Fähigkeiten verlieren ihren dominierenden Charakter; inbesondere Routinetätigkeit hemmt die Kreativität (Persönlichkeitsausbildung ist daher wichtiger als bloße Schulung, Allgemeinwissen wichtiger als Fachwissen)
- keine rein praktische Ausrichtung; Denken in allgemeinen Begriffen
- kein Perfektionsdrang (nicht in Details verbeißen).

Leitsätze zur Anregung kreativer Tätigkeit
(Auswahl aus W.Kirst, U.Diekmayer)
- Probleme lösen ist schwer, schwerer ist es, Probleme zu sehen.
- Fordern Sie sich heraus, selbstzufrieden sind die anderen.
- Organisieren Sie die Zukunft, die Gegenwart ist schon vergeben.
- Kreativität und tierischer Ernst schließen einander aus; Komik ist kreativ.

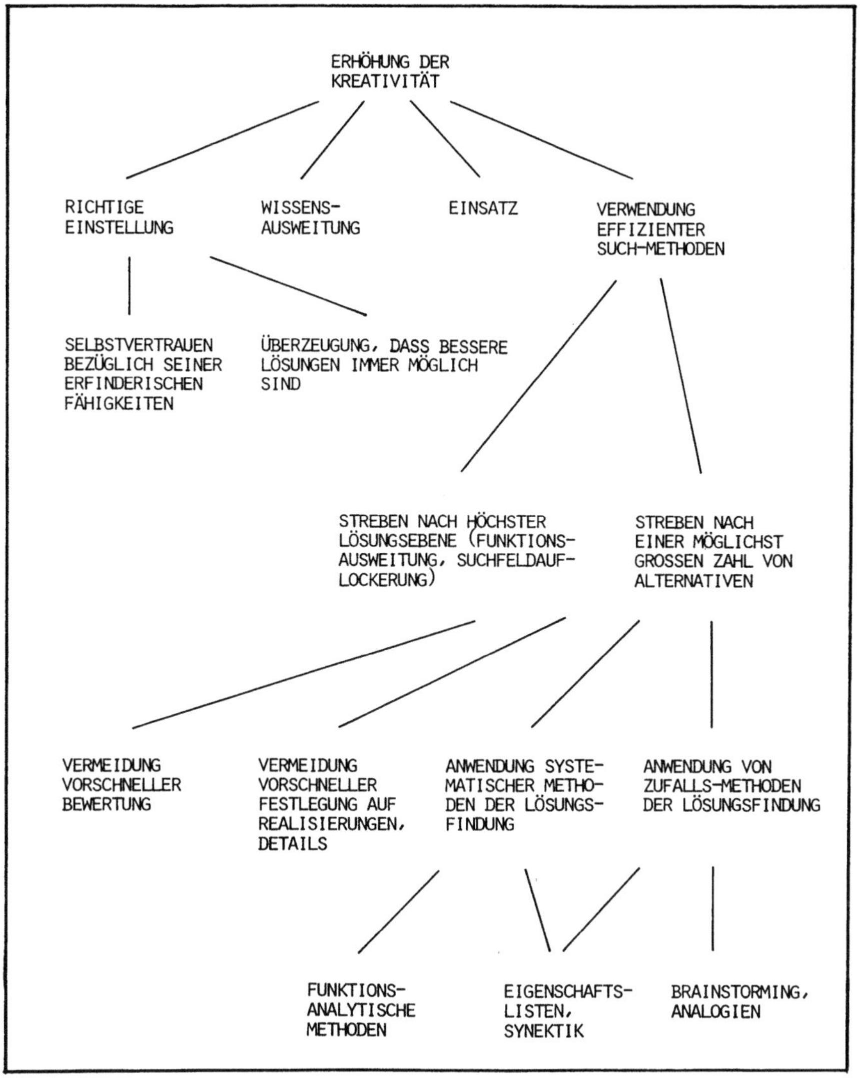

Abb. 5.37: Gliederung des Problems "Erhöhung der Kreativität"

- Schauen Sie Ihre Umwelt an, sie birgt tausend Ideen.
- Stellen Sie sich einmal auf den Kopf: Sehen Sie nicht alles neu?
- Absurde Ideen sind immer besser als gar keine.
- Sprechen Sie Ihre kühnste Idee heute noch aus, morgen ist sie nicht mehr neu.
- Wenn Sie für ein Problem keine Lösung finden, ändern Sie das Problem.
- Wagen Sie es, Denkmäler von ihrem Sockel zu stürzen.
- Ihr Großvater hatte sicherlich recht - vor 100 Jahren!

- Halten Sie sich mit guten Einfällen nicht auf - es gibt bessere.
- Produzieren Sie mehr Ideen als Sie brauchen.
- Es ist auch kreativ, noch einmal von vorne anzufangen.

5.8 Systemanalyse (im engeren Sinn)

Ziel:
Die Systemanalyse hat zum Ziel, objektiv feststellbare Aspekte des zu gestaltenden Systems hinsichtlich Zustand, Wirkung und Verhalten zu ermitteln (zum Zweck der Systemverbesserung/Systemoptimierung wie auch zur Bewertung und Auswahlentscheidung).

Zugrundeliegende Theorie:
Aussagen über das Systemverhalten werden nach ihrer Bestimmtheit unterschieden in

- Analysen am Systemmodell: ex ante(factum)-Analysen
  Kritische Überprüfung von Konzepten im Planungsprozeß eines Objektsystems
- Analysen am Objektsystem: ex post(factum)-Analysen
  Nachträgliche Analysen eines Objektsystems im realisierten Zustand

Hinsichtlich des Formalisierungsgrades sei unterschieden in

- intuitive Analysen: erfolgen unstrukturiert, nicht formalisiert, z.T. unbewußt. Der Elementarprozeß der zweckrationalen Handlung (Pkt. 3.1.3) weist vorwiegend intuitive Analysen als Bestandteile auf.
- formale Analysen: erfolgen formalisiert, werden bewußt zur Überprüfung von Planungsresultaten nach jedem Syntheseschritt vorgenommen.

Die Ergebnisse bzw. Aussagen der Systemanalyse (im engeren Sinn) enthalten keine subjektive Wertung seitens des Analytikers, sie beschreiben einen objektiv feststellbaren Sachverhalt. Objektiv bedeutet in diesem Zusammenhang, daß unterschiedliche Personen unter Anwendung der gleichen Analysemethoden und auch sonst unter gleichen Bedingungen zu den gleichen das Systemverhalten beschreibenden Aussagen kommen müßten.
Subjektive Einflüsse in Form von Werteinheiten sind im Analyseprozeß jedoch nie völlig auszuschließen; so stellen etwa die Wahl der Analyse-Methode und insbesondere die Auswahl der zu untersuchenden Sy-

stemparameter durch subjektive Werturteile geprägte Entscheidungen dar.

Das eigentliche Moment der Subjektivität in Form von Werturteilen bzw. Präferenzen seitens eines einzelnen oder einer Gruppe von Bewertern kommt in dem der Systemanalyse jeweils nachfolgenden Schritt, der "Systembewertung" (Punkt 6), zum Tragen.

Die Systemanalyes beinhaltet auch kreative Anteile; diese umfassen jedoch keine Umgestaltungen oder Verbesserungen am Objektsystem selbst, wohl aber werden solche Veränderungen des Systems, die in anschließenden Synthese- bzw. Optimierungsschritten erfolgen, ausgelöst.
(Daraus ist ersichtlich, daß Analysen ihr Gegenstück in der entsprechenden Synthese besitzen.)

Oft wird im allgemeinen Sprachgebrauch der Begriff "Analyse" sogar für die umfassende Systemgestaltung verwendet, wie etwa bei
- Systemanalyse statt Systemgestaltung
- Wertanalyse statt Wertgestaltung
- Informations(Material-)flußanalyse statt Informations(Material-)-flußgestaltung
- Ablaufanalyse statt Ablaufgestaltung

5.8.1 Überblick über die Methoden der Systemanalyse

In den einzelnen Analyseschritten des Vorgehensplans der Systemtechnik kommt ein einheitliches Methodenrepertoire zum Einsatz, wenngleich sich mit steigender Konkretisierung der Problemlösung die Eignung unterschiedlicher Methoden verschieben wird.

Entsprechend dem prinzipiellen Aufbau der Merkmalystematik von Systemen seien folgende Analysen, d.h. Analysenaspekte samt angehörigen Methoden, unterschieden:

Durchführbarkeitsanalyse (Feasability Study)
Fortlaufende Feststellung der Realisierungswahrscheinlichkeit eines System-Konzeptes
- o Analyse der physikalisch-technischen Durchführbarkeit
- o Analyse der zeitlich-finanziellen Durchführbarkeit

(vgl.auch Kapitel 5.6, Problemanalyse: Prefeasability Study)

Akzeptierbarkeitsanalyse (Acceptability Study)
Der Durchführbarkeit nachgeordnete Analyse der Projektverträglichkeit/-würdigkeit eines Vorhabens

- o Analyse der unternehmensmäßigen und rechtlichen Verträglichkeit (Compatibility)
- o Analyse der wirtschaftlichen und sozialen Würdigkeit (Worthwhileness)

(vgl.auch Kapitel 5.6, Problemanalyse)

Systemzustandsanalyse (System Specification)
- Systembeschreibung, Analyse der Beschaffenheit des Systems

Systemfunktionsanalyse (Functional Analysis)
- Analyse und Prüfung der Systemfunktion bezüglich der Erfüllung festgelegter Ziele. Prüfung der Funktions-Richtigkeit bei Blackbox-Betrachtung

Systemstrukturanalyse (Structural Analysis, System Configuration)
- Aufbau- und Ablaufanalyse; Ermittlung der Aufbaustruktur und der funktionellen Beziehungen im System

Systemverhaltensanalyse (System Behavior Analysis)

- Sensitivitätsanalyse (Sensitivity Analysis)
  Empfindlichkeitsanalyse; liefert Einblick in das Systemverhalten, macht das Risiko sichtbar: Ausgehend von einem deterministischen Modell kann man unter anderem
  - o analysieren, welche Systemparameter kritisch und welche weniger kritisch sind;welche Randbedingungen relevant sind sowie welchen Einfluß die Randbedingungen besitzen;
  - o den Bereich angeben, in dem die Lösung optimal bleibt, wenn die Parameter (unter ceteris paribus Bedingung) Änderungen unterliegen;
  - o feststellen, ob die Lösung sehr empfindlich auf Änderungen bestimmter Parameter reagiert (geht schon in die Stabilitätsanalyse über). Dies dient auch zur Bestimmung der erforderlichen Genauigkeit von Daten.

- Extremwertanalyse, Katastrophenanalyse (Worst Case Analysis)
  Spezialfall der Sensitivitätsanalyse.
  Es werden die denkbar ungünstigsten Extremwerte von bestimmten Einflußvariablen geschätzt und gleichzeitig an das Modell angelegt.

Die sich ergebenden Auswirkungen liefern, als Abgrenzung der Zielerfüllung nach unten hin, eine Grundlage für Entscheidungen.

- Stabilitätsanalyse (Stability Analysis)
  liefert Einblick in die Reaktion des Systems auf Störgrößen aus der Umwelt; dient zur
  - o Prüfung der Systemstabilität
  - o Ermittlung instabiler Regionen
  - o Ermittlung des Risikos einer Systeminstabilität

  Mit eingeschlossen seien hiebei die mathematisch-regelungstechnisch definierten Begriffe Steuerbarkeit (Controlability) und Beobachtbarkeit (Observability).

- Zuverlässigkeitsanalyse (Reliability Analysis)
  Risikoanalyse; Vorhersage des Systemverhaltens in der Zukunft
  - o bezüglich der Leistungserbringung (Funktionstüchtigkeit)
  - o bezüglich der Sicherheit der Umwelt

- Verträglichkeitsanalyse (Compatibility Analysis)
  liefert Einblick in die optimale Abstimmung der Komponenten des Systems untereinander sowie mit bestehenden Umsystemen betreffend
  - o Probleme der Kooperation der Menschen untereinander sowie mit den technischen Komponenten im System
  - o Probleme der Berücksichtigung von Normung, Typung, Baukastensytematik
  - o Probleme der Voraussetzungen und Bedingungen, Verfügbarkeit von Einsatzmitteln (Kapazitäten, Verbrauchsgüter wie Material, Energie, Information)
  - o Probleme der Integrationsfähigkeit mit der Umwelt, Nahtstellen zwischen System und Umwelt

Konsequenzanalyse (Impact Analysis, Consequence Analysis)
Ermittlung der (primär unerwünschten) Auswirkungen eines Systems im Normalbetrieb wie auch im Extremfall (worst case analysis) auf die Systemumwelt.
Bei phasenweiser Implementierung eines Systems kann es dazu kommen, daß durch Auswirkungen früherer Systemphasen die Systemumwelt für die letzte, abschließende Phase grundlegend von der ursprünglich als Planungsrandbedingung angenommenen abweicht. Es ergibt sich dadurch ein Kompatibilitätsverlust, der durch entsprechende Konsequenzanalysen wahrscheinlich vorhergesagt hätte werden können.

In der Konsequenzanalyse ist üblicherweise das Setzen korrektiver Maßnahmen zur Vermeidung oder zumindest Minderung der (negativen) Konsequenzen inkludiert.

Zukunftsanalyse (Prediction of System Behavior)
Vorhersage des Systemverhaltens in der langfristigen Zukunft
- o bezüglich technisch-physikalischer Veralterung
- o bezüglich einer sich verändernden Systemumwelt (vgl.Pkt.5.4.2, Prognose)

Die Methoden der Systembewertung und Auswahlentscheidung
- Kosten-Nutzen-Analyse
- Kosten-Wirksamkeits-Analyse
- Kosten-Nutzwert-Analyse

(einschließlich deren Varianten) bauen auf den Systemanalysemethoden auf, indem die ermittelten Daten bezüglich des Verhaltens des Objektsystems einer Bewertung/Präferenzierung zugeführt werden.
Damit erweisen sich streng genommen letztere Methoden eigentlich als Methoden der Analyse der Systemumwelt, im speziellen der Systemnutzer, da deren Präferenzen und Wertvorstellungen in bezug auf das objektiv feststellbare Systemverhalten ermittelt werden!
Die Methoden der Systembewertung und Auswahlentscheidung seien daher nicht als Methoden der Systemanalyse im engeren Sinne bezeichnet.

5.8.2 Methoden und Techniken der Systemanalyse

Im folgenden kann nur auf die besonders bei der Analyse komplexer soziotechnischer Systeme eingesetzten Methoden detaillierter eingegangen werden; mathematische Methoden der Systemanalyse sind darüber hinaus im Kapitel "Mathematische Modelle der Systemtechnik" besprochen.

5.8.2.1 Durchführbarkeitsanalyse (Feasibility Study)

Ziel:
Ermittlung von Aussagen über die Durchführbarkeit einzelner vorliegender Lösungskonzepte.

Zugrundeliegende Theorie: ein Konzept ist "feasible", wenn die Wahrscheinlichkeit, daß es erfolgreich umgesetzt werden kann, größer ist als ein bestimmter Wert.

Dieser Wert ist subjektiv festgelegt, er hängt von der Einstellung (risikoscheu/risikofreudig) des Entscheidungsträgers ab.
Bei der Analyse sind ausschließlich Extremwerte nach oben wie nach unten von Interesse.

Vorgehen:
Zum Unterschied zur vorläufigen Durchführbarkeitsanalyse kann hier bereits auf Systemkonzepten aufgebaut werden. Im Zuge der Umsetzung eines bestimmten Lösungskonzeptes in einen zielführenden Systemplan wird es im allgemeinen zu mehreren Versuchen kommen, ehe man auf Erfolg oder Mißerfolg entscheidet. Die Abschätzung der Wahrscheinlichkeit, ein tragfähiges (d.h. durchführbares) Lösungskonzept zu besitzen, ist äußerst schwierig. Nur in bestimmten Fällen lassen sich Wahrscheinlichkeitsangaben machen, wie im folgenden Beispiel demonstriert wird.

Beispiel: Abschätzung der Durchführbarkeit mittels Bayes-Theorem

$$P(B_i/A) = \frac{P(A/B_i).P(B_i)}{\sum_{j=1}^{n} P(A/B_j).P(B_j)} \qquad j = 1,2,...,n$$

wobei $B_1,..,B_n$ Partition des Ereignisfeldes S
A bestimmtes Ereignis (vgl.Abb.5.38)

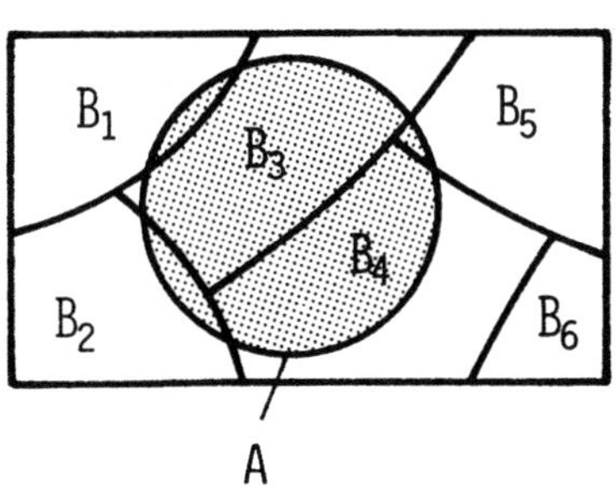

Abb. 5.38: Mengendiagramm zu Bayes-Theorem

Das Ergebnis einer Synektik-Sitzung bestehe etwa aus drei Lösungskonzepten. Erfahrungsgemäß sind etwa 30% der Ergebnisse bei Anwendung der Synektik-Methode realisierbar. Die Wahrscheinlichkeit, ein tragfähiges Konzept auch tatsächlich in einen zielführenden Entwurf umzusetzen, sei je Versuch 50%.

Als Strategie sei vorgegeben, daß das Ablehnen von Konzepten mit mindestens 95% Aussage-Wahrscheinlichkeit erfolgen soll.

Wieviel negative Versuche der Umsetzung eines beliebig gewählten der drei Konzepte in einen zielführenden Entwurf sind daher zulässig, bevor auf das nächste Lösungskonzept übergegangen werden soll?

A .... Anzahl der negativen Umsetzungsversuche, bisher A = 2
B_1 ... Wahl eines tragfähigen Konzeptes
B_2 ... Wahl eines nicht tragfähigen Konzeptes

$P(B_1) = 1/3$ .. Wahrscheinlichkeit der Wahl eines tragfähigen Konzeptes
$P(B_2) = 2/3$ .. Wahrscheinlichkeit eines nicht tragfähigen Konzeptes
$P(A/B_1)$ ...... Wahrscheinlichkeit, daß bisher zwei negative Umsetzungsversuche erfolgten, obwohl auf einem zielführenden Konzept bei der Lösungsentwicklung aufgebaut wird

$$P(A/B_1) = 1/2 \cdot 1/2 = 1/4$$

$$P(A/B_2) = 1$$

Die Wahrscheinlichkeit, daß auf einem <u>nicht zielführenden</u> Konzept aufgebaut wird, wenn bereits zwei Entwurfsversuche fehlgeschlagen sind, ergibt sich mit

$$P(B_2/A) = \frac{P(A/B_2).P(B_2)}{P(A/B_1).P(B_1) + P(A/B_2).P(B_2)} =$$

$$= \frac{1 \cdot 2/3}{(1/4)(1/3) + 1(2/3)} = \frac{8}{9} = 89\%$$

<u>Ergebnis</u>: Ein weiterer (letzter) Versuch der Umsetzung des gewählten Lösungskonzeptes in einen Systementwurf ist vertretbar.

5.8.2.2 <u>Systemstrukturanalyse</u>

Neben der gedanklichen, nach ausgewählten Verwendungsgesichtspunkten erfolgenden Zerlegung eines Systems zur Ermittlung einer Aufbaustruktur ist die <u>Ablaufanalyse</u> von besonderer Bedeutung.

Hierfür werden die Inputs auf ihrem Weg durch das System, von einem Element zum anderen, bis zur vollständigen Umsetzung in den Output verfolgt.

Die möglichst vollständige Erfassung der Flüsse im System wird mittels <u>Input- und Outputlisten</u> erleichtert. Es können sonst leicht

Flüsse mit Verzögerungen (Deponien) sowie in längeren Zyklen erfolgende intermittierende Flüsse übersehen werden.
Bei genügend großem Betrachtungszeitraum lassen sich alle Outputs auf Inputs zurückführen - es dürfen keine Inputs im System versickern. Ausnahme hiefür stellt die Information dar, die im System entstehen bzw. vernichtet werden kann.
Die Abläufe sind primär vom Standpunkt des im bzw. mit dem System wirkenden Betreibers (Nutzers) zu untersuchen.
Die Darstellung der Abläufe erfolgt mittels Blockdiagrammen oder Pfeildiagrammen.

5.8.2.3 Zuverlässigkeitsanalyse (Reliability Analysis)

Ziel:
Die Zuverlässigkeitsanalyse ermöglicht eine Vorhersage des Systemverhaltens in der Zukunft hinsichtlich seiner Funktionserbringung (Funktionstüchtigkeit). Der Zuverlässigkeitsanalyse kommt daher im Rahmen der Systemtechnik eine so große Bedeutung zu, da der vom geplanten System abverlangte Output über längere Zeitperioden erbracht werden soll. Im Zentrum der Betrachtung stehen hierbei die Größen Zuverlässigkeit (Reliability) und Verfügbarkeit (availability).

Zugrundeliegende Theorie:
Definition: Die Zuverlässigkeit eines Systems ist die Wahrscheinlichkeit, daß dieses System seine vorgesehene Funktion unter vorgegebenen Betriebsbedingungen während einer bestimmten Zeitspanne erfüllt.

Zuverlässigkeit $R = R(t, t_o, B, F)$

mit t ... Einsatzdauer
t_o .. Beginnzeitpunkt des Einsatzes (entspricht dem Alter des Systems)
B ... Betriebsbedingungen (Funktions- und Umgebungsbedingungen)
F ... Fehlerdefinition (maximal zulässige Abweichung der Ist-Leistung vom Sollwert)

Für neue Systeme ergibt sich damit bei Betriebsbedingungen innerhalb des zulässigen Bereiches und bei gegebener Fehlerdefinition die

Zuverlässigkeit $R = R(t) = P(T > t)$ ... die Wahrscheinlichkeit, daß T (die Zeit bis zum ersten Fehler) größer ist als das betrachtete Zeitintervall $(0,t)$.

Beispiel: $R(70) = 0{,}99$ ... die Zuverlässigkeit des Systems für 70 Betriebsstunden sei 0,99 bzw. 99%, oder von 100 gleichen Systemen erbringen nach 70 Betriebsstunden noch 99 ihre Funktion (unter der Voraussetzung der Unabhängigkeit im statistischen Sinn).

Folgende Größen beschreiben das Zuverlässigkeitsverhalten eines Systems:

$$R(t) = P(T > t) = 1 - P(T \leq t) = 1 - F(t)$$ ... Zuverlässigkeitsverteilung Überlebenswahrscheinlichkeit

$$F(t) = \int_0^t f(t)dt$$ ... Ausfallwahrscheinlichkeitsverteilung (failure-cumulative distribution function)

$f(t)$ ... Ausfalldichtefunktion (failure-probability density function)

$$z(t) = \frac{f(t)}{R(t)} = \frac{f(t)}{1-F(t)}$$ ... Ausfallrate, Fehlerrate (failure rate, force of mortality)

Die Fehlerrate $z(t)$ ist ein lokales Charakteristikum der Zuverlässigkeit: sie ist ein Maß für die Wahrscheinlichkeit, daß ein System im Zeitintervall $[t, t+\Delta t]$ ausfällt, unter der Bedingung, daß es bis zum Zeitpunkt t funktioniert hat.

$$L(0) = E(T) = \int_0^\infty t.f(t)dt$$ ... mittlere Lebensdauer (mean time to failure, MTTF)

Technische (wie auch belebte) Systeme zeigen ein charakteristisches Ausfallverhalten, dargestellt durch einen typischen Verlauf der Fehlerrate (Abb.5.39).

Die Fehlerrate kann mathematisch erfaßt werden durch die Verwendung folgender Wahrscheinlichkeitsverteilungen:

- für den reinen Zufallsfehlerbereich: Exponentialverteilung
- für den Alterungsfehlerbereich: Normalverteilung
- für alle drei Fehlerbereiche: Weibull-Verteilung $F(t)=1-e^{-(t/T)^b}$ Erlang-Verteilung (u.U.Gamma-Beta-Verteilung),

wobei durch geeignete Wahl des Formparameters b der verwendeten Verteilung jeweils einer der drei unterschiedlichen Bereiche der Fehlerrate modelliert werden kann (vgl.Weibull-Wahrscheinlichkeitspapier).

Um Zuverlässigkeitsbetrachtungen nicht zu komplex und mathematisch aufwendig zu gestalten, wird bei normal üblichen Fragestellungen ausschließlich der Zufallsfehlerbereich (konstante Fehlerrate) erfaßt und die anderen Bereiche vernachlässigt: Dies geschieht durch die Annahme, daß

- Frühfehler durch geeignete Maßnahmen vor Einsatz des Systems (Nutzungsphase) ausgemerzt werden (Einlaufprozeß, run in - burn in - process, debugging).
- Alterungsfehler nicht auftreten, da das System noch vor Beginn der Alterungsfehlerphase komponentenweise oder vollständig gegen neue Einheiten ausgetauscht wird. (Wartungszyklen entsprechend der in Schadgruppen zusammengefaßten Dauern der einzelnen "nützlichen Lebensdauern".)

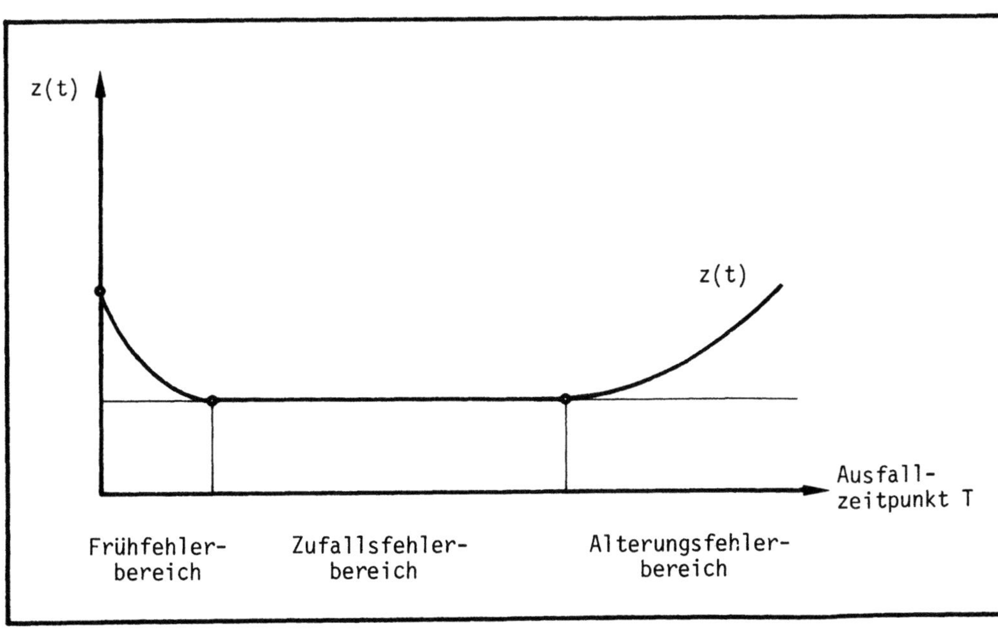

Abb. 5.39: Allgemeiner Verlauf der Fehlerrate z(t) ("Badewannenkurve")

Für den Zufallsfehlerbereich (exponential verteilte Ausfälle) gilt damit:

$z(t) = \lambda = \text{constant} > 0$
$f(t) = \lambda . e^{-\lambda t}$
$F(t) = 1 - e^{-\lambda t}$
$R(t) = e^{-\lambda t}$
$L(0) = 1/\lambda$

Die Fehlerrate λ (bei ausschließlicher Betrachtung des Zufallsfehlerbereiches) wird üblicherweise angegeben mit

$$\lambda = \frac{n}{10^6} \quad \text{... Anzahl der Ausfälle in } 10^6 \text{ Stunden}$$

Fehlerraten sind in signifikanter Weise von der Über-/Unterlastung und von Umgebungsfaktoren (insbesondere Temperatur) abhängig. Für elektronische und im zunehmenden Maß auch mechanische Bauelemente steht hierfür ein standardisiertes Datenmaterial in Form von Handbüchern, Tabellenwerken und Datenbänken zur Verfügung.

Es läßt sich zeigen, daß im reinen Zufallsbereich die bedingte Ausfallswahrscheinlichkeit $P(t \leq T \leq t+\Delta t | T > t)$ für gleichgroße Zeitintervalle gleich groß ist, unabhängig von der Lage des Zeitintervalls auf der Zeitachse, und zwar in erster Näherung direkt proportional zu Δt.
Dies bedeutet: Systeme im Zufallsfehlerbereich sind zu jedem Zeitpunkt als neu zu betrachten; tatsächlich neue Systeme besitzen die gleiche (wegen des Frühfehlerphänomens faktisch sogar höhere) Ausfallwahrscheinlichkeit.

Methoden und Techniken:
Die Zuverlässigkeitsanalyse von komplexen Systemen geht von den Fehlerraten der im System enthaltenen Komponenten aus, wobei die Struktur des Systems in unterschiedlich exakter Weise Berücksichtigung findet.
Betrachtungsaspekte sind hiebei:
- Fehlerarten und ihre Modellierung
  Es gibt diskrete Fehlerausprägungen (z.B. Ja-Nein-Fehler) oder stetige Fehlerausprägungen.
  Oft wird ein Fehlermodell mit 3 diskreten Zuständen (Abstufungen) verwendet:

gut - mangelhaft - ausgefallen
(good) (deteriorated) (failed)
grün orange rot

Sind die Fehlerzustände mehrerer Parameter zugleich zu betrachten, d.h. müßte man sie überlagern, um zu einem Gesamtfehler der Komponente zu kommen, so müßte ein mehrdimensionales Fehlermodell konstruiert werden, mit normierter Fehlerausprägung $0 \leq F_s \leq 1$.

- Wahrscheinlichkeit des Fehlereintritts
- Fehlerauswirkung
  Auswirkungen auf das Zuverlässigkeitsverhalten anderer Systemkomponenten;
  Auswirkung auf die Zuverlässigkeit des Gesamtsystems

Näherungsmethode zur Bestimmung der Systemzuverlässigkeit:
Diese Methode wird für die globale Abschätzung des Zuverlässigkeitsverhaltens bei elektronischen Geräten verwendet, wobei allerdings die ungefähre Zahl von (nicht-redundanten) Komponenten bekannt sein muß.

Zunächst wird die dem System entsprechende Zuverlässigkeitsklasse (d.h. entsprechend Geräteart und Qualitätsniveau) festgelegt (Abb.5.40).

Systemart (Einsatzgebiet)	Qualitätsniveau nieder	mittel	hoch
STATIONÄRE GERÄTE	C_2	C_3	D_1
SCHIFFAHRT	C_1	C_2	C_3
WELTRAUMFAHRT	C_1	C_2	C_3
LANDFAHRZEUGWESEN	B_2	B_3	C_1
FLUGGERÄT, RAKETENTECHNIK	B_1	B_2	B_3

Abb. 5.40: Tabelle zur Bestimmung der Zuverlässigkeitsklasse (Näherungsverfahren)

Die Klassen berücksichtigen die derzeitige Transistortechnologie; werden auch Elektronenröhren verwendet, so ist eine um bis zu 3 Klassen niederere Zuverlässigkeitsklasse zu wählen.

In einem Nomogramm (Abb.5.41) kann nun für die gegebene Anzahl an Komponenten unter Verwendung der ermittelten Zuverlässigkeitsklasse eine mittlere Lebensdauer

$$L(0) = 1/\lambda$$

abgelesen werden.

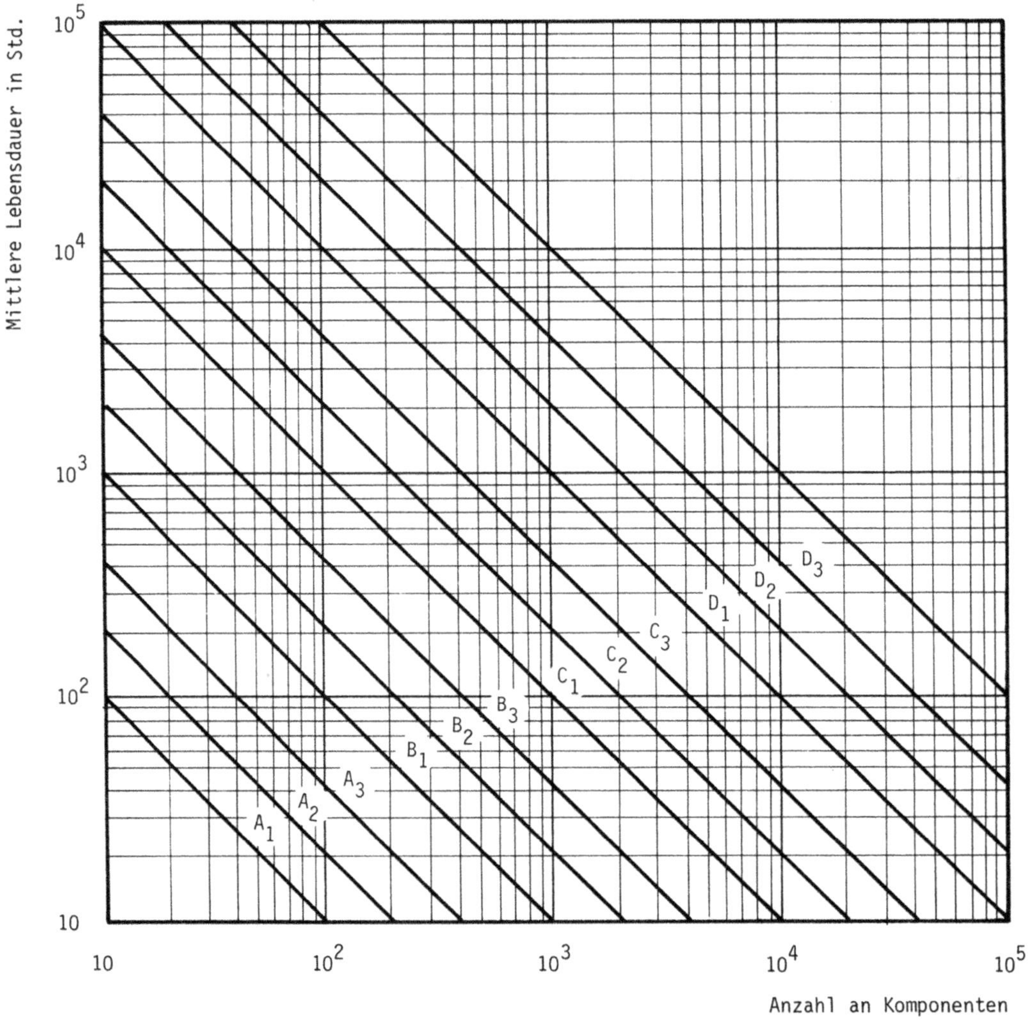

Abb. 5.41: Nomogramm zur Bestimmung der Zuverlässigkeit von Systemen (Näherungsmethode)

Analytische Methoden:

Vergleichsweise exaktere Auskünfte über das Zuverlässigkeitsverhalten komplexer Systeme erhält man, wenn auf die Struktur, d.h. logische Verkettung der Komponenten im System eingegangen wird.

Von den drei elementaren Schaltungstypen (Serienschaltung, Parallelschaltung und Schleife) sind hier die Serienschaltung (logisches Hintereinander) und die Parallelschaltung (Redundanz) zu besprechen; die Schleife als Schaltungstyp (Rückkopplung) ist zuverlässigkeitstheoretisch als Serie aufzufassen.

Zuverlässigkeitsanalyse von Serienschaltungssystemen

Diese Methode wird bei Systemen ohne Redundanzen angewendet. Bei der zuverlässigkeitslogischen Hintereinanderschaltung (d.h. alle Komponenten sind notwendig, fällt nur eine der Komponenten aus, so ist das gesamte System ausgefallen) und bei Annahme der Unabhängigkeit des Fehlerauftretens ergibt sich

System-Zuverlässigkeit $$R(t) = \prod_{K=1}^{n} R_K(t)$$

$$\lambda = \sum_{K=1}^{n} \lambda_K$$

mit K ... beliebige Komponente ($1 \leq K \leq n$)

für n gleiche Komponenten gilt: $\lambda = n\,\lambda_K$

Wie dramatisch dieses Gesetz die Systemzuverlässigkeit (auch bei durchwegs hoher Komponenten-Zuverlässigkeit) bereits bei geringer Anzahl von Komponenten herunterdrückt, möge Abb.5.42 illustrieren. Jedenfalls gilt, daß die Systemzuverlässigkeit, wegen $R(t) > 0$, immer geringer ist, als die Zuverlässigkeit der schwächsten Komponente.

Vorgehen:

Bei der Zuverlässigkeitsanalyse von Systemen mit beliebigen, jedoch (logisch) in Serie liegenden Komponenten müssen für die einzelnen Komponenten oder auch Gruppen verwandter Komponenten die zugehörigen Fehlerraten ermittelt werden.

Für elektronische Bauelemente und Baugruppen wie auch für häufig auftretende mechanische Maschinenelemente können Fehlerraten aus einschlägigen Datenbeständen (Handbücher, Dateien) entnommen werden. Für seltenere Komponenten müßten Fehlerratenabschätzungen aufgrund von Zuverlässigkeitstests erfolgen. (Um die Kosten für die Versuchsreihen zu senken, versuche man, Zeitraffertests und Stufentests aufzubauen; die quantitativen Aussagen werden dabei jedoch problematischer!)

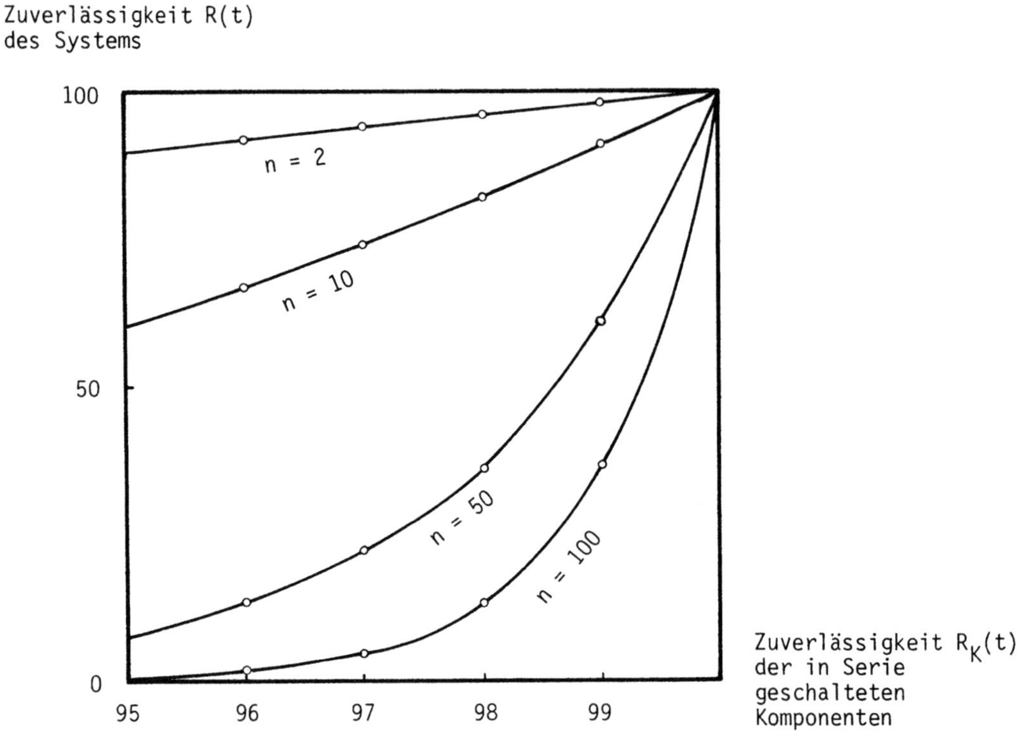

Abb. 5.42: Systemzuverlässigkeit bei Serienschaltung von Komponenten (logische Kette)

Hinsichtlich der Systemkomponente Mensch sind allgemein gültige Ausprägungen zuverlässigkeitsrelevanter Merkmale nur für vereinzelte Arbeitssituationen möglich; die interindividuellen Schwankungen als Abweichungen von statistischen Normmaßen (Mittelwert, 5- und 95-Perzentile) - sollte es möglich sein, auf psychologischem Gebiet solche zu definieren - wären zu groß und damit von bloß geringem Aussagewert.

Das individuelle Zuverlässigkeitsverhalten kann a posteriori in Form einer Fehlerquote (tatsächliche/mögliche Fehlhandlungen für einen interessierenden Zeitabschnitt) erfaßt werden (vgl. Durchschlupfwahrscheinlichkeit etwa bei Qualitätskontrolle).
A priori-Aussagen über individuelles Zuverlässigkeitsverhalten müßten durch diverse Persönlichkeitstests untermauert werden. Hierbei müßten Merkmale/Merkmalkomplexe des Menschen untersucht werden wie:
Differenzierungsvermögen der Wahrnehmung, kognitive Kompetenz (Voraussetzungen), sowie vor allem
Konzentrationsfähigkeit, Vigilanz, Willenskraft, Motivierbarkeit, Verantwortungsbewußtsein.

Entsprechend den angegebenen Gesetzmäßigkeiten sind nun die Fehlerraten aller Komponenten zu addieren (bei etwa gleichen Komponenten ist die repräsentative Fehlerrate mit der Komponentenanzahl zu multiplizieren), um die Fehlerrate λ des Systems zu erhalten.

Die mittlere Lebensdauer L(0) ergibt sich dann mit

$$L(0) = m = 10^6/\lambda$$

Die Systemzuverlässigkeit R(t) für eine Einsatzdauer von t Stunden ergibt sich weiters mit

$$R(t) = e^{-\lambda t} \text{ bzw. } e^{-t/m}$$

Zuverlässigkeitsanalyse von Redundanz-Systemen

Dieses Vorgehen kann theoretisch Systeme beliebiger Struktur hinsichtlich ihres Zuverlässigkeitsverhaltens erfassen, die Grenzen liegen in der Beherrschung mathematisch-statistischer Methoden.

Redundanz liegt vor, wenn in einem System bei einzelnen Komponenten eine Überzähligkeit festgestellt werden kann; die überzähligen Komponenten sind für die Funktionserbringung (im Neuzustand) nicht notwendig, sie haben den Zweck der Zuverlässigkeitserhöhung.
Es gibt drei Formen der Redundanz:

- Heiße Redundanz, aktive Redundanz
  Die betrachtete Komponente und die zugehörigen, parallel liegenden (redundanten) stehen alle von t=0 an im Einsatz, obwohl für die Funktionserbringung nur eine Komponente erforderlich ist.
- Kalte Redundanz, Reserveredundanz (Stand-by)
  Zum Zeitpunkt T_K, dem Ausfall der die Funktion erbringenden Komponente, wird durch einen Umschalter U der jeweils nächstdrankommenden Reserve-Komponente die volle Funktionsaufgabe übertragen.
- Leistungsteilende Redundanz (Load-Sharing)
  Bei genauer Betrachtung der meisten Fälle von heißer Redundanz zeigt sich, daß ein notwendiges Mindestmaß der Funktionserbringung (als Überbrückung) zwar von bloß einer Komponente geleistet werden kann, alle in heißer Redundanz geschalteten Komponenten zusammen jedoch erst die gewünschte Leistung auf Dauer erbringen.
  Beispiele: Zwillingsreifen bei LKW, mehrstrahlige Düsenflugzeuge; Doppelbesetzung von Kontrollposten in Verkehr, Industrie etc.

Zu wiederholen ist in diesem Zusammenhang, daß sich bei Unterbelastung der einzelnen Komponenten deren Fehlerraten überproportional verringern, was ein gewünschter zuverlässigkeitserhöhender Effekt der leistungsteilenden Redundanz ist.

Im weiteren soll bloß die aktive Redundanz quantitativ behandelt werden. Bei der heißen Parallelschaltung von n Komponenten (n-1 fache Redundanz) und bei Annahme der Unabhängigkeit des Fehlerauftretens ergibt sich:

System-Zuverlässigkeit $R(t) = 1 - \prod_{K=1}^{n} \left[1 - R_K(t)\right]$

(d.h.solange noch eine einzige Komponente funktioniert, funktioniert das System)

Für n gleiche Komponenten gilt:

$$R(t) = 1 - \left[1-R_K(t)\right]^n$$

Für n=2 gleiche Komponenten (einfache Redundanz) ergibt sich:

$$R(t) = 2R_K(t) - R_K^2(t)$$

$$L(0) = m = \frac{3}{2\lambda}$$

Für zunehmendes n (Erhöhung der Redundanz) ähnelt das Ausfallverhalten des Systems immer mehr dem eines Systems im Alterungsfehlerbereich, obwohl sich die einzelnen Komponenten im reinen Zufallsbereich befinden.
Zur Demonstration der zuverlässigkeitserhöhenden Auswirkung von Redundanz möge Abb.5.43 dienen.

Vorgehen:
Es wird schrittweise, von der Elementeebene ausgehend, zu Komponenten höherer Ordnung aggregiert, wobei die Gesetzmäßigkeiten von Serienschaltung und Parallelschaltung angewendet werden (sog.Reduktion des Zuverlässigkeits-Graphen), bis man die Zuverlässigkeit/Fehlerrate des Gesamtsystems erhält.

Ermittlung der Systemverfügbarkeit (availability)
Oft ist die Zuverlässigkeit, d.h. das fehlerlose Funktionieren des Systems über eine bestimmte Zeit, nicht das primäre Ziel, insbeson-

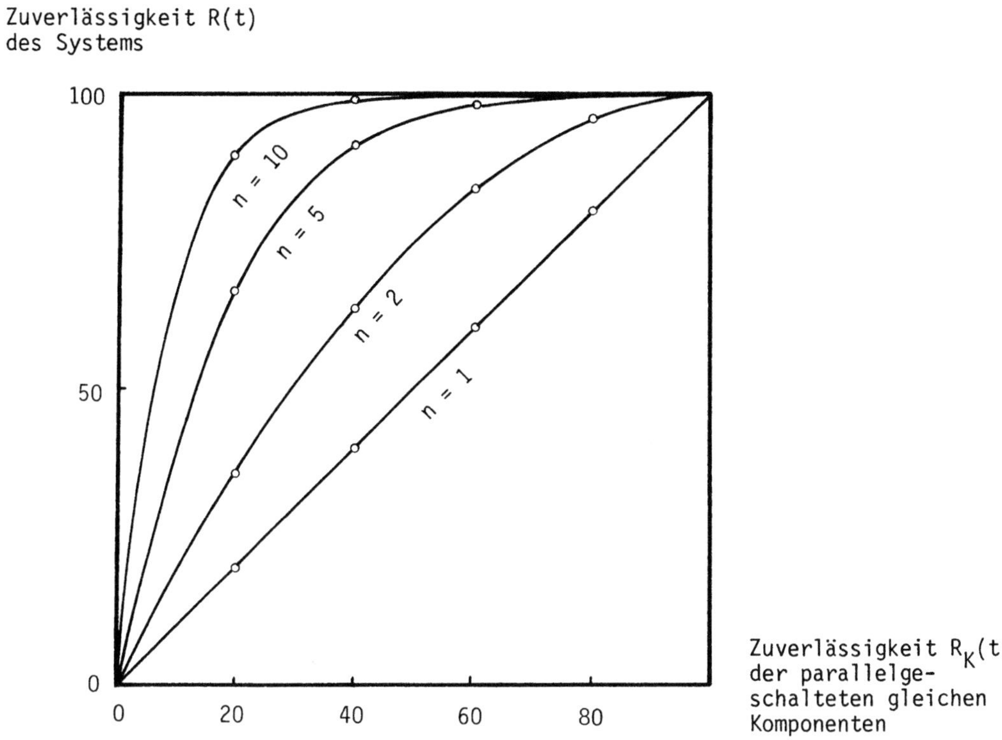

Abb. 5.43: Systemzuverlässigkeit bei Parallelschaltung von Komponenten (Redundanz)

dere, wenn das System reparierbar ist. Angestrebt wird vielmehr ein möglichst hoher Nutzungsgrad des Systems.
Dieser hängt zwar von der Fehlerwahrscheinlichkeit ab, jedoch auch von der dem jeweiligen Fehler entsprechenden Ausfallzeit (down-time).
Die Ausfallzeit kann wie folgt unterteilt werden:

- Aktive Reparaturzeit (active repair time), bestehend aus
  - o Fehlerentdeckung
  - o Diagnose, Festlegung
  - o Reparatur
  - o Endprüfung, Probebetrieb
- Versorgungszeit (logistic time)
  Teil der Ausfallzeit, während der keine Reparaturarbeit verrichtet wird, sondern die Bereitstellung von Arbeitskräften, Werkzeugen, Ersatzteilen, ergänzenden Unterlagen erfolgt
- Verwaltungszeit (administrative time)

Die Zusammenfassung sämtlicher Eigenschaften eines Systems, die dessen Verhalten hinsichtlich Instandhaltung (Inspektion, Wartung, Instandsetzung) beschreiben, sei mit dem Begriff Instandhaltbarkeit (maintainability) vorgenommen. Diese wirkt sich auf die Ausfallzeit und damit auf die Verfügbarkeit aus:

Verfügbarkeit A (availability) ist die Wahrscheinlichkeit, mit der ein System bei vorschriftsmäßiger Nutzung und bei planmäßigen Instandhaltungsbedingungen zu jedem beliebigen Zeitpunkt zufriedenstellend operiert.
Die innere Verfügbarkeit (intrinsic availability) berücksichtigt hierbei nur die Einsatzzeit und die aktive Reparaturzeit:

$$A = \frac{MTBF}{MTBF+MTTR}$$

MTBF ... Mittlere Lebensdauer zwischen zwei Reparaturen
(Mean-time-between-failure)
MTTR ... Mittlere Ausfallzeit
(mean-time-to-repair)
bzw. mittlere aktive Reparaturzeit

Kritik: Die Zuverlässigkeitsanalyse liefert in der praktischen Anwendung nur eine mehr oder minder grobe Abschätzung des Verhaltens von Systemen in der Zeit. Zu viele Näherungen und Schätzungen müssen vorgenommen werden:
- Annahme der Unabhängigkeit (im statistischen Sinn) des Auftretens von Komponentenfehlern.
- Ausschließliche Betrachtung des Zufallsfehlerbereichs, insbesondere bei Verwendung von Fehlerraten aus Datenbeständen.
- Ausschließliche Betrachtung von 0-1 verteilten Fehlern (=Ausfall); graduelle Fehler werden nicht berücksichtigt.
  Zusammengesetzte Fehler, die als Ausfälle gewertet werden müßten, werden ignoriert.
- Zuverlässigkeitsdaten (Fehlerraten) sind mit hohen Unsicherheiten behaftet; sind für eine betrachtete Komponente nur näherungsweise zutreffend oder sind überhaupt nicht verfügbar und müssen geschätzt werden.
- Es fehlt statistisches Material für die zuverlässigkeitsorientierte Erfassung der Komponente Mensch in komplexen soziotechnischen Systemen.

Wenn auch quantitative Aussagen mit Vorbehalt zu betrachten sind, so bietet die Zuverlässigkeitsanalyse doch eine wesentliche Hilfestellung bei der Planung komplexer Systeme (Zuverlässigkeits-Gestaltung).

Sicherheitsanalyse, FME-Methode (Failure Mode and Effect Analysis)
Die in sich geschlossene, praktisch orientierte FME-Methode wurde von der NASA ausgearbeitet. Sie ist eine nicht-quantitative Methode zur Analyse der Systemsicherheit.
Aufbauend auf der Erfassung der Systemkomponenten wird wie folgt vorgegangen:

- Feststellen der Fehlerarten je Komponente
- Analyse der Auswirkungen eines Komponentenfehlers auf andere Komponenten
- Analyse der Auswirkungen eines Komponentenfehlers auf das Gesamtsystem
- Klassifikation der Sicherheit der Leistungserbringung des Systems bei Auftreten des betrachteten Komponentenfehlers:
  - o sicher: keine Auswirkung auf Gesamtsystem
  - o nicht kritisch: Beeinträchtigung der Leistungserbringung
  - o kritisch: Gefahr der Zerstörung des Systems,
    Gefahr der Verletzung des Bedienungspersonals,
    Gefahr der negativen Auswirkung auf die Umwelt
  - o letal: unmittelbare Zerstörung des Systems (Katastrophe)
- Abschätzen der Fehlerhäufigkeit: Klassifikation in wahrscheinlich - wenig wahrscheinlich - unwahrscheinlich (bezogen auf Betriebsstunden, Lastwechsel, Einsätze oder ähnliches)

Von der Analyse der Systemsicherheit sind abzuleiten:

- Techniken und Maßnahmen zur Aufdeckung der Fehler
- Maßnahmen zur Reduktion der Fehlerhäufigkeit (preventive measures)
- Maßnahmen zur Reduktion der Fehlerauswirkung (corrective measures): Schutzmaßnahmen, Reparaturmaßnahmen

Eine Variante der Methode ist die
FMECA - Failure Mode Effect Criticality Analysis:
Sie analysiert die Kritizität C der Auswirkung eines Fehlers. Für vermutete Schwachstellen einer Systemkonstruktion wird beurteilt

$C = S.P_a.P_d$ mit
- S ... Schwere eines Fehlers
- P_a ... Wahrscheinlichkeit eines Fehlers
- P_d ... Wahrscheinlicheit, daß ein Fehler nicht entdeckt wird.

5.9 Systemoptimierung

Ziel:
Aufbauend auf einem erreichten Konkretisierungszustand der Problemlösung ist für diesen eine bezüglich der Zielerfüllung optimale (oder zumindest verbesserte) Ausprägung der Systemparameter unter Berücksichtigung gegebener Randbedingungen zu ermitteln.

Optimieren im strengen Sinn ist das Ermitteln des größten Wertes der von Zielvariablen abhängigen Zielfunktion (generell als "Kostenwirksamkeit" definiert).
Optimieren im weiteren Sinn (Verbessern) sei der Prozeß der graduellen Modifikation einer bestehenden Problemlösung in Richtung auf das Optimum oder auch bloß Suboptimum, ohne hiebei das exakte Optimum zu kennen.

In der Systemtechnik mit ihren komplexen Problemstellungen ist ein umfassendes Optimieren im strengen Sinn praktisch auszuschließen: Eine vollständige Optimierung müßte alle Aspekte und alle Systemkomponenten zugleich erfassen und müßte sich auf den gesamten Gestaltungsprozeß beziehen.
Dem stehen jedoch folgende Erfahrungen gegenüber:
- Insbesondere in frühen Phasen des Systemplanungsprozesses, etwa beim Konzipieren, ist es nicht möglich, den Lösungsraum anzugeben. Ist jedoch die Menge der möglichen bzw. zulässigen Varianten nicht definierbar, so ist eine Bestimmung der Optimallösung schon theoretisch nicht möglich.
- In soziotechnischen Systemen sind wesentliche Variable quantitativ nicht exakt erfaßbar, weshalb eine Optimierung im strengen Sinn nur für stark abstrahierende Modelle möglich ist, wobei die Übertragbarkeit der Optimallösung jedoch nicht zwingend gegeben ist.

Die Messung der Zielerfüllung, aufbauend auf einem definierten Zielsystem, ist nicht Gegenstand der Optimierung, sondern Aufgabe der Bewertung und Entscheidung; dieser Prozeß ist immer subjektiv, er ist von den Wertvorstellungen eines Individuums oder einer Gruppe von Individuen abhängig (letzterer Fall könnte als "objektiviert" angesprochen werden).

Zugrundeliegende Theorie:

Das Optimieren ist zwar Bestandteil der unterschiedlichen Syntheseschritte des Systemplanungsprozesses,

- Konzipieren
- Strukturieren
- Detaillieren
- Realisieren (Planen der Realisierung),

erfolgt logisch jedoch erst nach Durchlaufen des jeweils anschließenden Analyseschrittes über eine Rückkopplungsschleife.
Diese Schleife wird in einmaliger Folge (bei analytischer Optimierung) oder mehrmals (iterative wie auch heuristische Optimierung) durchlaufen.

Der Optimierungsprozeß kann auf unterschiedlichen Ebenen der Formalisierung und damit Rationalität ablaufen (Abb.5.44).

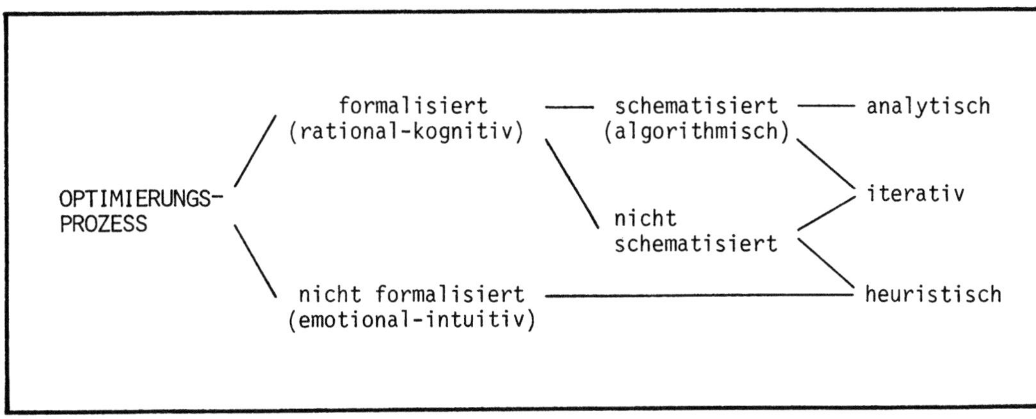

Abb. 5.44: Merkmale des Optimierungsprozesses

Analytische Methoden (exakte Bestimmung des Optimums):

Der möglicherweise mißverständliche Begriff des analytischen Optimierens beruht auf der Verwendung der exakten Methoden der (mathematischen) Analysis. Die Methoden liefern direkt und schlagartig das absolute Optimum bzw. die Optima, sie beinhalten keine Probier-Anteile. Nur bei geschlossenen Lösungsräumen ist es theoretisch möglich, analytische Methoden anzuwenden; die Methoden können keine neuartigen Lösungen liefern, da alle zulässigen Lösungen und damit auch die optimale(n) implizit bereits vorliegen.
Analytisches Vorgehen erfordert eine quantitative Erfassung des Problems. Die (quantitative) analytische Optimierung reduziert sich dabei

auf eine Extremwertbestimmung einer (n+1)-dimensionalen Fläche bei n relevanten Systemparametern (Bewertungskriterien), deren zulässige Wertebereiche durch die vorliegenden Randbedingungen eingeschränkt sind.

Iterative Methoden (Wiederholungs-Methoden)
Hiebei handelt es sich um eine schrittweise Näherung an die Problemlösung, eine sukzessive Approximation.
Wesentlich ist, daß keine Methode zur direkten Optimumbestimmung angewandt wird (werden kann), jedoch die Optimierungsrichtung bekannt ist, und man durch Wiederholungen sich beliebig der Lösung (dem Optimum) nähert.

Ausgegangen wird hiebei von einer Näherungslösung (einer beliebigen zulässigen Lösung). Jeder Iterationsschritt liefert als Ergebnis den Ausgangswert für den nächsten Iterationsschritt. Damit erweist sich die iterative Methode (wie auch die analytische Methode) als deduktiv.
Iterative Methoden sind nur sinnvoll, wenn die Iterationsergebnisse konvergieren, wobei nach Erzielen einer geforderten Genauigkeit abgebrochen wird.
Auch kybernetische Systeme der Natur und der Gesellschaft bedienen sich vielfach des iterativen Verfahrens zur Erbringung optimaler Ergebnisse.

Heuristische Methode (methodische Auffindungskunst):
Hierbei handelt es sich um ein methodisches Anleiten und Anwenden von Regeln (Erfahrungsregeln, Daumenregeln) zur Auffindung von Lösungen (Optima). Es bleibt primär dem Geschick des Anwenders der Methode überlassen, welche Arbeitshypothesen, Provisorien, Analogien oder Vermutungen er ansetzt, um zu (möglicherweise) besseren Alternativen zu gelangen (Aspekt "Kunst"). Heuristische Methoden beinhalten induktives Vorgehen.

Die im Rahmen der heuristischen Methoden am weitestgehend strukturierte Methode ist die
Trial & Error-Methode (systematisches Probieren); sie wird - begrifflich allerdings nicht deckungsgleich - mit "Versuch und Irrtum" übersetzt; sie besitzt auch iterative Aspekte.
Die Methode umfaßt die Bildung eines Axioms (die optimale Lösung), das es, aufbauend auf früher gewonnenen Erkenntnissen, durch systematisches Probieren schrittweise zu verifizieren gilt. Der Prozeß läuft

so lange, bis sich ein positives Ergebnis einstellt oder ein Abbruch vorgenommen wird; er kann bewußt oder auch unbewußt ablaufen (vgl., Adaptivität von Systemen, Lernen etc.).
Es ist hiebei zwar nicht die Richtung auf das Optimum hin bekannt, wohl aber können unterschiedliche Richtungen verglichen werden, wobei für die Variation das Erfolgskriterium "Zielnähe" herangezogen wird. Die Trial&Error-Methode ist als die wesentliche Methode der Optimierung von schlecht strukturierten Sachverhalten anzusehen.

Darüber hinaus sei auch rein empirisches Vorgehen (unstrukturiertes Suchen des Optimums) im Rahmen der heuristischen Methoden als Grenzfall einer Methode angesprochen. Die (qualitative) nicht formalisierte Optimierung muß bei Problemen, die nicht durch quantitative Modelle abgebildet werden können, platzgreifen; sie beinhaltet Daumenregeln, bewährte Optimierungsstrategien, Probieren.

Heuristisch ermittelte Lösungen können oft im nachhinein deduktiv (analytisch, iterativ) verifiziert werden.

Das Optimieren kann wirkungsvoll erst in späteren Phasen des Systemplanungsprozesses einsetzen, also bei Zuständen höherer Konkretisierung. In frühen Phasen, etwa beim Konzipieren, geht es vielmehr um das Finden von Lösungen denn um das Optimieren derselben.

5.9.1 Nicht-formalisierte (qualitative) Optimierung

Als Richtlinien für die Optimierung generell, insbesondere jedoch bei nicht-quantitativer Formulierung, führen im allgemeinen folgende Grundregeln zur Systemmodifikation in Richtung auf eine optimale Lösung, wie etwa:

- Man vereinige mehrere Funktionen in eine Systemkomponente.
  Beispiel: Die Autokarosserie übernahm im Zuge der Entwicklung immer mehr Einzelfunktionen, so vor allem (im historischen Ablauf):
  - o Schutzfunktion: gegen Wettereinfluß, Steinschlag, etc.
  - o Geltungsfunktion: Gefälligkeit, Schönheit, Prestige
  - o Zusätzliche Hilfsfunktion: "Masse" des elektrischen Systems
  - o Zusätzliche Hauptfunktion (Beitrag): Fahrgeschwindigkeitserhöhung durch Herabsetzen des Luftwiderstandes
  - o Sicherheitsfunktion:
    aktiv: Fahrsicherheit durch Erhöhung des Anpreßdruckes
    passiv: bei Kollision Energieverzehr, Energieableitung

- Man dimensioniere alle Systemkomponenten nach gleichen Leistungsgesichtspunkten betreffend Qualitätsstandard, Widerstandsfähigkeit, Lebensdauer; dies trägt zur Erhöhung der Kostenwirksamkeit bei.
- Man berücksichtige fachspezifische Grundregeln aus den einzelnen Disziplinen der Ingenieurwissenschaften.
  Z.B Statik: man konstruiere eher Zugelemente, statt auf Druck oder Biegung beanspruchte Elemente.
  Z.B. Elektronik, Hydromechanik: die Prozeßregelung sollte auf niederstem Energieniveau erfolgen.
- Bezüglich der Zusammensetzung von Komponenten zu einem System ist zu trachten, eine Simplifikation des Systems durch Reduktion der Komponenten<u>anzahl</u> (soziale Systeme: teilautonome Gruppen) zu erreichen.
  Systemtheoretisch gesprochen: Erhöhung der Konnektivität auf Kosten der Varietät.

<u>Richtlinien für die Optimierung der Systemzuverlässigkeit</u>:

- Phase der Systemplanung:
  - o Verringerung des Erwartungswertes der Beanspruchung und Verringerung der Streuung der Beanspruchung (Extremwerte, Spitzenbelastungen) durch konstruktive Maßnahmen wie Lastdrosselung, Vermeidung von Wechsellast, Vermeidung galvanischer Elemente, Vorsehen von Rutschkupplungen, Stoßdämpfern, Kühlrippen, Schmierung, etc.; beim Menschen "Filter"-Elemente wie Abschirmungen, Schutzmaßnahmen, Planung etc.
  - o Hebung des Erwartungswertes der Widerstandsfähigkeit durch konstruktive Maßnahmen: geeignete Dimensionierung, Materialwahl; beim Menschen Schulung und Training.
  - o Vorsehen von nützlicher Redundanz: Bei gleichen Kosten wird eine größere Wirkung erzielt, wenn auf Elementenebene die Redundanz vorgesehen wird, und nicht auf Systemebene.
- Phase der Systemrealisierung:
  - o Verringerung der Streuung der Leistungsfähigkeit durch produktionstechnische Maßnahmen: Verfahrenswahl, Qualitätsprüfwesen etc.; beim Menschen: Eignungstests.
  - o Verringerung der Frühfehleranfälligkeit durch Ausmerzen der Frühfehler bzw. Kinderkrankheiten (Einbrenn- bzw. Einlaufprozeß, debugging).
- Phase der Systeminbetriebnahme und <u>Systemnutzung</u>:
  - o Vermeidung von Alterungsfehlern durch vorbeugende Instandhaltung

(Komponentenaustausch); beim Menschen entspricht das Pausenregimen, Schulung von Ersatzpersonal, Stellvertretungsplänen. Zum Problem Instandhaltung gehören auch konstruktive Aspekte wie Ölwechselpläne, Verschleißteile und Schadgruppen, Opferanoden und ähnliches.

- Vermeidung von Extrembelastungen durch Befolgung allgemein verständlicher Betriebsanleitungen sowie durch Schulung und Unterweisung des Bedienungspersonals.

5.9.2 Heuristische (quantitative) Optimierung (Suchmethoden der Optimierung)

Suchmethoden eignen sich für mathematisch schwach definierte Probleme. Als nicht-analytische Methoden liefern sie keine Garantie für das Auffinden des wahren Optimums: Suchalgorithmen haben die Eigenschaft, nur eine "optimale" Lösung zu liefern, die jedoch, falls es mehrere gibt, nicht notwendigerweise die beste von diesen ist.
Da besonders bei komplexen soziotechnischen Systemen, wo der Mensch als Systemkomponente aufscheint, die mathematische Formulierung auf größte Schwierigkeiten stößt, seien die sich für die Optimierung derartiger Probleme anbietenden Suchmethoden eingehender behandelt. Für eine effiziente Anwendung dieser Methoden ist der Einsatz von Rechnern erforderlich. In Abb.5.45 sind die prinzipiellen Suchstrategien gegenübergestellt.

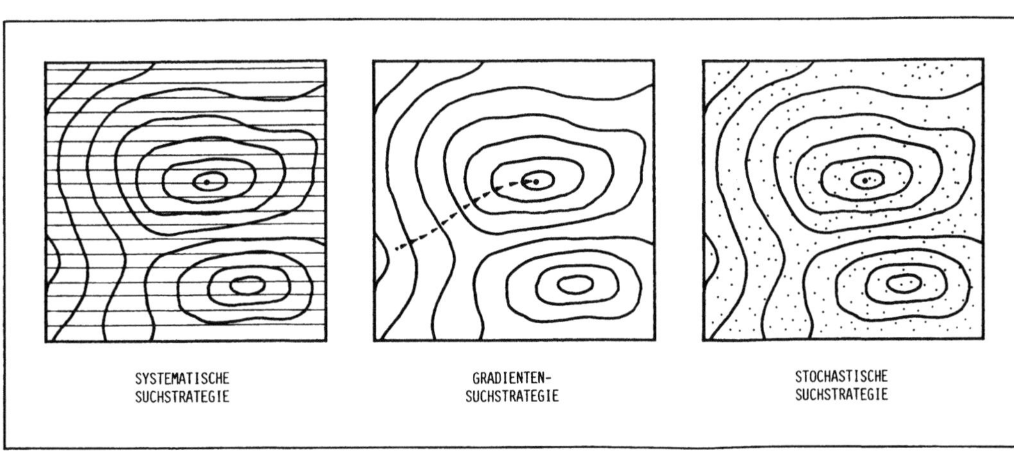

Abb. 5.45: Suchstrategien der Optimierung

- Kombinatorische Methode (Exhaustive Search), vollständige Enumeration
  Es werden alle möglichen Parameterkombinationen durchgespielt und das Optimum in direktem Vergleich bestimmt.
- Gittermethode (systematisches Durchsuchen des Lösungsraumes)
  Punkteweises Abtasten des Lösungsvorrates durch systematische Wahl von Werten für die n Systemparameter.
  Die Optimierung erfolgt durch Wahl des besten n-Tupel von Parameterwerten unter Vergleich mit dem vorgegebenen Sollwert.
  Kritik: Da keine Suchstrategie angewandt wird, ist die Methode aufwendig, jedoch einfach zu handhaben.
  Kann in zwei Stufen abgewickelt werden: für bestimmte Planquadrate wird ein feinerer Raster gewählt.
- Einfaktoren-Methode (Orthogonal Descent)
  Anwendung der eindimensionalen Suchemethode auf mehrdimensionale Probleme.
  Es wird in einer Variablenachsrichtung optimiert: Von einem Ausgangspunkt aus werden die partiellen Ableitungen ermittelt; jene, die den stärksten Anstieg zeigt, wird als Optimierungsrichtung gewählt; alle übrigen unabhängigen Variablen (ceteris paribus) werden konstant gehalten, bis der Wert der Zielfunktion nicht mehr verbessert werden kann. Der Vorgang wiederholt sich nun von diesem neuen Ausgangspunkt aus.
  Die Schrittweite (Diskretisierung) als Abstand zwischen den Versuchspunkten beeinflußt hierbei Dauer, Kosten, aber i.a. auch die Lösungsgüte. Die Methode versagt bei Vorliegen von Kanten (Bergkämmen).
  Variante: Binäre Suchmethode
  Das Intervall, in dem das Optimum aufzufinden ist, wird halbiert und es wird bestimmt, in welcher der beiden Hälften das Optimum liegt. Für die verbleibende Hälfte wird von vorne begonnen.
  Die Methode konvergiert sehr rasch zum Optimum.
- Gradienten-Methode (Steepest Descent)
  Wahl eines beliebigen Punktes als Startpunkt. Berechnen des Gradienten (Ableitung der Funktion), Wahl des stärksten Anstieges als Bewegungsrichtung, Erreichen eines maximalen/minimalen Wertes.
  Kritik (alle Anstiegs-Methoden betreffend): f(x) muß stetig und zusammenhängend sein; es werden bloß lokale Extremwerte aufgespürt, die nicht notwendigerweise das globale Optimum repräsentieren.
- Monte-Carlo-Methode (stochastisches Suchen)
  Mittels Zufallszahlengenerator werden n-Tupel von Parameterwerten

herausgegriffen und durchgerechnet.
Kritik: Optimierung wie bei Gittermethode; nur näherungsweise Bestimmung des Optimums.

- Mutationsmethode (begrenzte Enumeration)
  Wie die Monte-Carlo-Methode, jedoch als "lernendes" System konzipiert: Relativ gute Zwischenlösungen werden in den Parameterspeicher zurückgespielt. Der Rechner merzt so relativ schlechte Lösungen sukzessive aus.
  Kritik: Das verkürzte Suchverfahren läßt eine wirtschaftlich vertretbare Reduzierung des Vertrauensbereiches zu.

5.9.3 Analytische und iterative (quantitative) Optimierung

Zugrundeliegende Theorie
Im Falle der analytischen Optimierung wird vorausgesetzt, daß alle (zumindest alle relevanten) Variablen und Randbedingungen in quantitativer Form angegeben werden können.

Besonders bei der Modellierung soziotechnischer Systeme bringt die Reduzierung qualitativer auf quantitative Größen (Quantifizierungsvorgang) große Probleme mit sich, was oft mit nicht vertretbarem Informationsverlust einhergeht.

Für die Ermittlung eines Optimums ist eine Zielfunktion mathematisch zu formulieren.
Zielfunktion in Form einer gewichteten Summe:

$$Z = f[x] = g_1 \cdot f_1[x] + g_2 f_2[x] + \ldots + g_m f_m[x] \Rightarrow \text{Optimum}$$
(vgl.Abb.5.46)

wobei: g ... Gewichte, $\sum_{i=1}^{m} g_i = 1$, $g_i \geq 0$

x ... n-dimensionaler Vektor, bestehend aus sämtlichen in der Optimierung berücksichtigten Parametern

f_i ... Zielkriterien

Da diese Gleichung meist nicht linear ist, handelt es sich im allgemeinen um eine nichtlineare Optimierung.

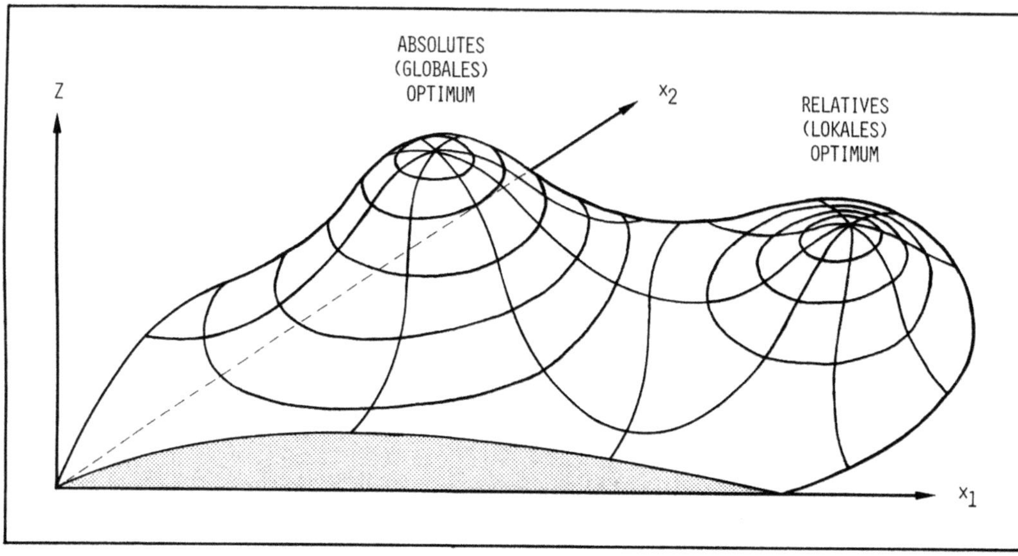

Abb. 5.46: Graphische Darstellung des Optimierungsproblems (bei zwei Systemparametern)

Mathematische Formulierung des allgemeinen Optimierungsproblems

$Z = z(x_1, \ldots, x_n) \Rightarrow$ Max(Min) ... Zielfunktion

x_i ... Bewertungsparamter, setzen sich zusammen aus:

- o Systemparameter
- o Inputparameter
- o Outputparameter

$$\left.\begin{array}{l} r_1 \leq r_1(x_1, \ldots, x_n) \leq R_1 \\ \vdots \\ r_p \leq r_p(x_1, \ldots, x_n) \leq R_p \end{array}\right\}$$

Menge der regionalen Nebenbedingungen, p beliebig (beschreiben problemorientierte Schranken)

$$\left.\begin{array}{l} F_1 = f_1(x_1, \ldots, x_n) = 0 \\ \vdots \\ F_q = f_q(x_1, \ldots, x_n) = 0 \end{array}\right\}$$

Menge der funktionalen Nebenbedingungen, wobei $q < n$ (beschreiben z.B. physikalische Gesetzmäßigkeiten)

5.9.3.1 Konventionelle Methoden der analytischen Optimierung

- Differentialrechnung: für einfachste Systeme, mathematisch klar definierte Ausdrücke, keine Nebenbedingungen.
  Partielle Ableitung 1.Ordnung nach jeder einzelnen unabhängigen Variablen bilden, 0-setzen, Gleichungssystem lösen.
  Anwendung sehr beschränkt bei nichtlinearen Systemen, diskreten Zustandsänderungen.
- Direkte Optimierung: für sehr einfache, überschaubare Systeme, geringe Wertevorräte der Variablen, die untereinander unabhängig sind.
  Direkte Ermittlung der einzelnen Parameterfunktionen und deren Optima, gezieltes Ansteuern des Gesamtoptimums.
- Matrix-Methode: für multivariate Inputs/Outputs, jedoch relativ einfache Systeme, wobei ein beliebiger Input sich auf alle Outputs auswirken kann.

  Ermittlung der optimalen Systemfunktion mit Hilfe der Matrizenrechnung.

5.9.3.2 Optimierung bei regionalen Nebenbedingungen
(Statische Modelle der Optimierung)
Lineare und Nichtlineare Programmierung

Optimierungsprobleme mit Begrenzungen in den einzelnen Variablen (dargestellt in Form von Ungleichungen) weisen oft eine lineare Verknüpfung der einzelnen Variablen auf (bzw. es kann, zumindest bereichsweise, eine lineare Approximation vorgenommen werden).

$$Z = k_1x_1 + k_2x_2 + \ldots + k_nx_n \Rightarrow \text{MAX (MIN)}, \qquad x_i \geq 0$$

$$\left.\begin{array}{l} r_1 = a_{11}x_1 + a_{12}x_2 + \ldots + a_{1n}x_n \leq R_1 \\ \cdot \qquad\qquad\qquad\qquad \cdot \\ \cdot \qquad\qquad\qquad\qquad \cdot \\ \cdot \qquad\qquad\qquad\qquad \cdot \\ r_p = a_{p1}x_1 + a_{p2}x_2 + \ldots + a_{pn}x_n \leq R_p \end{array}\right\} \text{Menge der linearen regionalen Nebenbedingungen}$$

Als Lösungsmethode dieses Problems (des obigen Gleichungssystems) kommt die Lineare Programmierung (Planungsrechnung) mit ihren verschiedenen Varianten zum Tragen.
Im Regelfall ist der Simplexalgorithmus anzuwenden. Sind die Nebenbedingungen zum Teil oder ausschließlich Gleichungen, oder aber tritt $\geq$ und $\leq$ zugleich auf, so helfen die Lösungsansätze

- 2-Phasen-Methode
- künstliche Basis-Methode (Big M-Method)

Als typische Probleme sind zu erwähnen:
Mischprobleme, Verschnittprobleme, Programmplanung (Fertigung), Kapazitätsplanung und Maschinenbelegung.

Beispiel in Abb.5.47: Lineares Optimierungsproblem mit Nebenbedingungen (graphisches Lösungsverfahren)

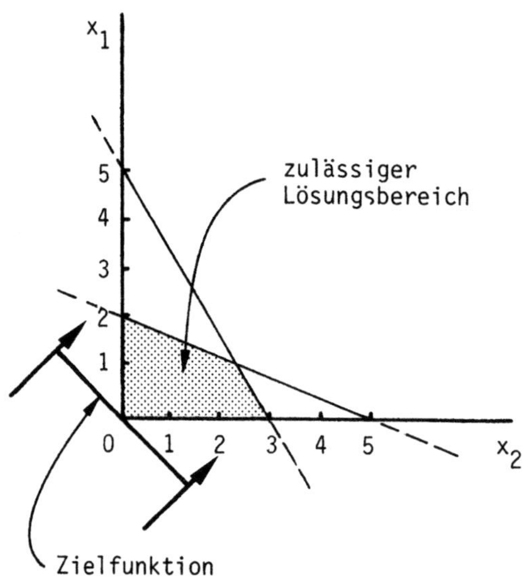

$Z = 4x_1 + 3x_2 \Rightarrow \text{Max} \qquad x_1 , x_2 \leq 0$

$0 \leq 3x_1 + 5x_2 \leq 15$

$0 \leq 5x_1 + 2x_2 \leq 10$

Abb. 5.47: Graphische Darstellung des linearen Optimierungsproblems

Wesentliche Spielarten der Linearen Planungsrechnung sind:
- Transportprobleme (Transport or Distribution Problems). Diese Art von Problemen erweist sich als vereinfachte L.P.-Aufgabe und ist mit einfachen Ansätzen zu lösen.

- Parametrische Programmierung: Diese Problemformulierung ist praktisch ident mit dem Konzept der Sensitivitätsanalyse. Hierbei wird die Zielfunktion in Abhängigkeit eines Parameters, der über einen bekannten Bereich variiert werden kann, ausgedrückt.
- Stochastische Programmierung: Sämtliche Optimierungsprobleme der L.P. (aber auch der Nichtlinearen Programmierung) können zusätzlich stochastischen Charakter besitzen, d.h. daß einzelne oder alle Variablen als Zufallsgrößen betrachtet werden. Dies bedeutet, daß die Variablen standardisierten oder auch empirischen Wahrscheinlichkeitsverteilungen folgen. Die Aussagen der Methode können dementsprechend nur probabilistischen Charakter besitzen (Konfidenzintervalle).
- Ganzzahlige Programmierung (Integer Programming)
  Die Forderung, daß in einem linearen Programm für einzelne oder alle Variable nur ganzzahlige Werte zulässig sind, erschwert die Lösung des Problems gewaltig. Lösungsverfahren laufen auf die Kombinatorische Optimierung hinaus, die Algorithmen hiefür heißen etwa Cutting-Plane-, Backtrack-, Branch-and-Band Algorithmen.
  Problemtypen hiezu sind Losgrößenprobleme, Lay-out und Standortprobleme, Go-No-Go-Entscheidungssituationen, Reihenfolge und Routenprobleme (Travelling Salesman).

Bei nichtlinearer Problemstellung und linearen oder auch nichtlinearen Nebenbedingungen kommt die Nichtlineare Programmierung zum Tragen.

Folgende Methoden zur Lösung von nichtlinearen Problemen seien erwähnt

- Komplementaritätsmethode, bei quadratischer Optimierung (Zielfunktion ist Polynom 2.Ordnung, konvex) und linearen Nebenbedingungen. Sie ist eine Modifikation des Simplexalgorithmus und geht von den Kuhn-Tucker-Bedingungen aus.
- Schnittebenenverfahren (Cutting Plane Method) zur abschnittsweisen Linearisierung (Approximation).
- Gradientenverfahren, für beliebige konvexe Probleme geeignet. Sie ist schwierig bei nichtlinearen Nebenbedingungen und/oder nichtkonvexer Zielfunktion anwendbar.
- Strafkostenverfahren (Penalty Function), auch für nichtkonvexe Probleme geeignet.
- Heuristische Verfahren wie etwa die Hopping and Creeping Method.

Scheinen Produkte von Variablen mit beliebigen (auch negativen) Exponenten in der Zielfunktion und in den Nebenbedingungen auf, so handelt es sich um die sogenannte Geometrische Programmierung:

Zielfunktion z.B.:

$Z = ax_1 + bx_1^{-1} \cdot x_2^{-1} + cx_2 \qquad a,b,c > 0$

Eine hiefür entwickelte Lösungsmethode sucht über eine Division und gleichzeitige Potenzierung mit geschickt gewählten Gewichtungsfaktoren die Duale Funktion der Zielfunktion (Produkt dimensionsloser Ausdrücke in den Variablen).

Ein einheitliches Lösungsverfahren für nichtlineare Probleme kann bis heute nicht befriedigend formuliert werden.

Die wesentlichen Modelltypen und Lösungsmethoden sind im Überblick in Kapitel 6.2, Operations Research Methoden, gegenübergestellt.

5.9.3.3 Optimierung bei mehrfacher Zielsetzung
(multidimensionale Zielfunktion mit regionalen Nebenbedingungen)

In Erweiterung der (bisher besprochenen) eindimensionalen (singulären) Zielsetzung nehmen heute alle Methoden der Lösung multidimensionaler Optimierungsprobleme eine bedeutende Stelle ein.

$$\text{Zielfunktion } Z = (z_1, \ldots z_m) = [f_1(x_1, \ldots, x_n), \ldots, f_m(x_1, \ldots, x_n)]$$

mit $m > 1$

$f_i(x_i, \ldots, x_n)$ konvex und stetig für alle i, $i=1, \ldots, m$

Diese Zielfunktion Z ist zu maximieren (Vektormaximierung), wobei die Menge der zulässigen Lösungen als kompakt vorausgesetzt werden muß.

Ein naheliegender Lösungsansatz ist die Gewichtung der Teilziele $z_1, \ldots, z_m$ und Zusammenfassung (in Form einer Linearkombination) zu einer Nutzenfunktion N

$$N = \sum_{i=1}^{m} g_i \cdot f_i\,(x_1, \ldots, x_n)$$

$$\text{mit} \quad \sum_{i=1}^{m} g_i = 1, \quad g_i \geq 0$$

Die weitere Vorgehensweise entspricht den Optimierungsverfahren mit eindimensionaler Zielsetzung.

Ein multidimensionaler Lösungsansatz mit größerer Allgemeinheit der Problemformulierung ist die sogenannte Zielprogrammierung, da hiebei Über/Unterschreitungen von Zielvorgaben und Restriktionen individuell ins Kalkül gezogen werden.
Bei der Zielprogrammierung wird von der Überlegung ausgegangen, daß Ziele auch als Nebenbedingungen im Modell berücksichtigt werden können.

Man formuliert die multidimensionale Zielfunktion durch Setzen einer Zielvorgabe (analog Big M-Method) als Ungleichung und führt diese mittels sogenannter Deviationsvariabler d in eine Gleichung über, desgleichen die Restriktionen.

Beispiel: Für das nachfolgende Demonstrationsbeispiel

$$\begin{aligned} Z &= f(x_1,x_2), \quad x_1,x_2 \geq 0 \\ &r_1(x_1,x_2) \leq R_1 \\ &r_2(x_1,x_2) \leq R_2 \end{aligned}$$

ergibt sich die Zielfunktion als Nebenbedingung
$f(x_1,x_2) \leq Z^*$ und weiter

$$\begin{aligned} f\,(x_1,x_2) + d_0^- - d_0^+ &= Z^* \\ r_1(x_1,x_2) + d_1^- - d_1^+ &= R_1 \\ r_2(x_1,x_2) + d_2^- - d_2^+ &= R_2 \end{aligned}$$

Mit den eingeführten Deviationsvariablen $d_0^-,\ldots,d_2^+$ wird nun eine eindimensionale neue Zielfunktion formuliert:
Um die Zielvorgabe Z^* nicht zu unterschreiten (Maximierungsproblem), muß d_0^- minimiert werden, soll sie nicht überschritten werden, muß d_0^+ minimiert werden; analog d_1 und d_2.

Damit ergibt sich die neue Zielfunktion

$$Z = d_0^- + d_1^+ + d_2^+ \qquad \text{neue Zielfunktion}$$

$$\left.\begin{aligned} f\,(x_1,x_2) + f_0^- - d_0^+ &= Z^* \\ r_1(x_1,x_2) + d_1^- - d_1^+ &= R_1 \\ r_2(x_1,x_2) + d_2^- - d_2^+ &= R_2 \end{aligned}\right\} \qquad \text{neue Nebenbedingungen}$$

mit $x_1,\ x_2,\ d_0,\ d_1,\ d_2 \geq 0$

5.9.3.4 Optimierung bei funktionalen Nebenbedingungen (dynamische Modelle der Optimierung) Variationsrechnung (Variational Calculus)

Die Variationsrechnung kann als wesentlichste Optimierungsmethode der klassischen Mechanik angesehen werden.
Es werden hiebei ganze Funktionsausdrücke betreffend den Systemgrundzustand bzw. die Nachbarlagen (Extremalen) betrachtet. Das so entstehende zweiseitige Randwertproblem kann oft nicht analytisch gelöst werden, da es sich um Differentialgleichungen höherer Ordnung handelt; auch numerische Probierverfahren können Schwierigkeiten bereiten.

Das Optimalitätskriterium lautet hiebei:

$$dZ = \sum_{i=1}^{n} (\partial Z/\partial x_i) dx_i = 0$$

und für die Nachbarlagen gilt:

$$\left.\begin{array}{l} dr_1 = \sum_{i=1}^{n} (\partial r_1/\partial x_i) dx_i = 0 \\ \quad\vdots \\ dr_q = \sum_{i=1}^{n} (\partial r_q/\partial x_i) dx_i = 0 \end{array}\right\} \text{Menge der funktionalen Nebenbedingungen (Differentialgleichungen)}$$

Durch Multiplikation mit dem Lagrange'schen Multiplikator und Zusammenfassen der Gleichungen erhält man n neue Gleichungen, wodurch das Problem einer Lösung zugeführt werden kann.

Regeln hiefür sind:

- Die Anzahl an Lagrange-Multiplikatoren ist gleich der Anzahl der Nebenbedingungsgleichungen.
- Die Lagrange-Gleichung ist die Zielfunktion plus der Summe aus Nebenbedingungen mal Multiplikator.

Zu erwähnen sind folgende Problemtypen:

- Lagrange-Problem (Grundform),
- Mayer-Problem,
- Bolza-Problem.

<u>Beispiel</u>: Einfaches Illustrationsbeispiel zur Optimierung mittels Lagrange-Multiplikator
Offener Behälter, kubische Form (Länge L, Breite B, Höhe H),
Volumen $V = 1000\ m^3$,
Wände plus Grundfläche ⇒ Min.

Zielfunktion: $y = L \cdot B + 2L \cdot H + 2B \cdot H$

Nebenbedingungen: $LBH = V$, bzw.
$LBH - V = 0$ (ist keine Ungleichung!)

Lagrange Gleichung:
$y_\lambda = LB + 2LH + 2BH + \lambda(LBH-V)$ λ ...Lagrange Multiplikator

Partielle Ableitungen nach L, B, H und λ; 0-Setzen:

$$\frac{\partial y_\lambda}{\partial L} = B + 2H + \lambda BH = 0 \qquad (1)$$

$$\frac{\partial y_\lambda}{\partial B} = L + 2H + \lambda LH = 0 \qquad (2)$$

$$\frac{\partial y_\lambda}{\partial H} = 2L + 2B + \lambda LB = 0 \qquad (3)$$

$$\frac{\partial y_\lambda}{\partial \lambda} = LBH - V = 0 \qquad (4)$$

Aus Gleichung (1) kann λ explizit angeschrieben werden:

$\lambda = \frac{-(B + 2H)}{BH}$ eingesetzt in Gleichung (2) egibt

$B = L$ eingesetzt in Gleichung (3) ergibt

$\lambda = -4/L$ eingesetzt in Gleichung (1) ergibt

$L = 2H$

<u>Volumen V</u> $= LBH = L \cdot L \cdot L/2 = \frac{L^3}{2}$ $L = 12{,}6\ m$

$B = 12{,}6\ m$

$H = 6{,}3\ m$

Sind bei der Optimierung mit funktionalen Nebenbedingungen diese als Ungleichungen gegeben, d.h. daß die unabhängigen Variablen oder die einzelnen Funktionen kleiner oder größer als jeweils ein bestimmter Wert sein müssen, so wird das Lösen stark kompliziert. Generelle Lösungsansätze für Lagrange-Probleme mit Ungleichungen als Nebenbedingungen wurden von Kuhn und Tucker entwickelt. Die Probleme gehen in jene der optimalen Regelung über.

5.9.3.5 Methoden der optimalen Regelung (Optimal Control Theory)
Dynamische Programmierung

Zur Lösung von komplexen Problemen mit multivariablem interaktivem Input und/oder Output.
Die Systeme können dabei folgende Charakteristik besitzen
- linear-nicht linear
- zeitinvariant-zeitvariant
- stetig-diskret
- deterministisch-stochastisch

Der methodische Aufwand für die Lösung derartiger Systeme kann beachtlich ansteigen.

Als methodisches Rüstzeug ist anzuführen (z.T. konkurrierend):
- Übertragungsfunktion (Laplace-Transformation, z-Transformation)
- Signalflußgraphentheorie
- Methode des Zustandsraumes (State Varable Approach).

Näheres hiezu findet sich unter Abschnitt 7, Mathematische Modelle der Systemtechnik.

Für die eigentliche Optimierung werden folgende Methoden angewandt:
- Dynamische Programmierung
- Pontryagin's Maximumprinzip

Dynamische Programmierung

Die Dynamische Programmierung ist ein Optimierungsverfahren für mehrstufige (steuerbare) Entscheidungsprozesse.
Dabei beeinflußt die Entscheidung auf einer Stufe unmittelbar die Situation der nächsten Stufe. Es ist daher nicht möglich, das Gesamtoptimum durch isolierte Optimierung der einzelnen Stufen zu ermitteln.

Die Stufen ergeben sich aufgrund zeitlicher und/oder inhaltlicher Zerlegung der Gesamtentscheidungssituation (vgl.Abb.5.48).

Das Bellman'sche Optimalitätsprinzip lautet: Eine optimale Politik

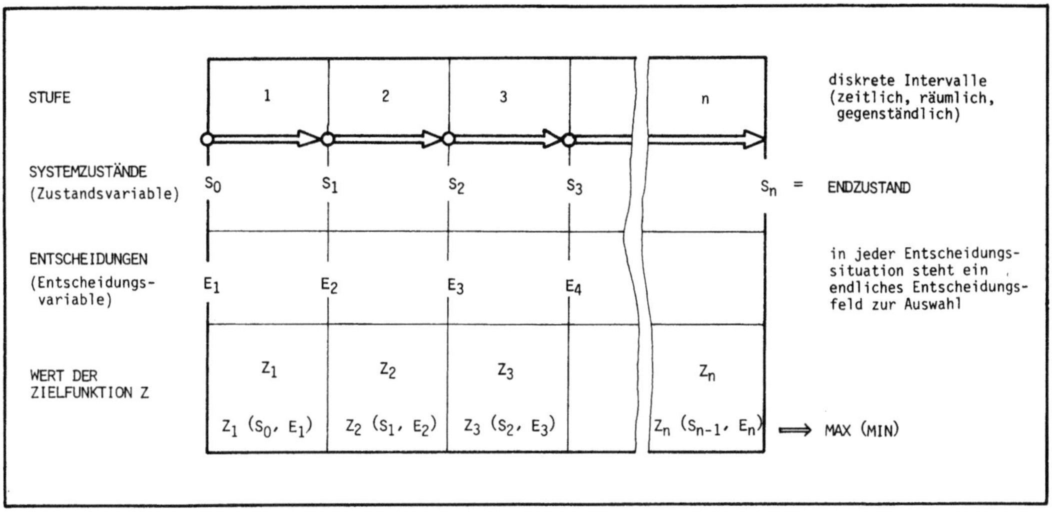

Abb. 5.48: Graphische Darstellung des dynamischen Optimierungsproblems

(Folge von Entscheidungen $E_1, \ldots, E_n$) liegt dann vor, wenn sich, unabhängig vom Anfangszustand und der ersten Entscheidung, für die restlichen Entscheidungen, aufbauend auf dem Zustand, der aus der ersten Entscheidung resultiert, ebenfalls eine optimale Politik ergibt.
Mit dieser Politik ist es möglich, an einem Ende der Entscheidungskette beginnend, rekursiv ein Gesamtoptimum durch stufenweises Vorgehen zu ermitteln.

Beispiel: Optimierung mittels Dynamischer Programmierung (Abb.5.49).
Anhand eines Einfachstbeispieles seien Problemstellung und Lösungsalgorithmus der Dynamischen Programmierung erläutert:
Es ist der kostenoptimale Weg von Station 0 zu Station 12 des als Graph dargestellten Problems zu ermitteln, wobei exakt 6 Wegsegmente beschritten werden müssen (kein Umkehren!).
Die Lösung wird vom Ziel her aufgebaut, wie die Tabelle in Abb.5.49 zeigt.

Der optimale Weg (die optimale "Politik") läuft damit von 0 über 1, 6, 9, 10, 11, zum Ziel 12, er kostet 11 Zahlungseinheiten.
Der Ablauf der Berechnung ist aufgrund der Tabelle in sich verständlich, wobei das Wesen der Dynamischen Programmierung, das Aufrollen des Problems vom Ziel her unter segmentweiser Ermittlung der optimalen Politik, offensichtlich ist.

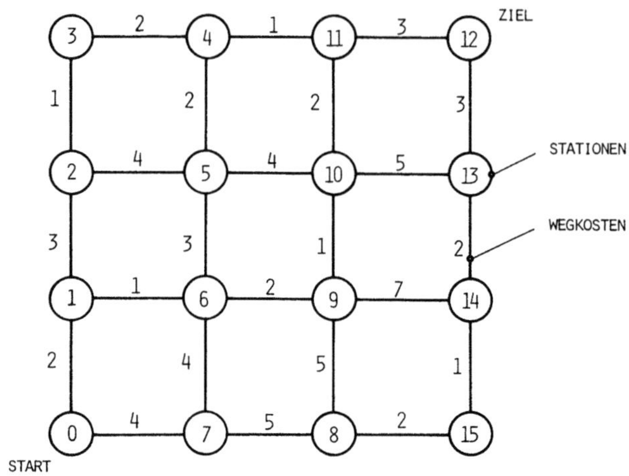

ANZAHL DER WEG-SEGMENTE ZUM ZIEL	AUSGANGS-STATION	NÄCHSTFOLGENDE STATION	KOSTEN DES JEWEILIGEN WEGES
1	11	12	3
	13	12	3
2	4	11	1 + 3 = 4
	10	11	2 + 3 = 5
	10	13	5 + 3 = 8
	14	13	2 + 3 = 5
3	3	4	2 + 4 = 6
	5	4	2 + 4 = 6
	5	10	4 + 5 = 9
	9	10	1 + 5 = 6
	9	14	7 + 5 = 12
	15	14	1 + 5 = 6
4	2	3	1 + 6 = 7
	2	5	4 + 6 = 10
	6	5	3 + 6 = 9
	6	9	2 + 6 = 8
	8	9	5 + 6 = 11
	8	15	2 + 6 = 8
5	1	2	3 + 7 = 10
	1	6	1 + 8 = 9
	7	6	4 + 8 = 12
	7	8	5 + 8 = 13
6	0	1	2 + 9 = 11
	0	7	2 + 12 = 16

Abb. 5.49: Dynamische Programmierung (Beispiel)

Aus der Tabelle sind die optimalen Funktionen für jeden beliebigen Startpunkt bei gleichem Ziel unmittelbar entnehmbar.

Kritik: Das Konzept der Dynamischen Programmierung ist eher simpel, es ist jedoch ein sehr wirkungsvolles Instrument für abschnittsweise Entscheidungsprobleme (zeitliche, örtliche, objektmäßige Abschnitte, z.B. Zuverlässigkeitsoptimierung). Sind in jedem Entscheidungspunkt viele Alternativen möglich, so wird das Problem entsprechend unübersichtlich. Bezüglich des Übergangs von einem Zustand in einer beliebigen Stufe zur nächsten gibt es keine Einschränkungen hinsichtlich des funktionellen Charakters; es sind neben linearen auch beliebige nichtlineare, stochastische und auch Extremwert-Funktionen zulässig (vgl. Zeitrechnung in der Netzplantechnik).

6. Systembewertung und Auswahlentscheidung

Ziel:
In Abgrenzung zur Systemanalyse (im engeren Sinn), bei der das objektiv feststellbare Systemverhalten analysiert wird, ermittelt die Systembewertung den subjektiven Wert/die subjektive Vorzugswürdigkeit hinsichtlich des (Netto-)Nutzens der einzelnen vorliegenden Alternativen, um im Zuge der nachfolgenden Auswahlentscheidung aus den zulässigen Lösungen die subjektiv beste auszuwählen.

6.1 Aspekte des Bewertungsproblems

Unter Bewerten sei das Einschätzen und Zumessen eines Wertes/einer Bedeutung zu einem Objekt unter Beziehungsetzung zu einer auf einem Wertsystem basierenden subjektiven Präferenzstruktur verstanden.
Das Zuordnen von Werten (Kardinalskala) könnte als Bewerten im engeren Sinn angesprochen werden, jedoch auch das Zuordnen bloß von Rangplätzen (Ordinalskala) sei als Bewertungsproblem verstanden.
Aussagen über den subjektiven Systemwert/die Präferenz basieren auf Bewertungsprozessen mit den nachfolgenden Charakteristiken:

Hinsichtlich der Strukturierung (und damit Reproduzierbarkeit) des Bewertungsprozesses sei unterschieden in

- intuitive Bewertung/Entscheidung:
  Erfolgt unstrukturiert, nicht formalisiert, spontan (nicht revidierbarer Ablauf).
  Es liegen keine bewußten Entscheidungsstrategien vor, es wird ausschließlich emotional begründet.
- rationale Bewertung/Entscheidung:
  Erfolgt bewußt, expliziert, unter Verwendung von Entscheidungsstrategien und, in komplexen Fällen, unter Einsatz entsprechender Methoden.

Hinsichtlich der methodischen Unterstützung sei unterschieden in

- improvisierte Bewertung/Entscheidung:
  Es wird - oft aufgrund von Zeitdruck - der gesamte Bewertungs- und Auswahlentscheidungsprozeß ohne wesentliche methodische Stützung abgewickelt.
  Dies betrifft die Datenermittlung (Systemanalyse, Outputprognose), die Kriterienauswahl und die Bewertung.
  In Fällen der offensichtlichen Dominanz einer Alternative kann dieses Vorgehen aus Gründen der Zeit- und Kostenersparnis berechtigt sein.
- methodische Bewertung/Entscheidung:
  Es werden, in vollem Bewußtsein der Subjektivität jeder Bewertung, objektive wie auch subjektive Schritte des Entscheidungsprozesses methodisch gestützt.
  Insbesondere wenn mehrere Personen mit stark divergierenden Ansichten gemeinsam eine Auswahlentscheidung zu treffen haben, sind Methoden zur systematischen Bewertung erforderlich.

Hinsichtlich der Erfassung des für die Bewertung relevanten Verhaltens eines Systems sei unterschieden in

- ganzheitliche (holistische) Bewertung/Entscheidung:
  Das betrachtete Objekt (das System oder auch bloß ein Aspekt, eine Problemschicht) wird gedanklich nicht weiter aufgegliedert, sondern ausschließlich in seiner Ganzheit einer Bewertung unterzogen, d.h. als Gesamtphänomen "global" (desaggregiert) bewertet.
- analytische Bewertung/Entscheidung:
  Analytisches Vorgehen bei der Bewertung wird bei eher komplexen Systemen angewandt. Hiebei werden die relevanten Eigenschaften und Verhaltensaspekte des Systems (Bewertungskriterien) in Form von Einzelurteilen bewertet und diese Einzelbewertungen zu einem Gesamtwert zusammengefaßt.
  Die abschließende Auswahlentscheidung läßt sich dann logisch ableiten.
  Jedoch auch bei einer solcherart gut vorbereiteten Entscheidungssituation kann der Entscheidungsträger abweichend vom Entscheidungsvorschlag seine Entscheidung fällen.
  Es liegen dann zusätzliche, in der Methode nicht aufscheinende, intuitiv berücksichtigte Kriterien vor.
  Es kann nicht behauptet werden, daß analytisches Vorgehen die Wertschätzung des Wertenden gegenüber dem Objekt generell besser abzubilden vermag, wohl aber trifft dies im speziellen bei

komplexen Problemstellungen zu: global ermittelte Werturteile über komplexe Systeme erweisen sich oft als nicht tragfähig.

Hinsichtlich des Charakters des Bewertungsproblems sei unterschieden in:

- Präferenzierung (entweder-oder-Werturteil): Bei Alternativenauswahl. Es wird die relative Vorzugswürdigkeit abgebildet.
- Gewichtung (Sowohl-Als-Auch-Werturteil): Bei gleichzeitig vorzunehmenden Maßnahmen. Es wird die relative Bedeutung der Maßnahmen zueinander abgebildet.

6.2 Zugrundeliegende Theorie

6.2.1 Der Wert (Begriffsbestimmungen)

Der Wert eines Systems ist die subjektiv erlebte und artikulierte, im System latente Möglichkeit der Bedarfs- und Interessensbefriedigung, das Ausmaß seiner Nutzungsmöglichkeit. Der Wert eines Objekts ist somit an die Relation zu einem wertenden Subjekt gebunden; ein wertendes Bewußtsein ist Voraussetzung, das den Wert als (positive) Qualität des Wertobjekts erfährt. Dies erfolgt durch Inbeziehungsetzung zu einem subjektiv anerkannten Wertsystem, an dem die Nützlichkeit eines Sachverhaltes ermittelt wird. Das Subjekt ist dabei

- Wertsetzender (Wert-System festlegender) und
- Werterkennender (Wert-Gefühl feststellender).

Werturteile sind Gefühlsausdrücke (Billigung-Mißbilligung), sie sind als Einzelurteile letzte, nur durch Intuition zur Kenntnis gelangende Gegebenheiten.

Der Nutzen ist die Auswirkung eines Systems hinsichtlich der Befriedigung von Bedürfnissen.

Der subjektive Nutzen (konkreter Nutzen) ist die Nützlichkeit eines Objekts

- für eine bestimmte Person bzw. Personengruppe
- zu einem bestimmten Zeitpunkt an einem bestimmten Ort (z.B. ein Glas Wasser für einen Menschen in der Mittagshitze in der Wüste)

Der objektivierte Nutzen (Verkehrswert, Tauschwert) ist die in Zahlungseinheiten an einem definierten Markt ermittelbare Nützlichkeit eines Objekts. Damit ist der objektivierte Wert jedoch ebenfalls sub-

jektbezogen, d.h. von den Werturteilen einer mehr oder minder gut erfaßbaren Gruppe von Individuen abhängig.
Der objektive Nutzen (abstrakter Nutzen) ist der objektiv feststellbare, immanente Nutzen eines Systems für jedermann zu jederzeit (z.B. Heizleistung eines Ofens in KW), der ihm zugedachte Zweck.

Der Nutzwert ist die subjektive Bewertung der Auswirkungen eines Systems hinsichtlich der Befriedigung von Bedürfnissen.
Der Nutzwert ist eine nicht-monetäre Größe, er ist ein Wertbegriff, der subjektiv zugeordnet wird. Er ist zunächst nur ein dimensionsloser Ordnungsindex, der die Reihenfolge der besten, zweitbesten usw. Lösung innerhalb der Alternativenmenge angibt. (Die beste Alternative kann objektiv gesehen eine schlechte Lösung sein, sie wird jedoch vom Nutzer immer noch besser empfunden als die übrigen.)

Bewertungen und Präferenzentscheidungen basieren generell auf der Optimierung der Systemeffizienz: es ist dies der erbrachte Systemnutzen bezogen auf den hierfür nötigen Aufwand.

Obwohl die Subjektivität in Form der Nutzenpräferenz des Entscheidungsträgers in echten Entscheidungsprozessen nie eliminiert werden kann, so muß doch eine Rationalität der Entscheidungsfindung gefordert werden.

6.2.2 Voraussetzungen für rationale Entscheidungsprozesse

Bemerkung: Ohne Vorliegen von Handlungsalternativen gibt es keine Entscheidung; das Minimum für eine echte Entscheidungssituation ist das Vorliegen einer (neuen) Alternative, wobei man sich zwischen dieser und dem Ausgangszustand entscheiden kann; letzteres entspricht dem Ablehnen der Alternative.

Folgende Kriterien für die Rationalität der Entscheidung (Bewertung, Auswahlentscheidung) seien angegeben:

- inhaltliche Rationalität: ausreichend begründet, unter Berücksichtigung der möglichen Konsequenzen gefällt, vollständig.
  Der Inhalt der Entscheidung entspricht einer "allgemeinen" Wertnorm.
- formale Rationalität: im Ablauf logisch und richtig, damit dokumentierbar und nachvollziehbar. Nimmt Bezug auf ein widerspruchsfreies Wertsystem.

Nicht rationale Entscheidungen basieren demgegenüber auf

- Intuition, Emotion (ausschließlich gefühlsgeleitete Entscheidungen)
- Tradition (durch Gewohnheit determinierte Pseudoentscheidungen)
- Zufall (rein zufallsabhängige Entscheidungen)

Diese Gegenüberstellung ist nicht als Wertung zu verstehen; es wird in Fällen einer unter Zeitdruck zu fällenden Ad-hoc- bzw. Spontan-Entscheidung vorwiegend auf nichtrationale Art und Weise, und zwar im wesentlichen intuitiv entschieden; bis eine rational begründete, möglicherweise bessere Entscheidung gefunden wird, kann es zum Handeln oft schon zu spät sein.

Voraussetzung für eine rationale Lösung des Problems der Bewertung bzw. Präferenzentscheidung bezüglich mehrerer Alternativen ist die Zielgerichtetheit und die Widerspruchsfreiheit, formal abgebildet durch eine vollständige und konsistente Präferenzrelation. Folgende zwei Axiome liefern diese Bedingungen:

6.2.2.1 Vollständigkeit der Ordnung

Voraussetzung: Die zu berücksichtigenden Alternativen sind untereinander eindeutig vergleichbar, es scheinen keine unvergleichbaren Alternativen auf.

Zwei Alternativen können in folgenden (wertmäßigen) Relationen zueinander stehen:

$A_i \succ A_j$ ... A_i ist höher eingeschätzt als A_j
$A_i \prec A_j$ ... A_i ist niederer eingeschätzt als A_j
$A_i \sim A_j$ ... A_i ist gleich hoch eingeschätzt wie A_j

Voraussetzung ist eine für alle Alternativen gültige Meßskala (Ordinalskala, Kardinalskala).

Bei intuitiven Entscheidungsprozessen werden oft auch unvergleichbare Alternativen verglichen, da man sich bezüglich der Meßgrößen nicht festlegt und man bloß intuitiv eine Ordinalskala hinsichtlich der subjektiven Vorzugswürdigkeit dem Entscheidungsprozeß unterlegt.

6.2.2.2 Konsistenz

Diese setzt sich zusammen aus Transitivität und Reflexivität.

- Transitivität: Monotone Reihung der Vorzugswürdigkeit.

$$A_i \succ A_j,\ A_j \succ A_k \Rightarrow A_i \succ A_k$$

Bei intuitiven Entscheidungsprozessen, insbesondere im Falle des Vorliegens einer Vielzahl von Alternativen, kann vom Menschen kein rationales, widerspruchsfreies Verhalten erwartet werden: Durch die kapazitiv beschränkte Möglichkeit der Synopsis - des gleichzeitigen Betrachtens aller Alternativen - sowie durch den Mangel an beliebig genau abstufendem Diskriminierungsverhalten, kommt es bei Bewertungsproblemen oft zu Intransitivitäten (zirkuläre Präferenzstrukturen).

- Reflexivität: Beziehung zwischen Zielerträgen und Gesamturteil. Wenn A_i und A_j in allen Erträgen hinsichtlich der Einzelziele übereinstimmen, so muß gelten

  $$A_i \sim A_j$$

  Bei intuitiven Entscheidungsprozessen ist dieser Schluß nicht zwingend, da zusätzliche, unbewußt berücksichtigte Einzelziele miteinfließen.
  Sollte daher ein rationaler Entscheidungsprozeß Ergebnisse liefern, die der intuitiven Entscheidung grob widersprechen, so kann dies auf einer unvollständigen Abbildung der Einzelziele beruhen. Rationales, analytisches Entscheidungsverhalten muß bei den der Systemtechnik eigenen, komplexen Problemstellungen gefordert werden.
  Die Praxis zeigt jedoch leider ein gegenteiliges Bild: Je komplexer sich eine Problemstellung erweist, desto eher wird rein intuitiv entschieden. So haben Psychologen der empirisch ausgerichteten Forschungsrichtung festgestellt, daß intuitives Verhalten insbesondere dann auftritt, wenn die Informationen, auf denen eine Schlußfolgerung basiert, außerordentlich komplex sind, oder anscheinend fehlen oder unvollständig sind, oder wenn die Entscheidung unter Zeitdruck zu fällen ist.

6.2.3 Bewertungskriterien

Zur Ermittlung von Bewertungskriterien wird von den im Rahmen der Zielplanung möglichst operational formulierten Einzelzielen ausgegangen. Es sind dies die Gestaltungskriterien, d.h. die vom System zu erbringenden, unterschiedlich klar geforderten Systemeigenschaften und Verhaltensweisen.

In Entsprechung zu Abb.2.15 gibt es

- Geforderte Ziele
  - o Mußziele (muß genau..., Punktziele)
  - o Mindest-/Höchstziele (muß mindestens und/oder höchstens ...)
  - o Extrema (Maximum, Minimum)
- Wunschziele (soll bzw. soll nicht)
- Ergänzende Ziele (wäre gut)

Die abzuleitende Liste der Bewertungskriterien deckt sich aus folgenden Gründen nur teilweise mit der Liste der Gestaltungskriterien:
Bei der Zusammenstellung der Bewertungskriterien sind

- alle Mußziele zu eliminieren, da alle zulässigen Alternativen diese in jedem Fall erfüllen müssen,
- neue Kriterien aufzunehmen, wenn sich im Zuge der Synthese neue als wesentlich erkannte Aspekte ergeben haben (neue Wunschziele),
- Gestaltungskriterien (Ziele) mit relativ geringer Bedeutung zu unterdrücken, um die Kriterienliste überschaubar zu gestalten.

Als Leitfaden (Checkliste) für die Herleitung der jeweils gültigen Bewertungs- bzw. Entscheidungskriterien diene weiters Abb.6.1.; diese wurde durch Gruppierung der Merkmale der in Abb.2.5 dargestellten Merkmalsystematik abgeleitet, wobei (mögliche) Nutzenaspekte erforderlichen Kostenaspekten gegenübergestellt wurden.
Hiebei sei definiert:

Effizienz: Output/Input-Verhältnis (Nutzen/Aufwand-Verhältnis)

Effektivität: Output/Ziel-Verhältnis (Erwartete Istwirkung bezogen auf die vorgegebene Sollwirkung), Wirksamkeit, Zielerfüllungsgrad

Das Bewertungsproblem sei abschließend dem Meßproblem gegenübergestellt: Messen ist das Zuordnen von Elementen eines numerischen Relativs zu einem Phänomen.

6.2.4 Die Entscheidungssituation

Die Auswahl des jeweils adäquaten Vorgehens und insbesondere der unterstützenden Methoden für die Systembewertung hängt von der jeweiligen Entscheidungssituation ab.

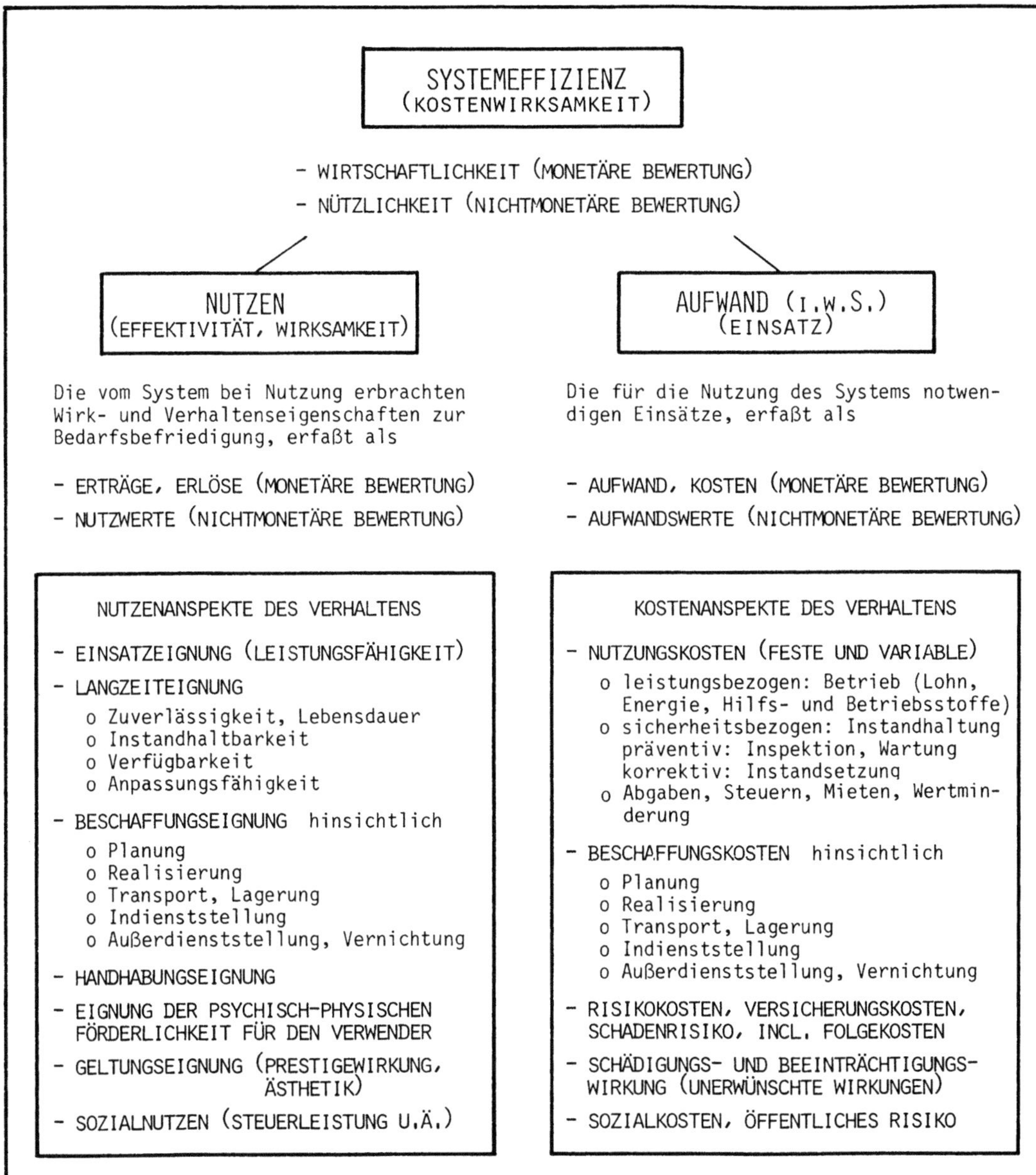

Abb. 6.1: Gliederung des allgemeingültigen Oberzieles "Systemeffizienz" (Kostenwirksamkeit)

Analog zur Merkmalsystematik der Planung wurden in Abb.6.2 Merkmale der Entscheidung zusammengestellt, die den Prozeß der Bewertung (Gewichtung bzw. Präferenzierung) beeinflussen.

	MERKMAL	AUSPRÄGUNGEN	BEMERKUNGEN
ZIELSYSTEM	DIMENSIONEN DES ZIELSYSTEMS	- eindimensional - mehrdimensional	komplexe Probleme: multidimensional
	VOLLSTÄNDIGKEIT DES ZIELSYSTEMS	- vollständig formuliert - unvollständig	komplexe Probleme: es gibt keine Vollständigkeit im strengen Sinne
	ZEITABHÄNGIGKEIT DER ZIELE	- statisch, konstant - zeitabhängig, dynamisch	Zieländerungen sind ein häufig auftretendes Problem bei langdauernden komplexen Projekten
	MESSUNG DER ZIELE	- einheitlich (nominal/ordinal/kardinal) - gemischt (unterschiedlich)	Gruppierung der Ziele vorteilhaft. Kardinalskala erforderlich bei Entscheidungen unter Risiko, Ungewißheit
	GEWICHTUNG DER ZIELE	- gleiche Gewichte - ungleiche Gewichte (Präferenzordnung)	als erster Ansatz ist eine Gleichverteilung oft vorteilhaft
	ENTSCHEIDUNGSTRÄGER	- Einzelperson (selbst/fremd) - Personengruppe, Kollektiv	bei Fremdentscheidungen ergeben sich Probleme der vollständigen Zielformulierung
	ZIELQUANTIFIZIERUNG	- Punktziele - Mindest-/Höchstgrenzen - Extrema	Zielbereiche ergeben sich aus Mindest- <u>und</u> Höchstgrenzen
	ZIELABHÄNGIGKEIT	- Komplementarität (verstärkend) - Indifferenz (nutzenorthogonal) - Konkurrenz (konfligierend) - Antinomie (exkludierend)	- zu komplexem Ziel zusammenfassen - isoliert berücksichtigen - gewichten - Entscheidungen bei Zielformulierung
AUSWAHLSITUATION	ALTERNATIVENANZAHL	- eine einzige - mehrere (ganzzahl.Lösungsraum) - unendlich (stetig.Lösungsraum)	es muß immer der Istzustand (Beibehaltung des Ausgangszustandes) als Alternative mitberücksichtigt werden
	ANZAHL DER UMWELTFAKTOREN	- eine relevante - mehrere relevante - unbekannt viele	abhängig von Relevanzkriterium (Signifikanz der Abhängigkeit)
	MESSUNG DER UMWELTFAKTOREN	- einheitlich (nominal/ordinal/kardinal) - gemischt (unterschiedlich)	sollte mit Messung der Auswirkungen übereinstimmen
	AUFTRETEN DER UMWELTFAKTOREN (zeitlich, inhaltlich)	- deterministisch: Sicherheit - stochastisch: Risiko - unbekannt: Ungewißheit	für stochastische Situationen Näherung mittels PERT-Ansatz (pessimistischer - häufigster - optimistischer Wert)
AUSWIRKUNGEN	BERÜCKSICHTIGUNG VON KONSEQUENZEN	- nur Primärauswirkungen - bestimmte Sekundärauswirkungen - alle erfaßbaren Sekundärauswirkungen	bei komplexen Problemen oft unübersehbare <u>mittelbare</u> Konsequenzen (spill over)
	REVIDIERBARKEIT DER ENTSCHEIDUNG	- revidierbar - mit Aufwand revidierbar - nicht revidierbar	bei sozialen Systemen gibt es kein vollständiges Rückgängigmachen von Entscheidungen (Wissensstand besteht weiter!)
	ZEITLICHE AUSWIRKUNG D.ENTSCHEIDUNG (Verzögerung, Wirkungsdauer)	unmittelbar - mit Verzögerung - deterministisch - stochastisch - ungewiß	unmittelbar: Echtzeitsituation Für laufende Systeme ist deterministische Auswirkung mit bloß kurzer Verzögerung von Vorteil
	INHALTLICHE AUSWIRKUNG D.ENTSCHEIDUNG (Bedeutung, Abhängigkeit)	gering-groß-existenzgefährdend - deterministisch - stochastisch - ungewiß	bei Gefährdung von Menschenleben sind Wirtschaftlichkeitsüberlegungen problematisch
	MESSUNG DER KONSEQUENZEN	- einheitlich (nominal/ordinal/kardinal) - gemischt (unterschiedlich)	muß mit Zielmessung übereinstimmen, um Bewertungen zu ermöglichen

Abb. 6.2: Merkmale der Entscheidungssituation und deren Ausprägungen

6.3 Methoden der ganzheitlichen (holistischen) Bewertung Prioritätensetzung (Gewichtung, Präferenzierung)

Die Methoden der ganzheitlichen (fälschlich auch "summarischen") Bewertung zerlegen die Betrachtungsobjekte nicht in interessierende Verhaltensaspekte, um diese dann isoliert einer Bewertung zuzuführen, sondern beurteilen das umfassende Erscheinungsbild als Ganzes hinsichtlich des Wertes/der Bedeutung für den Beurteiler (subjektive Priorität).

Diese Methoden können sowohl eigenständig angewandt werden - insbesondere, wenn die Zerlegung in Einzelaspekte dem Wesen des zu bewertenden Systems nicht gerecht wird (Reduktionismus versus ganzheitliche Betrachtung), sie können aber auch innerhalb der für komplexe Systeme einzusetzenden analytischen Bewertungsmethoden angewandt werden.

Folgende Begriffe sind zu unterscheiden:

Priorität: Vorrangigkeit innerhalb einer geschlossenen Menge von Betrachtungsobjekten; kann sich ausbilden als

Gewicht: Schwerpunktbildung innerhalb einer Menge von Sowohl-Als-Auch-Objekten (z.B. Ziele, Maßnahmen der Ressourcenaufteilung); bildet eine gleichzeitige Berücksichtigung ab.

Präferenz: Vorzug innerhalb einer Menge von Entweder-Oder-Objekten (Alternativen); bildet eine Auswahlentscheidung ab.

Die - wegen der beschränkten menschlichen Denkkapazität - nicht bewältigbare Forderung der schlagartigen, d.h. synoptisch und simultan zu fällenden Entscheidung wird in den Methoden umgangen und mehr oder minder gut in eine Folge von Einzelentscheidungen zerlegt.

Methoden und Techniken:

Oft wird die ABC-Analyse als Methode der Prioritätensetzung angeführt.

Die ABC-Analyse ist ein Instrument zur Behandlung von Massenphänomenen; sie baut auf der sogenannten Lorenz-Kurve auf, die als prinzipielles Modell zur Abbildung von Konzentrationsverhältnissen disziplinunabhängig Gültigkeit besitzt:

Mit Hilfe der ABC-Analyse werden große Elementemengen hinsichtlich eines bestimmten Kriteriums in 3 typische Gruppen zusammengefaßt; Ziel der Methode ist es, durch prioritäre Betrachtung der A-Gruppe, die z.B. 20% der Elemente enthält, jedoch z.B. 80% zu diesem Krite-

rium (Umsatz, Kosten, Gewicht u.ä.) beiträgt - somit stark überproportionale Wichtigkeit besitzt - das gesamte Massenphänomen näherungsweise zu erfassen. Die quantitative Festlegung der Grenzen zwischen A-, B- und C-Gruppe erfolgt hiebei nach Ermessen aufgrund von Erfahrungswerten.
Damit zeigt sich aber, daß die Rangfolge der Elemente Grundlage und nicht Ergebnis der ABC-Analyse ist; darauf aufbauend liefert die Methode nach Priorität geordnete Gruppen.

6.3.1 Rangordnungsverfahren (Q-Sort)

Vorgehen: Der Entscheidungsträger betrachtet sämtliche Elemente (Kriterien, Alternativen) überblicksmäßig in einer Zusammenschau und bringt sie, seiner persönlichen Präferenz entsprechend, in eine Rangreihe. Der Rang 1 entspricht hiebei üblicherweise dem Rang mit der höchsten Präferenz/dem höchsten Zielwert.

Bei mehreren Beurteilern können durchschnittliche Rangordnungen wie folgt gebildet werden:
- die Alternativen werden nach der Anzahl der jeweils vordersten (oder hintersten) Präferenz geordnet, oder
- die Alternativen werden nach der Summe der ihnen jeweils zugeteilten Ränge geordnet.

Kritik: Die Methode erfordert geringen Zeitaufwand und geringen Informationsbedarf. Die Distanz zwischen den Alternativen geht verloren (Ordinalskalierung).

6.3.2 Singulärer Vergleich (Reference Comparison)

Vorgehen: Es werden sämtliche Elemente (Kriterien, Alternativen) mit einem bestimmten Element, dem wichtigsten, verglichen. Durch Ermittlung jeweils eines Faktors, mit dem ein betrachtetes Kriterium zu multiplizieren ist, um dessen Wichtigkeit im Vergleich zum Referenz-Kriterium zu erhalten, ergibt sich eine Folge von Gewichtungen.
Durch Normierung der Wichtungsfaktoren ergeben sich prozentuale Gewichte (Abb.6.3).

Kritik: Die Methode zerlegt den synoptisch und gleichzeitig zu vollziehenden Präferenzbildungsprozeß in n-1 Einzelvergleiche, wobei

ELEMENT	WICHTIGKEIT	GEWICHT	GEWICHT %	RANG
A_1	1	1.0	0.29	1
A_2	$2\ g_2 = g_1$	0.5	0.15	4
A_3	$g_3 \cong g_1$	1.0	0.29	2
A_4	$g_4 = 90\%\ g_1$	0.9	0.26	3
		3.4	0.99	

Abb. 6.3: Tableau der Methode "Singulärer Vergleich"

sich, insbesondere bei zeitlichem Abstand, Wertungsschwankungen einschleichen werden. Die Rangfolge basiert auf kardinalen Werten (rel. Gewichte), der einmalige Wichtungsdurchlauf verspricht keine sehr zuverlässige Abbildung der Präferenzstruktur des wertenden Individuums.

6.3.3 Direkte Bewertung, globale Intervallskalierung (Direct Rating)

Das Verfahren ist ein quantitatives Abbilden subjektiver Größen auf frei gewählten Skalen. Es wird ein Skalenursprung und eine Skaleneinheit gewählt und zwar vorteilhaft eine solche, die unseren Denkschemata optimal entspricht, also diskrete Zahlenfolgen 1, 2, ..., 10 oder ähnlich. Jeder Alternative ist nun eine Skalenwert zuzuordnen, und zwar so, daß die numerische Differenz der zugeordneten Werte möglichst gut der Distanz der subjektiven Wertschätzungen der einzelnen Alternativen entspricht.
Prinzipiell sollte in Gutpunkten (nicht in Schlechtpunkten) gedacht werden, was die Wirksamkeit des Verfahrens erhöht.

Kritik: Besonders im Falle der Wahl eines Null-Punktes (es ergibt sich dadurch eine Verhältnisskalierung) und bei optimaler Klassenanzahl (5 oder 10) wird das Verfahren wirkungsvoll eingesetzt.

6.3.4 Sukzessiver Vergleich (Successive Rating)

Vorgehen (vgl.Abb.6.4):
1.Schritt: Man ermittle sich zunächst eine grobe Rangreihe sämtlicher

VERGLEICHSLÄUFE / ALTERNATIVEN	1	2	3
A_6	100	108 →	100
A_2	90	91	Standardisierung
A_3	95	93	↓
A_5	↓	↑	
A_7			
A_1	25	24	
A_4	20 →	20	

Abb. 6.4: Tableau der Methode "Sukzessiver Vergleich"

zu bewertender Elemente (Alternativen, Kriterien etc.) nach dem Rangordnungsverfahren.

2.Schritt: Man liste die Elemente entsprechend ihrer Rangordnung auf.

3.Schritt: Man gehe von einem Anker (z.B. 100 Gutpunkte) aus, der an die anscheinend beste Alternative vergeben wird.

4.Schritt: Man gehe in absteigender Richtung vor und bewerte sämtliche Alternativen im Verhältnis zu den 100 Punkten der obersten Alternative.

5.Schritt: Den Wert der letzten Alternative übertrage man in die nächste Spalte (Lauf 2) und verwende ihn als Anker für eine aufsteigende abermalige Bewertung.

Bei mehrmaligem Durchlaufen wird die Methode auch als Jo-Jo-Methode angesprochen.

6.Schritt: Ergänzend zu diesen (u.U. mehrmaligen) auf- bzw. absteigenden Gewichtungsdurchläufen können weitere Beziehungen eingeführt und berücksichtigt werden:

z.B. $g_6 + g_2 = g_3 + g_5 + g_7 + g_1 + g_4$

$100 + 90 = 95 + \ldots + 20$

oder

$g_3 < g_5 + g_7$

Dadurch können sich Korrekturen der im ersten Gewichtungsdurchlauf ermittelten Wichtungen ergeben.

7.Schritt: Um die prozentualen Gewichte zu erhalten, werden die geschätzten und korrigierten Werte normiert.

$$\sum_i g_i = 100\%$$

Kritik: Die Methode beruht auf einem iterativen Herantasten, einem Einpendeln auf eine präferenzkonforme Abbildung des Urteils über Elemente (Alternativen, Kriterien).
Durch ergänzende Beziehungsetzungen (Schritt 6) wird bei Gewichtungsproblemen eine Verbesserung der Ergebnisse erreicht. Das Verfahren eignet sich für größere Anzahlen von Alternativen; es ist wegen seiner Einfachheit auch reproduzierbar.

6.3.5 Paarweiser Vergleich, Matrixmethode (Paired Comparison)

Vorgehen: Beim paarweisen Vergleich wird jedes Element (Kriterium, Alternative) mit jedem (anderen) verglichen. Der Entscheidungsträger führt die Bildung der gewünschten Rangreihe der n Elemente somit in eine Menge Einzelentscheidungen über, die hintereinander gefällt werden.
(Damit erweist sich die Matrixmethode als sehr fundiert.)

Die Methode bedient sich einer Matrix, in der in Form von binären Ordinalurteilen (z.B. $A_1 > A_2$) die Menge der Elemente (Alterantiven, Kriterien etc.) mit sich selbst in Relation gebracht wird (Abb.6.5).

i \ j	A_1	A_2	A_3	A_4	A_5	PUNKTE	RANG	GEWICHT %
A_1	1/2	1	0	1	1	3.5	2	28
A_2	0	1/2	0	1	1	2.5	3	20
A_3	1	1	1/2	1	1	4.5	1	36
A_4	0	0	0	1/2	0	0.5	5	4
A_5	0	0	0	1	1/2	1.5	4	12
						12.5	-	100

Abb. 6.5: Tableau der Methode "Paarweiser Vergleich"

Die Eintragungen in der Matrix bedeuten:

1 .... Die Zeilenalternative wird höher bewertet als die Spaltenalternative

0 .... Die Zeilenalternative wird niederer bewertet als die Spaltenalternative

1/2 .. Die Zeilenalternative wird der Spaltenalternative gleichgesetzt. (In der Hauptdiagonale ist das automatisch gegeben.)

Die Matrix enthält n^2-n Einzelurteile. Die Hauptdiagonale kann leerbleiben, oder auch, wie im Beispiel gezeigt, der Logik entsprechend mit 0,5 jeweils besetzt werden; dies, um bei einer später eventuell erfolgenden Ermittlung der Gewichte keine der Alternativen zu verlieren, wie es bei Alternative A_4 passieren könnte.

<u>Kritik</u>: Das Verfahren erfordert bewußt jeweils <u>zwei Entscheidungen</u> für ein und dieselbe Entscheidungsituation, allerdings zu verschiedenen Zeitpunkten. Bei größeren Alternativenmengen, wenn die Überschaubarkeit nicht mehr gegeben ist und die Erinnerung an einzelne gefällte Präferenzurteile nur noch sporadisch wirkt, ist dies eine erste Möglichkeit der sachlichen Überprüfung, ob konsistentes Entscheidungsverhalten vorliegt. (Spiegelung der Matrix bezüglich der Hauptdiagonale.)
Liegt keine Konsistenz vor, so ist dies i.a. in nicht eindeutigen Einzelpräferenzen begründet, die es aufzuzeigen gilt.

Das Verfahren fördert bewußt die Einzelentscheidungen in <u>isolierter</u> Form, d.h. ohne Abhängigkeiten von vorher getroffenen Präferenzen zu berücksichtigen, um der tatsächlichen, jedoch unbewußten Einstellung des Entscheidungsträgers am nächsten zu kommen. Es kann sich auch innerhalb <u>einer</u> Matrixhälfte Inkonsistenz zeigen (zirkuläre Präferenzen: $A_3 > A_1 > A_2 > A_3$).

Derartige unklare Präferenzsituationen müssen bewußt gemacht und korrigiert werden, um die Qualität der Gesamtentscheidung zu verbessern. Jedenfalls kann aus ihrem Auftreten auf die fachliche Kompetenz des Entscheidungsträgers geschlossen werden.

Bei <u>kollektiven</u> Entscheidungsprozessen ist das Auftreten von inkonsistenten, nicht eindeutigen Präferenzstrukturen zu erwarten, auch wenn jede der beteiligten Personen eine eindeutige Präferenzordnung aufweist.

In guter Näherung kann durch Normierung der Punktesummen eine Gewichtung ermittelt werden.
Wird in die Hauptdiagonale durchgehend eine 1 eingesetzt oder wird nichts eingetragen (beides sind Varianten der Methode), so ändert sich an der Rangfolge nichts, es ergeben sich allerdings andere Gewichtungen.
Knapp beisammenliegend eingeschätzte Alternativen bildet die Methode hinsichtlich der Gewichtung übermäßig separiert ab.
Das Matrixverfahren ist stark formalisiert und daher relativ leicht reproduzierbar.

6.4 Methoden der analytischen Bewertung

Die Methoden der analytischen Bewertung gehen methodisch und bewußt auf die relevanten Einzelaspekte der Systemalternativen ein; diese werden separat bewertet und zu einem Gesamtwert für jede Alternative zusammengesetzt.

Je nach Art der Berücksichtigung von Nutzenaspekten und/oder Aufwandaspekten (Einsatz) sind die Methoden der analytischen Bewertung, wie in Abb.6.6 angeführt, zu unterscheiden:

KRITERIUM	QUANTIFIZIERUNG	METHODEN
Nutzen Nutzen	monetär nicht monetär	Erlösrechnung, Ertragsrechnung Nutzwertanalyse (i.e.S.) Wirksamkeitsanalyse (i.e.S)
Aufwand Aufwand	monetär nicht monetär	Kostenrechnung Aufwandswertanalyse
Nutzen/Aufwand	monetär/monetär	Kosten-Nutzen-Analyse, Investitionsrechnung
Nutzen/Aufwand	nicht monetär/ monetär	(Kosten-)Nutzwertanalyse, (Kosten-)Wirksamkeitsanalyse
Nutzen/Aufwand	nicht monetär/ nicht monetär	Nützlichkeitsanalyse (Aufwandswert-Nutzwert-Analyse)

Abb. 6.6: Einteilung der Bewertungsmethoden nach Quantifizierungsart (monetär-nicht monetär)

Das prinzipielle Vorgehen bei der analytischen Bewertung enthält folgende Schritte:

1.Schritt: Definition des Bewertungsproblems; Definition des Entscheidungsfeldes (Randbedingungen, Beschränkungen), Definition der Bewertungskriterien (Einzelnutzen, Einzelaufwände).
2.Schritt: Auswahl des Bewertungsverfahrens.
3.Schritt: Anwendung des Bewertungsverfahrens, Ermittlung der Ausprägungen je Einzelnutzen und Einzelaufwand für jede Alternative, Gegenüberstellung derselben;
Berücksichtigung von Entwicklungstrends und Zufallsschwankungen (Sensitivitätstests, Berücksichtigung der Erfolgswahrscheinlichkeit).
4.Schritt: Auswahlempfehlung als Grundlage für eine Entscheidung.

Die Methoden der analytischen Bewertung können nur Entscheidungsempfehlungen liefern, die Auswahlentscheidung selbst ist immer von einem Entscheidungsträger zu fällen und auch zu verantworten. Bei komplexen Problemstellungen werden hierbei immer zusätzliche, in der Methode nicht berücksichtigte, von Seiten des Entscheidungsträgers emotional einfließende Aspekte mitberücksichtigt, d.h. dem formalisierten Bewertungsprozeß überlagert.

Methoden und Techniken:
Im folgenden sind die drei wesentlichen, für die analytische Bewertung komplexer Systeme entwickelten Methoden (vgl. unterstrichene Methoden in Abb. 6.6) gegenübergestellt und einzeln beschrieben (Abb.6.7).

6.4.1 Kosten-Nutzen-Analyse, KNA (Cost-Benefit-Analysis, CBA)

Ziel: Die KNA stellt eine absolute Bewertung von Projekten der Öffentlichkeit (Systemen bzw. Maßnahmen), ausgedrückt in Zahlungseinheiten (monetäre Quantifizierung), hinsichtlich ihres zu erwartenden oder tatsächlich erbrachten Nutzens und der dafür anfallenden Kosten dar. Bewertungskriterium ist "Wohlstand der Gesellschaft", wofür das Maximum gefunden werden soll.

KRITERIEN	KNA	KWA	NWA
VERWENDETES ZIELSYSTEM	vorgegebenes eindimensionales Ziel (einwertige Zielfunktion): Maximierung des Gesamtwirtschaftlichen Nettonutzens "Wohlfahrtssteigerung" aufbauend auf multidimensionalem Zielsystem	theoretisch: vorgegebenes eindimensionales Ziel (Wirksamkeit) praktisch: mehrdimensionales Zielsystem (physische Wirksamkeitsmaße)	vorgegebenes/zu ermittelndes multidimensionales Zielsystem (mehrwertige Zielfunktion): Maximaler Gesamtnutzen, bestehend aus gewichteten Einzelnutzen; Kosten nur gegenübergestellt
BEWERTUNGSTYPUS	absolute Bewertung: absolute Vorzugswürdigkeit gegenüber Istzustand gemessen in Geldeinheiten	relative Bewertung: relative Vorzugswürdigkeit gegenüber beliebiger Alternative bzw. Istzustand	relative Bewertung relative Vorzugswürdigkeit einer Alternative gegenüber anderen Alternativen
QUANTIFIZIERUNG	Verwendung eines ausschließlich monetären Bewertungsansatzes Bewertung erfolgt hinsichtlich des Globalzieles anhand wirtschaftlicher Effizienzkriterien. Keine Messung des Zielerfüllungsgrades der Einzelziele	Messung der Zielerfüllungsgrade der Einzelziele (Kardinalskalierung) ergibt Einzelwirksamkeiten. Einzelziele sind einer subjektiven Gewichtung unterworfen	Nutzwert wird direkt an operationalisierten Einzelzielen über die einzelnen Zielerträge gemessen (Zielerfüllungsgrade): Durch subjektive Gewichtung seitens des Entscheidungsträgers sowie Bewertung der einzelnen Zielerträge Wertsynthese durch Punktezuordnung
VOLLSTÄNDIGKEIT	intangible Effekte bloß verbal beschrieben, da nicht in Zahlungseinheiten meßbar	nicht physisch erfaßbare Effekte werden nicht berücksichtigt; somit keine Einschränkungen hinsichtlich Inhalt der Einzelziele	ermöglicht die quantitative Erfassung jedes beliebigen Effektes (keine Einschränkung hinsichtlich Inhalt und Meßbarkeit von Zielen)
VORAUSSETZUNGEN	setzt monetäre Erfassung von Nutzen- und Kosteneffekten voraus. Unterstellt Gleichgewichtigkeit der Einzelziele	setzt monetäre Erfassungsmöglichkeit der Kosteneffekte voraus	setzt Nutzenunabhängigkeit voraus: Jeder Zielertrag stellt für sich allein einen Beitrag zum Nutzwert dar
OBJEKTIVITÄT, RATIONALITÄT	quasi-objektive Bewertung, individuelle Urteile sind verschleiert, nur z.T. nachvollziehbar. Intangible Effekte bloß intuitiv nichtformalisiert berücksichtigt	objektive Erfassung der Zielerfüllungsgrade. Objektivierte subjektive Synthese zu Wirksamkeitsmaß durch Gewichtung	objektivierte subjektive Bewertung: stellt einzel/gruppen-subjektive Wertschätzung explizit dar (Offenlegung des Entscheidungsprozesses)
BEZUGSSYSTEM	Projektwert wird an Nutzenveränderung gegenüber Istzustand (status quo) gemessen	Güte einer Alternative wird durch Quotienten Gesamtwirksamkeit/Kosten gemessen, dieser Wert wird mit den anderen Alternativen bzw. status quo verglichen	Nutzen einer Alternative wird an bewerteten Zielerträgen, soweit sie im festgelegten zulässigen Wertebereich liegen, bewertet. Es wird eine Rangfolge gebildet Istzustand (status quo) nicht Bezugsbasis
KRITIK: NACHTEILE DER METHODE	verleitet zu krampfhafter monetärer Quantifizierung von Effekten. Täuscht die Vergleichsmöglichkeit beliebiger Investitionsalternativen vor (begründet durch monetären Ansatz). Vergleichsmöglichkeit ist jedoch bestenfalls bei gleichartigen Alternativen (unterste Allokationsebene) gegeben. Diskrepanz zwischen Aussageanspruch und Aussagefähigkeit. Ermöglicht keine methodische Berücksichtigung intangibler Kosten- und Nutzeneffekte einer Maßnahme. Ist von der Theorie her am wenigsten abgesichert.	liefert Aussagen über Auswahl von Alternativen erst bei Vorgaben in Form von - Kostenlimit (Fixed Cost Approach): Wirksamkeitsmaximierung oder - Sollwirksamkeit (Fixed Effectiveness Approach): Kostenminimierung	liefert als Grundform der NWA keine Aussagen bei Existenz bloß einer Alternative. Liefert keinen Aufschluß darüber, in welchem Ausmaß eine Alternative besser ist als der Istzustand. Methode kann zum Selbstbetrug ausarten: Gewichtungen und Bewertungen in Hinblick auf eine intuitiv vorgezogene Alternative bloß zur nachträglichen Rechtfertigung
MODIFIKATIONEN, ERWEITERUNGEN	Gemischte KNA: Mehrwertige Zielfunktion Punktewertung (statt monetärer Bewertung) des Nutzens. Goals Achievement Matrix (Annäherung an KWA) Soziale Rechnungslegung (Sozialbilanzen)	MOE (Measure of Effectiveness): Formelmäßige Erfassung der gewichteten Zielgrößen. Kann bei komplexen Problemen in sich hierarchisch strukturiert sein.	Kosten-NWA: - Aufwendungen (Kosten) werden mit einbezogen - Istzustand (status quo) wird als eigene Alternative aufgefaßt und scheint in Rangfolge auf
EINSATZGEBIETE, ZWECK	Entscheidungshilfe bei gesamtwirtschaftlichen, komplexen Projekten, die hinsichtlich ihrer ökonomischen Auswirkung bewertet werden sollen. Zur Feststellung der ökonomischen Vorteilhaftigkeit einer Alternative	Entscheidungshilfe bei komplexen Problemen der stufenweisen Gestaltung, um - monetäre Kosten eines Vorhabens, dessen Nutzen nicht in Geld meßbar sein muß, zu minimieren - die Wirksamkeit (die Zielerfüllung) bei gegebenem Aufwand zu maximieren. Entspricht der Methode der Systemanalyse im Rahmen der Systemgestaltung schlechthin	Entscheidungssystematik für beliebige Probleme bzw. politische Entscheidungen, die nicht ausschließlich von ökonomischer Effizienz abhängen. Eher für höhere Entscheidungsebenen. Entspricht der zunehmenden Bedeutung schwer quantifizierbarer Auswirkungen (Umwelt, Gesellschaft)

Abb. 6.7: Gegenüberstellung von KNA, KWA, NWA

Zugrundeliegende Theorie:
Die Kosten-Nutzen-Analyse liefert einen methodischen Ansatz, Effizienzmessungen von Leistungen seitens des öffentlichen Sektors vorzunehmen:
Es werden Allokationsmaßnahmen, deren Auswirkungen nicht oder nur zum Teil sich auf einem voll funktionierenden Marktmechanismus abspielen, nach dem Kriterium einer makroökonomischen Wirtschaftlichkeit beurteilt.
Die KNA versucht somit, das Prinzip der betriebswirtschaftlichen Investitionsrechnung auf den öffentlichen Sektor (Gemeinwirtschaft) zu übertragen:
Werden einzelwirtschaftliche Projekte untersucht, bei welchen die mikroökonomische Wirtschaftlichkeit das Maß der Bewertung darstellt, so handelt es sich um die allgemein angewandten Methoden der Investitionsrechnung, die der Ausgangspunkt für die Konzeption der KNA waren.

Die KNA bewertet die Auswirkungen eines Systems - den Nutzen - in Geldeinheiten und reduziert diesen um die erforderlichen Kosten (weshalb vielleicht günstiger der Begriff Nutzen-Kosten-Analyse, NKA, verwendet werden sollte!). Der so gewonnene Nettonutzen ist zu maximieren. Nutzen wie Kosten werden somit in Zahlungseinheiten ausgedrückt, dies unter Berücksichtigung von

- einer vorgegebenen/zu wählenden Diskontierungsrate ("sozialer" Zinssatz)
- einer zu erwartenden wirtschaftlichen Nutzungsdauer des Systems (Bezugszeitraum der Analyse)
- Randbedingungen (ökonomische, verteilungspolitische, budgetäre, technische, organisatorisch-administrative Nebenbedingungen).

Die KNA eignet sich für die Einzelbewertung eines Systems wie auch zum Vergleich mehrerer Systeme (Lösungsalternativen). Sie wird als ex-ante-Analyse wie auch als ex-post-Analyse eingesetzt.

Bei der Einzelbewertung wird ein optimaler Nettonutzen dann vorliegen, wenn Grenznutzen (Nutzenzuwachs bei marginaler Systemveränderung) und Grenzkosten (entsprechender Kostenzuwachs) sich die Waage halten. Bei Alternativenbewertung liefert der direkte Vergleich die vorzuziehende Alternative.

Werden Vorhaben in beliebigen unterschiedlichen Sparten des öffentlichen Sektors einer vergleichenden Bewertung unterzogen, so steuert die KNA die Ressourcen in die Bereiche mit den höchsten Grenzerträgen.

Die zu erwartenden Einzelnutzen und Kostenanteile innerhalb der betrachteten Zeitperiode sind naturgemäß wahrscheinlichkeitsbehaftet. Hinsichtlich ihrer monetären Quantifizierung kann wie folgt unterschieden werden:

- direkt quantifizierbar
- indirekt quantifizierbar (bloß physisch quantifizierbar)
- nicht quantifizierbar (intangibel), nur qualitativ erfaßbar
  Letztere Nutzen- bzw. Kostenanteile beruhen auf subjektiver Wertschätzung, sie gehen in die eigentliche KNA-Rechnung nicht ein (Nachteil der KNA gegenüber der Nutzwertanalyse), können ihr jedoch verbal überlagert werden und so im Entscheidungsprozeß mit Berücksichtigung finden.

Weiters muß abgegrenzt werden zwischen

- primären (unmittelbaren) Auswirkungen der Alternativen
- sekundären (mittelbaren) Auswirkungen der Alternativen
  Letztere treten bei Dritten, mittelbar Betroffenen auf, die nicht im Zielsystem als Nutzer aufscheinen.

In der KNA werden unter Verwendung eines Zinsfußes alle Aufwendungen (Kosten) und Erträge (Nutzen) auf den gleichen Zeitpunkt (meist Projektbeginn) bezogen. Diese Umrechnungen ergeben den Gegenwartswert (present value). Als Dikontierungsrate kann hiefür der aktuelle, am Markt verwendete Zinsfuß oder ein kalkulatorischer Zinsfuß privatwirtschaftlicher Investitionen Verwendung finden, mit dessen Hilfe die Abzinsung der im Betrachtungszeitraum zu unterschiedlichen Zeitpunkten anfallenden Nutzen- und Kostenanteile erfolgt.

Obwohl bereits Mitte des 19.Jahrhunderts die Messung des Nutzens gemeinwirtschaftlicher Investitionen untersucht und später mit wirtschaftswissenschaftlichen Erkenntnissen immer mehr untermauert wurde, was zu der ökonomischen Vergleichsrechnung "Kosten-Nutzen-Analyse" führte, kann auch heute diese Methode noch nicht als theoretisch abgesichert angesehen werden, da die wohlfahrtstheoretischen Ansätze in der Methode auf zum Teil ungenügend die Praxis widerspiegelnden Voraussetzungen aufbauen.

Dennoch ist heute die KNA ein (zum Teil offiziell vorgeschriebenes) Instrument zur rationalen Bewertung öffentlicher Investitionsalternativen, eine Grundlage für Entscheidungen zur bestmöglichen Verwendung knapper Mittel im Hinblick auf die Gesamtwirtschaft bzw. Gesellschaft.

Im Unteschied zu privatwirtschaftlichen Problemstellungen betreffen öffentliche Maßnahmen einen großen, heterogenen Personenkreis - die Gesellschaft. Wirtschaftlichkeit bei gemeinnützigen Investitionen liegt dann vor, wenn der gesamtwirtschaftliche Nutzen die gesamtwirtschaftlichen Kosten übersteigt.
Die Übertragung des Prinzips des ökonomisch rationalen Handelns auf die staatliche Ebene bringt jedoch Probleme mit sich:
Es muß der gesellschaftliche Nutzen, d.h. der Beitrag von staatlichen Vorhaben zur sozialen Wohlfahrt, in möglichst exakter Form erfaßt werden.
Soziale Wohlfahrt umfaßt sowohl individuelle als auch gesellschaftliche Wohlfahrt und zielt auf die Hebung physischer, psychischer und gesellschaftlicher Aspekte der Lebensqualität.

Von der Theorie her läßt sich zeigen, daß die KNA bloß ein operationales Konzept ist, das keineswegs werturteilsfreie, objektive Aussagen liefert, die auf dem Ziel der Wohlfahrtssteigerung beruhen, da dieses Ziel nicht die Bedingungen der Konsistenz und Transitivität erfüllen kann: Es wird gesellschaftliche Wohlfahrtssteigerung mit individueller gleichgesetzt (Pareto-Kriterium). Wohlfahrtssteigerung liegt demgemäß vor, wenn mindestens ein Individuum besser und alle übrigen nicht schlechter gestellt werden - egal, welche Ausgangslage der Einkommensverteilung vorlag (Pareto-Optimalität). In der Praxis ergeben sich jedoch immer auch Nutzeneinbußen bei manchen Personen. Verteilungsaspekte wären mit diesem Ansatz überhaupt ausgeklammert. Um der Realität besser zu entsprechen, wird eine Modifikation obigen Kriteriums vorgenommen: Wohlfahrtssteigerung liegt vor, wenn Nutznießer die Verlierer entschädigen, und wenn sich danach noch immer ein Nettovorteil ergibt (Kaldor-Hicks-Kompensationskriterium). Damit verschiebt sich jedoch das Problem auf die Bestimmung der Höhe der (potentiellen) Kompensationszahlung, für die es bei vorheriger unbefriedigender Vermögensverteilung kein Konzept gibt.
Diese Betrachtungen zeigen auf, daß die Orientierung der KNA am Ziel der Wohlfahrtssteigerung eher fragwürdig, d.h. die theoretische Absicherung der Methode unvollständig ist.

Vorgehen:
Bei der Diskussion des Verfahrensablaufes der KNA sollte, auch wenn ausnahmsweise Entscheidungsträger und Analytiker ident sind, unterschieden werden in
- einen fremdbestimmten Rahmen (Vorgehensschritte, die nicht vom Analytiker, sondern vom Entscheidungsträger entsprechend dessen Restriktionen festgelegt sind), und
- einen analytischen, "objektiven" Hauptteil.

Die KNA umfaßt folgende Schritte:

- Problemerfassung (Situationsanalyse) - Erstellung des Zielsystems (Problemdefinition) - Bestimmung des Entscheidungsfeldes - Alternativenermittlung und Vorauswahl	"fremdbestimmt" (durch den Entscheidungsträger)
- Erfassung und Bewertung der Kosten - Erfassung und Bewertung des Nutzens - Berücksichtigung des Wahrscheinlichkeitsaspekts (Unsicherheit, Risiko) - Diskontierung der Einzelkosten und Einzelnutzen	"objektiv" (vom Analytiker erarbeitet)
- Festlegung des Auswahlkriteriums	

Der erste, "fremdbestimmte" Abschnitt ist mit dem Ablauf der Systemgestaltung logisch ident, kann vom Umfang her jedoch geringer sein (Teilproblem).

1.Schritt: Problemerfassung (Situationsanalyse)
Dieser Schritt deckt sich inhaltlich mit dem entsprechenden Schritt der Vorgehenslogik der Systemgestaltung, es kann sich bezüglich der KNA jedoch umfangmäßig auch bloß um ein Teilproblem des anliegenden Systemgestaltungsproblems handeln. Es wird das Problem durch Beschreibung des Istzustandes und seiner Fortentwicklung, einschließlich der Problemumwelt (Randbedingungen), erfaßt.

2.Schritt: Erstellung eines Zielsystems (Problemdefinition)
Dieser Schritt entspricht logisch der Problemdefintion in der Vorgehenslogik der Systemgestaltung, mit dem Schwerpunkt der Erfassung der artikulierten oder auch bloß latent vorliegenden Ziele.
Voraussetzung ist die Definition der Interessensgruppierungen, die von den Maßnahmen des politischen Entscheidungsträgers betroffen werden, und deren relative Gewichtung zueinander entsprechend der tat-

sächlichen oder zugedachten Machtverhältnisse. Die Aufgliederung des Gesamtzieles in Form eines Zielsystems in operable Einzelziele ist Aufgabe des Analytikers, die Bewertung derselben, entsprechend ihrem Verhältnis zueinander, die des Entscheidungsträgers.
Im Unterschied zur später behandelten NWA wird das so ermittelte Zielprogramm nur für die Entscheidung, welche externen oder internen Faktoren im Gesamtziel der KNA "Wohlfahrtssteigerung, gemessen in Geldeinheiten" einzubeziehen sind, verwendet.

Eine Messung der Zielerfüllungsgrade der Einzelziele ermöglicht die KNA nicht, weil manche Ziele nicht monetär quantifizierbar sein werden; Auswirkungen von Maßnahmen auf nicht-monetäre oder intangible Ziele finden keinen unmittelbaren Eingang in die Methode.
Das Gesamtziel "Wohlfahrtssteigerung", erfaßt als Steigerung des Sozialprodukts der Bevölkerung, ist als solches nicht geeignet, Auswirkungen von Maßnahmen zu erfassen (nicht zuletzt wegen der Unmöglichkeit der ceteris paribus-Bedingung). Auch das Ersetzen des Begriffs Wohlfahrt durch den aktuellen Begriff "Lebensqualität" hilft verfahrensmäßig nicht.

Hilfestellung bieten hier sogenannte Sozialindikatoren: Mit diesen werden bestehende wie auch erwünschte Zustände der Gesellschaft beschrieben; sie können weiters als Maßstab für die Bewertung der Zielerfüllung herangezogen werden.
Wird mit Sozialindikatoren gearbeitet, so geht man über das ursprüngliche Konzept der KNA bereits hinaus, da Verteilungswirkungen und gesellschaftliche Veränderungen in der Analyse ebenfalls ihren Niederschlag finden, was beim Globalmaß "Sozialprodukt" nicht der Fall ist.

Die OECD schlägt folgende 8 Zielbereiche für eine soziale Gesamtrechnung von Maßnahmen vor:

- Gesundheit
- Persönlichkeitsentfaltung
- Verfügung über Güter und Dienstleistungen
- Qualität des Arbeitslebens
- Zeitbudget und Freizeit
- Physische Umwelt (Wohnverhältnisse, Umweltverschmutzung, Erholung, Umweltbedingungen)
- Persönliche Freiheitsrechte
- Qualität des Lebens in der Kommune

Obschon es sich hiebei keineswegs um disjunkte Bereiche des Begriffes Lebensqualität handelt und an einer echten Hierarchie von Indikatoren noch zu arbeiten sein wird, stellen obige Ziele eine wertvolle Anregung (Checkliste) für die Analyse sozialer Auswirkungen dar. Für jedes dieser Ziele ist ein Satz von Indikatoren zusammenzustellen. Indikatoren geben selbst jedoch kaum Aufschluß über Maßnahmen zu ihrer Beeinflussung.

3.Schritt: Festlegung des Entscheidungsfeldes
Dieser Schritt entspricht dem Schritt "Umweltanalyse" der Systemgestaltung, er erfaßt die Restriktionen zur Eingrenzung des Entscheidungsfeldes entsprechend den Intentionen und Handlungsmöglichkeiten des Entscheidungsträgers. Auch hier ist die zeitliche Entwicklung in die Zukunft (Prognose) mitzubeachten.

4.Schritt: Alternativenermittlung und Vorauswahl
Dieser Schritt entspricht den Schritten der Synthese im Rahmen der Systemgestaltung, wobei es hier bloß um die Erfassung möglicher Lösungsalternativen gibt, der Lösungsprozeß selbst, d.h. die Entwicklung von Lösungen, kann nicht Gegenstand der KNA sein.
Entsprechend den definierten Restriktionen muß eine Vorauswahl der Lösungsalternativen vorgenommen werden, um einen Satz zulässiger (d.h. im Lösungsfeld liegender) Alternativen dem anschließenden Hauptteil der KNA unterwerfen zu können. Hierbei sind die Auswirkungen auch hinsichtlich ihrer zeitlichen Entwicklung zu betrachten, indem Prognosen zukünftiger Systemzustände erstellt werden.

5.Schritt: Erfassung und Bewertung der Kosten
Bei einzelwirtschaftlich betrachteten Maßnahmen sind die aufgewendeten Kosten direkt erfaßbar. Bei der KNA gemeinwirtschaftlicher Projekte, d.h. bei Effizienzbetrachtung von Maßnahmen für die Gesellschaft, sind hingegen auch gesamtwirtschaftliche Betrachtungen aufzustellen.
D.h.: Über die unmittelbar erfaßbaren Kosten hinaus sind noch weitere Kostenkomponenten zu erfassen, deren Quantifizierung große Probleme mit sich bringt. Erster theoretischer Ansatz zur Erfassung solcher Kosten ist das Konzept der Zahlungsbereitschaft der Betroffenen - die Prohibitivkosten: Was ist die Allgemeinheit gewillt zu zahlen, damit eine unerwünschte Auswirkung nicht auftritt. (Quantitative Bewertung des Sicherheitsbedürfnisses der Bevölkerung, von Umweltschäden u.ä.)
Ein weiterer (verwandter) Ansatz sind die

Opportunitätskosten: Diese lassen sich als der Mindestwert eines Produktionsfaktors definieren, für den der Besitzer dieses Produktionsfaktors gewillt ist, ihn bei einem Vorhaben einzusetzen, so daß er für einen anderen Einsatz nicht mehr zur Verfügung steht. Es ist das der Nutzen, der ihm durch Verzicht des Einsatzes bei einem anderen Projekt entgeht.
Bei der Erfassung gesamtwirtschaftlicher Kosten kommt es also im wesentlichen darauf an, den entgangenen Nutzen in konkurrierenden Einsatzmöglichkeiten zu ermitteln.

Näherungsweise werden jedoch, wie es bei privatwirtschaftlichen Bewertungsansätzen erfolgen würde, auch bei gesamtwirtschaftlichen Projekten die Nominalkosten verwendet. Es sind dies die Gegenwartswerte der aufgewendeten Güter und Dienstleistungen, ermittelt an den aktuellen Marktpreisen unter der Annahme einer vollkommenen Konkurrenz. Zu berücksichtigen wäre dabei, daß sich durch den durch das Vorhaben bewirkten Nachfragestoß die Preise der Ressourcen stark ändern können, was man durch korrigierte Marktpreise erreichen kann. (Nebenwirkungen als indirekte Kosten mitberücksichtigt.) Für diese Korrektur der Nominalkosten ist jedoch große Erfahrung notwendig, da man sich auf Schätzungen verlassen muß.

Damit bietet sich für die Praxis folgende Kostenerfassung an:

Direkte Kosten (Ausgaben im privatwirtschaftlichen Sinne, system-intern anfallend) gegliedert in

- fixe Kosten (nutzungsunabhängige Kosten): Anschaffung, Betrieb (fixer Anteil): Wartung Verwaltung etc.
- variable Kosten (nutzungsabhängige Kosten): Energie, Löhne, Reparatur etc.

Indirekte Kosten: Die indirekten Kosten beruhen auf Folge- bzw. Nebenwirkungen im system-externen Bereich (side effects, spill over). Sie treten bei bloß mittelbar betroffenen Personen/Institutionen in Form einer Nutzenminderung beim Konsum bzw. in Form von Aufwanderhöhung bei diversen Vorhaben auf und scheinen nicht als Kompensationszahlungen bei den direkten Kosten auf. Trotzdem müssen sie in einer korrekt durchgeführten KNA Berücksichtigung finden.
Beispiele hierfür sind:
Störung der Privatsphäre des einzelnen, Umweltschäden, erhöhtes Risiko während der Systemerstellung, Einkommensverluste, Unannehmlichkeiten diverser Art.

Wegen der uneinheitlichen, schwer erfaßbaren Wertstruktur der mittelbar betroffenen Bevölkerung sind diese Kosten zum Großteil nicht monetär erfaßbar.

Es kann auch versucht werden, die indirekten Kosten zu untergliedern in

- reale spill overs: technologisch bedingte Auswirkungen
- monetäre spill overs: Verschiebungen in der Einkommensverteilung der Bevölkerung (z.B. Verringerung privatwirtschaftlicher Umsätze bzw. Einkommen einzelner, kompensiert durch etwa entsprechende Erhöhungen bei anderen Mitgliedern der Gesellschaft). Da die KNA das Gesamtziel "Wohlfahrtssteigerung der Gesellschaft" verfolgt, können definitionsgemäß Umverteilungen in der Gesellschaft keine Berücksichtigung finden, da sie nicht als gesamtwirtschaftlicher Gewinn/ Verlust aufscheinen.

In der Definition und Berücksichtigung dieser Effekte liegt der große Interpretations- und Ermessensspielraum der Methode, was sie zugleich angreifbar und für Mißbräuche anfällig macht.
Die indirekten Kosten seien demgemäß untergliedert in

- tangible Werte
  - o monetär quantifizierbar
  - o in nicht-monetären Größen quantifizierbar
- intangible Werte
  - o nicht quantifizierbar, betroffene Personengruppe nicht (mehr) definierbar. Diese sind meist wegen der heterogenen Wertstruktur nur qualitativ beschreibbar.

Oft wird versucht, Kostenanteile intangibler Natur bei der Erfassung des Nutzens als negative Nutzen zu berücksichtigen (z.B. ökologisch negative Auswirkungen).

6.Schritt: Erfassung und Bewertung des Nutzens:
Bei einzelwirtschaftlichen Projekten kann der Nutzen in quantitativer Form am Marktpreis abgelesen werden. Der Nutzen ist dabei ganz allgemein die Wertschätzung eines Gutes (Erzeugnis, Dienstleistung, Einrichtung) seitens des Nutzers.
Bei gemeinwirtschaftlichen Projekten können sich im allgemeinen jedoch keine Marktpreise herausbilden, da der Marktmechanismus fehlt. Die Bereitschaft des Konsumenten, einen bestimmten Betrag für öffentliche Einrichtungen zu zahlen, muß daher auf einem "Scheinmarkt" erfolgen. Diese Methode der Nutzenmessung wird "willingness to pay"-Methode (Zahlungsbereitschaft) genannt (vgl. Kostenerfassung).

Der Zugang zur Erfassung des Nutzens erfolgt dabei

- über die Ermittlung der Einkommenserhöhung, resultierend aus der Nutzung der betrachteten Investition (Leistungssteigerung, Umsatzerhöhung, Zuwachs an Marktwert), oder
- über die Ermittlung der Kosteneinsparungen, resultierend aus der Nutzung der betrachteten Investition (Zeitersparnis, Materialersparnis, Betriebskostenersparnis, Risikominderung).

Ist es möglich, dem Zweck nach entsprechende Alternativen für eine geplante Maßnahme zu definieren, so kann man den zukünftigen Nutzen der Maßnahme an den einsparbaren Kosten gegenüber einer Alternative messen. Voraussetzung für die Anwendbarkeit dieser Alternativkosten-Methode ist, daß die Erträge der verglichenen Alternativen dem Charakter nach gleichartig sind.

Die Nutzenermittlung erfolgt demnach ebenfalls nur näherungsweise, wobei über die Erfassug der Kosteneinsparungen quantifiziert wird. Der praktikabelste Ansatz hierzu ist der Vergleich:
Realisierung des Systems - keine Realisierung des Systems.

Der Gesamtnutzen ist (analog der Kostengliederung) zu untergliedern in:

Direkter Nutzen: Den direkt Betroffenen - den Nutzern des Systems - zugutekommend.
Indirekter Nutzen: Als Sekundäreffekt den indirekt Betroffenen, d.s. dem System-externen Bereich zuzurechnende Gesellschaftsgruppen, zugutekommend.

Analog der Kostenbetrachtung sei weiters unterschieden in:

- tangibler Nutzen: durch zahlenmäßige Werte quantifizierbar
- intangibler Nutzen: direkte Bewertung unmöglich, nur quantitativ beschreibbar (Umwelterhaltung, Bequemlichkeit, Schönheit etc.)

Häufig auftretende, spezielle Probleme der Erfassung intangibler Nutzeffekte sind Folgeinvestitionen: Oft werden Projektnutzen ins Treffen geführt, die erst mittelbar aufgrund von Folgeinvestitionen erwartet werden. Hier ist jedoch große Vorsicht geboten, da zwar der wirtschaftliche Gesamtnutzen zu betrachten ist, der sich jedoch auch bei Alternativinvestitionen an anderer Stelle ergeben könnte, möglicherweise sogar in gleicher Höhe.

Ein häufig auftretendes Problem ist die Bewertung von privater Zeitersparnis: Wird Zeitersparnis in ersparte Arbeitszeit und ersparte Freizeit gegliedert, so bringt letztere Quantifizierungsprobleme beim Erfassen des Nutzens mit sich. Hier kann einerseits bei Annahme eines vollkommenen Marktes der Stundensatz des arbeitsfähigen Menschen als Obergrenze angesetzt werden, andererseits kann man die Bereitschaft, für die Freizeitstunde zu zahlen, erheben und als Quantifizierung heranziehen.

Auch bei der Erfassung des Nutzens muß festgestellt werden, daß die Aussagekraft der Methode KNA stark vom Ermessen des Analytikers beeinflußt wird, wie auch von seiner Einschätzung und Erfahrung bei der Bewertung ökonomischer Zusammenhänge. Dies trifft insbesondere bei komplexen, schlecht strukturierten Projekten der Gemeinwirtschaft zu.

7.Schritt: Berücksichtigung des Wahrscheinlichkeitsaspekts (Risiko, Ungewißheit)
Da bei der KNA zukünftige Zustände sowie deren Weiterentwicklung (Fortschreibung) betrachtet werden, kann es sich definitionsgemäß nur um Aussagen mit mehr oder minder hoher Konfidenz handeln, dies insbesondere bei Projekten der öffentlichen Hand mit Nutzungsdauern von mehreren Jahrzehnten.
Für manche Aussagen können Wahrscheinlichkeitsverteilungen angenommen werden, anderen liegen unbekanntes Verhalten des Eintritts zugrunde (nicht quantifizierbare Unsicherheiten); letztere sind bloß verbal als intangible Effekte erfaßbar, und die Bewertung ist dem Entscheidungsträger überlassen.
Eine "worst case simulation" kann hiebei nur zur Abschätzung der ungünstigsten Extremwerte herangezogen werden, bringt jedoch keinen Aufschluß über die Eintrittswahrscheinlichkeiten.

Die Berücksichtigung der Eintrittswahrscheinlichkeit kann erfolgen durch

- Zuschläge auf Erträge (Nutzen) und Aufwände (Kosten)
- Verringerung der wirtschaftlichen Nutzungsdauer
- Erhöhung der Diskontierungsrate

Obige Ansätze sind naturgemäß stark vom subjektiven Ermessen des Analytikers abhängig, liefern aber im Schnitt bessere Aussagen, als wenn bloß "wahrscheinliche" Annahmen getroffen werden, da die Varianz der Werte mitberücksichtigt wird (vgl. Sensitivitätsanalyse); andererseits wirken sie oft innovationshemmend.

Preisentwicklungen werden am besten durch sogenannte Warenkörbe, das sind Zusammenstellungen von Gütern und Dienstleistungen, die anteilsmäßig äquivalent im Projekt vorkommen, erfaßt und deren Entwicklung prognostiziert.

8.Schritt: Diskontierung der Einzelnutzen und Einzelkosten
Um zu unterschiedlichen Zeitpunkten anfallende Kosten wie auch monetär bewertete Nutzenkomponenten zusammenfassen zu können, müssen alle Werte auf ein- und denselben Zeitpunkt bezogen werden.

Das Diskontierungsproblem zur Ermittlung eines Gegenwartswertes (Kapitalwert, present value) basiert im wesentlichen auf dem Problem der Zeitpräferenz des Entscheidungsträgers: Es geht um den Verzicht auf gegenwärtigen Konsum zugunsten von zukünftigem Konsum, somit um ein Bewertungsproblem seitens der Gruppe von Betroffenen. Hierbei werden theoretisch die individuellen Zeitpräferenzen der einzelnen Betroffenen aggregiert und als "soziale" Zeitpräferenz für die Ermittlung des Diskontfaktors verwendet. Generell kann gesagt werden, daß später sich ergebender Nutzen im allgemeinen niedriger zu bewerten ist, als früher anfallender.

Als Diskontierungsrate kann praktisch gewählt werden:
- Staatsanleihenrate (Zinsfuß langfristiger Staatsanleihen)
- Produktivitätsrate bzw. kalkulatorischer Zinsfuß privatwirtschaftlicher Investitionen
- Zinsrate entsprechend der Zeitpräferenz der Gesellschaft (bei öffentlichen Investitionen, insbesondere wenn der Nutzen erst zukünftigen Generationen zufällt).

Es wird in Ermangelung einer einheitlichen Auffassung bezüglich der Auswahl der Diskontierungsrate vorgeschlagen, mit mehreren Ansätzen parallel die KNA durchzurechnen (ebenfalls eine Art Sensitivitätsanalyse). Oft wird im Zinssatz auch bereits ein Zuschlag für Risiko und Ungewißheit mitberücksichtigt.

9.Schritt: Festlegung des Auswahlkriteriums (Investitionskriteriums)
Für Projekte mit kurzer Nutzungsdauer sind die üblichen Kriterien der Investitionsrechnung anwendbar, wie sie sich in folgenden Methoden niederschlagen:

- Festzeitmethode (cut-off-period)
- Geamtzeitmethode (pay-off-period)
- Ertragsquote (average rate of return)

Bei langfristigen, komplexen Projekten mit nur relativer Aussagesicherheit betreffend die zukünftige Entwicklung werden verwendet:

- Quotientenmethode (Nutzen-Kosten-Quotienten):
  Für die Bildung einer Rangfolge konkurrierender Systeme bei limitiertem Budget geeignet.
- Interne Zinsfußmethode (internal rate of return): Es wird eher abgeraten.
- Kapitalwertmethode (Nutzen-Kosten-Differenz):
  Für die Auswahl bei nicht limitiertem Budget geeignet.
  Entscheidungskriterium ist hierbei die Differenz zwischen
  - o der Summe der Gegenwartswerte der Nutzen und
  - o der Summe der Gegenwartswerte der Kosten

  Diese Differenz muß >0 sein

$$\sum_{t=1}^{T} \frac{\text{Nutzen}_t}{(1+d)^t} > \sum_{t=1}^{T} \frac{\text{Kosten}_t}{(1+d)^t}$$

T ... Lebensdauer des Systems
d ... Diskontierungsrate

- Annuitätenmethode: Es wird eher abgeraten.

Für alle Verfahren ist die Kenntnis der Kosten- und Nutzenverläufe über der Projektdauer erforderlich, wobei nur monetäre Bewertungen Berücksichtigung finden. Nichtmonetär quantifizierbare Effekte sollten den so erhaltenen Ergebnissen bei der Entscheidungsfindung überlagert werden.

Kritik:
Die theoretische Fundierung der Methode KNA muß als nicht befriedigend angesehen werden. Ein wesentlicher Grund hierfür ist die unüberbrückbare Diskrepanz zwischen dem theoretischen Konzept des Opportunitätskostenprinzips als wohlfahrtstheoretische Begründung und dessen praktischer Umsetzbarkeit.

Das eindimensionale Gesamtziel einer Wohlfahrtssteigerung (Sozialproduktsteigerung) ist nicht genügend operationalisierbar, um Zielerreichungen feststellen zu können.
Die Zielträgergruppen mit ihren spezifischen Zielen und Zielgewichten werden nicht unterschieden: Die Summierung aller Kosten und Nutzen und damit gleichgewichtige Zusammenfassung aller Effekte des Investi-

tionsvorhabens stellt eine verfälschende, zu grobe Abbildung dar. Es ist dies der Schritt, der aus dem zunächst mehrdimensionalen Zielsystem ein eindimensionales macht. Aufschluß über eine optimale Gestaltung eines Systems liefert die KNA wegen des Fehlens einer Zielgewichtung sowie der Zielerfüllungsgrade kaum.

Die Erfassung aller Nutzen und Kosten ist nicht möglich, die Auswahl intuitiv, z.T. wird eine übersophistizierte monetäre Bewertung von Einzeleffekten notwendig, die spekulativen Charakter besitzen muß. Zusammen mit den intuitiv zu berücksichtigenden Intangiblen kann eine KNA daher nahezu beliebig manipuliert werden.

Da auch Analysen im nachhinein die Problematik der wirklichkeitsnahen monetären Erfassung von Nutzeneffekten aufweisen, sind Überprüfungen in Form von ex post-Analysen genau so subjektiv und anfechtbar wie die ex ante-Analyse selbst.

Die KNA sollte daher von dem Anspruch eines umfassenden Kosten-Nutzen-Vergleiches abgehen und sich bloß auf monetäre Bewertungen ausgesuchter Einzelziele nach gesicherten Bewertungsmodellen beschränken. In dieser Form ist sie eine brauchbare Entscheidungshilfe.

Die KNA erhebt ebenfalls den theoretischen Anspruch, generell anwendbar zu sein; die Praxis zeigt jedoch das naheliegende Faktum, daß nur gleichartige Lösungsalternativen einer spezifischen Problemstellung vergleichbar sind.

6.4.2 Kosten-Wirksamkeits-Analyse, KWA (Cost-Effectiveness-Analysis, CEA)

Ziel: Vergleich von Alternativen hinsichtlich ihrer Wirksamkeit (Effektivität) in bezug auf ihre jeweiligen Kosten.

Zugrundeliegende Theorie:
Unter Wirksamkeit sei ganz allgemein das Output/Ziel-Verhältnis verstanden; d.h. die nutzenrelevanten Verhaltensmerkmale eines Systems, bezogen auf die Anforderungen (Sollwerte).

Bei der KWA hat sich bis heute keine einheitliche Auffasssung und Methodik herausgebildet. Die Varianten der Methode reichen von der

theoretisch fundierten KWA mit dem eindimensionalen Ziel "Wirksamkeit" bis zu den sogenannten Wirksamkeitsvergleichen mit multidimensionalen physischen Wirksamkeitsmaßen. Für letztere Variante können nur eher triviale Aussagen gemacht werden, da dieses Konzept der Erfassung von Einzelwirksamkeiten Grundlage jeder Systemplanung ist.
Die KWA wurde zunächst für die militärische Ausgabenplanung entwikkelt (RAND-Corporation etc.), sie wird heute jedoch auf beliebigen technischen Sektoren angewandt.

Für die KWA im theoretischen Sinne ist Voraussetzung eine Vergleichbarkeit der Einzelerträge untereinander wie auch zwischen den Systemalternativen, sowie der Kosten (monetär quantifizierte Kostenanteile), ohne hiebei Bewertungen in die Analyse einfließen zu lassen.
Die Forderung der Vergleichbarkeit auf Ertagsseite basiert auf der Anwendung des eindimensionalen Zieles "Systemwirksamkeit".
Dieser Ansatz ist nur in jenen Fällen praktisch möglich, wo eindeutige Zielkategorien vorliegen (z.B. Waffensysteme, EDV-Systeme).

Meist geht man daher von einem einheitlichen Wirksamkeitsmaß ab und stellt die physisch quantifizierbaren Einzelerträge, bezogen auf die zugehörigen Sollwerte, den Kosten gegenüber. Dieser Wirksamkeitsvergleich sei als KWA i.w.S. angesehen, wobei weder eine monetäre Reduktion der Erträge auf eine einheitliche Dimension (wie in der KNA) noch die Reduktion auf ein einheitliches Wirksamkeitsmaß (KWA i.e.S.) vorgenommen wird.
In dieser Form kann die KWA als Basis für eine nachfolgende Bewertung (Gewichtung) der Einzelwirksamkeiten im Sinne der NWA herangezogen werden.

Vorgehen:
Dem prinzipiellen Gliederungsschema (Abb.6.1) entsprechend sind die jeweils interessierenden Komponenten der Wirksamkeit und des Aufwandes festzulegen.

Meist wird in der KWA bloß mit folgenden Parametern gearbeitet:

- Leistungsfähigkeit (z.B. t_0/h)	- Betriebskosten
- Anpassungsfähigkeit ($0 \leq a \leq 1$)	- Beschaffungskosten
- Zuverlässigkeit ($0 < R < 1$)	- Instandhaltungskosten
- Verfügbarkeit ($0 < A < 1$)	- Risikokosten

Es liegen somit quantitativ erfaßbare, deterministische und stochastische Beurteilungsparameter vor.

Die physikalisch quantifizierten Komponenten der Wirksamkeit sind mit den Wahrscheinlichkeitswerten zu überlagern (z.B. multiplikativ), um ein Gesamtwirksamkeitsmaß zu definieren. Diese Größe kann den Kosten gegenübergestellt werden, um die Kosten-Wirksamkeit des Systems zu ermitteln (z.B. als Diagramm).

Eine Variante der Methode KWA (ohne Berücksichtigung der Kosten) ist das

Numerische Wirksamkeitsmaß (MOE-Numerical Measure of Effectiveness): Man baut unmittelbar auf den im Problemdefinitionsschritt ermittelten Einzelzielen für das zu gestaltende System auf und entwickelt ein einfaches mathematisches Modell als gewichtete Verknüpfung der Einzelziele zu einem Gesamtziel.

Beispiel: Flugzeugentwicklung

$MOE = R^2 \cdot 2PL \cdot T \cdot V$ (dimensionsbehafteter Wert)

wobei	R ...	Zuverlässigkeit (Reliability)	$0 < R < 1$
	PL ...	Nutzlast (Pay Load)	[kg]
	T ...	Nutzungszeit (Time)	[h]
	V ...	Marschgeschwindigkeit (Velocity)	[km/h]

Die Gültigkeit des Modelles sollte anhand von Extremwerten abgetestet werden.
Die Methode kann nur im Zuge einer groben Vorauswahl (etwa in der Konzeptphase) zur Anwendung kommen.

6.4.3 Kosten-Nutzwert-Analyse, Nutzwertanalyse, NWA (Cost-Utility-Analysis, CUA)

Im folgenden seien die Kosten-Nutzwert-Analyse und ihr wesentlicher Bestandteil, die eigentliche NWA, gemeinsam behandelt.

Zugrundeliegende Theorie:
Die NWA baut auf dem Konzept einer multidimensionalen Nutzenfunktion (Multidimensional Utility Function) auf, sowie auf der Hypothese der Addierbarkeit von nicht kompensierbaren (austauschbaren) Einzelnutzen zu einem Gesamtnutzen. Sie verwendet die prognostizierten Zielerträge je Bewertungskriterium der einzelnen Alternativen und entwickelt da-

raus eine Rangfolge (innerhalb der Menge) der vorliegenden Alternativen entsprechend den subjektiven Wertvorstellungen des Entscheidungsträgers. Die Abbildung dieser Ordnung erfolgt durch die Angabe der Nutzwerte der Alternativen.

Die Nutwertanalyse verhilft somit zur Systematisierung der Willensbildung und verhindert, daß relevante Fakten und/oder relevante Zielerträge (Konsequenzen) unberücksichtigt bleiben; sie kann die systemimmanente Subjektivität von Bewertungsprozessen keineswegs ausschalten, sie kann sie jedoch aufzeigen und lokalisieren.

Im Prinzip wird das Fähigkeitsprofil der einzelnen Alternativen dem subjektiv ermittelten und bewerteten Anforderungsprofil gegenübergestellt, der Deckungsgrad der beiden Profile wird als relative Eignung in Form eines Nutzwertes ermittelt. Hiebei werden die an den einzelnen Bewertungskriterien gemessenen Alternativeneigenschaften als Nutzenbeiträge formuliert.

Die Nutzwertanalyse ergänzt andere Auswahlmethoden, insbesondere in jenen Fällen, wo

- eine Vielzahl von entscheidungsrelevanten Kriterien zu berücksichtigen ist
- ein monetärer Projektwert nicht bestimmt werden kann. Diese Situation ist typisch für soziotechnische komplexe Aufgabenstellungen der Systemtechnik.

Vorgehen:
Der allgemeine Ablauf bei der multidimensionalen Bewertung von Alternativen ist aus Abb.6.8 ersichtlich. In der NWA speziell wird wie folgt vorgegangen:

1.Schritt: Aufstellen des Zielprogrammes
(subjektiver Schritt: "Was will ich vom System?")

- Abstecken des Entscheidungsfeldes (Bewertungsraumes). Mußforderungen (Mußziele) für das Ausscheiden nicht zulässiger Alternativen festlegen.
- Gliederung des Gesamtzieles (Oberzieles) in möglichst disjunkte Teilziele (Zwischenziele) und weiter in meßbare, operable Einzelziele.
- Definition jeweils eines Bewertungskriteriums (Zielkriterium) k_j, $j=1, \ldots, m$ für jedes Einzelziel.

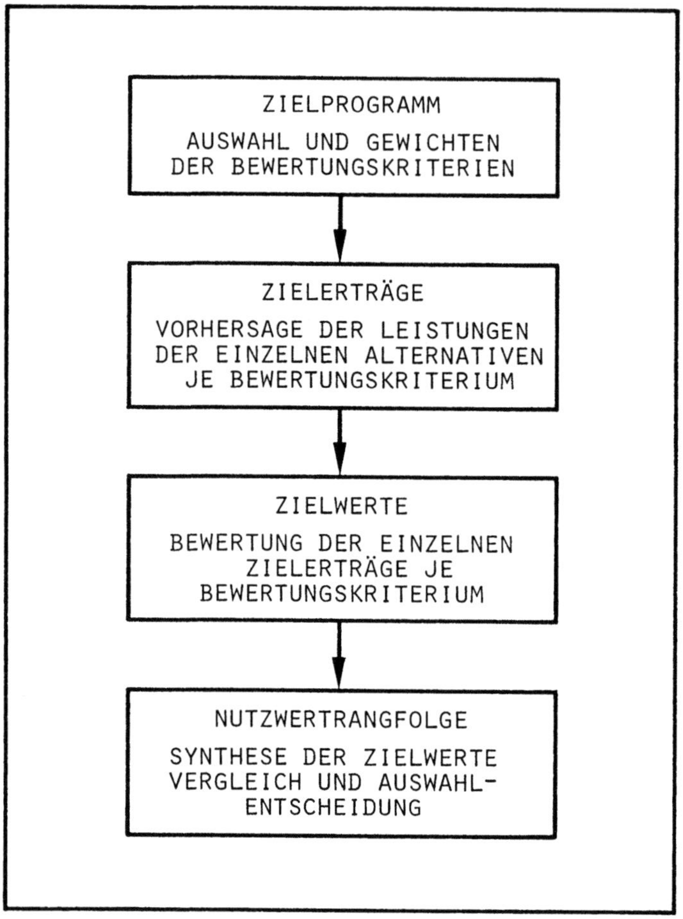

Abb. 6.8: Vorgehenslogik bei der analytischen Bewertung und Auswahlentscheidung

(Z.B. das Einzelziel "geringer Treibstoffverbrauch" ergibt ein Bewertungskriterium "Treibstoffmenge in Liter".)

- Gewichten der Bewertungskriterien (Abbildung der relativen Bedeutung untereinander) entsprechend den subjektiven Wertvorstellungen des Entscheidungsträgers durch Vorsehen von

  Gewichtungsfaktoren g_j, $j=1,...m$; $\sum_{j=1}^{m} g_j = 1$, $g_j \geq 0$

Bemerkung: Die Aufstellung des Zielsystems ist situationsgerecht (d.h. möglichst vollständig) sowie modellgerecht (d.h. weitestgehende Nutzenunabhängigkeit der Zielkriterien) vorzunehmen. Kosten sollten in das Zielsystem selbst nicht aufgenommen werden.

2.Schritt: Aufstellen einer Zielertragsmatrix (Systemeigenschaften, Leistungswerte)
(Objektiver Schritt: "Was leistet die Alternative im einzelnen?)

Eine Zusammenstellung in Matrixform erfaßt die von den einzelnen Alternativen $A_i, i=1,...,n$ erzielten Ausprägungen k_{ij} als Zielerträge für jede der aufgestellten Bewertungskriterien k_j.

Die Daten betreffend die Leistungen der einzelnen Alternativen

- müssen bei konkreten Systemen durch Analysen ermittelt werden (Versuchsläufe, Messungen)
- müssen bei Systemen im Planungsstadium prognostiziert werden.

Die Zielerträge k_{ij} besitzen entsprechend der Formulierung der Bewertungskriterien

- quantitativen Charakter (Zahlenangaben)
- qualitativen Charakter (verbale Beschreibungen);

sie dienen als sachliche und objektive Grundlage für die anschließende Bewertung.

3.Schritt: Aufstellen einer Zielwertmatrix (Erfüllungsgrade, Einzelnutzwerte)
(subjektiver Schritt: "Wie wertvoll sind mir die einzelnen Zielerträge?")

Aufbauend auf der Zielertragsmatrix erfolgt eine Ermittlung der einzelnen Zielwerte N_{ij} durch Bewertung der objektiven Zielerträge k_{ij} entsprechend subjektiver Wertvorstellungen seitens des Beurteilers in Relation zu den übrigen Alternativen. Man verwende hiebei möglichst geläufige Bewertungsskalen bzw. Nutzenfunktionen, wie sie in Abb. 6.9 bzw. Abb.6.10 zusammengestellt sind.

KLASSE	1	2	3	4	5
BEWERTUNG	unbefriedigend	noch tragbar	ausreichend	gut	sehr gut (ideal)
AUSPRÄGUNG	Zahlenangaben oder verbale Beschreibungen				
PUNKTE	0 bis 1	2 bis 3	4 bis 5	6 bis 7	8 bis 9

Abb. 6.9: Urteilsschema zur Festlegung von Zielwerten (aufbauend auf VDI 2225; proportionale Punktezuordnung)

Eine Bewertungsskala (Urteilsschema) ordnet

- den relevanten Zahlenbereich des Zielertrags (Minimum-Maximum) bzw.

- den verbalen Ausprägungen des Bewertungskriteriums Punkte (Wertziffern) zu; diese werden Zielwerte oder auch Einzelnutzwerte genannt.

Es wird empfohlen, bezüglich der Klassenanzahl z folgende Richtlinien einzuhalten:

- Bei Bewertungsproblemen ohne Schätzalgorithmus ergeben sich hinsichtlich der Klassenzahl obere Grenzen, deren Überschreitung bloß eine Pseudoexaktheit produziert, den Bewerter dabei aber eher verwirrt. Um das Ziel der Entscheidungskonsistenz (Beurteilungsreliabilität) möglichst weitgehend zu erreichen, wird empfohlen

  $z \leq 10$

  Nur in begründeten Fällen sollte eine Klassenzahl von 10 überschritten werden, insbesondere bei
  - o hoher Datenreliabilität
  - o guter Unterscheidbarkeit (Genauigkeit) der Ausprägungen des Kriteriums
  - o gutem Unterscheidungsvermögen (Diskriminationsfähigkeit) seitens des Bewerters für das betreffende Kriterium, d.h. die Klassengrenze sollte jenseits der jeweiligen Unterscheidungsschwelle liegen.

  Hohe Klassenzahlen können sich allerdings bei mehrstufigen Bewertungsprozessen ergeben.

- Nur bei sehr grober Analyse wird eine Klassenzahl von z = 3 (z.B. schlecht-durchschnittlich-gut) oder gar von z = 2 (z.B. niedrig-hoch) genügen.

- Je nach dem bedeutungsmäßigen Gehalt des zu beurteilenden Kriteriums ist es für den kognitiven Prozeß sinnvoll, einen der beiden Ankerpunkte als Bezug zu wählen:
  - o Durchschnitt (vom Mittelmaß als Bewertungswert ausgehend)
  - o oberer und unterer Extremwert (von zweiwertiger Logik bzw. dichotomer Ausprägung ausgehend)

  Im ersten Fall gilt:

  z ... ungerade (Faustregel: "Sieben plus/minus zwei Klassen")

  Gefahr: Der Bewerter minimiert seinen "Fehler" und wertet aus Bequemlichkeit ungerechtfertigt oft "durchschnittlich". Weiters kann sich fälschlicherweise eine indifferente Einstellung als Durchschnitt in der Bewertung niederschlagen.

Im zweiten Fall gilt:

z ... gerade: Zwang zur Deklarierung der Einstellung ("eher ja oder eher nein"), Forced Choice.

- Für algorithmierbare Bewertungsprobleme sind hinsichtlich der Klassenzahl nur rein verfahrensmäßig Grenzen gesetzt.

Bei der Punktezuordnung sollte einheitlich mit Gutpunkten gearbeitet werden, nicht zuletzt, um Irrtümer zu vermeiden. Die Skalen müssen normiert sein (gleiche Punktehöchstzahl), um eine spätere Zusammenfassung zu erleichtern.
Bei qualitativ erfaßten Bewertungskriterien bzw. Zielerträgen sind die einzelnen diskreten Ausprägungen direkt in die Klassen einzutragen.
Bei quantitativ erfaßten Zielerträgen kann man Nutzenfunktionen ansetzen, deren Funktionswert in Form einer Gleichschrittskala in Punkte umzusetzen ist.

Eine Nutzenfunktion bildet den für das jeweilige Bewertungskriterium gültigen, subjektiv empfundenen Verlauf des Zielwertes in (funktionaler) Abhängigkeit vom Zielertrag ab (Abb.6.10). Man kann hiebei von den Extremwerten und weiters von markanten Stützwerten ausgehen, um sich Klarheit über die zu unterstellende Abhängigkeit zu verschaffen und den entscheidungsrelevanten Verlauf festzulegen.
Die angeführten mathematischen Modelle erlauben eine EDV-gestützte Auswertung des komplexen Bewertungsprozesses. Sie sollten jedenfalls noch vor Kenntnis der Zielerträge festgelegt werden.

4.Schritt: Aufstellen einer Nutzwertrangfolge durch Wertsynthese
(objektiver Schritt: "Welche Alternative besitzt den relativ größten Nutzwert?")

Die im ersten Schritt ermittelte Gewichtung der Bewertungskriterien untereinander wird nun für eine Zusammenfassung der Zielwerte zu Nutzwerten je Alternative verwendet. Der Nutzwert N_i einer beliebigen Alternative A_i ist ein dimensionsloser Index, der den Erfüllungsgrad der vorgegebenen Ziele durch diese Alternative ausdrückt; er ergibt sich als Summe sämtlicher Nutzwertbeiträge, d.s. die gewichteten Zielwerte, formal angeschrieben mit:

$$N_i = \sum_{j=1}^{m} g_j \cdot N_{ij}$$

Dieses Modell der additiven Verknüpfung der Einzelnutzwerte zum gesamten Nutzwert ist strenggenommen nur bei gegenseitiger Nutzenunab-

hängigkeit der einzelnen Bewertungskriterien zulässig, was in der Praxis praktisch nie auftritt.
Die Auswahlentscheidung kann nun aufgrund der eindimensionalen Rangreihe (Präferenzordnung) erfolgen.

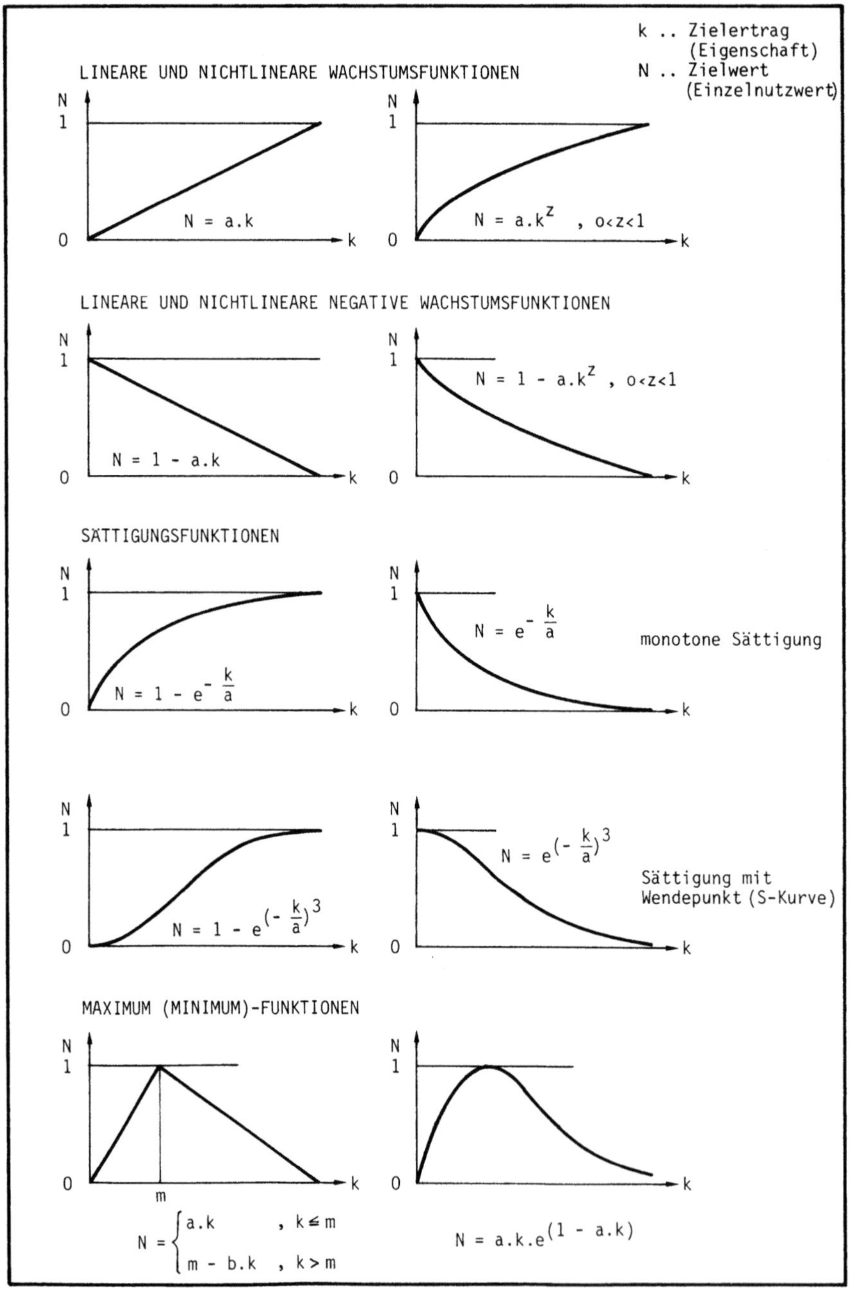

Abb. 6.10: Häufig auftretende Nutzenfunktion N=f(k) (Zielwertfunktionen)

5.Schritt: Sensitivitätsanalyse, Berücksichtigung von Ungewißheit
(subjektiver Schritt: "Wie verläßlich ist das Ergebnis?")

Zur Abtestung der Qualität der ermittelten Lösung, in die subjektive Werturteile seitens fachlich mehr oder minder kompetenter Entscheidungsträger Eingang fanden, kann man eine Sensitivitätsanalyse der ermittelten Ergebnisse durchführen.

In Anlehnung an die PERT-Methode der Netzplantechnik werden hiebei wesentliche Werturteile als stochastische Größen aufgefaßt und durch folgende Werturteile ergänzt:

- optimistischer Wert (entspricht 5-Perzentile)
- pessimistischer Wert (entspricht 95-Perzentile)

Durch Überlagerung dieser Extremwerte unterschiedlicher Meinungen ergibt sich eine Streuung des Nutzwertes:

N_O ... optimistischer Nutzwert

N_H ... häufigster (wahrscheinlichster) Nutzwert

N_P ... pessimistischer Nutzwert

Analog kann die Sensitivität des Ergebnisses hinsichtlich Schwankungen der prognostizierten "objektiven" Leistungsdaten der Alternativen durch Einsetzen eines optimistischen und pessimistischen Wertes für die Zielerträge getestet werden. Auf diese Weise können auch Situationen der Entscheidung unter Risiko abgebildet werden.

Kostenaspekte bei Anwendung der NWA:

In der aufzustellenden Zielhierarchie der NWA sollten (streng genommen) keine Kosten aufscheinen.

Oft wird versucht, die Aufwand-Seite ("Kosten") als negative Nutzen zu formulieren und in der NWA als Bewertungskriterien zu berücksichtigen.

Findet auf diese Weise ein monetär bewertetes Kriterium (Kosten, wie z.B. Anschaffungskosten des Systems) Eingang in die multidimensionale Bewertung, so entspricht dies letztlich einer monetären Erfassung sämtlicher Beurteilungskriterien, da sich dann über die Gewichtungsfaktoren Äquivalenzen zu den übrigen nichtmonetär quantifizierten Kriterien ergeben. Die Voraussetzung für die Anwendung der NWA ist hingegen das Vorliegen von nicht (befriedigend) exakt in Zahlungseinheiten erfaßbaren Einzelerträgen, ansonsten wäre die Investitionsrechnung bzw. die KNA anzuwenden.

Darüber hinaus stellt eine Überführung von monetär quantifizierten Ergebnissen (kardinale Meßskala) in subjektive Nutzwerte einen nicht angestrebten Informationsverlust dar.

Wegen der Bedeutung des Zieles der Kostenminimierung, das zu dem Bündel von Nutzenzielen im allgemeinen in Konkurrenzbeziehung steht, muß jedoch die Kostenseite methodengerecht berücksichtigt werden können: Die Kosten-Nutzwertanalyse ermöglicht dies, indem sie je Alternative den Nutzen (Leistung) auf die dafür erforderlichen Kosten bezieht und so den spezifischen Nutzwert (Quotient aus Nutzwertpunkten und Geldeinheiten) als Vergleichsgröße zwischen den Alternativen verwendet. Die Alternative, die pro Geldeinheit die meisten Nutzwertpunkte verspricht, ist dann an die erste Stelle der Rangfolge zu setzen.
Hiebei muß auch für das Kosten-Kriterium der zulässige Wertebereich abgesteckt und außerhalb liegende Alternativen vorweg ausgeschieden werden.

Formale und inhaltliche Kritik an der Methode:

- Es werden die vorliegenden Alternativen direkt bewertet, d.h. man läßt sämtliche übrigen, theoretisch möglichen Alternativen bei der Bewertung unberücksichtigt.
- Die in einem einzigen Zeitpunkt zu fällende Gesamtbewertung wird aufgespaltet, was theoretisch nur bei Nutzenunabhängigkeit zulässig ist. Dies bedeutet jedoch, daß ein Zielertrag für sich alleine, und nicht erst in Verbindung mit einem anderen Zielertrag wertvoll sein muß; es wird eine additive Nutzenfunktion vorausgesetzt. Dies trifft bei Zielkonkurrenz oder Zielkomplementarität streng genommen nicht zu.
- Wird die Nutzwertanalyse vom Entscheidungsträger selbst angewandt, so ist es durchaus möglich, daß man sich selbst betrügt, indem man bewußt oder auch unbewußt sämtliche Bewertungen so ausfallen läßt, daß eine a priori (und damit intuitiv) als erstrebenswert angesehene Alternative jeweils am günstigsten beurteilt wird - und damit auch letztlich das Rennen macht.
- Wird die Nutzwertanalyse für einen anderen zum Zwecke der Verwendung als Entscheidungsunterlage durchgeführt, so zeigt sich, daß eine den tatsächlichen Präferenzen entsprechende Gewichtung der Einzelziele sehr schwer zu ermitteln ist. Gründe für die sich dadurch ergebende Lücke im gesamten Informationsbedarf des Systemplaners sind folgende:
  - o Das Management ist an einer dokumentierten Gewichtung der Systemziele nicht interessiert, da damit der Entscheidungsträger als letzte Instanz in seiner Bedeutung zu verlieren glaubt und anscheinend entbehrlich wird.
  - o Das Management gibt seine Präferenzstruktur bezüglich der einzel-

nen Ziele nicht an, da Ziele mit hineinspielen, die stark persönlich gefärbt bzw. nicht für die Öffentlichkeit bestimmt sind (keine Freigabe seines "Innersten", Geheimhaltung).

- Das Management als Entscheidungsträger ist sich selbst nicht klar darüber, wie seine Zielvorstellungen aussehen, da vorwiegend intuitiv entschieden wird, je komplexer die Problemstellung ist.
- Das Management hegt eine generelle, nicht rational begründete Abneigung gegenüber Planung ganz allgemein aus falsch verstandener freiheitlicher Gesinnung heraus: Planung wird als Gegensatz zu Freiheit aufgefaßt. Weiters wird angenommen, daß Spontaneität dadurch verloren gehe und daß es sich hier um eine aufwendige Spielerei nicht strukturierbarer Abläufe handle.

7. Quantitative Modelle in der Systemtechnik

Unter einem Modell sei ganz allgemein die Abbildung eines bestimmten Ausschnittes der Realität verstanden. Obschon bereits in den bisherigen Abschnitten formale, insbesondere mathematische Modelle zur Abbildung von Phänomensystemen Verwendung fanden, soll im folgenden ein Überblick über die in der Sytemtechnik zum Einsatz kommmenden mathematischen Modelle gegeben werden.

7.1 Die Bedeutung der Mathematik in der Systemwissenschaft

7.1.1 Überblick über mathematische Modelle

Besonders hinsichtlich der Abbildung von soziotechnischen Realitäten, in denen also der Mensch und/oder die Gesellschaft als Sytemkomponenten aufscheinen, ist die Entwicklung der Mathematik als Instrument des Systemtechnikers noch lange nicht abgeschlossen. So war noch vor wenigen Jahren die Meinung auch bedeutender Sozial- und Wirtschaftswissenschaftler keineswegs einhellig positiv gegenüber der Mathematik eingestellt: "Es läßt sich leicht zeigen, daß alle mathematischen Formulierungen gesellschaftlicher, wirtschaftlicher, geistiger, psychologischer 'Gesetze' eine Selbsttäuschung und immer falsch sind - notwendigerweise, weil die Ganzheit, wie alles Sinnvolle, Geistige überhaupt, nicht quantifizierbar ist! Ein anderer wichtiger Punkt ist, daß bei einem ganzheitlichen Gesetz niemals das 'ceteris paribus' gelten könne. Alle Gesetze der mathematischen Physik sind daher auf der Annahme, daß sich eine einzige Bedingung, eine einzige Größe einer Gleichung für sich alleine ändern lasse, alles übrige aber gleich bleibe - 'ceteris paribus' - aufgebaut! Schon darum allein ist die Anwendung der Mathematik in allen ganzheitlichen Wissenschaften ausgeschlossen." (O.Spann)

Die inzwischen entwickelte Systemtechnik versucht gerade diese Ansicht zu relativieren, wobei das Grundproblem der nicht abbildbaren Komplexität letztlich bestehen bleibt.

Das leider noch immer vorherrschende lineare Denken in nicht-technischen Kreisen mißachtet die vernetzten Zusammenhänge der Dinge und bildet sie dementsprechend auch formal in linearen Modellen ab.

Nur kybernetisches Denken hilft, katastrophale Folgen einseitigen Handelns in Natur, Technik und Gesellschaft zu verhindern; kybernetisches Denken und Handeln sieht alle Seinsbereiche unter den Aspekten des Regelkreises und der wechselseitigen Abhängigkeit.

Da jedoch der heutige Stand, betreffend verfügbare mathematische Modelle mit analytischen Lösungsverfahren zur Formulierung soziotechnischer Systeme, nicht befriedigt, weil Lösungen - wenn überhaupt - nur unter Einschränkungen und Modellvergröberungen sowie unter Einsatz anspruchsvoller Mathematik zu erhalten sind, sei in der vorliegenden Arbeit besonders auf die Simulation als numerisches Näherungsverfahren der Lösung verwiesen; sie hat durch die Entwicklung auf dem EDV-Sektor eine große Bedeutung - vor allem bei Nicht-Mathematikern - erlangt.

Die mathematischen Modelle seien daher wie folgt gegliedert:

1. Operations Research Modelle: Optimierungsmodelle von Funktionsabläufen und Strukturen;
2. Regelungstheoretische Modelle: stetige oder diskrete Modelle mit Regelkreisstruktur;
3. Automatentheoretische Modelle: diskrete Modelle der Informationsverarbeitung, aufbauend auf dem Relationsbegriff;
4. Simulations-Modelle: für beliebige komplexe Systeme, numerische Auswertung mit Hilfe des Computers; iterative Lösungsverfahren.

7.1.2 Das Aufstellen von Modellen

Ein Modell repräsentiert einen realen Sachverhalt in abstrahierender und damit simplifizierender Weise, es dient meist zur Vorhersage des Verhaltens des Realsystems. Der Zweck eines Modelles ist somit, daß der Systemtechniker statt am eigentlichen System am Modell manipulieren kann; dies ist notwendig

- aus physikalisch-technischen Gründen (wenn das System nicht erreichbar ist, wenn es unmanipulierbar ist),
- aus wirtschaftlichen Gründen (wenn das System sehr kostspielig ist, insbesondere wenn das System durch die Eingriffe unzulässigerweise gestört oder zerstört wird oder das Risiko einer Fehlentwicklung bei Neukonstruktionen zu groß ist),
- aus ethischen Gründen (wenn etwa Menschenleben auf dem Spiel stehen).

Die Beziehung zwischen Realsystem (Wirklichkeit) und Modell (Abbildung) zeigt schematisch Abb.7.1 auf.

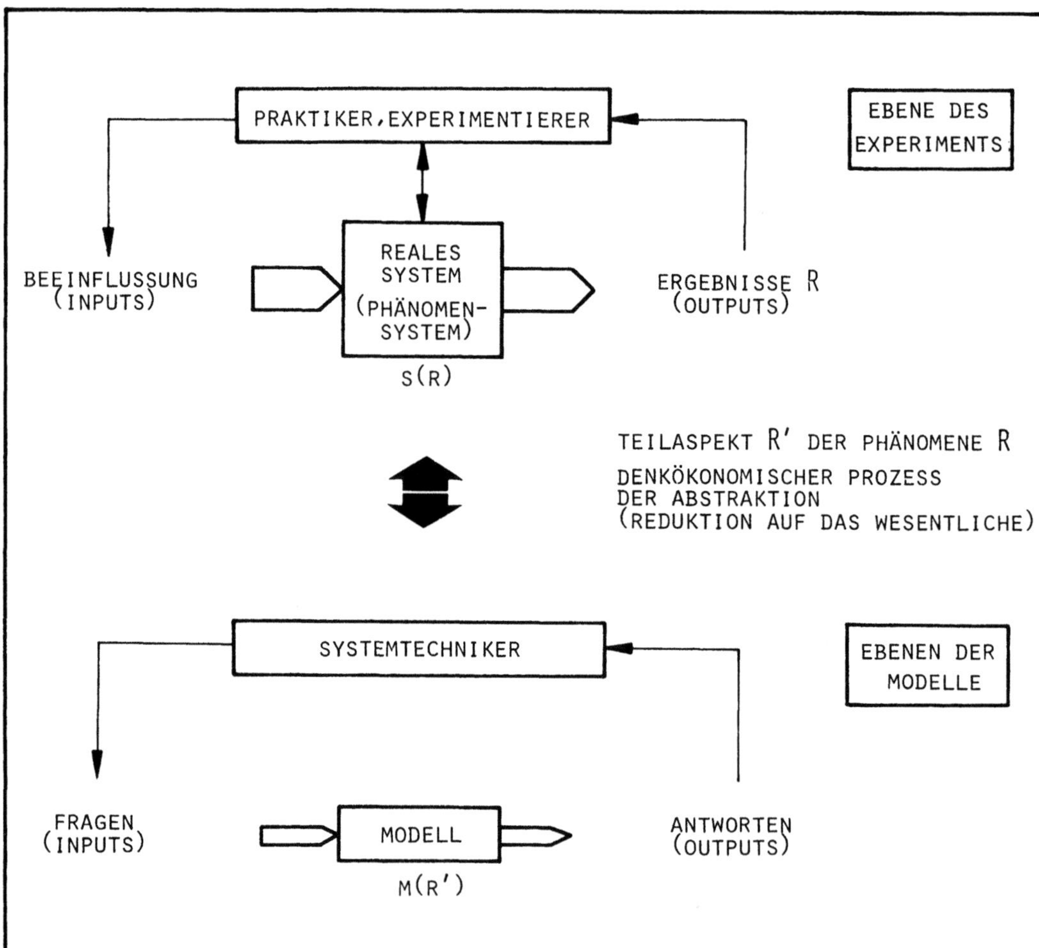

Abb. 7.1: Beziehungen zwischen Realsystem und Modell

Das Vorgehen bei der Modellentwicklung erfolgt gemäß folgender prinzipieller Schritte:

1.Schritt: Abgrenzung und Definition des abzubildenden Sachverhaltes (Phänomensystem)

2.Schritt: Bestimmung und Festlegung der relevanten Modellvariablen und Modellparameter

3.Schritt: Bestimmung der Beschaffenheit der Relationen im Modell

4.Schritt: Modellanalyse: Überprüfung des Modells auf seine Eignung hinsichtlich der Erfüllung gestellter Anforderungen (vgl. nächster Punkt).

7.1.3 Anforderungen an ein Modell

Beim Aufstellen eines Modelles als Abstraktionsform eines Phänomensystems muß man sich im Zuge des denkökonomischen Abstraktionsprozesses an einer optimalen Wirksamkeit des geforderten Modelles orientieren: Der Modellnutzen als abhängige Größe unterschiedlicher Parameter der Modellqualität muß gegen den Aufwand für Erstellung und Anwendung des Modelles abgewogen werden (trade-off-Problem).

Aus obiger Überlegung seien folgende Charakteristika eines guten Modelles abgeleitet.

Ein Modell soll sein

empirisch richtig ("ähnlich")
: Das Modellverhalten soll mit den Beobachtungen des Phänomensystems möglichst gut übereinstimmen, d.h. realitätsbezogen sein.
Dies wird erreicht durch einen hohen Grad der Übereinstimmung betreffend die Systemstruktur sowie die Systemelemente. Die Verwandtschaft zwischen Original und Modell hat folgende prinzipielle Ausprägungen:

Isomorphie: ein-eindeutig (umkehrbar eindeutig)

Homomorphie: mehr-eindeutig (nicht umkehrbar eindeutig); deterministische Zuordnung

Polymorhpie: ein-mehrdeutig; probabilistische Zuordnung

Amorphie: keine Zuordnung der Strukturen erkennbar (kein Modell)

Alle bezüglich der Fragestellung relevanten Systemparameter sollen im Modell aufscheinen.

	Zu beachten sind hiebei insbesondere die Kriterien: Genauigkeit (Bandbreite der Aussagen, die noch als richtig zugelassen werden), und Sicherheit (Wahrscheinlichkeit, mit der gemachte Aussagen über die Realität zutreffen).
formal richtig ("exakt")	Das Modell soll in sich widerspruchsfrei und formal einwandfrei sein und Ergebnisse möglichst in quantitativer Form liefern. Die Marktaussagen sollen wiederholbar und damit nachprüfbar sein.
produktiv ("fruchtbar")	Das Modell soll auf die spezifisch gestellten Fragen inhaltlich und formal brauchbare Antworten liefern, d.h. zweckbezogen sein.
handhabbar ("nutzerfreundl.")	Das Modell soll leicht anzuwenden und die Ergebnisse leicht zu interpretieren sein.
nicht aufwendig ("billig")	Der Aufwand für Modellerstellung und Modellanwendungen sollte möglichst niedrig sein.

Offensichtlich stehen die ersten drei Bewertungskriterien mit den übrigen zweien in Konkurrenz; jedes Modell stellt in diesem Sinne einen Kompromiß dar.

7.1.4 Mißverständnisse mit Modellen

Da es sich, wie vorhin gezeigt, zum Teil um subjektive Kriterien der Modellbewertung handelt, stehen Modelle oft zu unrecht unter Kritik, besonders wenn die Modellantworten nicht den subjektiven Vorstellungen entsprechen.

Folgende Gründe für Mißverständnisse können angegeben werden:

- Das Modell wird mit dem Phänomensystem gleichgesetzt, verwechselt: Jede Modellantwort muß mit gesunder Skepsis betrachtet werden!
- Es wird der abstrahierende Charakter des Modells, seine Unvollständigkeit übersehen. Unterschiedliche Nutzer stellen unterschiedliche Anforderungen, weshalb die Frage nach der Berücksichtigung interessierender Systemparameter nie generell und allgemeingültig beantwortet werden kann.

- Je nach Fähigkeit seitens des Modellbauers kommen unterschiedliche Modelltypen zum Einsatz. Hiebei kommt es leicht dazu, daß unbewußt die Wirklichkeit geistig an zufällig verfügbare Modelle angepaßt wird, und nicht umgekehrt (vor allem durch Annahme von Linearität, Unabhängigkeit von Größen, Behandlung der Erwartungswerte als deterministische Größen).
- Schwer quantifizierbare Größen werden in mathematischen Modellen gerne völlig vergessen, statt die quantitativen Ergebnisse des Modells entsprechend dieser Größen zu beleuchten und zu bewerten (z.B. Einflußgrößen wie der Wert menschlichen Lebens/der Zeit, langfristige schädigende Wirkungen, menschlicher Wille und Erfindungsgeist, Emotionen und ähnliches).
- Zunächst deskriptive Modelle werden oft durch das Wunschdenken des Modellbauers subjektiv verfälscht (biased), wodurch man sich der objektiven Basis beim anschließenden Bau subjektiv orientierter normativer Modelle begibt.

7.1.5 Kategorien von Modellen

Da Modellsysteme materielle oder formale Abbildungen von Realsystemen sind, können auch sämtliche Systemeigenschaften, wie sie in Abschnitt 2.3 aufgestellt wurden, bei Modellen relevant sein.

Modelle können wie folgt klassifiziert werden (in Klammer die entsprechenden Begriffe der Semiotik)

Objektorientierte Gliederung (technologisch):
Gliederung nach dem Abbildungsmedium
(syntaktische Aspekte der Modellierung)
Es werden die Abbildungen nach unterschiedlichen Kategorien von Darstellungsmedien ("Kodierung") unterschieden in
- materielle Modelle (physische Gegenstände)
- verbale Modelle (Aussagesätze)
- formale Modelle (tabellarisch-graphisch: Flußdiagramme, Boolesche Funktionen, Diagramme etc.)
- mathematische Modelle (quantitativ-analytisch: Gleichungssysteme, Funktionen, Matrizen etc.)

Objektorientierte Gliederung (transformationslogisch):
Gliederung nach der Beziehung des Modells zum abgebildeten System

(semantische Aspekte der Modellierung)
Es werden die Abbildungen nach unterschiedlichen Kategorien von Beziehungen zwischen Orignal und Modell ("Bedeutung") unterschieden in

- Maßstäbliche Modelle (Replika):
  Die relevanten Systemeigenschaften des Realsystems werden durch sich selbst im Modell mit - oder auch ohne - Maßstabänderung repräsentiert.
- Analog-Modelle (Verwandtschaftsmodelle):
  Die Systemeigenschaften werden durch andere Eigenschaften im Modell repräsentiert, die wegen ihrer Eignung für eine Analogiebildung ausgewählt wurden.
- Symbolische Modelle (Ikonische Modelle):
  Die Systemeigenschaften werden durch Symbole aus definierten Symbolmengen repräsentiert (charakteristische Gegenstände, graphische Symbole, Säulen/Segmente, Farben, Bildzeichen, Schriftzeichen, Ziffern und ähnliches).

Der Übergang zwischen den drei Modelltypen ist fließend, sie könnnen auch beliebig kombiniert auftreten.

Beispiel: Die Reliefkarte:
geomorphologische Erhebungen ≙ Erhebungen (Replika-Modell)
Höhen ≙ Farben (Analog-Modell)
Hauptstädte ≙ Sternchen (Symbolisches Modell)

Verrichtungsorientierte Gliederung (zweckbezogen):
Gliederung nach dem Verwendungszweck des Modells
(pragmatischer Aspekt der Modellierung)
Im Sinne des in Abb.1.1 dargestellten Modells der Realwissenschaften können vier prinzipielle, aufeinander aufbauende Modelltypen unterschieden werden. Es wird hierbei zugleich der Prozeß der Modellerstellung hinsichtlich seines erkenntnistheoretischen Aspekts diskutiert, mit den elementaren Ausprägungen:

- induktiver Schritt: gehaltserweiternd, Hypothesen schaffend. Es kommt etwas zum Aussagegehalt dazu, was nicht in Evidenz enthalten ist, somit eine nicht evidente, unbewiesene Hypothese, basierend auf einem induktiven Schluß.
- deduktiver Schritt: wahrheitskonservierend, Hypothesen prüfend. Von formulierten Hypothesen werden Spezialfälle abgeleitet, d.h. Spezialisierungen

allgemeiner Sätze in Form von Prognosen erstellt.

- normativer Schritt: zustandsvorschreibend.
Individuelles Festlegen eines anzustrebenden Zustandes; beinhaltet deduktive und induktive Anteile.

Nach dem Verwendungszweck unterschiedene Modelltypen sind damit:
Beschreibungsmodelle (deskriptive Modelle, Monitormodelle)
Beschreibungsmodelle geben Antwort auf die Frage "Was ist?".
Sie bauen auf einer unterschiedlich detaillierten Erfassung von Phänomensystemen (konkreter oder auch abstrakter Natur) auf und bilden vorgefundene Zustände ab. Darüber hinausgehend liefern Beschreibungsmodelle keine (unmittelbare) Auskunft darüber, unter welchen Voraussetzungen die beschriebenen Zustände Gültigkeit besitzen oder welche Wirkzusammenhänge als Ursache für das Auftreten der beobachteten Zustände unterlegt werden können.

Beschreibungsmodelle beinhalten damit weder wesentliche deduktive noch induktive Schritte.
Sie werden oft als Lehrmodelle, Demonstrationsmodelle bzw. Erfassungsmodelle bezeichnet.

Erklärungsmodelle (explikative Modelle)
Erklärungsmodelle geben Antwort auf die Frage "Warum ist etwas so?"
In diesen Modellen sind in logisch-induktiven Schritten ermittelte, allgemeingültige Wirkzusammenhänge in Form von Thesen unterstellt, die in quantitativer oder auch bloß qualitativer Form Erklärungen für das Auftreten bestimmter Zustände des Phänomensystems liefern. Verbunden damit werden die Voraussetzungen und Beschränkungen für die Gültigkeit der Gesetzmäßigkeiten angegeben.
Es handelt sich somit bei Erklärungsmodellen um eine auf der Beschreibung einer Situation aufbauenden Hypothesenbildung, die vorwiegend induktive Schritte beinhaltet (induktiver Schluß). Zweck von Erklärungsmodellen ist es, eine möglichst weitgehende Einsicht in ein Realphänomen zu gewinnen, es zu verstehen. Insbesondere bei den sogenannten soft-sciences wird sich das Verstehen oft mit Erkenntnissen der Ähnlichkeit, subjektiven Präferenzen des Verhaltens und anthropomorphen Erklärungen zufrieden geben müssen.
Die Richtigkeit als wertvollste Aussage über eine formulierte Hypothese ist dann solange gegeben, solange es nicht gelingt, diese Hypo-

these zu falsifizieren, d.h. zumindest in einem Fall nachzuweisen, daß sie nicht zutrifft.
Hypothesen in Form von Wahrscheinlichkeitsaussagen sind in diesem Sinne einer Falsifizierung nicht zugänglich, ihre Verifizierung muß über Analysen von Stichproben erfolgen, wobei eine Aussagewahrscheinlichkeit von S = 1 (d.i. Aussagesicherheit) nie erreicht werden kann.

Vorhersagemodelle (prognostische Modelle)
Prognosemodelle geben Antwort auf die Frage "Wie wird etwas sein?". Diese Modelle werden, aufbauend auf Erklärungsmodellen, mittels eines oder mehrerer deduktiver Schritte ermittelt; es handelt sich somit um die Ableitung von singulären Sätzen bezüglich die Vorhersage zukünftiger Systemzustände und zukünftigen Systmverhaltens (logisch-deduktive Spezialisierung allgemeiner Hypothesen).

Bei soziotechnischen Systemen sind Prognosen im strengen Sinne nicht möglich, da der Betrachtungsgegenstand definitionsgemäß den Menschen als autonomes Subjekt mit beinhaltet, der durch sein Bewußtsein deterministischen Gesetzmäßigkeiten nicht zugänglich ist, wohl aber können Verhaltensmuster für Kollektive, mit Wahrscheinlichkeitsangaben versehen, vorhergesagt werden. Darüber hinaus wirkt sich beim Menschen die Rückkopplung einer Prognose auf zukünftiges Verhalten aus (Selffulfilling Prophecy).
Die Wirksamkeit von Prognosemodellen kann aufgrund historischer Daten abgetestet werden (Validierung mittels nachträglicher Prognose bereits eingetretener Zustände, d.h. ex post-Prognosen).

Entscheidungsmodelle (preskriptive-normative Modelle)
Entscheidungsmodelle geben Antwort auf die Frage "Was soll sein?". Mit Hilfe von Entscheidungsmodellen werden Handlungsalternativen bestimmt, d.h. in Ausrichtung auf ein vorgegebenes Zielsystem optimale Modellstrukturen ermittelt, die in Form praxeologischer Aussagesysteme als Einwirkungsmaßnahmen auf die Realität angewendet werden.
Entscheidungsmodelle enthalten dementsprechend
- eine oder mehrere Zielsetzungen, Nutzenfunktionen
- die Randbedingungen der zu beeinflussenden Situation
- explizite Entscheidungsvariablen

Jede Festlegug gestaltbarer Zustände im Sinne einer Vorschrift erfolgt unter Anwendung mehr oder minder formalisierter Entscheidungsmodelle. Im Zuge des Systemgestaltungsprozesses werden Pläne unterschiedlicher Detaillierung erarbeitet, die als Vorschrift für die nachfolgende Konkretisierung (Realisierungsphase) dienen. Diese Modelle haben Vorschreibungscharakter, sie beschreiben normativ einen (anzustrebenden) Zustand, sind somit als Beschreibungsmodelle aufzufassen. (Damit schließt sich der Kreis der nach dem Verwendungszweck unterschiedenen Modelltypen.)

Im Regelfall wird für ein reales Problem kaum ein unmittelbar anwendbares Modell (vollständiges Modell) in der Literatur aufzufinden sein.
Die kreative Aufgabe des Modellbauers ist es somit,
- möglichst weitgehend homöomorphe (strukturähnliche) Modelle aufzuspüren bzw. auszuwählen,
- diese strukturell zu adaptieren (Zielrichtung Isomorphie)
- diese zu ergänzen, dem speziellen Fall entsprechend zu vervollständigen.

7.1.6 Modellvereinfachung

Da jedes Modell eine vereinfachte Abbildung des Phänomensystems ist und damit eine Entfernung von der Wirklichkeit beinhaltet, seien grundsätzliche Aspekte der Vereinfachung zusammengestellt, um bewußt schrittweise zu einem wirtschaftlichen Modell zu kommen.

Es geht, generell gesprochen, um eine Optimierung des Zielkonflikts:
Reduktion des Aufwandes für Modellbildung und Modellnutzung gegenüber
Erhöhung der Aussagequalität durch weitestgehende Homöomorphie zwischen Modell und Wirklichkeit (Rationalitätsprinzip).

Bei der immer notwendigen Vereinfachung sollten vernachlässigte, im Modell nicht aufscheinende Aspekte einer ergänzenden (intuitiven) Berücksichtigung unterworfen werden.
Die Vereinfachungen können sich wahlweise auf
- Ziele (Zielvariable), Beurteilungskriterien
- Randbedingungen und Beschränkungen (Situationsvariable), relevante Zustände der Problem-Umwelt
- Gestaltungsparameter (Instrumentalvariable), Lösungsalternativen

sowie auf die Abhängigkeiten zwischen diesen (Zusammenhänge) beziehen.

Es ergeben sich damit folgende prinzipielle Vereinfachungen:

- Abstriche bei der Forderung nach Vollständigkeit des Modells. Offensichtlich relevante Aspekte werden im Modell nicht erfaßt.
- Abstriche bei der Forderung nach Formalisierung des Modells. Teilweiser Verzicht auf Formulierung, Verzicht auf Quantifizierung.
- Abstriche bei der Forderung nach Genauigkeit des Modells.
  - o Funktionalisierung: Annäherung beliebiger Abhängigkeiten (Relationen) durch mathematische Funktionen.
  - o Linearisierung: Annäherung beliebiger funktionaler Abhängigkeiten durch (zumindest abschnittweise) Proportionalität (z.B. lineare Programmierung, Zielgewichtung).
  - o statische Näherung: Vernachlässigung des zeitabhängigen Charakters von Variablen; Schwankungen, Trends (Alterung etc.).
  - o verzögerungsfreie Näherung: Vernachlässigung der zeitlichen Verzögerung der Auswirkungen (Rückwirkungen auf Umwelt, auf das System $\hat{=}$ Lernverhalten).
  - o deterministische Näherung: Vernachlässigung des stochastischen Charakters von Variablen; Verwendung der entsprechenden Erwartungswerte als deterministische Größen (Reduktion der Ungewißheit).
  - o diskrete Näherung: Vernachlässigung ganzer Bereiche des Wertevorrats von Variablen, Diskretisierung, Fixierung, Klassifizierung von Variablen.
  - o unabhängige Näherung: Vernachlässigung wechselseitiger Abhängigkeiten von Variablen (Korrelationen).

7.2 Operations Research Modelle

Die mathematischen Modelle des Operations Research (O.R.) dienen primär zur Optimierung von Systemen, deren Lösungsprinzip bereits feststeht. O.R.-Modelle enthalten keine grundlegend kreativen Aspekte, geben daher auch nur mittelbar Aufschluß über die Konzipierung neuer Systeme.

Bei den Operations-Research-Modellen handelt es sich im Prinzip um folgende Fragestellung:

Optimierungsproblem: Die Variablen M und N sollen beide so groß wie möglich gemacht werden.

M = f(x,y,z)
N = f(x,y,z)
x,y,z ... ein Satz unabhängiger Variabler
Nebenbedingung:
Eine Zunahme von M bedingt eine Abnahme von N und umgekehrt (die Variablen stehen in reziproker, nicht linearer Abhängigkeit zueinander).

Folgende Einteilung der O.R.-Modelle bietet sich an:

- Lagerhaltungsmodelle (inventory): Festlegung optimaler Mengen bei Anschaffung/Herstellung (Bestellmenge, Fertigungslosgröße). Gegenseitig abzuwägen sind hierbei Lagerhaltungskosten und Fehlmengen- bzw. Produktionskosten.
- Zuteilungsmodelle (allocation): optimale Aufteilung beschränkter Ressourcen (Einsatzmittel) auf konkurrierende Prozesse, Stellen.
- Reihenfolgeprobleme (sequencing): optimale Reihung von Vorgängen; optimale Arbeitsfolge, Prioritätsregeln.
- Routenplanung (routing): optimale Zusammenfassung von Transportwegen zu Fahrrouten (auch im übertragenen Sinn!).
- Warteschlangenmodelle (queueing): optimaler Einsatz von Anlagen, Kapazitäten.
- Ersatzmodelle (replacement): optimaler Austausch von Anlagen, Einsatzmitteln.
- Konkurrenzmodelle (competition): optimale Strategien in Wettbewerbssituationen; Spiele gegen Konkurrenz.

Es existiert ein breites Angebot ausführlicher Fachliteratur auf dem O.R.-Gebiet. Der praktische Einsatz der O.R.-Methode geht jedoch leider über Basismodelle derzeit kaum hinaus, wobei - insbesondere für den Systemtechniker - der Trend zu einer verstärkten Anwendung der Simulation innerhalb des O.R. von großer Bedeutung ist. (So können heute die Zuteilungsmodelle mit Hilfe des Out-of-Kilter-Algorithmus auf simulativem Weg gelöst werden, unter der nicht gravierenden Einschränkung der Ganzzahligkeit.)

Eine Zusammenstellung der wesentlichen O.R.-Methoden zeigt Abb.7.2.

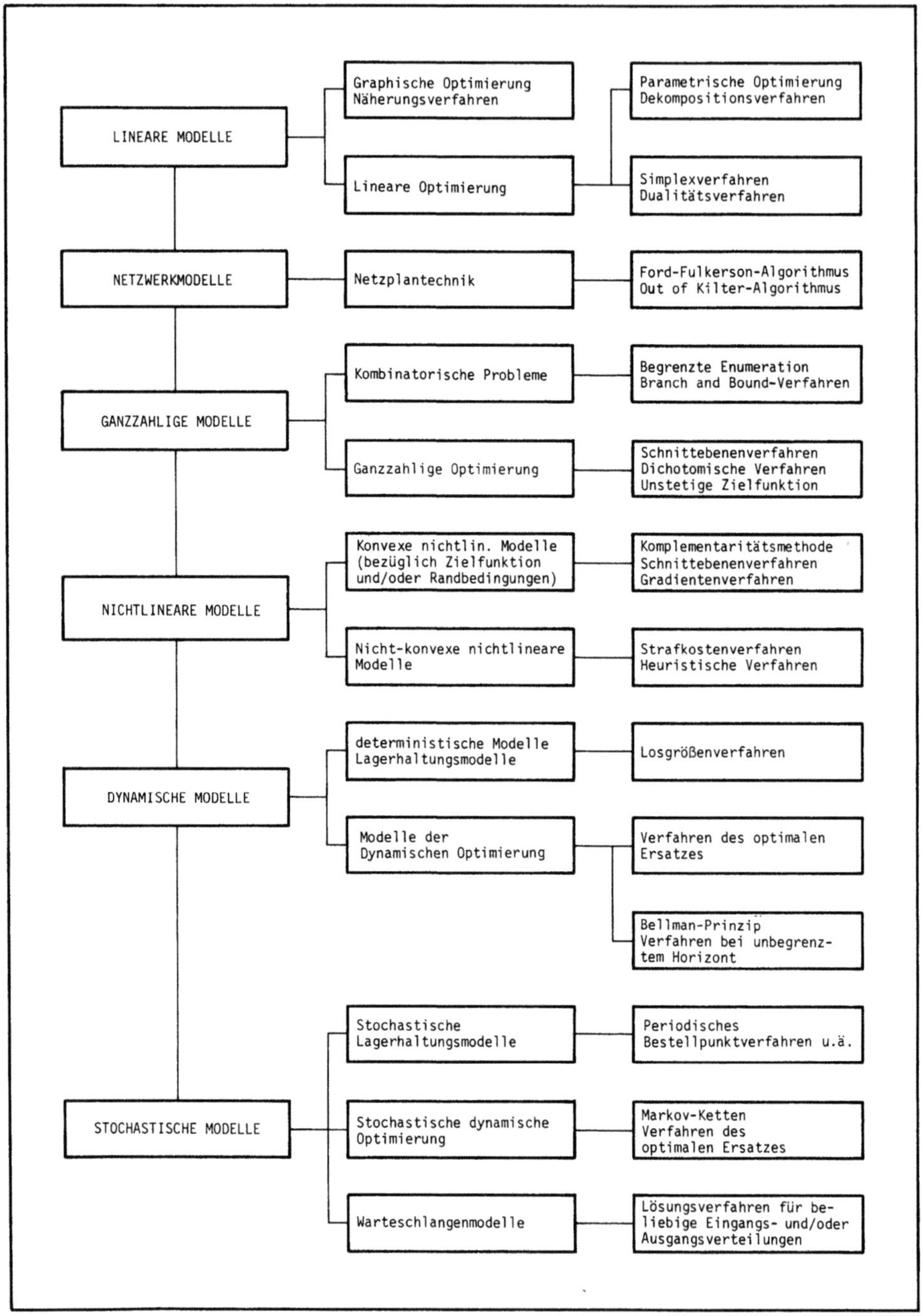

Abb. 7.2: Überblick über Modelltypen und Lösungsmethoden des Operations Research

7.3 Kybernetische Modelle, regelungstheoretische Modelle (Modelle der Theorie der Differential- und Differenzensysteme)

Unter Kybernetik sei die formale, interdisziplinäre Meta-Wissenschaft von den Strukturen und (Informations-)Flüssen dynamischer Systeme verstanden.
Die wissenschaftliche Abgrenzung zwischen Regelungstheorie und Kybernetik ist heute noch nicht einheitlich festgelegt:
Unter Kybernetik wird etwa die Wissenschaft von Kommunikation und Regelung bei allgemeinen Systemen verstanden, was einer Verallgemeinerung der Methoden und Aussagen der Regelungstechnik gleichkommt. Dies ist erforderlich durch den Übergang von rein technischen Systemen (Servomechanismen) zu soziotechnischen Systemen mit ihren nach Art und Anzahl wesentlich komplexeren Beziehungen.
Unter Regelung sei das Einhalten eines geforderten dynamischen Systemverhaltens trotz Einwirkens unbekannter äußerer und innerer Störgrößen verstanden.

Mathematische Modelle mit Rückkopplungsstruktur, dargestellt durch Differential- bzw. Differenzengleichungssysteme, besitzen in der Systemtechnik große Bedeutung; fast alle Modelle in der Technik aber auch Naturwissenschaft wurden bislang mit dieser Theorie erstellt.

Die Regelungstheorie ist heute eine selbständige, in sich geschlossene und, soweit Linearität vorliegt, vollständige Theorie, wenngleich neuere Ansätze diese Theorie in der Handhabbarkeit weiter verbesserten. Es kann in der vorliegenden Arbeit daher auf die Theorie nicht weiter eingegangen werden, als für das Verständnis der Bedeutung und Stellung der Regelungstheorie notwendig erscheint.

7.3.1 Lineare Differential- und Differenzensysteme

Ein weit ausgebautes Teilgebiet stellt die Theorie der linearen Differential- und Differenzensysteme dar, besonders was die Lösbarkeit der Gleichungssysteme betrifft.
Während bis etwa 1960 in der praktischen Anwendung die Methode der
- Frequenzanalyse (mittels Fourierzerlegung, Laplace-, z-Transformation) ausschließlich zum Einsatz kamen, sind heute Methoden des
- Zustandsraums (State Space Approach bzw. State Variable Approach) zusätzlich in Verwendung.

Zentraler Untersuchungsgegenstand ist das Verhalten des Systems, erfaßt hinsichtlich der Systemmerkmale

- Stabilität (Stability) betreffend Gleichgewicht und Einschwingverhalten
- Steuerbarkeit (Controlability), Regelbarkeit, Beeinflußbarkeit - Beobachtbarkeit (Observability)
- Regelgüte, Optimalität (Optimal Control)

Speziell für komplexe soziotechnische Systeme interessieren die Ausprägungen Adaptivität, Selbstregulierung, Selbstorganisation und Selbstoptimierung.

Unter dem Verhalten eines Systems versteht man allgemein die Folge von Zuständen, mit welchen das System auf Inputs reagiert. Die Funktion eines Systems ist hiebei als Langzeitverhalten aufzufassen: ein bestimmter Input wird gemäß der Funktion (Übertragungsfunktion) in einen bestimmten Output übertragen; diese Übertragungsfunktion stellt somit die Menge aller stationären (stabilen) Zustände dar. In jedem dieser Gleichgewichtszustände sind die Eingangs- und Ausgangsgrößen zeitkonstant (Fließgleichgewicht).

Die Reaktion eines Systems auf Störungen (die als Änderungen des Inputs anzusehen sind) wird durch die Übergangsfunktion charakterisiert (Kurzzeitverhalten), die den zeitlichen Verlauf der Ausgangsgröße in Abhängigkeit von der Eingangsgröße angibt (Einschwingverhalten, Sprungantwort), Abb.7.3.
Beim Auftreten von Störungen wird der Gleichgewichtszustand verlassen; je nach Art und Intensität der Störgrößen, aber auch in Abhängigkeit vom inneren Aufbau, ist das System in der Lage, nach einem Einschwingvorgang wieder in den ursprünglichen Zustand zurückzukehren, oder einen neuen Gleichgewichtszustand einzunehmen (Ergodizität), oder auch keinen stabilen Zustand mehr zu erreichen. Im Fall, daß das System bestrebt ist, einen bestimmten Zustand aufrechtzuerhalten, also immer einen gleichbleibenden Output auch bei störenden Einflüssen hervorzubringen, spricht man von einem zielorientierten System; gelingt es dem System auch, die Störungen zu kompensieren, so ist es stabil.

Künstliche Systeme sind insofern zielorientiert, als sie einen bestimmten Output hervorbringen sollen. Um Stabilität zu erreichen, können bei der Gestaltung der Struktur geeignete Maßnahmen getroffen werden.

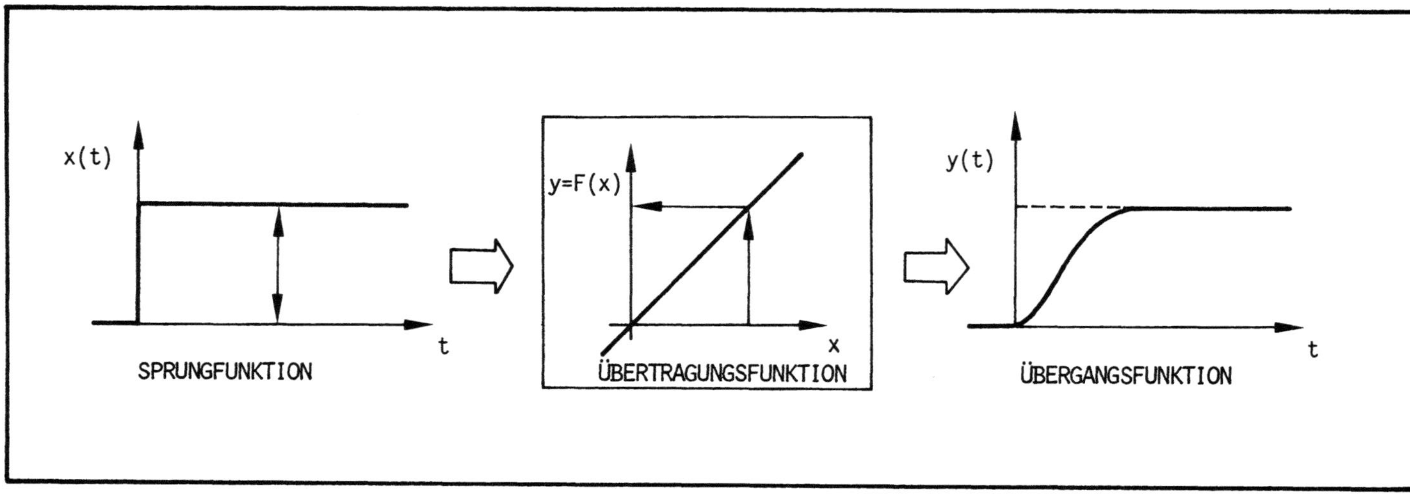

Abb. 7.3: Einschwingverhalten eines Systems mit Verzögerung

Prinzipielle Darstellungsformen in der Regelungstheorie sind

- Differentialgleichungssysteme
- Übertragungsfunktion (Blockdiagramm, Signalflußgraphen)
- Zustandsraum

Differentialgleichungssysteme:
Es existiert eine abgeschlossene Theorie für Gleichungen 1.Ordnung, es treten jedoch Schwierigkeiten auf, Gleichungen von $\geq$ 2.Ordnung zu lösen.

Übertragungsfunktion (Transfer Function), Übertragungsglieder:
Das reine Übertragungsverhalten (forced response), d.h. ohne Einflüsse eines inneren Ungleichgewichts, sind die vom Input abhängigen Einflüsse auf den Output.
Im Laplace-Raum dargestellt ergibt sich

$$\text{Übertragungsfunktion } g(s) = \frac{\mathcal{L}(\text{Output } y)}{\mathcal{L}(\text{Input } x)} = \frac{Y(s)}{X(s)}\Bigg|_{\text{Anfangsbedingungen } 0}$$

Die Übertragungsfunktion kann durch Koeffizientenvergleich unmittelbar aus dem charakteristischen Polynom der Differentialgleichung des Übertragungsgliedes ermittelt werden.

Bei diskreten Systemen ist statt der Laplace-Transformation die z-Transformation zu verwenden. Das Auffinden der inversen Laplace-Transformation ($\mathcal{L}^{-1}$) bereitet bei umfangreichen Problemen meist Schwierigkeiten (Methoden: z.B. Heaviside's Expansion Method).

Zur Charakterisierung linearer Übertragungsglieder wird die Antwort auf ausgewählte Inputfunktionen herangezogen: Diese Testinputfunktionen sind vor allem

- Einheitssprungfunktion (unit step function), Sprungfunktion
- Einheitsimpulsfunktion (unit impulse function), Diracsche Stoßfunktion, Impulsfunktion
- Rampenfunktion (ramp function), kumulativer Einheitssprung
- Sinusschwingungsfunktion (sine wave), Schwingungsfunktion.

Es gibt Tabellen für die direkte Ermittlung der Laplace-Transformationen der wesentlichen Testfunktionen.

Als Darstellungsinstrumente werden verwendet:

Blockdiagramm: Im Blockdiagramm kommen folgende Elemente zur Darstellung eines Systems zur Anwendung:

- Block: Repräsentiert ein Übertragungsglied
- Pfeil: Repräsentiert einen Fluß
- Punkt: Repräsentiert eine Verzweigung des Flusses
- Kreis: Repräsentiert einen Zusammenfluß (additive Überlagerung) mehrerer Flüsse

Signalflußgraph: Alternativ zur Blockdiagrammdarstellung kann die Darstellung mittels Signalflußgraphen verwendet werden, die bei geringerem Aufwand die Zusammenhänge im System besser darstellt (sämtliche Größen sind auch hier Laplace-transformiert). Die Elemente sind:

- gerichtete Kante: Funktion des Übertragungsgliedes
- Knoten: Input- bzw. Outputvariable

Ermittlung der Übertragungsfunktion komplexer Netze: Die Reduktion von Netzen (gekoppelten Übertragungsgliedern) erfolgt bei Blockdiagrammdarstellung durch arithmetische Verknüpfung mittels Blockdiagramm-Algebra, bei Signalflußdarstellung mittels der analogen Flußgraphen - Reduktionsregeln als stufenweise Reduktion oder mittels Masonscher Regel. (Vgl.Kap.9, Stochastische Netzwerke.)

Modellierung mittels Zustandsraums (State Space Approach): Mathematische Basis hiefür ist die lineare Algebra bzw. Matrizenrechnung. Ein lineares zeitinvariantes System sei durch folgende Differentialgleichung beschrieben:

$$\frac{d^n y}{dt^n} + a_{n-1}\frac{d^{n-1} y}{dt^{n-1}} + \dots + a_1 \frac{dy}{dt} + a_o y = u(t)$$

Es wird nun definiert:

$$x_1 = y,\ x_2 = \dot{y},\ x_3 = \ddot{y},\ \dots,\ x_n = y^{(n-1)},$$
$$x_{n+1} = y^{(n)}$$

Daraus ergeben sich n Differentialgleichungen 1.Ordnung:

$$\dot{x}_1 = x_2,\ \dot{x}_2 = x_3,\ \dots,\ \dot{x}_{n-1} = x_n,$$
$$\dot{x}_n = - a_{n-1}x_n - \dots - a_1 x_2 - a_o x_1 + u(t)$$

Man spricht von Zuständen $x_1, \ldots, x_n$ und definiert:

$$\underline{x} = \begin{bmatrix} x_1 \\ x_2 \\ \cdot \\ \cdot \\ \cdot \\ x_n \end{bmatrix} \qquad \ldots \text{ Zustandsvektor}$$

Damit ergibt sich für das Gleichungssystem:

$$\begin{bmatrix} \dot{x}_1 \\ \dot{x}_2 \\ \dot{x}_3 \\ \cdot \\ \cdot \\ \cdot \\ \dot{x}_{n-1} \\ \dot{x}_n \end{bmatrix} = \begin{bmatrix} 0 & 1 & 0 & \cdot & \cdot & \cdot & 0 \\ 0 & 0 & 1 & \cdot & \cdot & \cdot & 0 \\ 0 & 0 & 0 & \cdot & \cdot & \cdot & 0 \\ \cdot & & & & & & \\ \cdot & & & & & & \cdot \\ \cdot & & & & & & \cdot \\ 0 & 0 & 0 & \cdot & \cdot & \cdot & 1 \\ -a_o & -a_1 & -a_2 & \cdot & \cdot & \cdot & -a_{n-1} \end{bmatrix} \cdot \begin{bmatrix} x_1 \\ x_2 \\ x_3 \\ \\ \cdot \\ \cdot \\ x_{n-1} \\ x_n \end{bmatrix} + \begin{bmatrix} 0 \\ 0 \\ 0 \\ \cdot \\ \cdot \\ \cdot \\ 0 \\ 1 \end{bmatrix} u(t)$$

$$\begin{bmatrix} y \end{bmatrix} = \begin{bmatrix} 1 & 0 & 0 & \cdot & \cdot & \cdot & 0 \end{bmatrix} \cdot \begin{bmatrix} x_1 \\ x_2 \\ x_3 \\ \cdot \\ \cdot \\ \cdot \\ x_{n-1} \\ x_n \end{bmatrix}$$

oder:

$$\dot{\underline{x}} = A\underline{x} + \underline{b}u \qquad\qquad y = \underline{c}\ \underline{x}$$

wobei:
- A ... Systemmatrix
- $\underline{b}$ ... Inputvektor
- $\underline{c}$ ... Outputvektor

Beispiel:
Gegenüberstellung der drei Darstellungen gezeigt anhand eines Feder-Masse-Systems (Abb.7.4).

Ausführliche Darstellungen können aus der reichhaltigen einschlägigen Literatur entnommen werden.

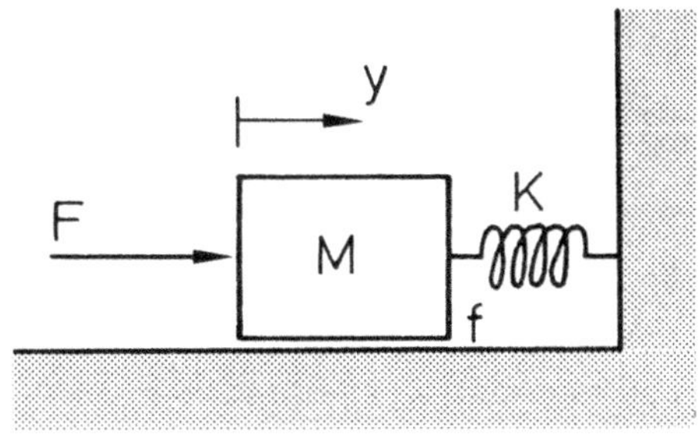

Differentialgleichungs-Darstellung

$$F = M \frac{d^2y}{dt^2} + f\,\frac{dy}{dt} + Ky$$

Übertragungsfunktions-Darstellung

$$\frac{Y(s)}{F(s)} = \frac{1}{Ms^2 + fs + K}$$

Zustandsraum-Darstellung

$$\dot{\underline{x}} = \begin{bmatrix} 0 & 1 \\ -\frac{K}{M} & -\frac{f}{M} \end{bmatrix} \underline{x} + \begin{bmatrix} 0 \\ \frac{1}{M} \end{bmatrix} F$$

$$y = \begin{bmatrix} 1 & 0 \end{bmatrix} \underline{x}$$

Abb. 7.4: Gegenüberstellung mathematischer Modellierungen eines einfachen Feder-Masse Systems

Stabilität: Folgende Methoden der Stabilitätsprüfung bzw. Stabilitätskriterien sind zu nennen: Nyquist (graphisch), Routh, Hurwitz, Liénard-Chipart, Ljapunow und weitere. Bei komplexen Systemen muß mittels Computer-Simulation die Stabilität geprüft werden.
Optimale Regelung: Anwendung von Pontryagin's Maximum-Prinzip sowie der Dynamischen Programmierung nach Bellman.

Die Anwendung obiger Theorie bleibt praktisch auf lineare, meist stetige, deterministische Systeme beschränkt, jede Erweiterung bringt zusätzliche hohe mathematische Anforderungen mit sich. Weniger Beschränkungen hinsichtlich des Modellbaus und der Auswertung treten bei der Problembehandlung mittels Simulation auf (vgl.Pkt.8).

7.3.2 Die Übertragungsfunktion des Menschen

Konkrete komplexe Systeme sind praktisch immer sozio-technischer Art, d.h. sie weisen Menschen als Systemkomponenten auf. Hierbei inter-

essiert insbesondere der Mensch als Träger der Regelungsfunktion; betrachtet wird die manuelle Regelung als Informationsverarbeitungsprozeß: Aufnahme (Beobachtung, Erfassung) - Verarbeitung (Problemlösungen, Analyse, Entscheidung, Auswahl der Reaktionsart) - Abgabe (Maßnahme, Umsetzung der Entscheidung).
Obwohl somit soziotechnische Systeme und ihre Sonderformen, die Mensch-Maschine-Systeme (anthropotechnische Systeme), heute große Bedeutung besitzen, hat man aus naheliegenden Gründen bei der realitätsnahen Abbildung des Übertragungsverhaltens der Komponente "Mensch" noch lange keine befriedigenden Ergebnisse erzielt.

Der Mensch als Regler (z.B. in Verkehrssystemen, Fertigungssystemen, Verteidigungssystemen) besitzt vom Blickpunkt der mathematischen Modellierung folgende wesentliche, die Abbildung komplizierende Eigenschaften:

- Nichtlinearität: Das Verhalten des Menschen kann bloß in speziellen Fällen linear approximiert werden (quasilineare Modelle).
- Zeitabhängigkeit: Das Verhalten des Menschen verändert sich mit der Zeit ("Systemzustandstrajektorie"), abhängig von
  - o Anpassungsfähigkeit, Lernfähigkeit
  - o Motivation
  - o körperliche/geistige Ermüdung, Verschleiß.
- Diskreter Input: Der Mensch nimmt bloß Daten-Stichproben auf, er reagiert damit als diskretes System. Stetige Signale werden abgetastet (Scanning).
- Verzögerung: Der Mensch weist Verzögerungen höherer Ordnung bei Informationsaufnahme (sensorisch), -transport (neural), -verarbeitung (neural/mental) und -umsetzung (motorisch) auf.
- Adaptivität: Der Mensch ist in hohem Maße anpassungsfähig, insbesondere zeigt er Lernfähigkeit und damit die Fähigkeit, Auftreten und Auswirkungen von Inputs <u>vorherzusagen</u> (a priori Information).
- Zufallsabhängigkeit: Die Reaktion des Menschen ist in unterschiedlichem Maße vom Zufall abhängig; es kann jedoch durch Motivation, Training, Art und Umfang der Aufgabenstellung steuernd eingegriffen werden.

- Frequenzabhängigkeit: Der Mensch reagiert besser auf niedere Frequenzen; höhere Frequenzen werden abgeschwächt bzw. liefern überhaupt keinen Output, desgleichen jedoch auch extrem niedere Frequenzen.

Der Mensch wählt sein Übertragungsverhalten in Abhängigkeit von den jeweiligen Aufgabenvariablen; die Verhaltensanpassung erfolgt dabei im Sinne einer optimalen Regelung, d.h. der mittlere quadratische Regelfehler wird minimiert.

Aufgrund von langjährigen Untersuchungen und theoretischen Ansätzen (McRuer und andere) hat man, wenn das Verhalten des Menschen abschnittweise linear approximiert werden kann, folgende Grundform eines parametrischen, quasilinearen Modells für die Übertragungsfunktion des Menschen in der Funktion als Regler ermittelt:

$$\mathcal{L}\left(\frac{y(t)}{x(t)}\right) = \frac{Y(s)}{X(s)} = g(s) = \underline{K \cdot \frac{1+sT_L}{1+sT_I} \cdot \frac{e^{-st}}{1+sT_N}}$$

Die im Bildbereich (Laplace-Raum) dargestellten Größen sind:

e^{-ts} Totzeitglied, Reaktionszeit t [sec] (Zeitverschiebung der Funktion um den Wert t). Gilt bei <u>stochastisch</u> verteilten (d.h. nicht prognostizierbaren) Reizen; $(0.1 \leq t \leq 0.2)$.
Dieses Glied gestattet es, das Reaktionsverhalten des Menschen näherungsweise nachzubilden.
Die Totzeit t hängt ab von
- Erregungszeit der menschlichen Sensoren (z.B. der Retina bei visuellem Reiz)
- Übertragungszeit auf den Nervenbahnen
- Verarbeitungszeit im zentralen Nervensystem

$\frac{1}{1+sT_N}$ Verzögerungsglied 1.Ordnung des neuromuskulären Systems, Verzögerung T_N[sec]; $(0.1 \leq T_N \leq 0.67)$.
Dieses Glied stellt eine grobe Näherung des Teilsystems des Menschen dar, das das motorische Verhalten bei der Abgabe von Stellsignalen bestimmt. Es bildet die Aktivierung der Muskeln und die Bewegung des Abgabeelements (z.B. Arm-Hand) ab.

Die Variabilität von Totzeit t und Verzögerungskonstante T_N ist im Vergleich zu den übrigen Gliedern gering. Es werden mit ihnen psychophysische Eigenschaften des Menschen erfaßt, die seine Leistungsfähigkeit begrenzen und damit nachteilig das Verhalten des manuellen Regelkreises beeinflussen.

K . . . Sensitivität des Menschen (Verstärkung), die Größe schwankt interindividuell und intraindividuell, gemessen in Dezibel (-12 dB $\leq K \leq 35$ dB) bzw. $K = 1 \div 100$ (Variable).

$(1+sT_L)$ Vorhaltglied 1.Ordnung, mit der Vorhaltzeit T_L[sec], ($0.25 \leq T_L \leq 2.5$); repräsentiert die Antizipation durch den Menschen.

$\frac{1}{(1+sT_I)}$ Verzögerungsglied 1.Ordnung des technischen Systems, Verzögerung T_I[sec]; ($2 \leq T_I \leq 20$). Repräsentiert die fehlerausgleichende Verzögerung des Operators "Mensch".

Verstärkungsfaktor K und Vorhalt-Verzögerungsglied $(1+sT_L/1+sT_I)$ repräsentieren die Anpassungsfähigkeit des Menschen an unterschiedliche Regelungsaufgaben, wobei sich die Variabilität der Parameter K, T_L, T_I als sehr groß zeigt.
Das kombinierte Vorhalt-Verzögerungsglied ist ein Anpaß- und Korrektur- bzw. Kompensationsglied: Modellvorstellung ist hiebei, daß der Mensch sein eigenes Regelverhalten durch Wahl der Parameter in Abhängigkeit von der Dynamik der Regelstrecke (Anpassung) und der wenig veränderlichen, eigenen psychophysischen Eigenschaften (Kompensation) wählt.

Obige Übertragungsfunktion wurde bei Analyse und Synthese von Mensch-Maschine-Systemen (anthropotechnischen Systemen, wie etwa Flugzeug-Cockpit) angewandt. Sie bezieht sich jeweils bloß auf <u>einen</u> Reiz, ist unmittelbar bloß bei eindimensionalen Regelungsaufgaben mit dem Menschen als Regler anwendbar.
Sind mehrere unabhängige Inputs zugleich zu betrachten, so ist die Zustandsraum-Darstellung anzuwenden.

Für den Fall, daß über den mittleren Frequenzbereich hinausgehend auch sehr niedrige und sehr hohe Frequenzen Betrachtung finden, wurden Verbesserungen des Modells durch Erweiterung der Anpaß-Terms und

Übergang auf ein Verzögerungsglied höherer Ordnung für den neuromuskulären Anteil vorgenommen.

Das Modell eignet sich bloß für jene menschliche Tätigkeiten, die durch kontinuierliches Betätigen von Bedienelementen zur Informationseingabe in eine Maschine, aufbauend auf der gleichzeitigen Beobachtung der Ausgangsgrößen dieser Maschine, gekennzeichnet sind. Um eine optimale Gestaltung der Arbeit (Anpassung an den Menschen) bzw. eine optimale Auswahl des Menschen (Anpassung an die Arbeit) vornehmen zu können, muß versucht werden, in das Regelverhalten des Menschen und in seine Grenzen mehr Einsicht zu gewinnen. Dies erfolgt einerseits durch Beobachtung, andererseits durch Modellbildung, wofür dieser Ansatz ein hervorragendes Beispiel ist.

7.4 Automatentheoretische Modelle

Das Modell eines Automaten ist das allgemeinste Modell der formalen Abbildung offener Systeme, beschrieben durch Input, Zustand und Output.
Die Theorie der Automaten und Schaltwerke ist eine selbständige, informationsverarbeitende Regelsysteme betreffende Theorie. (Es kann in diesem Zusammenhang bloß das Wesen der automatentheoretischen Modelle skizziert werden.)
Die Automatentheorie befaßt sich mit <u>diskreten</u> Modellen bzw. Systemen der Informationsverarbeitung; sie baut auf dem <u>mathematischen Begriff der Relation</u> auf: Ein System kann als Input-Output-Konfiguration betrachtet und in Form einer binären Relation angeschrieben werden:

Inputmenge ... X
Outputmenge .. Y

$\left.\right\}$ XRY ... die beiden Mengen stehen miteinander in Relation.

Der Graph der Relation S(R) ergibt sich damit als folgende Menge:

$$S(R) := \left\{ (x,y) \mid (x,y) \in X * Y \cap xRy \right\}$$

... kann als Matrix dargestellt werden

S(R) ist die Menge aller xy-Tupel, für die gilt:
- sie sind Elemente des kartesischen Produkts der Mengen X und Y,
- sie stehen miteinander in binärer Relation R.

7.4.1 Modelle der Automatentheorie

Auf obigem Konzept basieren folgende Erweiterungen:

Komposition, Reduktion von Relationen: Mehrere Komponenten können mittels der Rechenregeln der Matrizenrechnung zusammengefaßt sowie Systeme in Komponenten zerlegt werden.
Parametrisierung durch Einführung einer Zustandsmenge: Der Zustand eines Systems ist durch gewisse Mechanismen im System, die man nicht erfassen kann oder will (black-box-Betrachtung), begründet; er steuert das Input-Output-Verhalten. Die Beschreibung dieser Mechanismen ist die Zustandsmenge.
Durch die Einführung einer Zustandsmenge wird die Relation in eine Funktionsfamilie übergeführt (Parametrisierung).

Allgemeine Zeitsysteme:
(Einführung der Zeit als veränderliche Größe)
Allgemeine Zeitsysteme besitzen eine geordnete Familie von Relationen R.

z.B.: $R^{(T)} = \left\{ R^{(0)}, R^{(1)}, R^{(2)}, R^{(3)} \right\}$

wobei

$$T = \left\{ 0, 1, 2, 3 \right\}, \qquad R^{(i)} : xR^{(i)}y$$

Allgemeines Zeitsystem: $\Leftrightarrow (X, Y, T, R^{(T)})$,
ist somit definiert durch:

Inputmenge X
Outputmenge Y
Zeitmenge T
Relationsmenge $R^{(T)}$.

Um auch bei Zeitsystemen ein "kausales" Verhalten zu erzielen, ist für jeden Zeitpunkt $t \in T$ eine Parametrisierung vorzunehmen. Damit ergibt sich:

Parametrisiertes
allgemeines Zeitsystem: $\Leftrightarrow (X, Y, Q^{(T)}, f_Q^{(T)}, T)$

wobei
$Q^{(T)}$... Zustandsmenge im Zeitpunkt T, $\bigcup_{t \in T} Q^{(t)} = Q^{(T)}$

$f_Q^{(t)}$.. Funktionsfamilie im Zeitpunkt t

$$f_Q^{(t)} : (Q^{(t)} * X) \longrightarrow Y$$

<u>Parametrisiertes allgemeines Zeitsystem mit Zustandstransformation:</u>
Hängen die einzelnen Systemzustände zusammen (Evaluation), d.h. ist der Zustand

$$q^{(t+1)} \in Q^{(t+1)}$$

eindeutig bestimmt durch

$q^{(t)} \in Q^{(t)}$,	vom Zustand zur Zeit t und
$x^{(t)} = \underline{x}(t)$,	vom Input zur Zeit t, $t \in T$,

so kann eine Zustandstransformation mit Hilfe der Funktion $g^{(T)}$ angesetzt werden. Es ergibt sich dann ein

Parametrisiertes allgemeines Zeitsystem mit Zustandstransformation: $\Leftrightarrow$ $(X, Y, Q^{(T)}, f^{(T)}, g^{(T)})$

wobei $f^{(T)}$ ... Outputzeitfunktion
$g^{(T)}$ ... Zustandszeitfunktion.

<u>Abstrakter Automat</u> (Konstante Zeitfunktionen):
Ist die Outputzeitfunktion $f^{(T)}$
und die Zustandszeitfunktion $g^{(T)}$
konstant für jedes $t \in T$ (zeitunabhängig), so ergibt sich:

Abstrakter (endlicher) Automat: $\Leftrightarrow$ $(X, Y, Q, \delta, \lambda)$
wobei X, Y, Q ... endliche Mengen
X ... Eingabealphabet ($x \in X$ ... Eingabebuchstabe)
Y ... Ausgabealphabet ($y \in Y$ ... Ausgabebuchstabe)
Q ... Zustandsmenge des Automaten ($q \in Q$)
$\delta : (Q * X) \longrightarrow Q$ ... Zustandsfunktion
$\lambda : (Q * X) \longrightarrow Y$ ... Ausgabefunktion (Outputfunktion)
T : Zeitskala = $N^0 = \{0, 1, 2, \ldots\}$

Gehört zu $(q,x) \in Q * X$ der Zeitpunkt $t \in T$,
so gehört zu den Bildern $\delta(q,x)$
und $\lambda(q,x)$ der Zeitpunkt $(t+1) \in T$.

Durch Angaben der zwei Automatentafeln (δ und λ-Tafel) ist der Automat definiert.

Beispiel (vgl.Abb.7.5):

$X = \{ a, b, c \}$
$Y = \{ \square, *, \circ \}$
$Q = \{ 1, 2, 3 \}$

ZUSTANDSTAFEL δ

Input X (Spalten), Zustand Q (Zeilen)

δ	a	b	c
1	2	1	3
2	1	1	2
3	1	1	2

OUTPUTTAFEL λ

Input X (Spalten), Zustand Q (Zeilen)

λ	a	b	c
1	□	∗	○
2	□	○	□
3	○	∗	∗

GRAPH

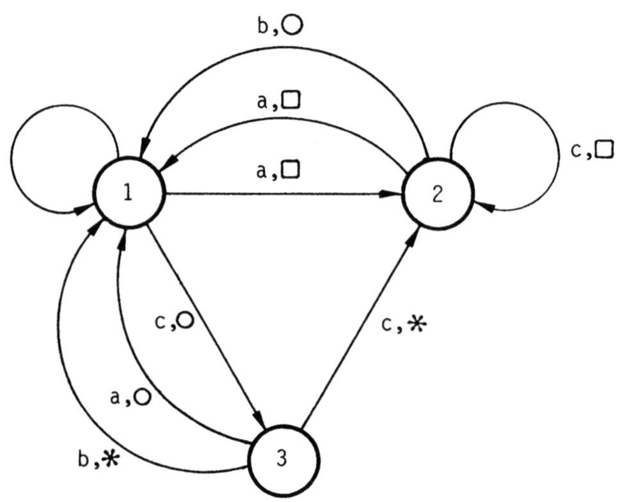

Abb. 7.5: Automatentafeln und Graph eines endlichen Graphen

Inputwort $\underline{x}$ = a b c c a
Anfangszustand $q^{(0)} = 2$, t = 0, 1, 2, 3, 4

Damit ergibt sich die gesuchte Systemzustandstrajektorie:
Zustandswort $\underline{q}$ = 2 1 1 3 2 1 (ermittelt mit δ -Tafel)

und die gesuchte Systemoutputtrajektorie:

Outputwort $\underline{y}$ = . □ * o * □ (ermittelt mit λ -Tafel)

Der Graph des endlichen Automaten ist aus der Abbildung 7.5 ersichtlich.

7.4.2 Klassifikationen der Automaten

Nach der Ausgabefunktion:

Die Ausgabefunktion $f^{(T)}$ bzw. λ läßt sich auf unterschiedliche Weise definieren:

Der Output ist von Zustand und Input abhängig: Mealy-Automat

Der Output ist nur vom Zustand abhängig: Moore-Automat

Der Output ist mit dem Zustand ident: Medwedew-Automat

(Spezialfall des Moore-Automaten)

Nach der Zeitvariablen t:

Ist $t \in T = \{0, 1, 2, 3\}$, d.h. Δt konstant:

Synchrone Automaten

Ist x(t), y(t), q(t) zu beliebigen Zeitpunkten möglich:

Asynchrone Automaten

Nach dem Wertevorrat der Variablen x, y, q:

Sind die Wertevorräte endlich oder abzählbar unendlich:

Diskrete Automaten

Können beliebige Werte bei Input, Zustand und Output auftreten:

Stetige Automaten

Nach der Determiniertheit:

Sind die Zustandsfunktion $g^{(T)}$ bzw. δ und die Ausgabefunktion $f^{(T)}$ bzw. λ vollständig definiert:

Determinierte Automaten

Liegt für mindestens eine der beiden Automatenfunktionen keine eindeutige Abbildungsvorschrift vor:

Indeterminierte Automaten

(Sonderfall: Stochastische Automaten)

Nach der zeitlichen Entwicklung des Verhaltens:

Verändern sich die Modellstrukturen in der Zeit:

Veränderliche Automaten

Ist eine zeitliche Konstanz der Automatenstruktur angenommen:
Gleichbleibende Automaten

Nach den Funktionsverläufen:
Sind die Funktionen δ und λ linear:
lineare Automaten (vgl.Schaltwerke)

Es sind die Funktionen leicht zu ermitteln und mathematisch einfach darzustellen. Bei nichtlinearem Verhalten kann meist abschnittweise linearisiert werden.
Lineare Automaten bilden den Ausgangspunkt für die in der Regelungstheorie verwendeten linearen Übertragungsglieder.

Automatentheoretische Modelle und Ansätze liefern wesentliche Impulse bei der Entwicklung von Programmiersprachen sowie bei der fundamentalen Konzeption von Computern. Aber auch in den Disziplinen Psychologie, Linguistik und auch Biologie liegen Anwendungen vor, wenn auch bloß in Form erster Anfänge. Für komplexe soziotechnische Probleme kann hingegen das Konzept der Automatentheorie auch auf weitere Sicht bloß Modelle für Basisüberlegungen liefern, Anwendungen zum Zwecke detaillierter Aussagen sind bis jetzt auf diesen Gebieten nicht möglich.

7.5 Simulationsmodelle

7.5.1 Zugrundeliegende Theorie

Simulationsmodelle werden für die Abbildung der komplexen Wirklichkeit dann verwendet, wenn mathematisch-analytische Modelle entweder mit dem einsetzbaren mathematischen Rüstzeug nicht lösbar sind, oder wenn deren Lösungsprozeß zu aufwendig ist.

Simulationsmodelle sind primär Prognosemodelle, die meist auch zur Optimierung und damit Entscheidungsfindung herangezogen werden.

Unter Simulation sei das Durchführen von Experimenten auf der Abstraktionsebene des Modells verstanden - wohingegen es bei analytischen Modellen um das exakte oder zumindest approximative Lösen von Modellen geht. Man betreibt Simulationsmodelle, um das Systemverhalten für spezielle Fälle zu simulieren und prognostizieren, was am wirklichen System unmöglich bzw. mit zu hohen Risiken verbunden wäre, oder auch bloß zu teuer wäre.

Die Exaktheit und Eindeutigkeit der mathematischen Sprache ist insbesondere bei soziotechnischen Problemstellungen ein Hindernis bei der Überführung verbaler/graphischer Modelle in mathematische, so daß sich als Zwischenstufe das Simulationsmodell als quantitatives Modell ohne analytisches Lösungsverfahren anbietet.

Voraussetzung für das Aufstellen und Betreiben von Simulationsmodellen ist der Einsatz eines Computers.
Somit kann die Simulation als rechnergestütztes Verfahren der experimentellen Systemanalyse bezeichnet werden.

Simulationsmodelle bilden reale Systeme hinsichtlich der zeitlichen Entwicklung relevanter Zustandsvariabler unter Berücksichtigung der Interaktionsbeziehungen im System ab.
Für $x_i(t)$ als Wert der i-ten Zustandsvariablen zum Zeitpunkt t gilt

$$x_i(t) = f_i(x_1,\dots,x_i,\dots,x_{n_i};t^{(-)}) \qquad i=1,\dots,m$$

wobei

n_i ... Anzahl der für x_i relevanten Variablen des Systems einschließlich x_i selbst)
$t^{(-)}$ ... Zeitpunkt $< t$

Im allgemeinen ist $m < n_i$, d.h. die Anzahl der interessierenden Zustandsvariablen ist kleiner als die diese beeinflussenden Variablen, da Inputvariable aus der Umwelt ebenfalls Berücksichtigung finden.

7.5.2 Klassifizierung von Simulationsmodellen

Von der Vielzahl der zusammengestellten Systemmerkmale sind für die Unterscheidung von Simulationsmodellen primär die Eigenschaftspaare deterministisch/stochastisch, stetig/diskret, stationär/instationär von Bedeutung.

Deterministische/stochastische Simulationsmodelle:
Scheinen im Modell Größen auf, die zufallsbedingt variieren, so handelt es sich um ein stochastisches Simulationsmodell. Um brauchbare

Aussagen mittels solcher Modelle zu erhalten, muß, den Kenngrößen der einzelnen Wahrscheinlichkeitsverteilungen der Variablen entsprechend, der Simulationslauf mehrmals durchgeführt werden. Die Ergebnisse unterliegen dann ebenfalls den Gesetzmäßigkeiten der Wahrscheinlichkeitstheorie, so daß Kenngrößen wie Erwartungswerte und Varianzen geschätzt werden können.
Da für die Wirklichkeit wie auch für das Modell die Dichotomie deterministisch/stochastisch besteht, ergeben sich die in Abb.7.6 angeführten vier Abbildungsbeziehungen.

WIRKLICHKEIT	MODELL (Abbildung)	BEISPIELE
deterministisch	deterministisch	Modell für die Flugbahn eines Satelliten
stochastisch	deterministisch	Rechenmodelle der Regressionsrechnung, Korrelationsrechnung, mathematische Statistik
deterministisch	stochastisch	Monte Carlo Modell eines elektrischen Netzes
stochastisch	stochastisch	Warteschlangenmodell eines Verkehrssystems

Abb. 7.6: Modelle (Abbildungen) und Stochastik

Stetige/diskrete Simulationsmodelle:
Diese Unterscheidung bezieht sich auf den Zeitablauf im Modell.
Die Realität (das abzubildende System), die streng genommen letztlich immer stetigen Charakter besitzt, kann durch stetige, aber auch diskrete Simulationsmodelle erfaßt werden.

Diskrete Simulationsmodelle bilden Zustandsänderungen (System, Input, Output) ereignisorientiert ab.
Unter einem Ereignis wird, im Unterschied zum Vorgang, der Eintritt eines interessierenden Zustandes verstanden. (Mit anderen Worten: Der Übergang von einem Modellzustand auf einen anderen.) Zwischen benachbarten Ereigniszeitpunkten liegen in der Wirklichkeit möglicherweise ganze Prozesse, im Modell scheinen nur die Ereignisse selbst auf.

Die abzubildenden Ereignisse treten zu Zeitpunkten, die sich erst aus der Simulation ergeben, auf. Zweckmäßig ist diese Form des Zeitablaufes eher bei detaillierten Abbildungen von realen Systemen, bei denen die Flüsse zwischen den Elementen als diskrete Einheiten erfaßt sind.

Stetige Simulationsmodelle liefern in vorgegebenen, festen Zeitintervallen die sich ergebenden Ausprägungen für Systemzustand, Input und Output, wobei jedoch ein stetiger Zeitablauf zugrundegelegt wird; sie bilden Zustandsänderungen zeitpunktorientiert ab.
Wann eine Änderung innerhalb des entsprechenden Zeitintervalls tatsächlich eingetreten ist, wird nicht ausgewiesen. Inbesondere bei komplexen Phänomenen mit stetigem Verhalten sind stetige Simulationsmodelle anzuwenden.
Durch die Zerlegung des Zeitablaufes in gleiche Intervalle handelt es sich streng genommen um digitalisierte stetige Simulationsmodelle, so daß man auf dem Digitalrechner die Modelle implementieren kann. (Stetige Größen können als solche nur am Analogrechner abgebildet werden.)

Für die Entscheidung, ob ein stetiges oder diskretes Modell zu formulieren ist, muß man sich über Typus des Realsystems, Betrachtungsperspektive sowie Zweck der Simulation klar werden.
So muß ein diskretes System, bei welchem diskrete Flußelemente als Relationen aufscheinen (z.B. Verkehrssystem), bei detaillierter Betrachtung auch als diskretes Simulationsmodell abgebildet werden.
Wird die Perspektive jedoch verändert, d.h. interessiert mehr das längerfristige Systemverhalten (wie etwa das Entstehen von Akkumulationen, Bottle-necks, Gleichgewichtszuständen, Routenbelastungen und ähnlichem), so wird eine kontinuierliche Approximation in Form eines stetigen Simulationsmodells auf einfachere Weise klarere Aussagen liefern.

Modell-Orientierung: Den unterschiedlichen Simulationssprachen liegen die folgenden zwei bzw. drei unterschiedlichen Abbildungskonzepte zugrunde:

- Ereignis-Orientierung (event orientation)
- Vorgangs-Orientierung (activity orientation)
- Prozeß-Orientierung (process orientation)

Ereignisorientierung bedeutet, daß Vorgänge, die, dem diskreten Charakter des Modells entsprechend, als Ereignisse registriert werden,

bereits im Modell terminlich festgehalten sind, und zwar zu jenem Zeitpunkt, zu dem modellmäßig alle Voraussetzungen für das Eintreten des Ereignisses erfüllt sind. Programmintern wird die Reihenfolge der geplanten Ereignisse festgehalten.
Vorgangsorientierung bedeutet dagegen, daß Vorgänge zwar als Ereignisse registriert werden, der Zeitpunkt des Ereigniseintritts sich jedoch erst aus den eingegebenen Bedingungen ergibt. Programmintern wird dabei zu jedem Vorrückungszeitpunkt die Erfüllung sämtlicher vorgegebenen Bedingungen geprüft. Ist ein Ereignis zu einem Simulationszeitpunkt eingetreten, so ist nicht das nächste Ereignis festgelegt (wie bei der Ereignisorientierung), sondern es sind jene Vorgänge vorgeschrieben, deren Erledigung die Bedingungen für das Eintreten dieses nächsten Ereignisses sind.
Dieses Konzept ist rechenzeitintensiver, ist jedoch von Vorteil bei komplexen Abhängigkeiten hinsichtilch der Bedingungen des Ereigniseintritts.
Prozeßorientierung vereint beide Prinzipien, wodurch zwar das Exekutivprogramm für die Simulation komplizierter wird, dem Programmierer jedoch alle Möglichkeiten offenstehen.

Die Wahl der verwendeten Simulationssprache hängt primär von obigem Charakteristikum des Simulationsmodells ab:
Programmiersprachen für stetige Simulation sind ausschließlich für stetige Modelle geeignet, Sprachen für diskrete Simulation primär für diskrete Modelle.

Stationäre/instationäre Simulationsmodelle
Sind die Veränderungen der Modellgesetzmäßigkeiten im Zeitablauf mitzuberücksichtigen (z.B. Verteilungsfunktion einer Zufallsvariablen), so handelt es sich um instationäre Modelle. Oft wird jedoch eine zumindest abschnittweise Approximation durch ein stationäres Modell genügen.

7.5.3 Simulationssprachen
(Programmiersystem zur EDV-gestützten Simulation)

Simulationssprachen ermöglichen das Übersetzen von umgangssprachlich, graphisch oder mathematisch formulierten Modellen in eine dem Rechner verständliche Form, - in das Simulationsprogramm.
Die Wahl der Simulationssprache beeinflußt in ausgeprägter Weise den Aufwand für das Programmerstellen (einschließlich Testen und Modifi-

zieren) wie auch die Simulationsläufe (hinsichtlich Zeitbedarf, Sicherheit, Verständlichkeit).

Simulationssprachen sind höher aggregierte Programmiersprachen, sog. Programmiersysteme; sie besitzen meist folgende vorprogrammierte Funktionsausstattungen (features) in Subroutinenform:

- Fortschrittszeit für Simulationsläufe wählbar
- Zufallszahlengenerator (Gleichverteilung)
- Zufallszahlenermittlung für gängige stetige/diskrete Verteilungen
- statistische Auswertung von Inputdaten und Outputdaten
- Wahlmöglichkeit gängiger zweckmäßiger Outputformate
- Fehlersuchroutinen (Diagnose logischer Fehler)
- bei diskreten Simulationssprachen: Identifizieren und Registrieren der Ereignisse (Beginn, Ende), Führen der Ereignislisten, Dokumentation.

Als generelle Kriterien für die Auswahl einer Simulationssprache hinsichtlich der Benutzerfreundlichkeit sind zu berücksichtigen:

- Beschaffungseignung:
  Verfügbarkeit, Installationsaufwand, Promptheit des Einsatzes; Erlernbarkeit/Merkbarkeit (ergonomische Aspekte).
- Einsatzeignung:
  Anwendungsbreite, Modellierungskapazität;
  Flexibilität (Anpaßbarkeit, Erweiterungsmöglichkeit/Anschlußmöglichkeit von anderer Software, Toleranz bezüglich Hardware);
  Zuverlässigkeit (gleiches Verhalten in ähnlichen Situationen);
  Aufwand für Programmerstellen, Ändern, Fehlersuche;
  Fehlertoleranz (Eingabe/Programmierung);
  Routinetätigkeit minimierend (Datenverwaltung, Formatisierung, Speicherorganisation, Adressierung).
- Handhabungseignung (Aspekte der Software-Ergonomie):
  Handhabbarkeit, Transparenz des Aufbaus (Strukturlogik);
  Selbsterklärungsfähigkeit (dem Benutzer Auskünfte/Erläuterungen gebend);
  Kontrollierbarkeit/Steuerbarkeit (Eingriffsmöglchkeiten);
  Denkunterstützung (denkpsychologisch adäquat aufgebaut);
  Kreativitätsförderlichkeit (geringe Belastung durch Routinetätigkeit, Optionen für Spielräume).
- Problemangemessenheit:
  Hilfestellung/Förderlichkeit zur Problemlösung, Bereitstellen von

problemspezifischen Makrobefehlen (Befehlsketten), Modellierungsunterstützung (problemadäquat aufgebaut).

Aufbauend auf der Unterscheidung in stetige und diskrete Simulationsmodelle sei in Abb.7.7 ein Überblick über die Simulationstechnik mit zugehörigen Simulationssprachen zusammengestellt.
Jede Simulationssprache basiert auf einer Modellphilosophie, die bei näherer Betrachtung die Anwendbarkeit der Sprache einschränkt.

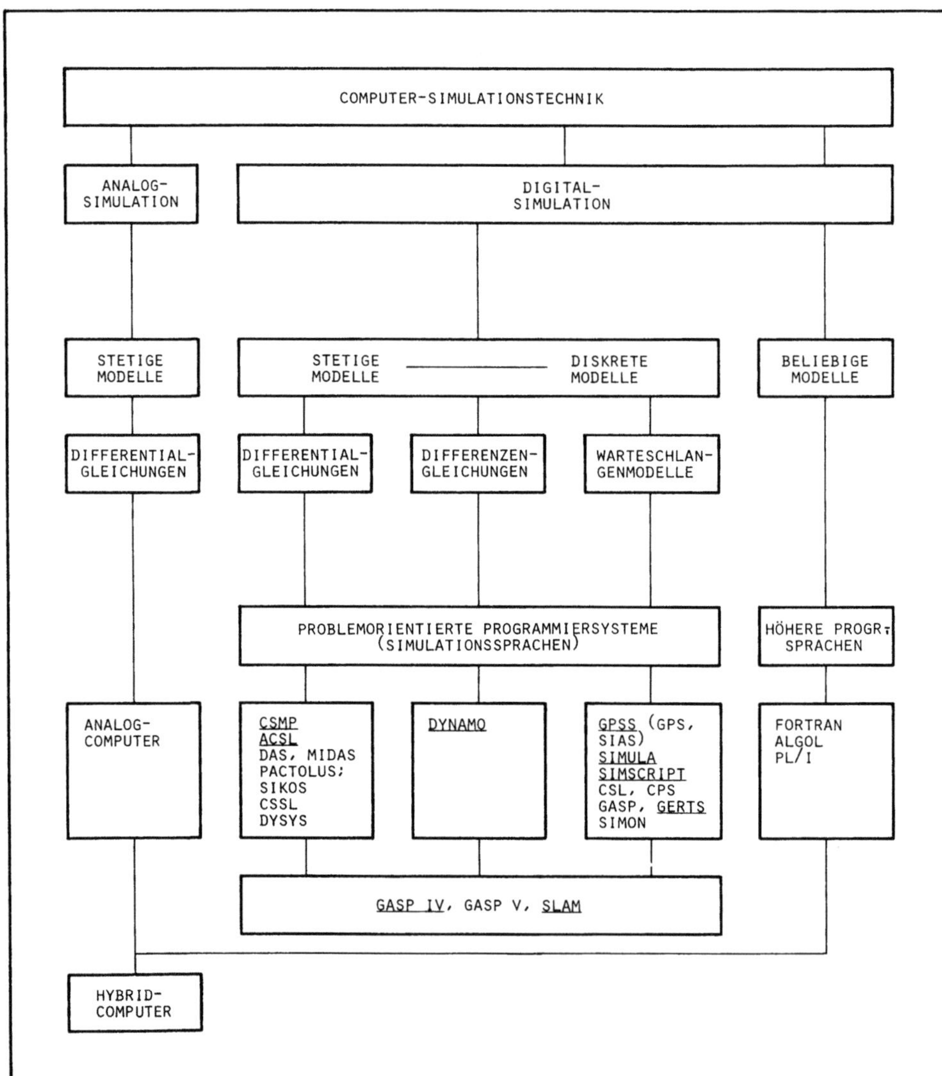

Abb. 7.7: Simulationstechnik:
Programmiersysteme und Programmiersprachen

Die folgende Diskussion der wichtigsten, derzeit verfügbaren Simulationssprachen soll einen Anhaltspunkt für eine problemspezifische Vorauswahl liefern.

DYNAMO und CSMP (Continuous System Modeling Program) bzw. ACSL (Advanced Continuous Simulation Language) ermöglichen es, am Computer stetige dynamische Systeme (vermaschte Regelkreise) durch Formulierung als Differenzengleichungssysteme bzw. Differentialgleichungssysteme zu behandeln - quasi den Analogrechner digitalisiert nachzubilden.
DYNAMO ist für beliebige soziotechnische Problemstellungen konzipiert, während CSMP zunächst für rein technische Problemstellungen entwickelt wurde (vgl.Pkt.8). Während DYNAMO und z.T. CSMP gleichungsorientiert abbilden, was eine hohe Flexibilität garantiert, sind rein blockorientierte Sprachen - wie einige davon in der Abbildung eingetragen - wegen ihrer direkten Analogie zum Analogrechner von geringerer Bedeutung.

GPSS (General Purpose Simulation System) ist die verbreitetste Simulationssprache für prozeßorientierte Simulation von diskreten Modellen mit Warteschlangencharakter. Durch geeignete Umformulierung lassen sich allerdings beliebige, d.h. auch stetige Problemstellungen als Warteschlangen auffassen und näherungsweise abbilden (diskretisieren). GPSS bietet als Programmiersystem bereits fertige Modellelemente, wobei die leistungsfähigste Version derzeit GPSS V ist; das GPSS-Programmiersystem ist daher äußerst benutzerfreundlich und kann in kurzer Zeit erlernt werden.

SIMSCRIPT (auf FORTRAN-Basis, ereignisorientierte Simulation) besitzt demgegenüber vom Konzept her bereits eine breitere Anwendungsbasis im Rahmen diskreter Modelle, hält jedoch keine funktionalen Modellelemente, sondern bloß solche betreffend Ablaufsteuerung, Ablaufkontrolle und Standard-Outputs bereit. Die Sprache kann in relativ kurzer Zeit beherrscht werden.

SIMULA (Simulation Language, auf ALGOL-Basis) ist noch potenter, weshalb die Verbreitung der Sprache stark zunimmt. Allerdings ist der Aufwand für das Erlernen von SIMULA erheblich höher.

GASP (General Activity Simulation Program) ist eine ereignisorientierte, mit Fortran-Unterprogrammen versehene Simulationssprache, wie

sie zur simulativen Auswertung (stochastischer) Abläufe in Netzwerkform benötigt wird. Die Versionen GASP II und GASP IV sind auch in FORTRAN-Version erhältlich; es werden beträchtliche programmiertechnische Anforderungen gestellt, weshalb der Aufwand zum Erlernen der Sprache eher hoch ist.
GASP eignet sich für hochkomplexe, umfangreiche Problemstellungen, wobei die Versionen IV und V für diskrete, stetige und gemischte Systeme geeignet sind; die Verbreitung der Sprache nimmt stark zu.

GERTS (GERT-Simulation) ist als GASP-gestütztes Programmpaket zur Berechnung stochastischer Netzpläne (GERT = Graphical Evaluation & Review Technique) konzipiert, das Anwendungsgebiet ist dementsprechend eng.

SLAM (Simulation Language for Alternative Modeling) ist ein neues, vom gleichen Autor (Alan A.Pritsker) wie GASP und GERTS entwickeltes Programmpaket für diskrete und kontinuierliche (sowie gemischte) Systeme, das ereignisorientiert (entspricht GASP IV) oder auch prozeßorientiert (analog GPSS) vorgeht.

7.5.4 Simulation mittels Analogrechner/Hybridrechner

Der Analogrechner ist keine Rechenmaschine im eigentlichen Sinne, sondern ist eine Vorrichtung zur Abbildung eines Realsystems durch physikalische Analogmodelle. Hierbei werden Gleichungssysteme stetiger dynamischer Systeme mittels kontinuierlicher Medien mit dem Kriterium weitestgehender Analogie abgebildet. Obwohl sich als physikalisches Medium mehrere Möglichkeiten anbieten - so etwa das Wasser in Form von Hydromodellen - erweist sich am universellsten und relativ exaktesten das Medium "elektrische Energie", das beim eigentlichen Analogrechner Verwendung findet. Beim Analogrechner werden somit elektronische Schaltkreise als Abbildung von Gleichungssystemen programmiert, indem unterschiedliche Schaltelemente für die abzubildenden Operationen wie Addition, Multiplikation, Potenzierung, Integration, Verzögerung verknüpft werden.

Der Analogrechner ist einfach und ohne großen Lernaufwand anwendbar. Teilergebnisse können an beliebigen Stellen (Subsysteme) in Form von Spannungen abgeleitet werden. Das Variieren des Modells, etwa als Sensitivitätsanalyse, kann leicht vorgenommen werden, heuristische

Optimierung bietet sich unmittelbar an. Alle Probleme, die stetigen Charakter besitzen bzw. zumindest bei Wahl eines geringen Detaillierungsgrades näherungsweise als solche abgebildet werden können, können somit am Analogrechner behandelt werden, wobei eine Formulierung als Differentialgleichungssystem vorgelagert ist.

Grundlegender Nachteil des Analogrechners ist neben der Verfügbarkeit die geringe kaum beeinflußbare Genauigkeit. Weiters ergibt sich eine Beschränkung der Variationsbreite der Variablen im Zuge der Abbildung, so daß unüberschaubare komplexe Systeme kaum behandelt werden können. Hinsichtlich empirischer Verteilungen entstehen größte Probleme, diese mit Funktionsträgern zu erzeugen. Nicht zuletzt ist der Output unmittelbar nur über Oszillograph oder Koordinatenschreiber möglich.

Der Hybrid-Rechner versucht, die Vorteile des Analogrechners mit jenen des Digitalrechners zu vereinigen. Obwohl die Rechengeschwindigkeit des Digitalcomputers immer weiter steigt, so bleibt dieser doch eine seriell arbeitende Maschine, was bei Realtime-Simulationsproblemen von komplexen Systemen zu Schwierigkeiten bezüglich des Informations-Updating führen kann. Beim Analogcomputer werden alle mathematischen Operationen, die jeweils durch eigene Komponenten repräsentiert sind, parallel, d.h. simultan und kontinuierlich durchgeführt; es entspricht dies in optimaler Weise einer Realtime-Simulation.

7.5.5 Vor- und Nachteile der Simulation

Um abwägen zu können, ob der Einsatz der Simulationstechnik bei gegebener Problemstellung zielführend und sinnvoll erscheint, seien die wesentlichen Vorteile der Simulation im folgenden aufgeführt:

- Man kann wesentlich komplexere Systeme in Modelle fassen als dies bei der Anwendung analytischer Lösungsverfahren möglich ist, und somit auf Besonderheiten des Problems besser eingehen.
- Die Simulation ist besonders im Falle von beschränkter und unsicherer Information über das zu analysierende System vorteilhaft anwendbar.
- Analytische Modelle bauen auf spezifischen Datenstrukturen bzw. Gegebenheiten auf, die man oft nur approximativ beim Realsystem vorfindet (Linearität, gängige Wahrscheinlichkeitsverteilungen). Die Simulation ist hier wesentlich flexibler wie auch universeller einsatzfähig.

- Das Simulations-Modell des Systems kann in unterschiedlichen Situationen immer wieder verwendet werden.
- Die Simulation verlangt weniger mathematische Kenntnisse vom Analytiker, sie ist leichter anwendbar.
- Man kann experimentieren, das System manipulieren, ohne das Realsystem zu benützen, was im allgemeinen einfacher und billiger ist.

Diesen Vorteilen stehen mehr oder minder gewichtige Nachteile gegenüber:

- Die Aussagesicherheit ist beschränkt (schwierige Bestimmung der Vertrauensbereiche der Aussagen).
- Das Aufstellen und Betreiben von Simulationsmodellen kann hohe Rechenkosten mit sich bringen.
- Die leichtere Handhabbarkeit verführt viele Analytiker, Simulationsmodelle aufzustellen, obwohl analytische Modelle (wie etwa O.R.- Modelle) zur Verfügung stehen, die schneller ein exaktes Ergebnis liefern würden.

Wenn auch keine allgemeingültige Regel aufgestellt werden kann, wann die Simulationstechnik am günstigsten anzuwenden ist, so soll abschließend doch wie folgt zusammengefaßt werden:
Zunächst sollte immer versucht werden, das Problem in Form eines mathematischen Modelles abzubilden und analytisch zu lösen. Vielfach ist dies aus den angeführten Gründen nicht möglich, so daß die Simulation als alternative Methode zur Lösungsfindung herangezogen werden sollte. In jedem Fall gilt jedoch, daß schlechte, d.h. die Wirklichkeit übersimplifiziert abbildende Modelle, schlechte Resultate liefern, egal ob analytisch oder mittels Simulation vorgegangen wird.

8. Systemsimulation

Systemsimulation ist das Entwickeln und experimentelle Auswerten von Realsysteme abbildenden Modellen.

Im Zuge des Systemplanungsprozesses kann die computergestützte Simulation dynamischer Systeme in unterschiedlichen Phasen erfolgreich angewendet werden; so vor allem bei:
- Bedarfsanalyse-Umweltanalyse (Prognose),
- Systemsynthese einschließlich Optimierung,
- Systemanalyse (Prognose des Systemverhaltens).

Dabei handelt es sich vorwiegend um komplexe soziotechnische Problemstellungen mit den Charakteristiken nichtlinear, gemischt stetig/ diskret, stochastisch, instationär (dynamisch).

Der großen Bedeutung der computergestützten Simulationstechnik im Rahmen der Planung komplexer Systeme wegen sei diese im folgenden ausführlicher behandelt.

8.1 Gründe für den Einsatz der Simulationstechnik

Die Schwierigkeiten bei der Analyse von Systemen steigen vor allem mit der Komplexität des Problems (Grad der Vermaschung, Art und Anzahl der Komponenten) sowie mit zunehmenden Zeitrestriktionen.
Es treten bei dem Versuch, ein mathematisches Modell zu formulieren, drei prinzipielle Fälle auf:

- Das System ist einer Beschreibung durch ein mathematisch-analytisches Modell und anschließender Analyse zugänglich.
- Das System kann zwar modellmäßig erfaßt werden, eine quantitative Analyse liegt jedoch außerhalb der Fähigkeiten des Analytikers und/ oder außerhalb der Kostenrestriktionen bzw. Wirtschaftlichkeit.
- Das System ist derart komplex, daß ein analytisch- quantitatives Modell mit genügender Realitätsnähe vom Analytiker nicht aufgestellt werden kann.

Es bieten sich hiebei der zweite und dritte Fall für eine Analyse mittels Simulation an, wobei mit relativ einfacher Mathematik das Auslangen gefunden wird.
Zweck der Simulation ist es, Schlüsse auf das Verhalten des Realsystems zu ziehen. Diese Schlüsse können sein:

- Prognose: Erarbeitung bedingter Voraussagen realer Folgen von beabsichtigten Maßnahmen bzw. stochastischen Umgebungseinflüssen an geplanten oder bereits existierenden Systemen.
- Gestaltung: Gezielte Suche von Strukturen bei der Entwicklung von Systemmodellen; Ermittlung der gegenseitigen Einwirkungen unterschiedlicher Systemkomponenten.
- Optimierung: Ermittlung von optimalen Konfigurationen bzw. Kombinationen von Maßnahmen durch planmäßiges Probieren als relativ beste Lösung, die vom unbekannten absoluten Optimum im allgemeinen abweicht.
  Anmerkung: Die meisten Modelle zeigen eine gewisse Bandbreite nahezu optimaler Lösungen. Da Ungenauigkeiten einerseits durch die modellmäßige Abstraktion, andererseits durch die beschränkt verfügbare Information immer vorliegen, ist die aufwendige Suche nach dem absoluten Optimum nicht lohnend.

Die Simulation als Methode des Durchspielens von Abläufen wurde in konsequenter Form erstmals bei der mathematischen Beschreibung von Kernexplosionen im Zuge der Waffenentwicklung angewandt. Eine analytische Auswertung der Gleichungssysteme war nicht mehr zu bewältigen, so daß der "Versuch auf dem Papier" der einzige Ausweg schien. Wegen des stochastischen, Roulette-ähnlichen Charakters der Inputgrößenermittlung wurde der Name "Monte-Carlo-Methode" für das Vorgehen gewählt.
Heute ist die Simulation im Rahmen der Systemtechnik nicht mehr zu entbehren. "It is safe to say that no large-scale system would be constructed today without some simulations, and in a well executed system design simulation would be used continually" (Machol).

8.2 Theoretische Grundlagen der Simulationstechnik

8.2.1 Erzeugung von Zufallszahlen

Rechner, die für die Simulationstechnik herangezogen werden sollen, besitzen einen Zufallszahlengenerator.

Zufallszahlen liegen vor, wenn jede erzeugte Zahl vollkommen unabhängig von vorher erzeugten Zahlen ist und wenn jede der n erzeugten Zahlen die gleiche Wahrscheinlichkeit (nämlich 1/n) besitzt, erzeugt zu werden (Gleichverteilung).

Zufallszahlengeneratoren von digitalen Rechnern können keine echten Zufallszahlen generieren, im Gegensatz etwa zu einem fairen Würfel. Man versucht daher, Rechenalgorithmen zur Ermittlung von Zahlenreihen zu entwickeln, die annähernd die Kriterien für echte Zufallszahlen erfüllen.
Man hat Tests entwickelt, um zu analysieren, ob eine Zahlenfolge dem Kriterium der Zufälligkeit hinreichend gut entspricht (aufbauend auf der χ^2-Statistik):

Häufigkeitstest: Analyse der Ähnlichkeit von Zahlen mit der geforderten Gleichverteilung (χ^2-Test).
Serientest: Analyse der Unabhängigkeit der generierten Zufallszahlen. Bei Pseudo-Zufallszahlen treten Abhängigkeiten in Form von Zyklen auf; die Zykluslänge (Anzahl von Zahlen bis zur Wiederholung) ist ein wesentliches Maß für die Güte eines Zufallszahlengenerators.
Lückentest (Gap-Test): Analyse der Wahrscheinlichkeit, daß aufeinanderfolgende Zahlen im gleichen Teilintervall $[a,b]$ des Grundintervalls $[0,1]$ der normierten Zufallszahlen liegen.
Permutationstest: Analyse der Folge von größeren Werten (Oberlängen) und kleineren Werten (Unterlängen) bei einer Gruppe von k Zahlen. Für k=3 Zahlen ergeben sich k!=6 Anordnungen (Permutationen), die alle die gleiche Wahrscheinlichkeit des Auftretens besitzen müßten.

Maximumtest: Verwendung des Größtwertes einer Gruppe aufeinanderfolgender Zahlen.
Es werden Gruppen von n aufeinanderfolgenden Zufallszahlen gebildet. Aus jedem Intervall wird der Maximalwert ermittelt und quadriert. Die so erhaltenen Werte werden einem χ^2-Test unterzogen.

Durch Verwendung eines Rechenalgorithmus ist die produzierte Pseudo-Zufallszahlenfolge streng deterministisch, was jedoch für die Simulation große Vorteile mit sich bringt: Bei Eingabe der gleichen Ausgangszahl (seed) können Simulationsläufe exakt reproduziert werden.

Als Rechenalgorithmus wird heute primär verwendet:
Kongruenzmethode (Congruential Method):

(Ältere Verfahren, wie etwa die Mid-Square-Method, liefern signifikant schlechtere Ergebnisse).

$$X_{i+1} = (aX_i + c) \bmod m, \qquad \text{mit } a,c,m \text{ ganzzahlig}$$

d.h. Die Zahl ($aX_i + c$) wird durch m dividiert, der ganzzahlige Divisionsrest liefert die nächste Zufallszahl X_{i+1}

Durch die Zahl m wird die Größe der Zufallszahl bestimmt, da der Divisionsrest immer kleiner m sein muß. Durch geeignete Wahl von a und c wird der Rechenaufwand sowie die Zykluslänge beeinflußt, wobei $a \geq 1$ und $c \geq 0$ sein muß.
Für c=0 ergibt sich die multiplikative Kongruenzmethode, die geringere Zykluslänge aber auch geringeren Rechenaufwand aufweist.

8.2.2 Ermittlung beliebig verteilter Zufallszahlen (Prozeßgeneratoren)

Methode der inversen Transformation:
Um Zufallszahlen aus einer beliebig verteilten Grundgesamtheit zu erzeugen, wie es zur Simulation empirischer sowie beliebiger theoretischer Wahrscheinlichkeitsverteilungen notwendig ist, müssen die ermittelten gleichverteilten Zufallszahlen in solche mit der gewünschten Verteilung transformiert werden. Dies geschieht im vorliegenden Fall mit Hilfe der Inversen der Verteilungsfunktion (Summenlinie).

Für diese Transformation muß die Summenverteilung (c.d.f.) der beliebigen Zufallsvariablen X, F(x), bekannt sein und die zugehörige Inverse (Umkehrfunktion) $F^{-1}(y)$ existieren (vgl.Abb.8.1).
(Die Umkehrfunktion ist, verbal, das Aufsuchen des zugehörigen x-Wertes - jetzt die abhängige Variable - für einen interessierenden Wert y.)

Es gilt: $\quad x = F^{-1}(U)$

d.h. eine beliebig verteilte Zufallsvariable X ergibt sich mittels der Inversen der Verteilungsfunktion aus der (0,1)-gleichverteilten Zufallsvariablen U (Uniform Distribution).
Setzt man F(x)=u, d.h. setzt man für die Werte $0 \leq F(x) \leq 1$ eine Gleichverteilung, so werden mit dem Zufallszahlengenerator x-Werte mit der Verteilung F(x) erzeugt (vgl.Abb.8.1, unten).

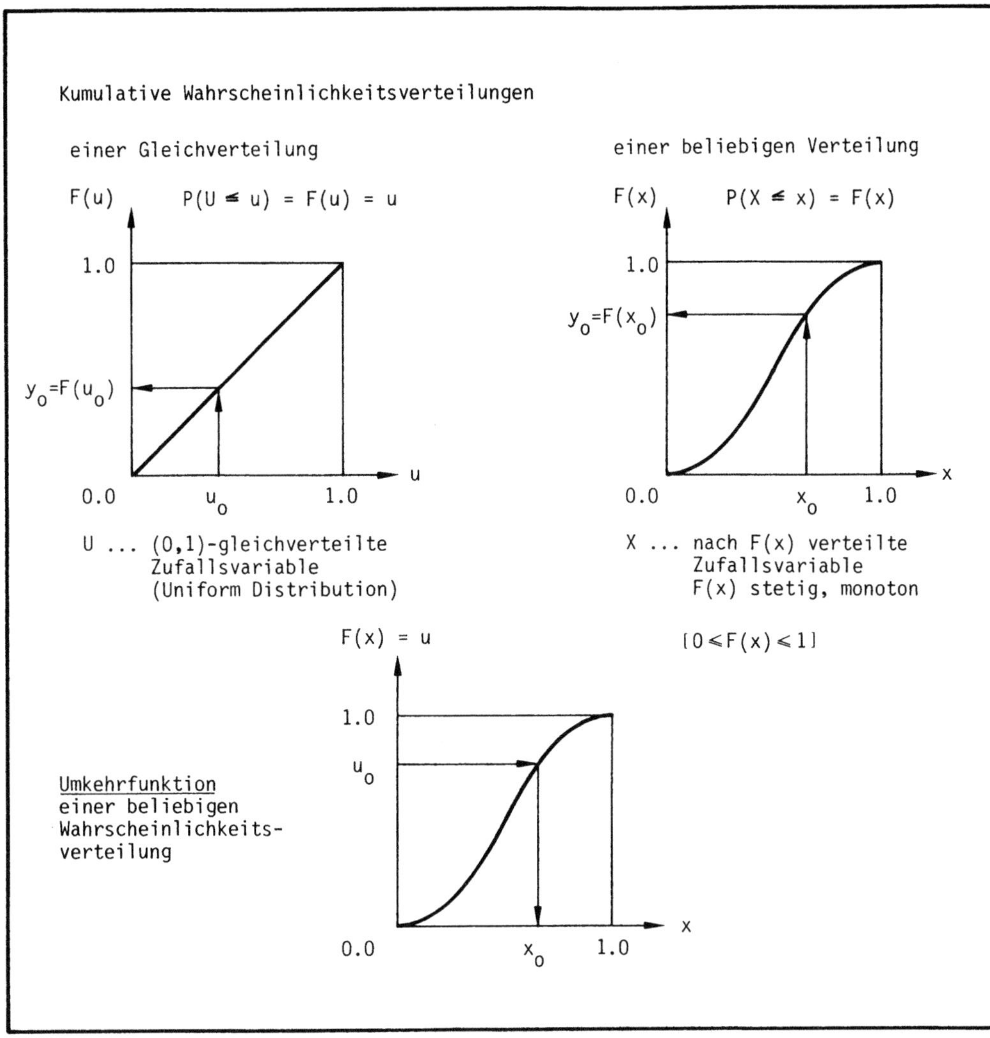

Abb. 8.1: Inverse Transformation (Umkehrfunktion)

Ist die Inverse nicht explizit angebbar, so muß abschnittweise linearisiert werden (Approximationsmethode), so daß mehrere Gleichverteilungen mit verschiedenen Parametern erzeugt werden.

Bei diskreten Verteilungen wird dementsprechend über Treppenkurven invertiert.

Weitere Methoden:

- Geometrische Methode: Es werden 2 Gleichverteilungen generiert, Koordinatenpunkte mit Dichtefunktion verglichen, akzeptiert oder ausgeschieden (nur bei $f(x) > 0$, $a \leq x \leq b$, sonst 0).

- Zusammensetzungsmethode: Die Zufallsvariable wird aus der Summe bekannter Zufallsvariablen zusammengesetzt.
  Z.B.: Darstellung der Normalverteilung aus k Rechtecksverteilungen (Zentraler Grenzverteilungssatz).
- Äquivalente Transformation: Es wird die Verwandtschaft von Verteilungen ausgenützt (z.B. Poisson Vt. - Exponential Vt.).
- Klassenbildung: Bei diskreten Verteilungen (oder stetigen, die diskret approximiert werden) werden entsprechend den Punktwahrscheinlichkeiten Klassenbreiten gebildet, sodaß die U(0,1)-verteilten Zufallszahlen den Klassen zugeordnet werden können und die gesuchte Zufallszahlenverteilung liefern.

8.2.3 Zeitabläufe bei der Simulation

Der kontinuierliche Zeitablauf des Realsystems wird bei der digitalen Simulation durch eine Folge von Zeitpunkten auf Modellebene ersetzt, wobei zwischen zwei benachbarten Punkten der Zustand des Modells als jeweils konstant angenommen wird (Digitalisierung des Zeitablaufs). Es ist daher notwendig, eine Modellzeit als Abbildung des realen Zeitablaufes zu führen und fortzuschreiben, indem der Zeitabstand zwischen zwei benachbarten Zeitpunkten jeweils aufaddiert wird. Die Modellzeit bleibt somit jeweils "stehen", bis ein neuer Zuwachs zu einem Zeitpunkt eintritt.
Streng zu unterscheiden ist weiters zwischen Modellzeit und Simulations-Laufzeit (auch Computer-Zeit), wobei letztere den Zeitaufwand für das Durchspielen des Modells erfaßt.

Zeitvorrückungs-Methoden:
Die Modellzeit kann
- entsprechend dem Eintritt von Ereignissen ins Modellgeschehen um variable Zeitspannen T_i vergrößert werden (event-sequencing), oder
- jeweils um eine konstante Zeiteinheit ΔT fortgeschrieben werden (time sequencing), wobei im Falle diskreter Modelle nicht in jedem Intervall ein Ereignis auftreten muß.

Im ersten Fall, dem ereignisabhängigen Zeitfortschritt, müssen Listen über erwartete bzw. eingetretene Ereignisse - mit Prioritätsregeln für den Fall zeitlicher Koinzidenz - geführt werden. Da zudem in vielen Fällen eine deterministische Vorhersage des Eintrittszeitpunktes

eines Ereignisses ("kritische Zeit") nicht möglich ist, gestaltet sich das Führen derartiger Ereignislisten sehr aufwendig.
Ereignisabhängiger (variabler) Zeitfortschritt (Modellzeit bei ereignisgesteuertem Simulationsablauf) wird bei diskreten Modellen mit eher geringer Komplexität und hoher Abbildungsgenauigkeit verwendet, sowie wenn

- während längerer Zeitintervalle keine Ereignisse eintreten
- die Ereignisse sehr unregelmäßig auftreten
- das Modell eher wenige Zustandsvariable beinhaltet.

Im zweiten Fall, dem getakteten Zeitfortschritt, erweist sich die Programmierung wegen des Wegfalls von Ereignislisten wesentlich einfacher:
Getakteter (konstanter) Zeitfortschritt (Modellzeit bei taktgesteuertem Simulationsablauf) eignet sich für stetige Modelle, die die kontinuierlichen Veränderungen von Systemgrößen auch als solche abbilden (z.B. Schwingungssysteme). Weiters eignet er sich auch für diskrete Modelle mit höherer Komplexität, wobei sich in Abhängigkeit von ΔT eine Ungenauigkeit ergibt, da Ereignisse erst im nächstfolgenden Taktzeitpunkt registriert werden, der genaue Zeitpunkt des Ereignisses jedoch nicht festgestellt wird. Treten mehrere Ereignisse in einem Intervall auf, so wird nur die Überlagerung aller registriert (d.h.: Bei im Durchschnitt mehreren Ereignissen pro Zeitintervall wird Rechenzeit gespart!).

Die Wahl der Zeiteinheit ΔT beeinflußt offensichtlich die Aussagegenauigkeit der Simulationsergebnisse wie auch den Aufwand für die Simulation. Folgende Richtlinien seien gegeben: Kleines ΔT

- erhöht die Genauigkeit bei der Bestimmung von Ereignissen bzw. Variablenwerten (mit Ausnahmen),
- erhöht den Simulationsaufwand,
- erhöht den Datenbedarf (Input).

Da keine quantitative Angabe über die Wahl von ΔT gegeben werden kann, ist eine Sensitivitätsanalyse bezüglich einer Veränderung von ΔT zu empfehlen.

Näherungsweiser Vergleich der beiden Methoden hinsichtlich des Kriteriums Computerrechenzeit:
Annahme:

- jede Variable ändere im Schnitt alle m Zeiteinheiten ihren Wert
- die Simulation überdecke t Zeiteinheiten
- das Simulationsmodell weise k Variable auf.

Variabler Zeitfortschritt:

P (Modellereignis) = $(\frac{1}{m}).k$ ... Wahrscheinlichkeit des Eintritts eines Ereignisses in der Zeiteinheit

Gesamtzahl an Ereignissen = $\frac{k}{m}.t$

Anzahl an Rechenoperationen (Vergleichen) je Ereignis = k-1

Simulationsaufwand .... $\frac{k.t(k-1)}{m}$

(Annahme: proportionale Rechenzeit)

Konstanter Zeitfortschritt:

t Intervalle, Zeitintervall = $\frac{1}{t}$

Anzahl an Rechenoperationen (Vergleiche) ... k.t

Vergleich: Variabler vs. konstanter Zeitfortschritt (bei sonst gleichen Bedingungen)

$$\frac{k.t(k-1)}{m} = k.t$$

d.h.: für $k-1 > m$ ist konstanter Zeitfortschritt hinsichtlich des Rechenaufwandes vorzuziehen.

8.2.4 Bestimmung der Anzahl an erforderlichen Simulationsläufen

Da bei stochastischen Simulationsmodellen Stichproben aus zufallsverteilten Grundgesamtheiten Eingang finden, folgen die Simulationsergebnisse ebenfalls Wahrscheinlichkeitsverteilungen. Die Zahl der erforderlichen Simulationen ergibt sich dabei aus der geforderten statistischen Sicherheit, mit der auf die wahren unbekannten Kenngrößen Erwartungswert und Varianz sowie auf die Verteilungsfunktion geschlossen werden kann.

Als Abbruchkriterium für die Simulation ergibt sich im Prinzip:

$$\sqrt{\frac{s^2}{n}} \leq f(\bar{x})$$

s^2 ... Probenvarianz

n .... Zahl der Simulationsläufe

$\sqrt{\frac{s^2}{n}}$ ... Maß für die Abweichung des geschätzten Erwartungswertes vom wahren unbekannten Wert

$f(\bar{x})$.. zulässiger Fehler von $\bar{x}$ z.B. $f(\bar{x}) = k.|\bar{x}|$

Voraussetzung: Unabhängigkeit der Stichproben (Querschnittsprobe)

Bei autokorrelierten Stichproben (Zeitreihenproben) kann der Stichprobenumfang in n gleichgroße, unabhängige Intervalle unterteilt werden, wobei mit den Mittelwerten der n Intervalle die erforderliche Mindestzahl näherungsweise bestimmt werden kann. Ein genaueres Vorgehen erfordert die Ermittlung der Autokorrelationsfunktion und deren Berücksichtigung in der Ergebnis-Varianz.

8.2.5 Suchen der optimalen Lösung

Das Ermitteln von optimalen oder zumindest nahe-optimalen Lösungen hat in der Simulation heuristischen Charakter, es werden Suchalgorithmen angewandt. Mitberücksichtigt werden muß dabei der Aufwand in Form von Rechenzeit/Rechenkosten, weshalb ein eigener Versuchsplan erstellt werden sollte.

Zunächst ist folgendes festzulegen:
- Es sind die kontrollierbaren (unabhängigen, d.h. vom Versuchsleiter variierbaren) Variablen des Modells zu identifizieren.
- Für diese sind die zulässigen Wertebereiche durch Berücksichtigung der vorgegebenen Randbedingungen zu definieren.
- Im Falle des Vorliegens von diskreten Variablen ist der jeweils zulässige Wertevorrat zu definieren.

Die abhängige Variable Z (Zielfunktion) ist nun einer Optimierung zu unterwerfen (Max, Min):

$Z = f(x_1,\ldots,x_n) \rightarrow$ Max .... Maß für die Güte der Lösung

wobei $\{x_1,\ldots x_n\} \in B$
d.h., daß die unabhängigen Variablen nur Werte aus einem vorgegebenen Wertebereich B annehmen können.

Bei mehrfacher Zielsetzung ist das Problem durch Gewichtung (Linearkombination) auf eine einfache Zielsetzung zu reduzieren.

Die anzuwendenden Suchmethoden sind im Kapitel Systemoptimierung (Kap.5.9) zusammengestellt.

8.3 Vorgehen in der Simulationstechnik

Das Vorgehen bei der Entwicklung und Anwendung eines Simulationsmodelles entspricht im Prinzip dem allgemeinen Problemlösungsablauf (vgl. Abb.5.3), wobei Rückkopplungsschleifen zwischen den Schritten durchlaufen werden können. (So kann es etwa notwendig sein, ein erstelltes Modell nachträglich zu verfeinern oder auch zu vergröbern.)

1.Schritt: Formulieren des Problems (Problemdefinition)
Welche Ziele sollen mit dem Modell erreicht werden?
(Operationalisieren von Zielen, geforderte statistische Sicherheit der Aussage)
Spezifikation der kontrollierbaren Variablen (Gestaltungsparameter) und der Randbedingungen/Beschränkungen.

2.Schritt: Datenerhebung, Erstellung der Modellstruktur
(vgl. auch Abschnitt 7.5, Simulationsmodelle)
Die Beschaffung und Aufbereitung der exogenen Daten kann sehr aufwendig sein (Auswertung historischer Daten, Stichprobennahme, subjektive Schätzungen), wobei die Genauigkeit und Zuverlässigkeit der Daten die Komplexität des Modells bedingen und umgekehrt. Eine Datenverdichtung liefert empirische Häufigkeitsverteilungen oder ermöglicht die Wahl geeigneter theoretischer Verteilungsfunktionen mit entsprechenden Parametern.
Es ist anzustreben, Problembereiche in Form von Teilmodellen abzubilden (Ablauflogik), um die Übersicht und das Austesten zu erleichtern (programmtechnisch ergeben sich dadurch Subroutinen).
Die einzelnen Teilmodelle sollten nach dem Gesichtspunkt der Sparsamkeit hinsichtlich der Anzahl an Strukturgleichungen und Modellvariablen (endogene Größen) erstellt werden. Nicht kontrollierbare Daten (exogene Größen) sind entsprechend ihrer Relevanz hinsichtlich der Fragestellung zu filtern.

3.Schritt: Modellimplementation: Aufstellen des Programms
Es umfaßt dieser Schritt die Programmierung der Teilmodelle und das Zusammenfügen zum gesamten Rechenprogramm.
Die anzuwendende Programmiersprache sollte nach folgenden Kriterien ausgewählt werden:
- Kenntnisse/Erfahrungen auf Seiten des Programmier-/Simulationsexperten
- Problemtypus (insbesondere hinsichtlich diskret/stetig)

- Effizienz des Programmiersystems:
  Rechenzeit, Verfügbarkkeit, Schwierigkeit der Anwendung, Komfort
- Programm-Features (Output-Formate, Plotter etc.)

4.Schritt: Testen des Programms (Debugging des Modells)
Das programmierte Modell bzw. die einzelnen Teilmodelle müssen auf formale und logische Richtigkeit geprüft werden. Weiters muß der Stichprobenumfang zur Erzielung der angestrebten statistischen Genauigkeit bestimmt werden.

5.Schritt: Feinabstimmung des Programms
Modellgültigkeitsprüfung (Validierung des Modells)
Es ist zu prüfen, ob die Wirklichkeit akzeptabel gut durch das Modell abgebildet wird.
Dies geschieht vorwiegend durch eine Feinabstimmung anhand von Testläufen, die mit der Realität verglichen werden ("Prognose" historischer Entwicklungen).
Die Aussagesicherheit muß der geforderten ebenfalls entsprechen.
Problem dabei ist, ob die realen und die simulativen Daten der gleichen statistischen Grundgesamtheit angehören und weiters mit welcher statistischen Sicherheit diese Aussage zutrifft.
Darüber hinaus sollte für Spezialfälle (ausgezeichnete Systemzustände mit stark vereinfachter Struktur) versucht werden, auf analytischem Weg eine Verifizierung zu erreichen. Zumindest könnte dies für Teilmodelle erfolgen.
Ein Vergleich der analytisch erhaltenen Werte mit den Simulationsergebnissen für diese Spezialfälle trägt ebenfalls zur Bewertung der Abbildungsgüte bei, da der Schluß auf beliebige andere Systemzustände gerechtfertigt ist.

Die Validierung von Simulationsmodellen erfolgt bei komplexen Systemen segmentiert nach Teilmodellen; sie erweist sich als zentraler und zugleich schwierigster Schritt in der Simulationstechnik.

Folgende Methoden der Modellvalidierung können zusammenfassend in dieser Phase der Simulationstechnik angewendet werden:
- Prüfung auf interne Modellgültigkeit:
  Vergleich des Outputs (Varianz) bei unterschiedlichen Zufallszahlenfolgen (aber gleichen Input-Parametern)
- Augenscheinliche Prüfung:
  Vergleich des Modelloutputs mit Expertenmeinungen

- Test mittels signifikanter Parameterkombinationen: insbesondere für die Teilmodellprüfungen
- Sensitivitätsanalyse: Variation der Parameter und Ermittlung des Outputausschlages; Vergleich mit der Wirklichkeit
- Test mittels historischer Daten (ex post-Analyse): Die Antworten des Gesamtmodells werden mit vorliegenden historischen Daten mittels statistischer Verfahren verglichen: χ^2-Test, Kolmogorov-Smirnov-Test, Regressionsanalyse, Varianzanalyse.

6.Schritt: Simulationsdurchführung
Diese ist als experimentelle Modellauswertung anzusehen: Das Simulationsmodell wird problemspezifisch eingesetzt.
Input-Spezifikation: Festlegen der Inputvariablen (Zeitreihen, Parameterwerte).
Für zeitaufwendige Simulationen muß ein Versuchsdesign (Design of Experiments) vorgenommen werden.
Output-Spezifikation: Festlegen der interessierenden Outputvariablen einschließlich zugehöriger Funktionen.
Simulationssteuerung: Initialisierung der Startwerte, Zerlegung der Gesamtsimulation in Phasen (je nach Interessenslage), Festlegen der Simulationsendbedingungen.
Resultataufbereitung: Festlegen von Statistiken und Kennwerten als problemspezifische Verdichtung der originären Outputdaten (Tabellen, Histogramme, Graphiken).

7.Schritt: Ergebnisanalyse, Simulationsauswertung
(Optimieren, Sensitivitätsanalyse)
Eine Datenvalidierung liefert Aussagen darüber, ob die verfügbaren Inputdaten (Basisdaten) in Format und Verläßlichkeit entsprechen.
Eine a-posteriori-Modellvalidierung analysiert (über analoge frühere Schritte hinausgehend), inwieweit das Modellverhalten der Vorstellung entspricht:

Stehen die Antworten des Modells im Widerspruch zur Intuition (counter intuitive behavior), so ist dies ein Indiz, daß möglicherweise ein Modellfehler vorliegt. Dadurch können Modellmodifikationen notwendig werden.
Zur Analyse der Verläßlichkeit der Simulationsergebnisse, aber auch zur Verbesserung der Modellstruktur, sollte eine Sensitivitätsanalyse vorgenommen werden (Simulation unter ceteris paribus-Bedingungen).

Liefern Änderungen eines unabhängigen Modellparameters starke "Ausschläge" bei den Modellantworten, so ist diesen kritischen Variablen größtes Augenmerk zu widmen (Genauigkeit der Erfassung, exaktere strukturelle Einbindung im Modell).
Die Simulation kann darüber hinaus zur heuristischen Optimierung problemspezifisch eingesetzt werden.

8.4 System Dynamics: Simulationsmodelle soziotechnischer Systeme

Die Probleme bei der modellmäßigen Darstellung und analytischen Auswertung soziotechnischer Systeme veranlaßten Wissenschaftler, unter Verwendung ingenieurwissenschaftlicher Ansätze (Regelkreisstrukturen mit Verzögerungen, Digitalcomputer-Simulation), neue Wege der integrativen Behandlung betriebs- und volkswirtschaftlicher Probleme zu konzipieren. J.Forrester konzipierte das Modellierungssystem Industrial Dynamics, das später, seiner universellen Anwendbarkeit wegen (Urban Dynamics, World Dynamics), auf System Dynamics umbenannt wurde. Parallel wurde das Programmiersystem DYNAMO zur Simulation von System Dynamics-Modellen entwickelt.

System Dynamics ist eine auf Regelkreisstrukturen basierende, integrative und systemorientierte Betrachtungsweise komplexer soziotechnischer Systeme.
Ohne auf den wissenschaftlichen Standort von System Dynamics einzugehen, seien im folgenden, gestützt auf die Veröffentlichungen von Forrester, die Philosophie, grundlegende Fragen, Vorgehensweise sowie Darstellung und Interpretation von System Dynamics besprochen.

8.4.1 Beschreibung von System Dynamics

Als eine auf Regelkreisen basierende Lehre vom Verhalten beliebiger Systeme geht es um die quantitative Abbildung empirisch erfaßter organisatorischer Strukturen bei ganzheitlicher Betrachtung. Forrester unterscheidet zunächst folgende Modellgrößen:
Material, Anweisungen, Geld, Personal, Ausstattung sowie Information als verbindendes Netzwerk, was deutlich den industriellen Ursprung der Methode erkennen läßt. Hauptanliegen ist die Analyse des dynamischen Verhaltens komplexer Systeme. Die Auswertung erfolgt, ohne das

Erfordernis einer anspruchsvollen Mathematik, durch Simulation und damit mittels Computer - mit dem eigens für System Dynamics entwickelten DYNAMO Compiler. (In Punkt 8.5 wird gezeigt, daß auch andere Programmiersysteme, wie vor allem CSMP, für die simulative Auswertung herangezogen werden können.)

System Dynamics bedient sich der Simulation als Lösungstechnik, da analytische Lösungen beim derzeitigen Stand der Entwicklung nicht möglich sind. Darüber hinaus würde eine analytische Methode der Grundphilosophie, in den Modellen auch "soft-data" (schwer und unexakt quantifizierbare Informationen) zu berücksichtigen, nicht gerecht werden.

Entwicklung von System Dynamics: Mitte der Fünfziger Jahre erwartete man sich von der wechselseitig sich befruchtenden Entwicklung des relativ neuen Operations Research und des Digitalcomputers bei der Behandlung betriebswirtschaftlicher Problemstellungen besondere Erfolge. Die nächsten Jahre zeigten jedoch überraschend, daß Operations Research

- weit gefaßte, komplexe Probleme des Unternehmens nicht lösen kann,
- keine Humanvariablen modellieren kann,
- nur in Ansätzen nichtlineare komplexe Probleme lösen kann.

Aus diesem Bedarf heraus entstand (über Ansätze eines "Steady State Dynamics" als Untersuchung der Wiederherstellung gestörter Gleichgewichte) die Grundlagenphilosophie des System Dynamics. Die Weiterentwicklung brachte eine Vertiefung in Richtung einer allgemeinen Verhaltenstheorie soziotechnischer Systeme (Stabilisierungsverhalten, Wachstumsverhalten, Dominanzverhalten).

Grundgedanke dabei ist das Rückkopplungs-Konzept (information feedback):
Ausgangszustand → Information über den Ausgangszustand → Entscheidung → Auswirkung der Entscheidung → Einstellen eines neuen Zustandes.
System Dynamics versteht sich im letzten Stand der Entwicklung als allgemeine Theorie des Verhaltens beliebiger dynamischer komplexer Systeme (vermaschte Regelkreissysteme).

8.4.2 System Dynamics als Strukturierungsmodell

8.4.2.1 Stufen des Vorgehens

Es werden vier Stufen des Vorgehens vorgeschlagen:

Stufe 1: Festlegung der Modellgrenzen.
Durch Sensitivitätsanalyse sind die relevanten Parameter zu erfasssen, wobei deren Anzahl so gering wie möglich zu halten ist.

Stufe 2: Konzeption des Regelkreissystems.
Als Ursache-Wirkung-Kette stellt der Regelkreis das Grundelement des System Dynamics dar, wobei komplizierte Verhaltensmuster durch Zusammenspiel mehrerer ineinander vermaschter Regelkreise entstehen.

Stufe 3: Festlegung der Zustandsgrößen und Flußgrößen.
Die Zustandsvariablen (levels, accumulations) spiegeln zu jedem beliebigen Zeitpunkt den Zustand des Systems wider. Sie werden durch Zu- und Abflüsse im Zeitablauf verändert. Die Flußgrößen (rates, flows) sind bei Momentaufnahme eines Systems nicht erkennbar, sie entsprechen der Intensität der Veränderung der Zustandsgrößen, sind also Aktivitäten.

Stufe 4: Ermittlung der Feinstruktur der Flußgrößen.
Die Feinstruktur der Flußvariablen besitzt Regelkreischarakter, wobei folgende vier Komponenten unterschieden werden:
- Zielvorgabe (goal)
- Beobachtung eines Ist-Zustandes (observation)
- Feststellung der Abweichung (discrepancy)
- Maßnahme (action)

8.4.2.2 Darstellungssymbolik von System Dynamics

Für die Erfassung von Regelkreissystemen ist eine graphische Darstellung sehr vorteilhaft. System Dynamics schlägt die in Abb.8.1 zusammengestellten Symbole (leicht abgeänderte Version) vor.

8.4.2.3 Darstellung als Gleichungssystem

Das Gleichungsformat: Jeder Regelkreis muß mindestens eine Zustands- und eine Flußgröße besitzen. Zusätzlich treten noch Konstante und Hilfsgrößen auf, die über Hilfsgleichungen die Flüsse steuern, daher also formal ein Teil der Flußvariablen sind.

Zustandsgrößen (accumulations, levels), [Menge]
Zustandsgrößen werden ausschließlich durch Flußgrößen verändert

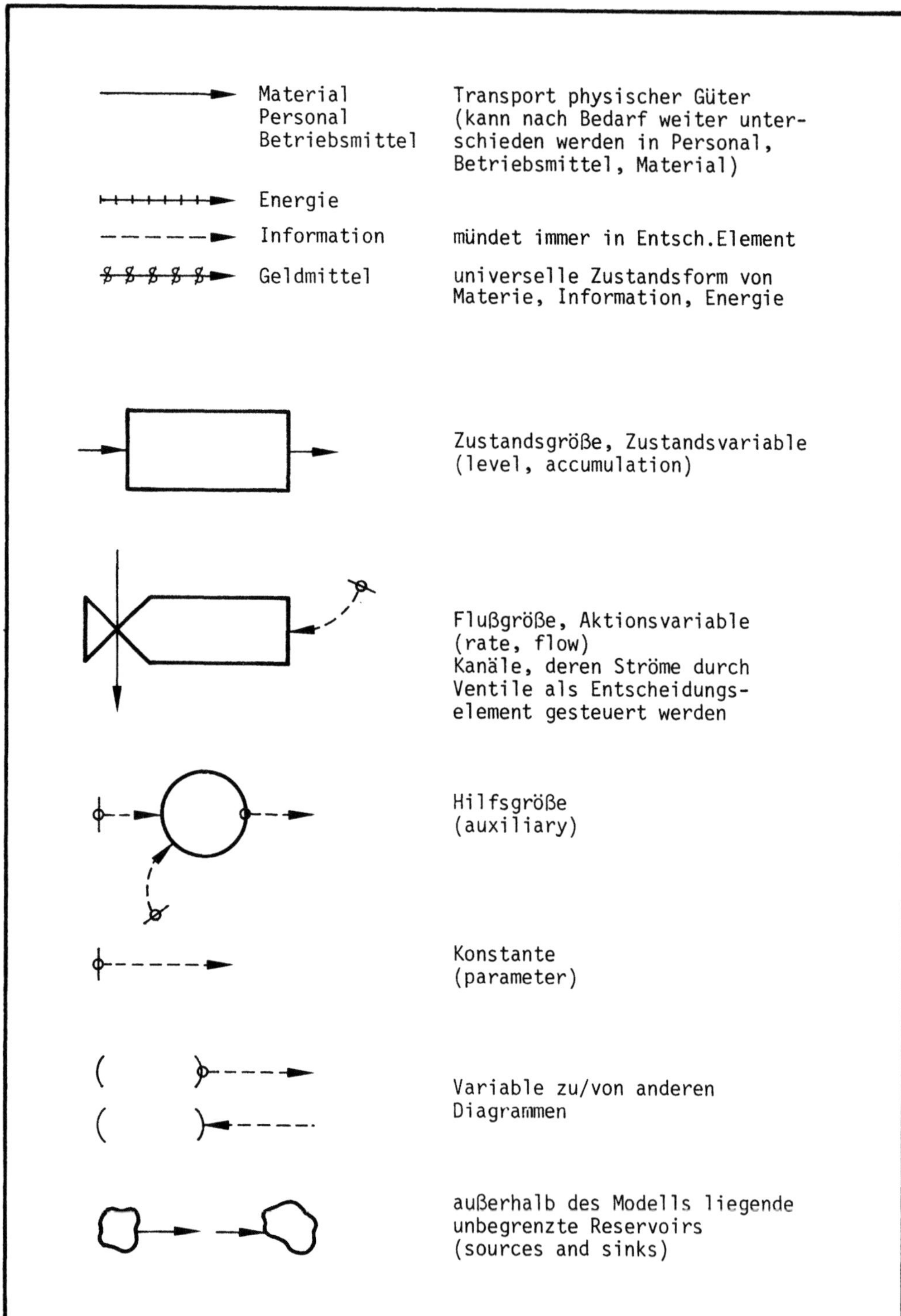

Abb. 8.2: Darstellungssymbole des System Dynamics (adaptierte Version)

(Abb.8.2), was sich als Differentialgleichung wie folgt an einem Beispiel demonstrieren läßt:

$$x(t) = \int_0^t (y_1 - y_2)\, dt$$

hier: $$ACC(t) = \int_0^t (INF - OUT)\, dt$$

d.h. der Bestand zum Zeitpunkt t ist die Kumulation aller bis zu diesem Zeitpunkt erfolgten Zu- und Abflüsse; bzw. die Änderung des Bestandes ist die Differenz der Flüsse zum Zeitpunkt t.

$$x'(t) = y_1(t) - y_2(t)$$

Diese Differentialgleichung wird diskretisiert und als <u>Differenzengleichung</u> bei konstanten Zeitintervallen ΔT angeschrieben:

$$\text{mit} \quad x'(t_n) = \frac{x(t_n) - x(t_{n-1})}{t_n - t_{n-1}} \qquad \text{(Differenzenquotient)}$$

$$\frac{x(t_n) - x(t_{n-1})}{\Delta T} = y_1(t_{n-1}) - y_2(t_{n-1})$$

$$x(t_n) = x(t_{n-1}) + \Delta T \left[y_1(t_{n-1}) - y_2(t_{n-1}) \right]$$

<u>Zustandsgleichung</u> (level equation):

$$x(t_n) = x(t_{n-1}) + \Delta T . f\ y(t_{n-1})$$

In der System Dynamics-Notation lautet die Zustandsgleichung für obiges Beispiel:

<u>ACC.K = ACC.J + (DT)(INF.JK-OUT.JK)</u>

wobei:

ACC.K ... beliebige <u>Zustandsgröße</u> zum Zeitpunkt K

K ... Zeitpunkt "jetzt"

J,L ... Zeitpunkte "vorher", "nachher"

JK ... Zeitintervall zwischen den Zeitpunkten J und K

DT ... Periodenlänge (difference in time), Zeitdauer zwischen zwei Berechnungen entsprechend der Differenz von K und J (berechnungsinterne Größe)

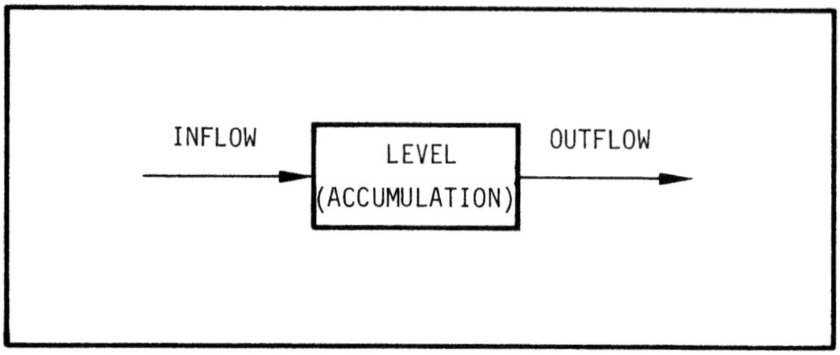

Abb. 8.3: Zustandsgröße

Die Flußgrößen werden dabei als über DT konstant angenommen, d.h. es wird mittels Stufenfunktion approximiert.

Die Zustandsgleichung stellt somit eine einfache numerische Integration für folgende Differentialgleichung dar:

$$\frac{dx}{dt} = f\left[y(t)\right]$$

wobei in DYNAMO für f(.) nur die vier Grundrechnungsarten zugelassen sind; die Integrationsmethode (Rechteckmethode) erweist sich dabei als ziemlich ungenau.

Flußgrößen, Veränderungsraten (rates), [Menge/Zeiteinheit]
Flußgrößen steuern Wirkungen zwischen verschiedenen Zustandsgrößen (Wirkpotentialen); sie hängen ab von Hilfsgrößen (Konstanten, Hilfsvariablen) und von endogenen oder exogenen Zustandsgrößen, nicht jedoch unmittelbar von anderen Flußgrößen. Die Abhängigkeiten können informationeller oder materieller/energetischer Natur sein.

Die Gleichungen der Flußgrößen (rate equations) bilden die Dynamik des Systems ab.
In einfacher Form sind sie lineare Differenzengleichungen erster Ordnung, mit deren Hilfe sich Wachstums- und Verstärkungsprozesse abbilden lassen.

Flußgleichung: $y_n = g(x_n, y_{n-1})$
(rate equation)

(Rekursionsformel, wegen y_{n-1})

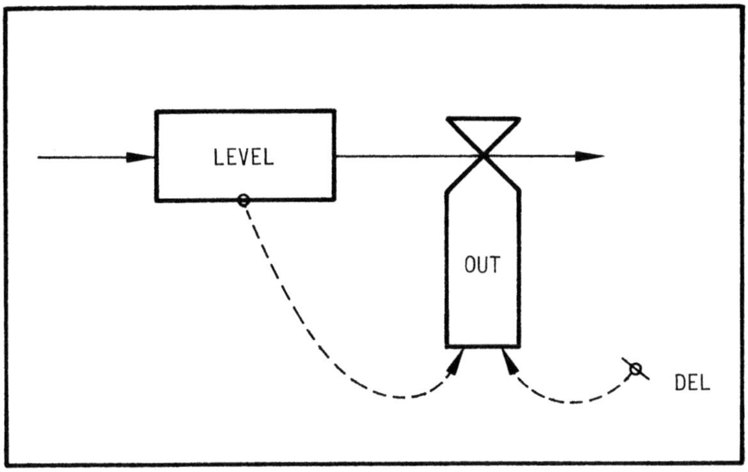

Abb. 8.4: Flußgröße

Beispiel (Abb.8.4):

$$OUT.KL = \frac{ACC.K}{DEL}$$

(Verzögerung 1.Ordnung)

OUT ist dabei das Entscheidungselement (das Ventil im Kanal), das als Veränderungsrate OUT.KL auf eine Zustandsgröße einwirkt. DEL ist eine Konstante.

Durch Hintereinanderschalten von exponentiellen Verzögerungen 1.Ordnung erhält man Verzögerungen höherer Ordnung (siehe später!).

Flußgrößen sind mathematisch gesehen durchschnittliche Veränderungsgeschwindigkeiten: die im Zeitintervall DT auftretenden Veränderungen werden summiert und durch DT dividiert, mögliche Geschwindigkeitsschwankungen innerhalb DT werden nicht berücksichtigt.

Die Funktion g in der Gleichung kann neben den 4 Grundrechnungsarten folgender Art sein:
Quadratwurzel, Sinus, Cosinus, Exponentialfunktion, Logarithmus, Maximum/Minimum, Grenzwerte

$$a > b \Rightarrow y_{n-1} = g_1(.)$$
$$a \leq b \Rightarrow y_{n-1} = g_2(.)$$

sowie beliebige Zeitfunktionen, wenn sie in Tabellenform (in Form von Stützwerten) angegeben sind.

Zur leichteren Formulierung der Flußgleichung können explizite Hilfsgrößen formuliert werden.

Ist die Veränderungsrate, die auf eine Zustandsgröße einwirkt, von dieser selbst abhängig, so liegt Rückkopplung vor. Ist die Veränderungsrate abhängig von einer Zustandsgröße, die sie nicht unmittelbar beeinflußt, so liegt eine Kopplung (Interaktion) zwischen unterschiedlichen Systemkomponenten vor.

Aus dem bisher Gebrachten folgt, daß Zustandsgrößen und Flußgrößen (mit Hilfsgrößen) immer abwechselnd auftreten müssen!

Hilfsgrößen, Hilfsfunktionen (auxiliaries)
Hilfsgrößen sind algebraisch gesehen Bestandteil der Flußgrößen, sie können funktionell von weiteren Hilfsgrößen abhängen.
Folgende Hilfsgleichungen werden häufig formuliert:

- AUX.K = g(ACC.K)
  (Bei physikalischen d.h. materiell-energetischen Hilfsgrößen.)
  Die Hilfsgröße AUX ist eine Funktion der Zustandsgröße.

- AUX.K = A.B.C (DESIRED ACC.K - PERCEIVED ACC.K)
  (vorwiegend bei informationellen Hilfsgrößen)

- AUX.K = TABLE (TAUX, ACC, K, 0, 100, 10)
  Die Hilfsgröße AUX steht über eine Funktion (table-function TABLE) mit der Zustandsgröße ACC in Beziehung, alles zum Zeitpunkt K berechnet. Die Tabelle TAUX geht beispielsweise von 0 bis 100 in Schritten von 10 Einheiten.
  Es kann auch direkt eine Funktion (random, step, impulse) angegeben werden; im einfachsten Fall als Konstante.

- AUX.K = C.D.(VA1.K) (VA2.K)
  Die Hilfsgröße AUX ist als Produkt zweier anderer Hilfsgrößen definiert; C, D sind Konstanten.

Hilfsgrößen bringen vor allem mit Hilfe der Tabellen das nichtlineare Systemverhalten in das Modell, wie es beispielsweise beim Menschen (Abb.8.5) immer gegeben ist.

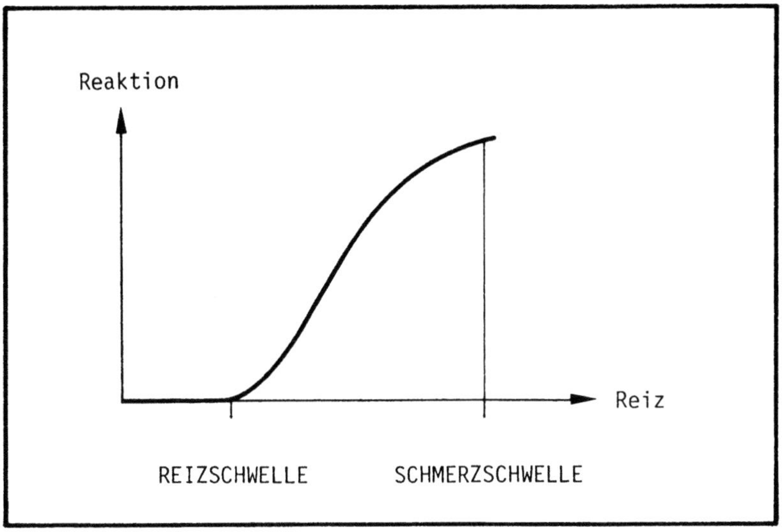

Abb. 8.5: Nichtlineares Verhalten der Systemkomponente "Mensch"

8.4.3 System Dynamics als Regelkreistheorie

Folgende Begriffe zur Charakterisierung von Regelkreissystemen finden Verwendung:

- Systemrang
- Richtung des Regelkreises
- Verknüpfung von Regelkreisen
- Verzögerung (delay)
- Stärke, Verstärkung (gain)

8.4.3.1 Systemrang

Der Rang eines Regelsystems wird durch die Anzahl der Zustandsgrößen (Integrationen) bestimmt. Bei den aus der Technik stammenden Problemen dominiert die Behandlung von Regelsystemen 1. und 2.Ordnung; bei den vorliegenden soziotechnischen Problemstellungen sind Regelmodelle mit wesentlich höherer Ordnung für eine zufriedenstellende Abbildung der Wirklichkeit notwendig.

8.4.3.2 Richtung von Regelkreisen
(Gegenkopplung, Mitkopplung)

Wirkt sich eine Erhöhung einer Größe des Regelkreises verstärkend auf die Zustandsgröße aus, so handelt es sich um einen positiven Regelkreis.

Positive Regelkreise bedeuten: Wachstum, Verfall.

Negative Regelkreise bedeuten: Anstreben eines Gleichgewichtszustandes/einer Zielvorgabe nach einer Störungseinwirkung.

Negativer Regelkreis 1.Ordnung: (Gegenkopplung)
Diese Systemstruktur liegt dann vor, wenn eine Bestandsvariable eine Flußgröße beeinflußt, die ihrerseits wieder die Bestandsgröße verändert. (Dabei wird von einer Übereinstimmung von tatsächlichem und beobachtetem Bestandswert ausgegangen, weiters wird die Information ohne zeitliche Verzögerung und ohne wertmäßige Veränderung transportiert.)
Beispiel (Abb.8.6):

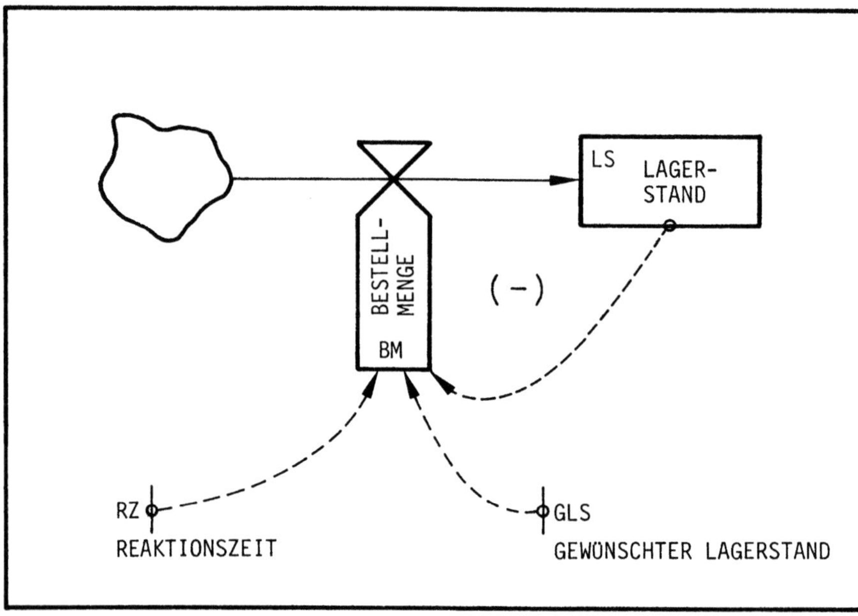

Abb. 8.6: Negativer Regelkreis 1.Ordnung (Beispiel)

Die Bestellmenge BM ist eine Funktion der Differenz von augenblicklichem Bestand(Ist-Wert von LS) und Zielvorgabe GLS, gewichtet mit der Reaktionszeit RZ, d.h. der Intensität der Anpassung an die Zielvorgabe.
Systemverhalten: Es ergibt sich eine asymptotische Annäherung an GLS (negative Beschleunigung).

Negativer Regelkreis 2.Ordnung: (Gegenkopplung bei zwei Bestandsgrößen)
Beispiel (Abb.8.7):

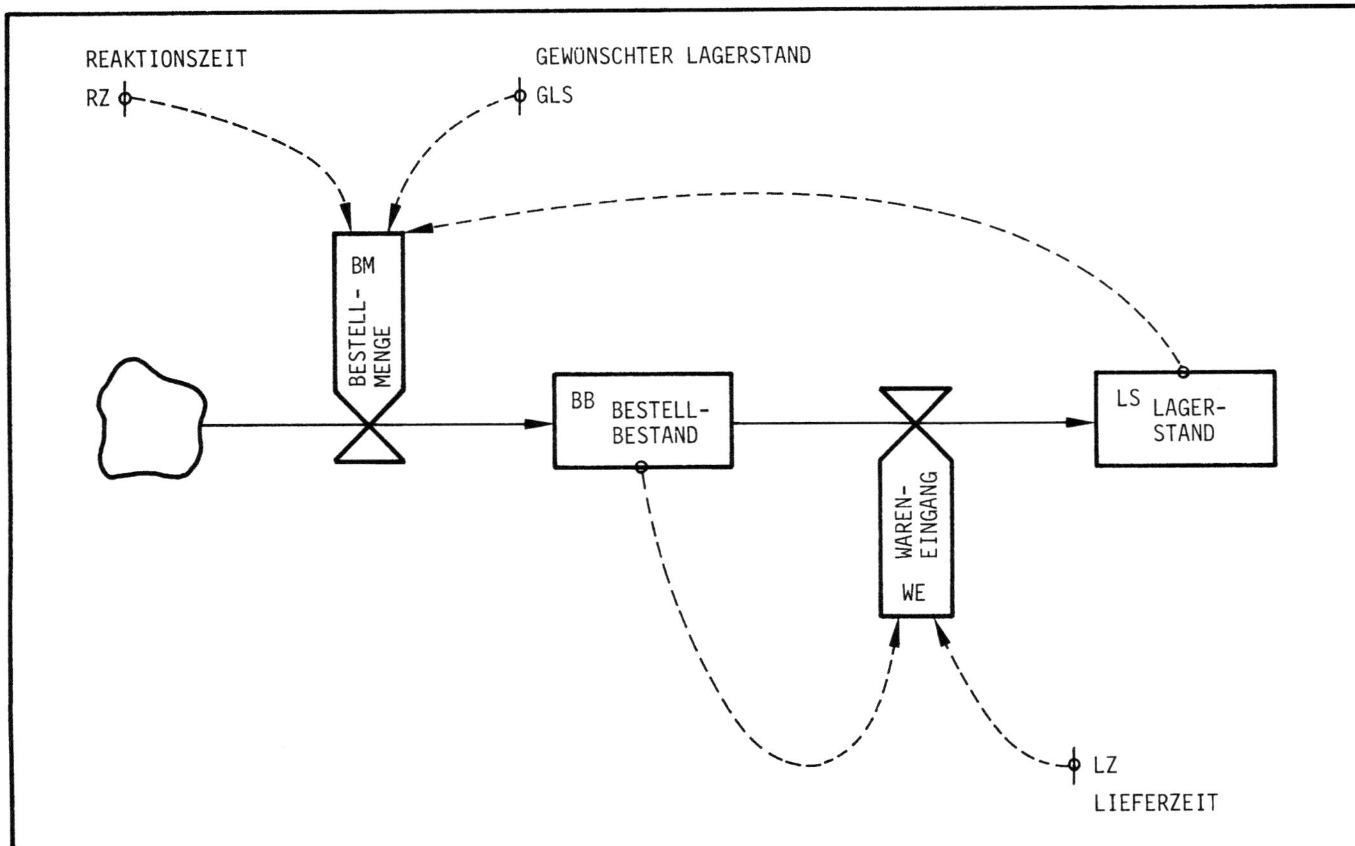

Abb. 8.7: Negativer Regelkreis 2.Ordnung

Systemverhalten: Es ergibt sich ein um die gewünschte Lagermenge GLS oszillierender Lagerbestand LS, wobei die Abweichungen ständig kleiner werden (gedämpfte Schwingung, Einpendeln auf Zielvorgabe).

Positiver Regelkreis 1.Ordnung: (Mitkopplung)
Beispiel (Abb.8.8):

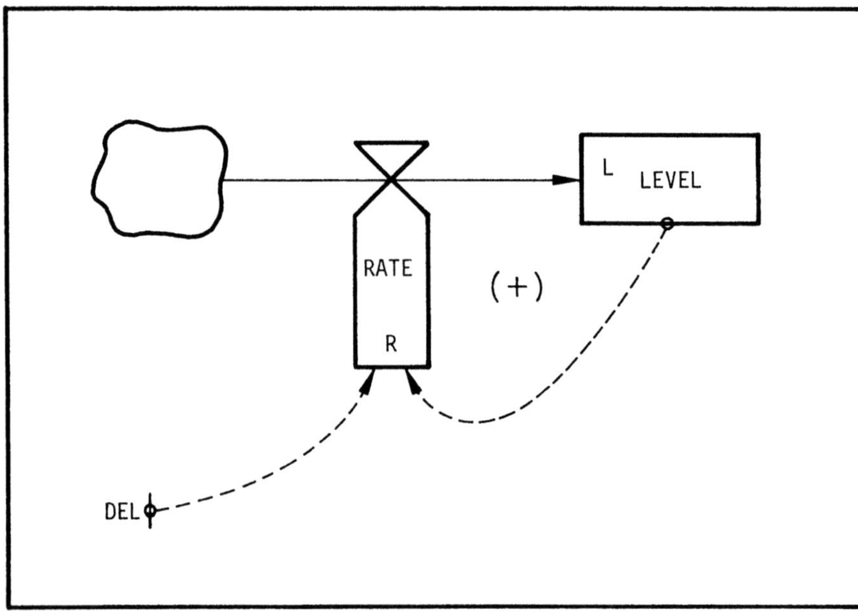

Abb. 8.8: Positiver Regelkreis 1.Ordnung

Systemverhalten: Positive Regelkreise führen zu exponentiellem Wachstum bzw. exponentiellem Verfall, sie entsprechen einer stetig steigenden Zunahme über alle Grenzen (Explosion).

System Dynamics sieht unmittelbar nur den Proportionalregler als Reglertyp vor, andere Reglertypen müssen über Hilfsgrößen und/oder Hilfs-Zustandsvariable (z.B. beim Integralregler) zusammengesetzt werden.

8.4.3.3 Verknüpfung von Regelkreisen (Mehrgrößenregelung)
Eine Verknüpfung von Regelkreisen liegt dann vor, wenn eine Komponente des Systems gleichzeitig mehreren Regelkreisen angehört. Dies erschwert die Analyse des Systemverhaltens, weil nichtlineare Beziehungen auftreten können, wenn eine Komponente als Produkt oder Quo-

tient von Variablen definiert ist oder einen Koeffizienten enthält, der von einer Variablen funktional abhängt.

Folgende Grundformen werden unterschieden:

- Einseitig gekoppelte parallele Strecken
  Bei informationeller Kopplung beeinflußt die geregelte Zustandsgröße der einen Strecke die Abflußrate einer in einem parallelen Regelkreis liegenden Zustandsgröße.
  Bei materiell-energetischer Kopplung beeinflußt die geregelte Zustandsgröße der einen Strecke die Größe des Flusses von dieser Zustandsgröße zur im parallelen Regelkreis liegenden Zustandsgröße hin.
- Wechselseitig gekoppelte parallele Strecken
  Wie vorher, jedoch wechselweise Beeinflussung bei informationeller wie auch bei materiell-energetischer Abhängigkeit.
- Mehrstufig-zyklisch gekoppelte Strecken
  Diese Kopplung ist nur sinnvoll bei informationeller Abhängigkeit. Eine geregelte Zustandsgröße beeinflußt die im Zyklus nächste Regelstrecke usw.

Bei der Behandlung von komplex vermaschten Regelkreissystemen erweist sich System Dynamics als besonders wirkungsvoll.

8.4.3.4 Verzögerung

Die Verzögerung (delay) ist als kausale Abhängigkeit zwischen zwei Zeitfunktionen, einem Input und einem Output, definiert. Bei der Reaktion muß man zwischen der reinen Zeitdauer und der Verteilungsfunktion der Reaktion unterscheiden: Eine Verzögerung beschreibt also einmal die Zeitdauer eines Prozesses; zum anderen wird durch eine Eingabegröße das Verteilungsprofil des Outputs festgelegt.

Es wird zwischen zwei Arten von Verzögerung unterschieden:

- Verzögerung physischer Größen
- Verzögerung von Information

Verzögerung von physischen Größen (Abb.8.9):

L.K = L.J + DT(IN.JK-OUT.JK)
OUT.KL = L.K/DEL
DEL = C

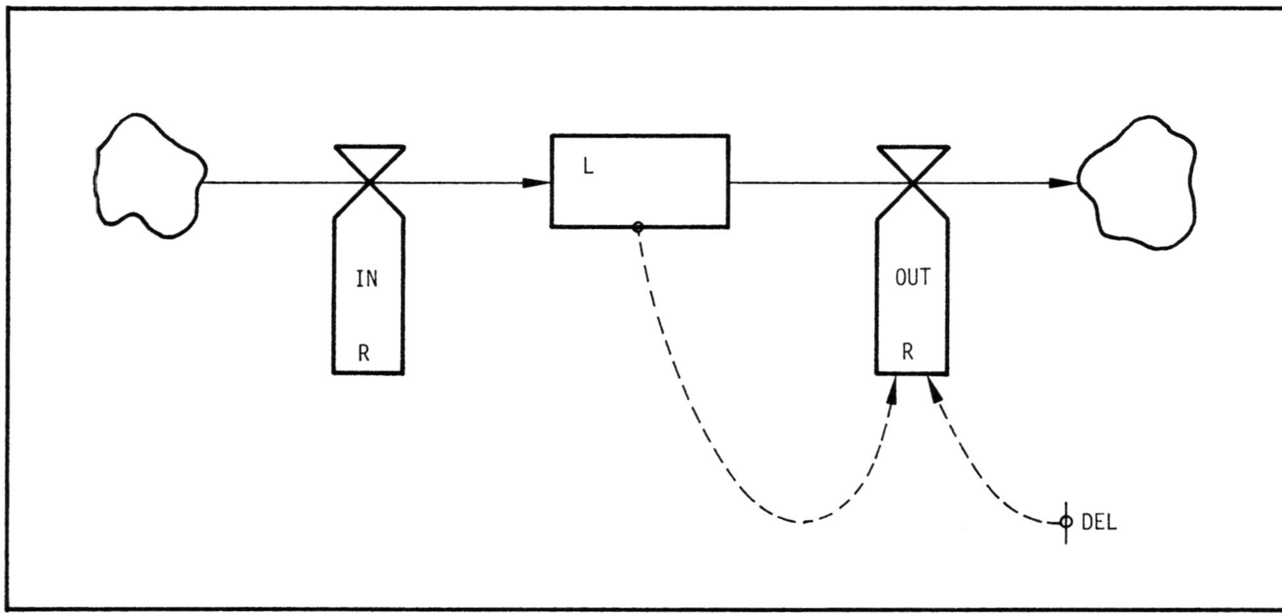

Abb. 8.9: Verzögerung von physischen Größen

Im System Dynamics kann obige physische Verzögerung verkürzt wie folgt angeschrieben werden:

OUT.KL = DELAY1(IN.JK,DEL)

Bei physischen Flüssen müssen, bei endloser Zeitbetrachtung, alle Zuflüsse wieder abfließen!

Informationsverzögerung (Abb.8.10):

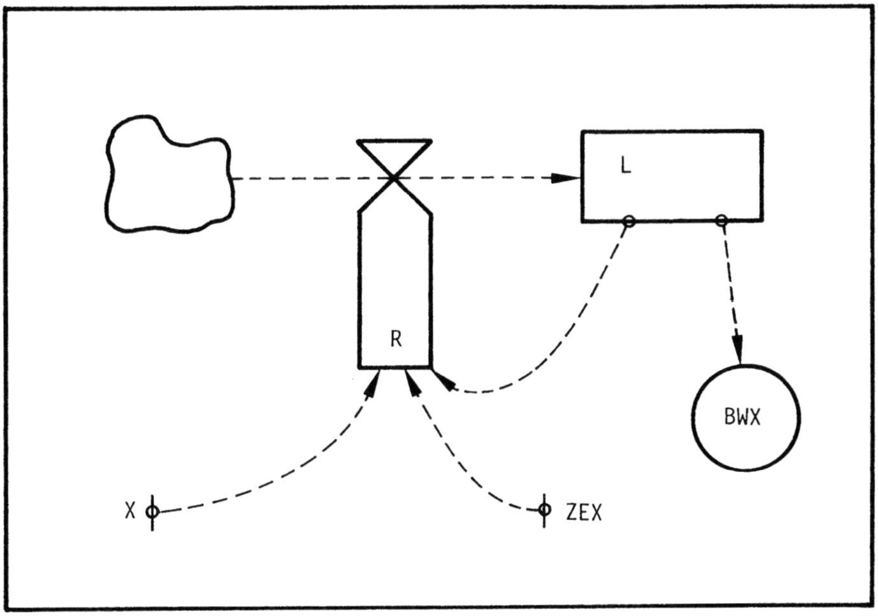

Abb. 8.10: Verzögerung von Information

L.K = L.J + DT(R.JK)
R.KL = (X.K-L.K)ZEX
ZEX = C
L = X
BWX.K = L.K

X ... Zustands- oder Hilfsgröße
BWX ... beobachteter Wert von X (in Einheiten von X)
ZEX ... Zeit für die Ermittlung von X (in Zeiteinheiten)

Im System Dynamics kann obige Informationsverzögerung verkürzt wie folgt angeschrieben werden:

BWX.K = DLINF1(X.K, ZEX)

DLINF1 wird in Informationskanälen benützt, um exponentielle Verzögerungen 1.Ordnung zu erzeugen; die Funktion repräsentiert den Prozeß der allmählichen, verzögerten Anpassung der Information über den beobachteten Wert an den wirklichen Wert einer externen Größe. Sie wird somit benützt, um die verzögerte Wahrnehmung von sich ändernden Situationen darzustellen.

Beide Fälle von Verzögerungen stellen Regelkreise 1.Ordnung mit negativer Beschleunigung dar. Bei der Modellierung komplizierter Verzögerungsfunktionen ist eine dementsprechende Hintereinanderschaltung obiger Bauelemente vorzunehmen: Es können dadurch exponentielle Verzögerungen beliebiger Ordnung dargestellt werden (insbesondere werden DELAY3 und DLINF3 häufig angewendet, was jeweils einer dreifachen Kaskadenschaltung von Verzögerungen 1.Ordnung entspricht, und dessen Verhalten einen S-Verlauf mit Wendepunkt und Asymptote zeigt):

Verzögerung 3.Ordnung bei physischen Größen (Abb.8.11)
Informationsverzögerung 3.Ordnung (Abb.8.12)
Bei DELAY3 (physisch) steuert der Wert des Bestandes
die nachgelagerte Flußgröße.
Bei DLINF3 (informatorisch) steuert der Wert des Bestandes
dessen vorgelagerte Flußgröße.

8.4.3.5 Verstärkung

Der Begriff der Verstärkung (gain) beschreibt die Größenordnung der Beziehung zwischen Eingabe- und Ausgabegröße.

$$\text{Verstärkung} = \frac{\text{Amplitude des Output}}{\text{Amplitude des Input}}$$

Die Verstärkung kann bei steady state-Bedingung durch Eingabe einer Sinus-Schwingung ermittelt werden (Testfunktion).
In einer beliebigen Strecke können die folgenden drei prinzipiellen Fälle auftreten:

Multiplikator	$Y = \frac{B}{A}.X$ ...	Verstärkung $\frac{B}{A}$
Anpassung	$Y = \frac{D-X}{T}$ ...	Verstärkung $-\frac{1}{T}$
Funktion	$Y = f(X)$...	Verstärkung $\frac{\Delta f(X)}{\Delta X}$

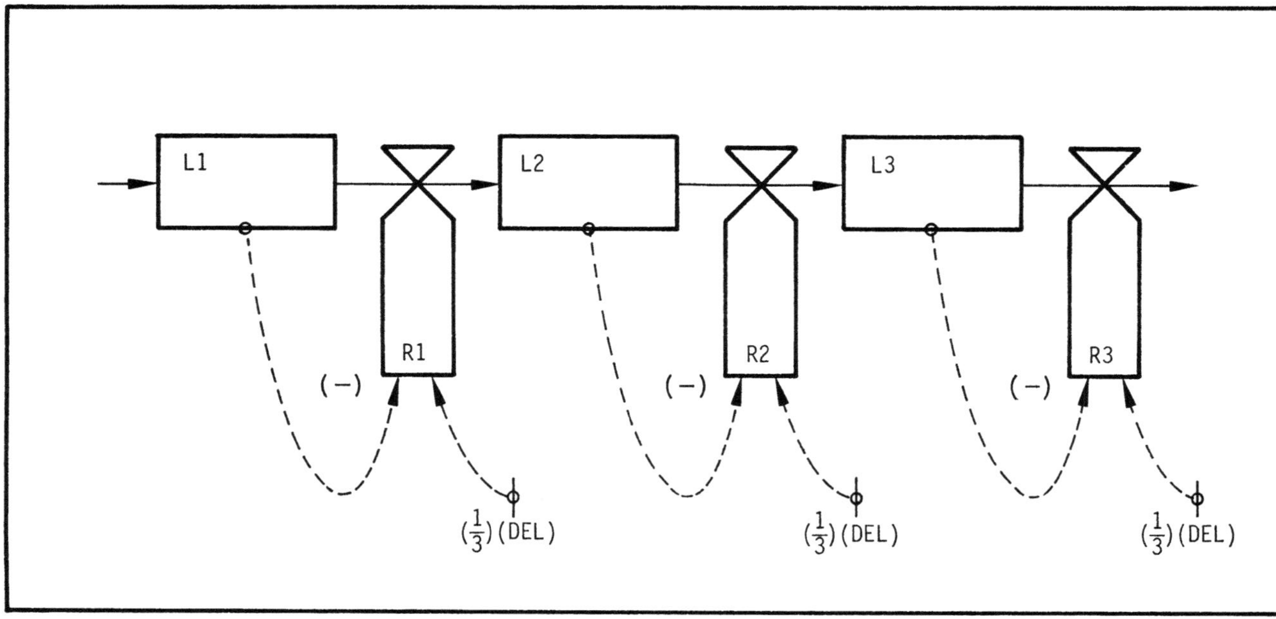

Abb. 8.11: Verzögerung 3.Ordnung von physischen Größen

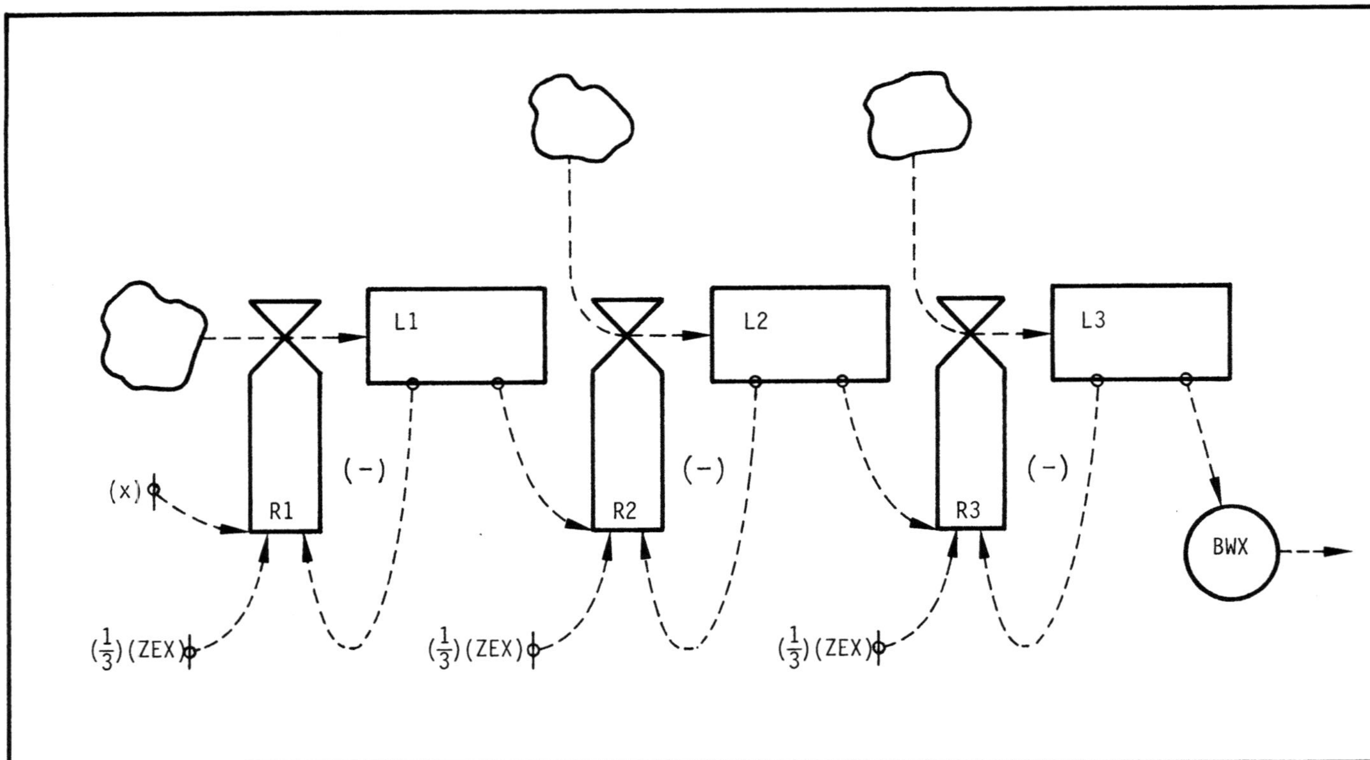

Abb. 8.12: Verzögerung 3.Ordnung von Information

8.4.4 Ergänzende Informationen zu System Dynamics

8.4.4.1 Programmiertechnische Bemerkungen

Prüfung der formalen Richtigkeit des Simulationsprogrammes:
System Dynamics Simulationsprogramme weisen folgende Charakteristiken auf, die Hinweise zur Prüfung auf formale Richtigkeit liefern:

- Es gibt nur explizite Gleichungen (d.h. links vom Gleichheitszeichen steht eine Variable)
- Jede Variable muß einmal und nur einmal links aufscheinen (wegen der Eindeutigkeit)
- Der Zeitpunkt der Zustandsgrößen links muß von dem der Variablen rechts vom Gleichheitszeichen verschieden sein; analog beim Zeitintervall der Flußgrößen.
  (Daraus ergibt sich auch die Beliebigkeit bei der Reihung der Gleichungen im Programm.)

Wahl des Zeitintervalls DT:
Da offensichtlich während des Ablaufes des Zeitintervalls DT keine Wechselwirkungen zwischen den Systemgrößen bestehen, sondern vielmehr die Auswirkungen immer erst im nachfolgenden Zeitpunkt registriert werden (Diskretisierung von Schwingungsverläufen), kommt der richtigen Wahl von DT im System Dynamics ebenfalls große Bedeutung zu. Abbildungsgenauigkeit und Auflösungsvermögen stehen dabei dem Rechenaufwand gegenüber. Da, wie besprochen, nur Leitlinien für die Wahl von DT angegeben werden können, müssen Versuchsläufe (Sensitivitätsanalysen) vorgenommen werden.
Darüber hinaus wird die Länge von DT (und damit die Annäherung der Integration durch die Rechtecksmethode) vom Beobachtungsintervall der Inputdaten beeinflußt (Vorliegen statistischen Datenmaterials). Erst bei Auftreten von Instabilitäten muß auf eine Unterteilung des Zeitintervalls übergegangen werden.

8.4.4.2 Allgemeine Betrachtungen von System Dynamics Modellen

Die unter Zuhilfenahme des System Dynamics modellierten komplexen soziotechnischen Regelkreissysteme sind durch das Vorliegen von mehreren miteinander vermaschten, positiven oder negativen Regelkreisen höherer Ordnung mit nichtlinearem Charakter gekennzeichnet.

Mathematisch-analytische Lösungen sind hiebei nicht möglich (bzw. nur mit hohem Aufwand an fortgeschrittener Mathematik näherungsweise möglich). System Dynamics zerlegt die komplexen Beziehungen in einfache Einvariablen- oder Zweivariablenbeziehungen und liefert so ein System von kausal verknüpften positiven/negativen Wachstumsgleichungen in der mathematischen Form von Differenzengleichungen. Für die praktische Nutzbarmachung des System Dynamics-Konzepts kommt dabei nur die Simulation in Frage.

Bei der Modellierung von Phänomensystemen verblüfft es immer wieder, daß - auf lange Sicht gesehen - sich die Veränderung vieler Systemparameter um Größenordnungen auf das Systemverhalten kaum auswirkt. Auch in komplexen Regelkreissystemen dominieren innerhalb eines bestimmten Zeitintervalls nur sehr wenige Regelkreise das Systemverhalten. Diese Dominanz verändert sich im Zeitablauf. Der Wechselmechanismus wird durch nichtlineare Beziehungen im System ausgelöst, welche die Stärke (gain) der Regelkreise verändern und so zu einem Übergang der Dominanz auf andere Regelkreise führen.
Je größer die Verstärkung (gain) und je geringer die Verzögerung (delay) in einem Regelkreis sind, um so eher wird dieser Regelkreis das Systemverhalten dominieren.

System Dynamics ermöglicht es, stochastische Einflüsse beim Programmerstellen zunächst zu unterdrücken und erst nach Abtesten des deterministischen Modellverhaltens solche in das Programm einzubauen. Diese Eigenschaft erweist sich als sehr benutzerfreundlich.
Bei Modellierung von soziotechnischen Systemen ist generell zu beachten, daß sich Zustandsvariable kaum deterministisch erklären lassen, da die Interaktionswirkungen (Flußvariablen) nie völlig bekannt und letztlich immer probabilistisch sind, und sich damit unvorhergesehene Strukturbrüche ergeben können.

Obwohl neuere Entwicklungen auch eine Strukturdynamik im System Dynamics vorsehen, sollten die Simulationsmodelle soziotechnischer Phänomene nicht für Prognosen i.e.S. verwendet werden. Dagegen liefern diese Modelle bei Simulation unter "labormäßigen" ceteris paribus-Bedingungen äußerst aufschlußreiche Informationen über die Systemgestaltung, d.h. Hinweise für erforderliche/anzustrebende Strukturveränderungen. Der Mensch als Komponente eines soziotechnischen Systems läßt Systementwicklungen nicht mechanistisch-fatalistisch über sich ergehen, sondern versuchte bisher immer noch, durch Entwicklung neuer Strategien und unvorhersehbarer Verhaltensmuster, insbesondere bei offensichtlichen Fehlentwickungen, korrektiv einzugreifen. System Dynamics Modelle können ihm dabei helfen, potentielle Systemzustände bzw. Trends früher und deutlicher zu erkennen.

8.4.5 Programmiersysteme für komplexe kybernetische Modelle

8.4.5.1 Der DYNAMO-Compiler (vgl.Pkt.7.5.3)
Für System Dynamics wurde ein eigenes Simulations-Programmiersystem entwickelt, das die aufgestellten Gleichungen in tabellierte und/oder graphische Ergebnisse umsetzt.

Besonderer Wert wird auf die Möglichkeit einer pseudo-interaktiven Parametervariation gelegt, wodurch unterschiedliche Strategien bzw. unterschiedliche Hypothesen im Hinblick auf ihre Wirkung in die Zukunft fortgeschrieben werden können.

Das Programm und insbesondere die graphische Darstellung (Printout) weist großen Komfort auf, was sich in folgenden Punkten ausdrückt:
- vom Programm selbständig ermittelte Skaleneinteilung, jedoch Eingriff möglich
- Symbole als Stützwerte der Zufallsvariablen, um später den Kurvenverlauf händisch leicht nachziehen zu können, sind leicht zu spezifizieren
- bei Koinzidenz von Werten Erläuterung am Diagrammrand
- bei Parametervariation kann alter und neuer Kurvenverlauf zugleich gedruckt werden
- durch Steuerkarten einfache Wahl des Simulationszeitraumes, der Periodenlänge für Printen und/oder Plotten
- Standardhilfsfunktionen können verwendet werden:
    - o Wurzel, exp, log
    - o Interpolationsfunktion
    - o Testeingabefunktionen (STEP, RAMP, SIN, COS)
    - o Zufallsfunktionen (NOISE)
    - o logische Entscheidungsfunktionen (MAX, MIN, SWITCH, CLIP)

Es muß jede Funktion einzeln angeführt werden, DO-Schleifen sind nicht möglich, was sich als etwas mühsam erweist. Zufallsgesetzmäßigkeiten können eingebaut werden.

8.4.5.2 Das CSMP-Programmiersystem (vgl.Pkt.7.5.3)
Das zunächst für technische Problemstellungen entwickelte Programmiersystem CSMP erweist sich als ähnlich potent und komfortabel wie DYNAMO, so daß es naheliegt, die eher verfügbare, stärker verbreitete Simulationssprache CSMP für die gleichen Aufgaben heranzuziehen wie DYNAMO.

Anhand eines komplexen Problems soll im folgenden die Anwendbarkeit der Programmiersysteme DYNAMO und CSMP für die Abbildung und simulative Auswertung kybernetischer Modelle demonstriert werden.

8.5 Simulationsbeispiel »Dynamik des Ausbildungsprozesses« (unter Verwendung von DYNAMO und von CSMP)

Das verwendete Beispiel stellt das dynamische Verhalten eines Ausbildungsprozesses dar.
Dabei soll die Auswirkung unterschiedlicher Schulungsstrategien auf die Leistung des Lernenden analysiert werden. (Das Beispiel baut in modifizierter Form auf einer Arbeit von W.Kurz auf.)

Im Prinzip handelt es sich somit um eine iterative Optimierung der zeitlichen Allokation von Mitteln:
Das Modell soll Aufschluß darüber bringen, wie die Schulungsanstrengungen in Abhängigkeit vom erreichten Wissenstand optimal zu verteilen sind.

Randbedingungen:
- Simulationszeitraum: 2 Jahre
- Arbeitszeit 40 Stunden/Woche, aufgeteilt auf Schulung und praktische Arbeit
- es liegen keine Mußtermine vor, es sei daher angenommen, daß kein psychologischer Druck besteht

Systembeschränkungen:
- eine isolierte Person (bei mehreren Personen müßten gruppendynamische Einflüsse mitberücksichtigt werden),
- Anfangsbedingung bezüglich des Wissensstandes ist bekannt,
- der Lernprozeß sei eine Funktion der Zeit; die individuelle Eignung (Intelligenzquotient, Auffassungsgabe) bleibt unberücksichtigt,
- das Vergessen wird proportional zum erreichten Wissen mit Verzögerung angenommen, es werden keine anspruchsvolleren Vergessensmodelle angesetzt.

Einflußdiagramm (influence diagram)
Zur Darstellung der Ursache-Wirkung-Struktur wird zunächst ein Diagramm entwickelt, das die Multi-Loop-Struktur in Einfachform skizziert: Änderungen einer Systemvariablen führen nicht bloß zu Änderungen bei den übrigen Variablen ein und derselben Schleife, sondern mittelbar auch zu Änderungen der Variablen anderer Regelkreise.

Flußdiagramm (flow-diagram)

Unter Anwendung der System Dynamics-Symbole für Bestände, Flüsse und Hilfsgrößen wird vom skizzierten Einflußdiagramm ein Flußdiagramm abgeleitet. In Abb.8.13 ist das Flußdiagramm für das behandelte Beispiel dargestellt.

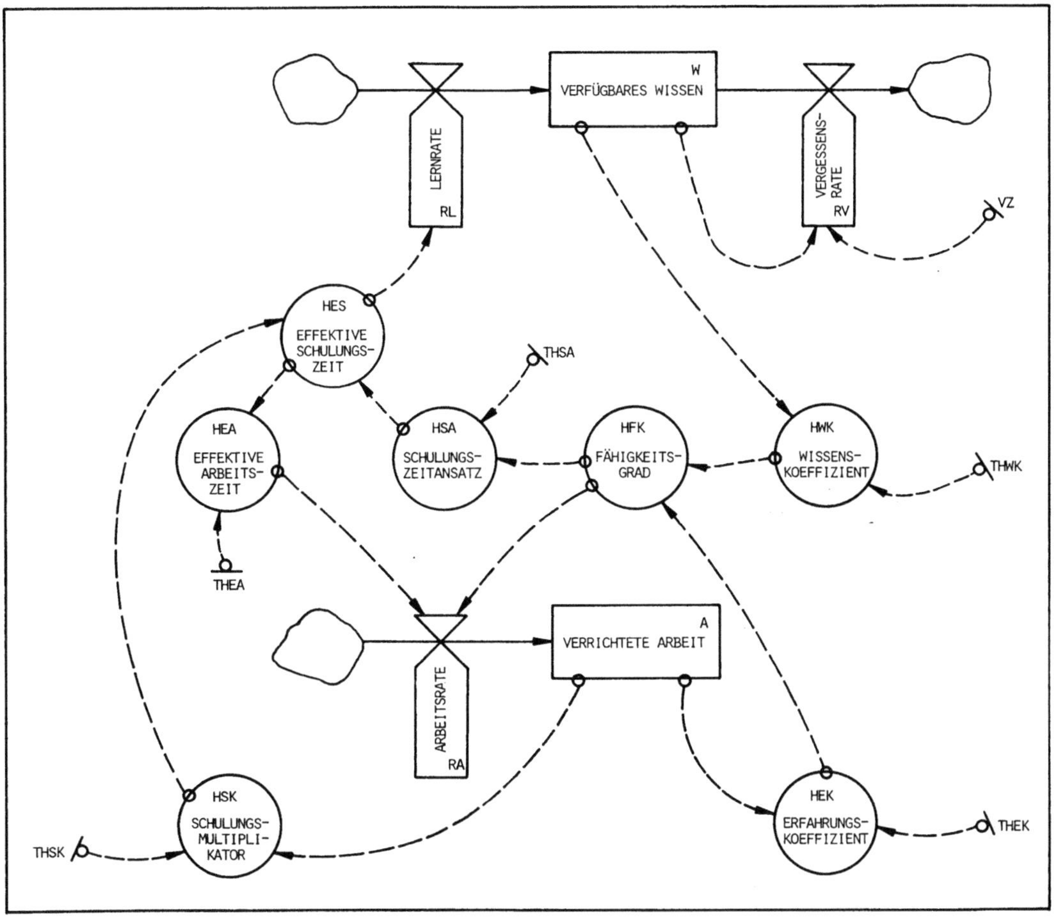

Abb. 8.13: System Dynamics Flußdiagramm (Beispiel: Dynamik des Ausbildungsprozesses)

Verbale Modellbeschreibung:

Das verfügbare Wissenspotential W hängt von der bisherigen Lernrate RL und der bisherigen Vergessensrate RV ab.

Die Vergessensrate RV ergibt sich als Prozentsatz des vorhandenen Wissens.

Das Wissenspotential wird über eine Tabelle THWK in einen Wissenskoeffizienten HWK (dimensionslose Hilfsgröße) umgewandelt.
Der Fähigkeitsgrad HFK (dimensionslose Hilfsgröße) ergibt sich als Produkt des Wissenskoeffizienten HWK und eines Erfahrungskoeffizienten HEK.

Der Schulungszeitansatz HSA ist eine Funktion des Fähigkeitskoeffizienten HFK (eine Erhöhung von HFK ergibt tendenziell eine Verringerung von HSA), ermittelt über Tabelle THSA.
Die verrichtete Arbeit A wird durch die bisherige Arbeitsrate RA beeinflußt.
Die Arbeitsrate RA als Arbeitsvolumenzuwachs pro Zeiteinheit ergibt sich als Produkt des Fähigkeitskoeffizienten HFK und der für praktische Arbeit aufgewendeten Zeit je Zeiteinheit HEA.
Der Erfahrungskoeffizient HEK (dimensionslose Hilfsgröße) ist eine Funktion der jeweils erbrachten Arbeit, er wird mit Hilfe einer Tabelle THEK ermittelt.
Die effektive Schulungszeit HES ergibt sich als Produkt des Schulungszeitansatzes HSA und einem Schulungsmultiplikator HSK, wobei die Summe von effektiver Schulungszeit HES plus effektiver Arbeitszeit HEA gleich 40 Stunden/Woche sein muß.
Der Schulungsmultiplikator HSK stellt die Auswirkung der bisher verrichteten Arbeit A auf die Schulungszeit her: HSK wird über eine Tabelle THSK aus der verrichteten Arbeit A abgeleitet. Die Tabelle THSK repräsentiert die jeweilige Schulungsstrategie und zwar

- arbeitsorientierte Strategie (HSK-Werte $< 1,0$): Zunächst wenig Schulung; dabei ergibt sich trotz hohem Zeitanteil für praktische Arbeit wegen des niedrigen Fähigkeitsgrades eine geringe Arbeitsrate, was zu einer Erhöhung der Schulung führt.
- schulungsorientierte Strategie (HSK-Werte $> 1,0$).

Die Lernrate RL entspricht direkt der effektiven Schulungszeit HES.

Diskussion: Aus der Analyse der Flüsse und Zustandsgrößen und ihrer Zusammenhänge ist leicht zu erkennen, daß es sich um ein vermaschtes Regelkreissystem von positiv und negativ wirkenden Regelkreisen mit zwei Zustandsgrößen handelt, wobei zunächst keine Verzögerungen aufscheinen.
Die Programmierung mittels DYNAMO ist aus Abb.8.14 zu entnehmen.

```
    W.K = W.J + (DT)(RL.JK - RV.JK)
      W = 0
  HWK.K = TABLE (THWK, W.K, 0, 1000, 100)
   THWK = Stützwerte ...
  HFK.K = (HWK.K)(HEK.K)
  HEK.K = TABLE (THEK, A.K, 0, 1000, 100)
   THEK = Stützwerte ...
  HSA.K = TABLE (THSA, HFK.K,  0, 1.1, .1)
   THSA = Stützwerte ...
  HES.K = (HSA.K)(HSK.K)
  HSK.K = TABLE (THSK, A.K, 0, 2000, 200)
   THSK = Stützwerte ...
  HEA.K = TABLE (THEA, HES.K, 0, 60, 20)
   THEA = 40/20/0/0/
  RA.KL = (HFK.K)(HEA.K)
    A.K = A.J + (DT)(RA.JK - 0)
      A = 0
  RL.KL = HES.K
  RV.KL = W.K/VZ
     VZ = 20
```

Abb. 8.14: DYNAMO-Programm (Rohform)
(Beispiel: Dynamik des Ausbildungsprozegresses)

Zusammenstellung der im Modell verwendeten Größen

SYMBOL	BENENNUNG	DIMENSION	ERLÄUTERUNG
W	verfügbares Wissen	Lernstunden des Standard-menschen	der verfügbare aktuelle Stand an Wissen des Lernenden
RL	Lernrate	Standard-Lern-stunden/Zeit	Zuwachs an Wissen in der Zeit
RV	Vergessens-rate	Standard-Lern-stunden/Zeit	Abnahme des Wissens in der Zeit
HWK	Wissens-koeffizient	1	Grad der Effizienz für die Durchführung der Arbeit in Abhängigkeit vom erworbenen Wissen

A	verrichtete Arbeit	Arbeitsstunden des Standardmenschen	der aktuelle Stand an bisher geleisteter Arbeit des Lernenden (erfahrungsvermehrende Tätigkeit)
RA	Arbeitsrate	Standard-Arbeitsstunden /Zeit	Zunahme an Standardarbeitsstunden je Zeiteinheit
HEK	Erfahrungskoeffizient	1	Grad der Effizienz für die Durchführung der Arbeit in Abhängigkeit von der bisher geleisteten Arbeit
HFK	Fähigkeitsgrad	1	Grad der Effizienz für die Durchführung einer spezifischen Arbeit in Abhängigkeit von Wissen und Erfahrung
HSA	Schulungszeitansatz	Lern-Stunden/ Zeit	aufgrund des HFK ermittelter Ansatz für Schulungszeit/Woche
HSK	Schulungsmultiplikator	1	Faktor für die Ermittlung der tatsächlichen Schulungszeit pro Woche aufgrund der geleisteten Arbeit ("Schulungsstrategie")
HES	effektive Schulungszeit	Stunden/Zeit	tatsächlich aufzuwendende Schulungszeit, ergibt sich aus HSK.HSA
HEA	effektive Arbeitszeit	Stunden/Zeit	tatsächlich verbleibende Arbeitszeit, als Differenz der HES auf 40Std./Wo.

Folgende Tabellen (table functions) werden im Modell angesetzt (Abb.8.15):

- THSK: Abhängigkeit des Schulungsmultiplikators von der bisher verrichteten Arbeit.
  Es wird eine Mischform von schulungsorientierter und arbeitsorientierter Strategie vorgeschlagen und in der Simulation verwendet.

- THWK: Abhängigkeit des Wissenskoeffizienten vom verfügbaren Wissen

- THSA: Abhängigkeit des Schlungszeit-Ansatzes vom Fähigkeitsgrad.

- THEK: Abhängigkeit des Erfahrungskoeffizienten von der bisher verrichteten Arbeit.

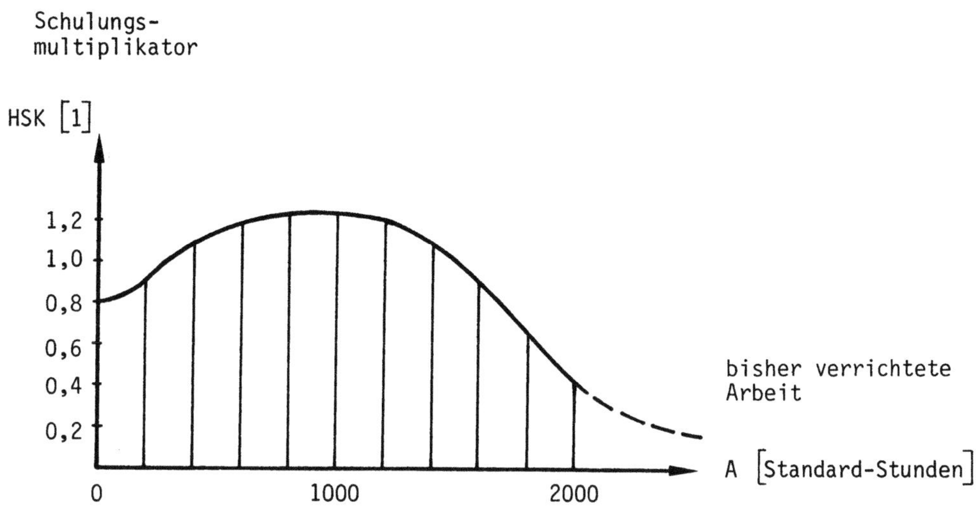

THSK = .8/.95/1.1/1.18/1.22/1.25/1.2/1.1/.9/.6/.4

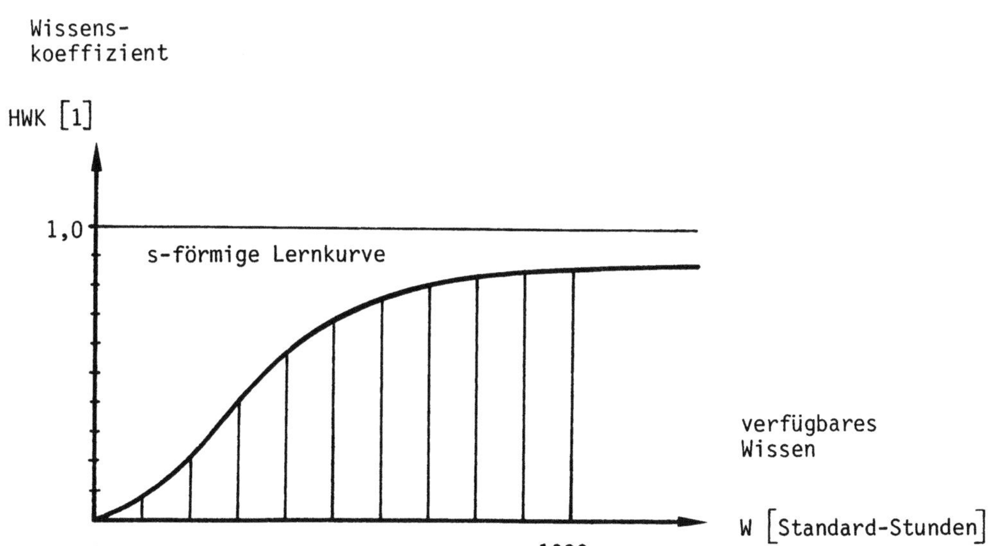

THWK = 0/.05/.2/.4/.6/.7/.75/.8/.83/.85/.86

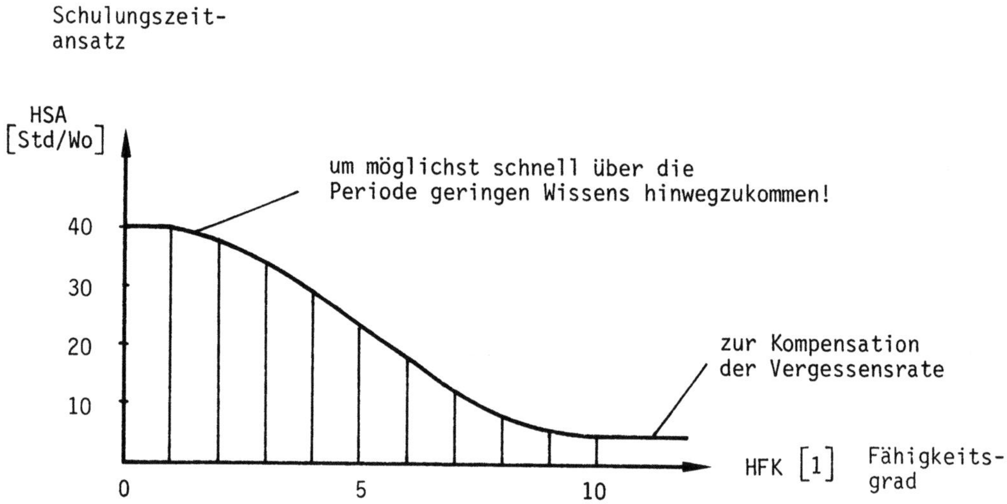

THSA = 40/40/38/32/27/23/18/12/8/5/5

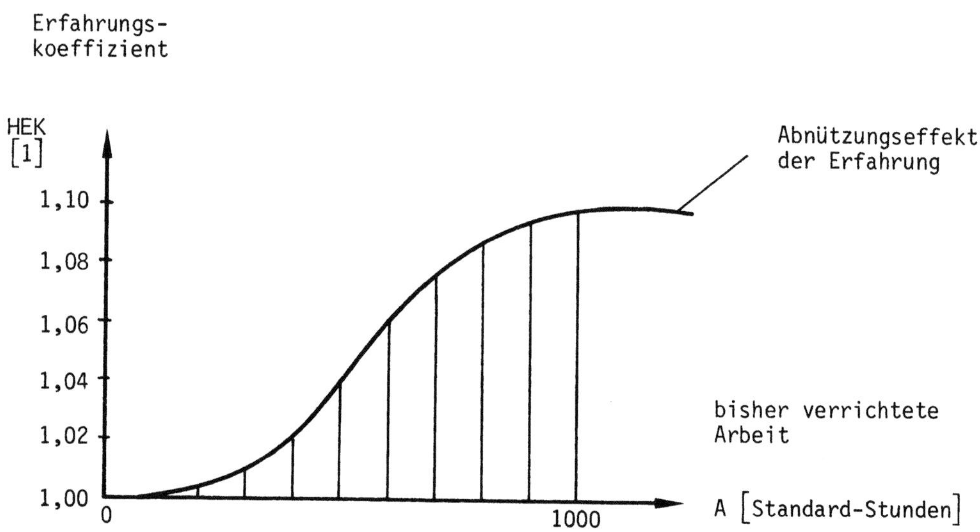

THEK = 1.0/1.0/1.005/1.01/1.02/1.04/1.06/1.07/1.085/1.095/1.1

Abb. 8.15: Tabellierte Funktionen (table functions)
(Beispiel: Dynamik des Ausbildungsprozesses)

Programmierung mittels CSMP

Im Vergleich zur vorhin gebrachten Programmierung des Problems mit Hilfe des Simulations-Programmiersystems DYNAMO sei in Abb.8.16 die Programmierung bei Simulation mittels CSMP demonstriert (CSMP-Statements siehe Appendix 1).

```
$$$CONTINUOUS SYSTEM MODELING PROGRAM   III   V1M2   TRANSLATOR OUTPUT$$$

TITLE DYNAMISCHES MODELL DES AUSBILDUNGSPROZESSES
FUNCTION THWK=(0,0.00),(100,0.05),(200,0.2),(300,0.4),(400,0.6),...
               (500,0.7),...
               (600,0.75),(700,0.8),(800,0.83),(900,0.85),(1000,0.86)
FUNCTION THEK=(0,1.0),(100,1.0),(200,1.005),(300,1.01),(400,1.02),...
               (500,1.04),...
               (600,1.05),(700,1.07),(800,1.085),(900,1.095),(1000,1.10)
FUNCTION THSA=(0.,40),(0.1,40),(0.2,38),(0.3,32),(0.4,27),(0.5,23),...
               (0.6,18),(0.7,12),(0.8,8),(0.9,0),(1.0,5)
FUNCTION THSK=(0,0.8),(200,0.95),(400,1.1),(600,1.18),(800,1.22),...
               (1000,1.25),...
               (1200,1.2),(1400,1.1),(1600,0.9),(1800,0.6),(2000,0.4)
FUNCTION THEA=(0,40),(20,20),(40,0),(60,0)
FIXED VZ
PARAMETER WNULL=(0.,1000.)
PARAMETER ANULL=(0.,1000.)
DYNAMIC
      W=INTGRL(WNULL,RL-RV)
      HWK=AFGEN(THWK,W)
      HFK=HWK*HEK
      HEK=AFGEN(THEK,A)
      HSA=AFGEN(THSA,HFK)
      HES=HSA*HSK
      HSK=AFGEN(THSK,A)
      HEA=AFGEN(THEA,HES)
      RA=HFK*HEA
      A=INTGRL(ANULL,RA)
      RL=HES
      RV=W*(VZ**(-1))
      VZ=20
TIMER FINTIM=2000.,PRDEL=20.0,OUTDEL=20.0
METHOD RKS
PRINT W,A,HFK,HWK,HEK,HSA,HES,HSK,HEA,RA,RL,RV
PRTPRL A,W,RA,RL,RV
END
```

Abb. 8.16: CSMP-Programm
(Beispiel: Dynamik des Ausbildungsprozesses)

9. Methoden der Abwicklung von komplexen Vorhaben (Projektmanagement-Methoden)

Für eine wirkungsvolle Abwicklung von komplexen Vorhaben (Systemplanung wie Systemrealisierung) unter Beachtung von Terminen, Einsatzmittel und Kosten sind seit etwa 1957 Methoden entwickelt worden, die sich immer stärkeren Zuspruchs erfreuen und große Bedeutung für das Projektmanagement gewonnen haben.
Es sind dies die Methoden der Netzplantechnik: Die Netzplantechnik umfaßt alle Verfahren zur Beschreibung, Analyse, Planung, Steuerung und Überwachung von Abläufen auf der Grundlage der Graphentheorie, wobei Zeit, Kosten, Einsatzmittel und weitere Einflußgrößen berücksichtigt werden können.
Auf die Bedeutung der Netzplantechnik als Projekt-Informationssystem, insbesondere zum Zwecke der Projektsteuerung, soll in dieser Abhandlung nicht eingegangen werden.

9.1 Systematik der Methoden der Netzplantechnik

Aufbauend auf systemtechnischen Überlegungen sei folgende Systematik der bestehenden Netzplantechnikmethoden hergeleitet:

- Jedes Projekt kann in seine Elemente (genannt Vorgänge) zerlegt werden. Die Menge der ein Projekt beinhaltenden Vorgänge ist durch ein Relationsgefüge strukturiert.

  Die Relation "später als" wird durch den Kausalzusammenhang der Vorgänge untereinander (technologische Abhängigkeit) transitiv erzeugt, wobei ein Vorgang j genau dann auf einen Vorgang i folgt, wenn das Beendetsein von i Vorbedingung für den Beginn von j ist. Daraus ergibt sich, daß die "später als"-Relation im allgemeinen keine Vollordnung, sondern eine (strikte) Halbordnung ist; sie ist transitiv und irreflexiv, jedoch nicht notwendigerweise konnex.
- Der für die formale Abbildung herangezogene gerichtete Graph besteht aus Kanten (Pfeilen) und Knoten.

Das kombinatorische Problem der Abbildungszuordnung zerfällt wegen des Ausschlusses von Redundanzen in bloß folgende zwei Fälle (Abb.9.1):

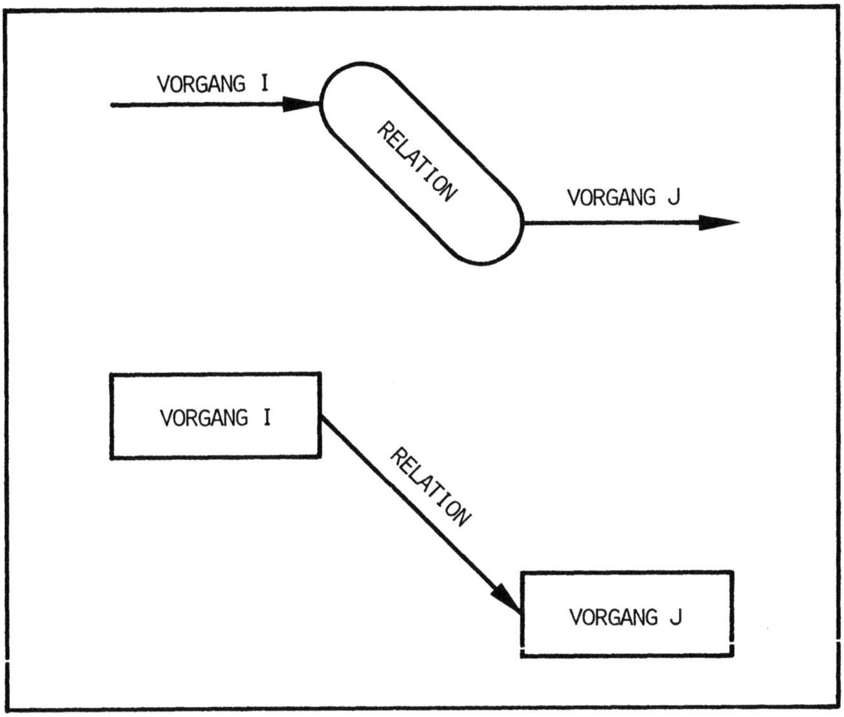

Abb. 9.1: Darstellungsprinzip im Vorgangsknotennetz (VKN) und Vorgangspfeilnetz (VPN)

Vorgangsknotennetz, VKN (activity-on-node network):

Der Vorgang samt Anfangs- und Endereignis wird repräsentiert durch den Knoten.
Die Abhängigkeit (Relation) wird repräsentiert durch den Pfeil.
Anmerkung: Es ist üblich, in diesem Fall die Knoten durch Rechtecke zu symbolisieren.
Man könnte dieses Netz auch Relationspfeilnetz nennen.

Vorgangspfeilnetz, VPN (activity-on-arrow network):

Der Vorgang samt Anfangs- und Endereignis wird repräsentiert durch den Pfeil.

Die Abhängigkeit (Relation) wird repräsentiert durch den Knoten.

Anmerkung: Durch Schwenken der Pfeile ist es meist möglich, die Knoten durch Kreise zu symbolisieren. Ist dies nicht möglich, müssen Scheinvorgänge eingefügt werden.
Man könnte dieses Netz auch Relationsknotennetz nennen.

- Wird der Vorgang durch Anfangs- und Endereignis erfaßt (PERT, Program Evaluation and Review Technique), so spricht man zwar von einem "Ereignisknotennetz", es handelt sich jedoch letztlich bloß um ein Vorgangspfeilnetz mit ereignisorientierter Darstellung (Beschriftung).
- Soll das Moment der Stochastik bezüglich des Ablaufes mitabgebildet werden, so werden obige beiden prinzipiellen Methoden hinsichtlich probabilistischer Relationen erweitert (vgl.Pkt.9.5): Beim VPN ist die linke und rechte Hälfte des Knotens Träger der Verzweigungsstochastik, diese können unterschiedliche Formen annehmen.
  Beim VKN sind Beginn und Ende jedes einzelnen Relationspfeiles Träger der Verzweigungsstochastik, sie sind speziell zu kennzeichnen.

Die ablaufstochastische Netzplantechnik ist strenggenommen die einzig adäquate Methode für die Abbildung von komplexen Projekten, sie wird daher im nachfolgenden Abschnitt detailliert besprochen.

Die Entwicklung der Netzplantechnik brachte weitere Modifikationen und vor allem Erweiterungen in Form der unterschiedlichen Anordnungsbeziehungen

- Normalfolge mit Wartezeit/Überlappungszeit
- Anfangsfolge
- Endfolge
- Sprungfolge

sowie Kombinationen derselben. Die zeitlichen Bewertungen der Anordnungsbeziehungen können dabei Maximum- oder auch Minimumvorschriften sein, sie können als positive oder auch negative Zeitspannen angegeben werden.

Im vorliegenden Rahmen soll auf diese Methoden, die heute zum Standardrepertoire des Projektmanagements gehören, nicht eingegangen werden.

Die Netzplantechnik als Methodenkomplex zur Planung und Regelung von Abläufen ist dann von hohem Nutzen, wenn das zu behandelnde Vorhaben folgende Charakteristiken aufweist:

- Definierte Ziele: - Sachziel (das zu realisierende Objektsystem)
  - Formalziele (vor allem Termin- und Kostenziele)
- Hohe Komplexität: Konnektivität und Varietät (unterschiedliche Art und Anzahl der Vorgänge sowie Beziehungsreichtum)
- Endlichkeit (aufgabenmäßig, zeitlich, personell, finanziell klar abgegrenzt)
- Einmaligkeit (zumindest hinsichtlich der projektspezifischen Randbedingungen)

Es handelt sich dabei im allgemeinen um Vorhaben von hohem Neuheitsgrad, mit hohen Risiken, mit hohem Schwierigkeitsgrad und mit Kontinuitätsproblemen (Personal, Information), der langen Projektdauer wegen.

9.2 Vorgehenslogik der Systemrealisierung

Um bessere Einsicht in das Vorgehen bei der Abwicklung von komplexen Vorhaben zu bekommen, sei, aufbauend auf dem Vorgehensmodell der Systemtechnik, Abb.5.3, die Realisierungsphase weiter untergliedert.

Die Systemrealisierung zerfällt demnach in die Realisierungsplanung (einschließlich zugehöriger Analysen) und in die eigentliche Planrealisierung (Realisierung des Systemplanes). Die Struktur der Systemrealisierung entspricht der eines vermaschten Regelkreises. In Abb.9.2 ist die Vorgehenslogik der Systemrealisierung dargestellt.

Die Stellung der Netzplantechnik in der Systemtechnik

Obwohl die Netzplantechnik heute bereits ihren festen Platz unter den Planungsmethoden besitzt und in mannigfaltigen Situationen zur Anwendung kommt, muß doch festgestellt werden, daß die bestehenden bzw. verwendeten Methoden in der Bewältigung des Problems der Alternativenauswahl sowie in Entscheidungssituationen bei Berücksichtigung zukünftiger Entwicklungen noch lange nicht den Anforderungen entsprechen: Jeder Vorstoß in eine unsichere Zukunft unter Ausarbeitung denkbarer Alternativen sollte ebenfalls analytisch-quantitativ behandelt werden können. Dies bedeutet, daß bereits im Planungsstadium - auf der Basis von Wahrscheinlichkeitswerten - eine rationale Entscheidungsfindung bei der Auswahl der optimalen Strategie, je nach vorgegebenem Zielsystem, möglich sein sollte.

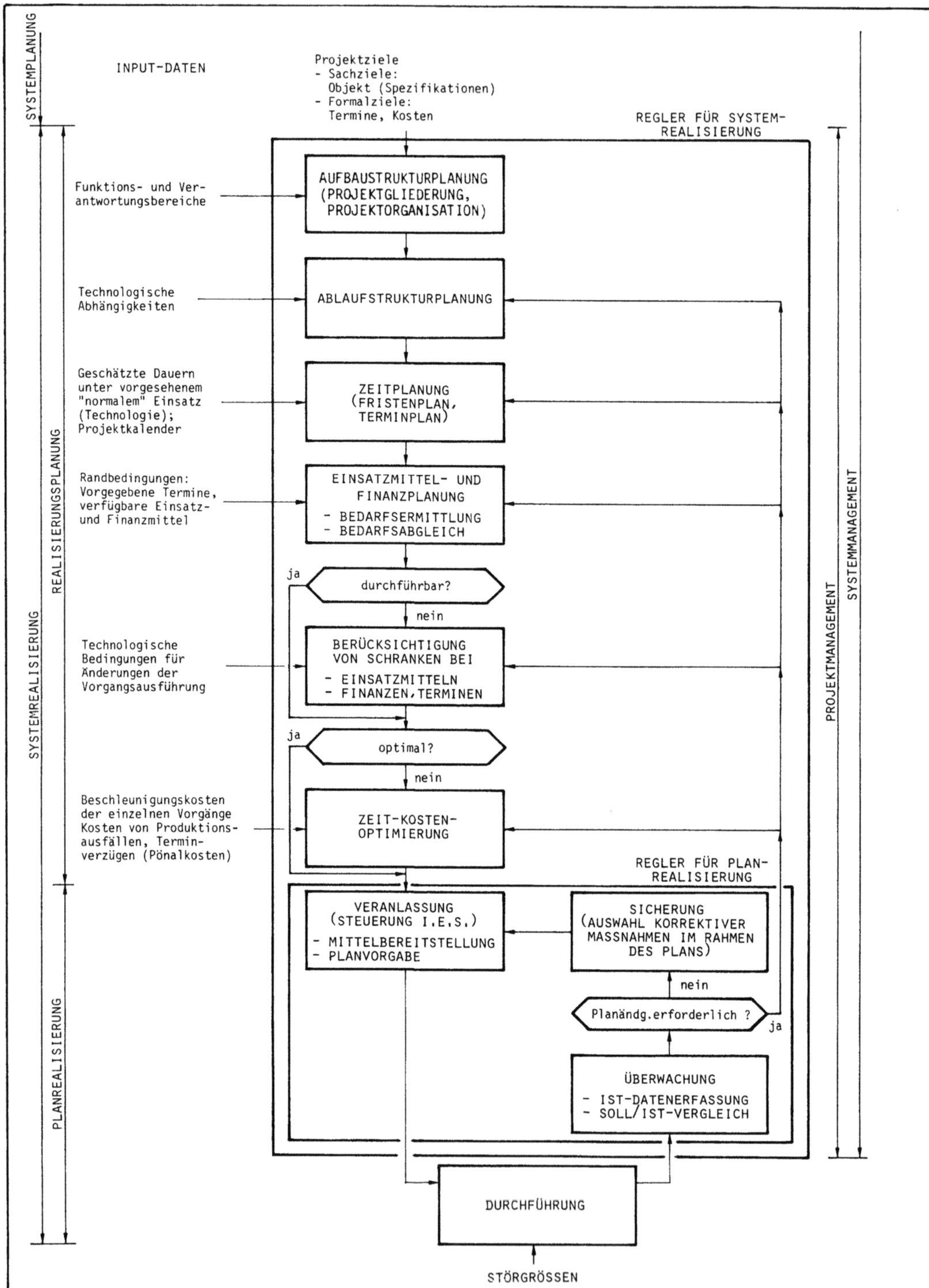

Abb. 9.2: Vorgehenslogik der Systemrealisierung

Wenn von einem Projekt ein angenähert deterministischer Ablaufplan gezeichnet werden kann, so befindet man sich bereits im letzten Abschnitt des Systemerstellungsablaufes (mit dementsprechend hohem Konkretisierungsgrad), nämlich der Realisierungsphase, wogegen der gesamte Vorlauf einer deterministische Behandlung kaum zugänglich ist.

Es ist daher - insbesondere für die Systemplanungsphase - eine verstärkte Anwendung von Methoden der stochastischen Ablaufplanung zu fordern.

9.3 Ablaufplanung mittels stochastischer Netzpläne

Auch Netzpläne (als graphische Modelle von komplexen Abläufen) können, um besser die Wirklichkeit abzubilden, das Zufallsmoment auf unterschiedliche Art mitberücksichtigen. Gerade die Planung besitzt ja im ureigensten Sinne Wahrscheinlichkeitscharakter, da ein Plan in allgemeiner Form als geordnete Menge von vorweggenommenen Entscheidungen zur Erreichung eines Zieles aufzufassen ist und daher immer spekulativen Charakter besitzt.

Es soll in dieser Abhandlung streng unterschieden werden, ob es sich um eine stochastische Erfassung einzelner dem Netzplan zugeordneter Parameter handelt, oder ob die Struktur des Systems "Netzplan" stochastischen Charakter besitzt, d.h. daß nicht bloß eine einzige (deterministische) Möglichkeit für die Realisierung des Ablaufes zulässig ist, sondern Alternativen in Betracht gezogen werden müssen, deren jeweiliges Eintreten stochastischen Gesetzmäßigkeiten unterworfen ist.

Der erste Fall werde daher sinngemäß als parameterstochastischer Netzplan bezeichnet, wie er vor allem in den PERT-Netzplänen seine Verwirklichung findet. Die Behandlung solcher Netzpläne weist gegenüber den rein deterministischen Netzen keine prinzipiellen Unterschiede auf, obschon einige fundamentale Kenntnisse der Wahrscheinlichkeitsrechnung vorausgesetzt werden.

Der zweite Fall werde analog als ablaufstochastischer Netzplan bezeichnet (wobei über die stochastische Ablaufstruktur hinaus selbstverständlich auch dem Netzplan zugeordnete Parameter als probabilistische Größen Eingang finden können).

Im folgenden soll gezeigt werden,
- daß für die Systemtechnik der ablaufstochastische Netzplan das adäquate Mittel für die Ablaufplanung darstellt;
- daß die Simulation bei der Auswertung von ablaufstochastischen Netzplänen wirkungsvoll angewendet werden kann.

9.4 Parameterstochastische Netzpläne (PERT-Methode)

Die Methode PERT (Program Evaluation and Review Technique) baut auf einer deterministischen Ablaufstruktur auf, sieht jedoch eine stochastische Behandlung der den Vorgängen (Kanten) zugeordneten Parameter vor. Es können dies sein

- Zeit (Dauer), aber auch
- Kapazität (wiederverwendbare Einsatzmittel)
  - o Betriebsmittel
  - o Arbeitskräfte
- Geld (Finanzmittel)

Aufgrund dreier Merkmalwerte, die in Form von Schätzungen einzuholen sind (es sind dies im Falle des Merkmals "Dauer" die optimistische Dauer OD, die häufigste Dauer HD, die pessimistische Dauer PD), lassen sich unter Annahme einer Beta-Verteilung für das Merkmal "Dauer" mit Hilfe von Näherungsformeln die Kenngrößen Mittel und Varianz für den betrachteten Vorgang berechnen.

Für das Gesamtnetz können die entsprechenden Kenngrößen der Wahrscheinlichkeitsverteilung des Merkmals "Projektdauer" wie folgt bestimmt werden:

Unter Verwendung des jeweiligen Mittelwertes der einzelnen Vorgangsdauern kann für das Gesamtprojekt der(die) kritische(n) Weg(e) bestimmt werden, d.h. die Projektdauer ergibt sich als Summe der Mittelwerte aller Vorgänge am kritischen Weg.
Bei Annahme der Unabhängigkeit im statistischen Sinn sämtlicher Vorgänge untereinander kann die für den kritischen Weg geltende Varianz ebenfalls berechnet werden, und zwar als Summe der jeweiligen Varianzen der Vorgänge am kritischen Weg. Unter großzügiger Anwendung des zentralen Grenzverteilungssatzes werden nun diese beiden Werte als Kenngrößen der Verteilung des Merkmals Projektdauer und zugleich als Parameter einer Normalverteilung angesehen.

Kritik der PERT-Methode

Die Ergebnisse der Berechnung nach der PERT-Methode weichen in vielen Fällen von einer exakten analytischen wie auch simulativen Berechnung stark ab. Der Fehler bei einem beliebigen Sammelknoten (merge event), wie vor allem beim Projektendknoten, hängt dabei von mehreren Gegebenheiten des Projektes ab; im wesentlichen steigt der Fehler,

- wenn die Anzahl der einmündenden Vorgänge steigt,
- wenn sich die Unterschiede zwischen den Erwartungswerten der Vorgangsdauern sämtlicher Einmünder verringern,
- wenn die Streuungen der Vorgangsdauern der Einmünder steigen,
- wenn die Voraussetzungen einer Unkorreliertheit zwischen sämtlichen Einmündern auch tatsächlich der Wirklichkeit entsprechen.

Weitere Fehler mit unterschiedlicher Auswirkung entstehen,

- wenn der kritische Weg nicht genügend Vorgänge beinhaltet, um die Annahme des zentralen Grenzverteilungssatzes zu rechtfertigen,
- wenn die Dauern am kritischen Weg Korrelationen untereinander aufweisen,
- wenn die empirischen Wahrscheinlichkeitsverteilungen der Dauern stark vom angenommenen Modell einer Beta-Verteilung abweichen.

In der Literatur gibt es einige mehr oder minder umständliche Korrekturansätze in Form von Daumenregeln, um diesen Nachteil von PERT teilweise wettzumachen:
Generell kann gesagt werden, daß PERT einen zu optimistischen Mittelwert und einen zu pessimistischen Streuungswert durch die Vernachlässigung aller subkritischen Parallelwege liefert.

9.5 Ablaufstochastische Netzpläne (GERT-Methode, Erweiterungen)

9.5.1 Typen ablaufstochastischer Netzwerke

Bevor an die Darstellung und Berechnung von Netzplänen mit stochastischem Ablauf eingegangen werden kann, sollen prinzipielle Überlegungen klären, welche unterschiedlichen Fälle zu unterscheiden sind.

Typus 1: Deterministisches Entscheidungsnetz
(entscheidungsbedingte deterministische Ablaufstruktur)

Besonders bei Entwicklungsprojekten wird sich oft schon im Planungsstadium zeigen, daß einzelne Vorgänge oder ganze Projektabschnitte

auf stark unterschiedliche Weise realisiert werden können, wobei noch keineswegs entschieden werden kann, welche der jeweiligen Alternativen in der Zusammenschau des Gesamtprojektes den besten Erfolg verspricht. Es sind daher die wesentlichen zulässigen Alternativen jeweils zu berücksichtigen und im Projektablaufplan einzuzeichnen; erst die Analyse des Gesamtplanes wird dann Richtlinien für eine optimale Auswahl der jeweils einzuschlagenden Alternative liefern.
Es handelt sich somit um eine vorläufige Unsicherheit des Ablaufes im Projektplanungsstadium, wobei alle Alternativen je stochastischer Verzweigung bekannt sind und im Plan Berücksichtigung finden. Man muß sich entsprechend eines vorgegebenen Zielsystems für die jeweils günstigste Alternative entscheiden, wodurch im so ermittelten optimalen Netzplan keine Alternativen mehr aufscheinen und es sich um einen deterministischen Plan handelt. Es sind dies etwa Projektabläufe nach dem Variantenprinzip (Standardnetzpläne für Variantenfertigung) bzw. Komplexnetzpläne.

Typus 2: Stochastisches Entscheidungsnetz
(entscheidungsbedingte stochastische Ablaufstruktur)

Im Falle von Forschungs- und Entwicklungsprojekten, wo in ein im Planungsstadium des Projektes noch unbekanntes Neuland vorgestoßen wird, sowie bei Projekten mit starker Abhängigkeit von einer unsicheren Umwelt, wird mit dem Modell eines deterministischen Entscheidungsnetzwerkes zur Darstellung des Projektablaufes nicht das Auslangen gefunden werden können. Vielfach ist ein Projekt so gelagert, daß zwar die auftretenden Entscheidungsverzweigungen bekannt sind und eingeplant werden müssen, auch die Menge der einzuschlagenden Möglichkeiten in den jeweiligen Verzweigungen ist feststellbar, es ist jedoch nicht möglich, sich a priori für einen "optimalen" Weg zu entscheiden, da diese Entscheidung von nicht steuerbaren Einflüssen aus der Systemumwelt (Randbedingungen, Störgrößen) abhängt.
Es handelt sich somit um eine echte Unsicherheit des Ablaufes in der Projektplanungsphase, wobei alle Alternativen je stochastischer Verzweigung bekannt sind, für eine Auswahlentscheidung jedoch noch nicht die aktuellen Informationen vorliegen, so daß die Realisierungsmöglichkeiten mit Wahrscheinlichkeiten behaftet sind. Diese diskreten Wahrscheinlichkeitswerte zeigen auf, daß erst im Zuge der Realisation feststeht, welche der möglichen Alternativen in günstigster Weise zur Zielerreichung beiträgt.

Typus 3: Stochastisches Ergebnisnetz
(ergebnisbedingte stochastische Ablaufstruktur)

Enthält der Netzplan Vorgänge, deren Ergebnisse mit Unsicherheit behaftet sind, wo zwar die Menge der möglichen Ergebnisse bekannt ist - was zugleich die Menge der nachfolgenden Wege bestimmt, das Eintreten eines bestimmten Ergebnisses jedoch nur unter Angabe eines Wahrscheinlichkeitswertes abgeschätzt werden kann, so handelt es sich um einen von dem vorher besprochenen klar zu unterscheidenden Typus. Beispiele hiefür sind etwa Prüfvorgänge und Versuche im weitesten Sinne des Wortes, deren Ausgang naturgemäß nicht mit Sicherheit vorhergesagt werden kann. Während im vorherigen Fall die Alternativenauswahl bei Anstehen der Entscheidung vom Projektverantwortlichen unter Verwendung aktueller Informationen gesteuert werden kann, ist im hier besprochenen Fall die Realisierung eines bestimmten Weges aus der Menge der möglichen vom Ausgang des vorherigen Vorganges abhängig, d.h. nicht entscheidungsabhängig und damit nicht steuerbar.
Es handelt sich hier somit um eine echte Unsicherheit des Ablaufes in der Projektplanungsphase, wobei "alle" Alternativen je stochastischer Verzweigung bekannt sind, die Weichenstellung für die Realisierung einer der möglichen Alternativen jedoch mit dem Ausgang des vorhergegangenen Vorganges gekoppelt ist. Es können die Alternativen im Planungsstadium nur mit mehr oder minder zutreffenden Wahrscheinlichkeiten behaftet eingeplant werden.

Typus 4: Unscharfe Netze

Ist im Planungsstadium auch nicht die Menge der möglichen Alternativen

- einerseits je Entscheidungssituation
- andererseits je Vorgangsergebnis

bekannt, so sind diese beiden Fälle wahrscheinlichkeitstheoretisch unmittelbar nicht mehr zugänglich. Um eine derartige Situation in die bereits besprochenen Typen 2 bzw. 3 überzuführen, muß versucht werden, die bekannten der möglichen Alternativen einem durch Zusammenfassung gebildeten Rest von im einzelnen unbekannten Alternativen gegenüberzustellen und diesem ungewissen Anteil der Alternativenmenge die Gegenwahrscheinlichkeit zu den (subjektiven) Wahrscheinlichkeitswerten der bekannten Alternativen zuzuordnen.
Im allgemeinen wird die weitere Struktur des Netzplanes, von diesen unbekannten Alternativen ausgehend, nicht planbar sein, d.h. es können an diesen Verzweigungen nur die bekannten Alternativen weiter verfolgt und geplant werden. Die den bekannten Alternativen zugeord-

neten Wahrscheinlichkeitswerte können nicht aufgrund der Kenntnis der gesamten Alternativen abgeschätzt werden, sondern beruhen auf subjektiven Einstellungen und Erfahrungen; es ist somit eine Wahrscheinlichkeitsaussage für das Gesamtprojekt problematisch.
Eine systematische Zusammenstellung der besprochenen Fälle findet sich in Abb.9.3.

Bedingtheit / Prognosecharakter	ergebnisbedingt	entscheidungsbedingt (Entscheidungsnetzpläne)	Erläuterung
deterministisch	(ERGEBNISBEDINGTE) DETERMINISTISCHE ABLAUFSTRUKTUR	ENTSCH.-BEDINGTE DETERMINISTISCHE ABLAUFSTRUKTUR	Die aus bekannter Alternativenmenge zu realisierende Alternative wird bereits im Planungsstadium determiniert.
stochastisch	ERGEBNISBEDINGTE STOCHASTISCHE VERZWEIGUNG	ENTSCH.-BEDINGTE STOCHASTISCHE VERZWEIGUNG	Die aus bekannter Alternativenmenge zu realisierende Alternative wird erst im Projektablauf determiniert.
unscharf (fuzzy)	ERGEBNISBEDINGTE UNBESTIMMTE VERZWEIGUNG	ENTSCH.-BEDINGTE UNBESTIMMTE VERZWEIGUNG	Die aus zum Teil unbekannter Alternativenmenge zu realisierende Alternative wird erst im Projektablauf determiniert.

Abb. 9.3: Arten von stochastischen Ablaufstrukturen: Die unterschiedlichen Möglichkeiten der Bedingtheit an Verzweigungsstellen in Netzplänen

9.5.2 Darstellung stochastischer Netzwerke

Das erste Konzept für eine Behandlung und damit auch graphische Darstellung von stochastischen (Projekt)-Abläufen in Netzplanform liefert H.Eisner mit den sogenannten db-Netzwerken (decision box networks): Es wird hiebei eine stochastische Verzweigung in naheliegender Weise analog der Verzweigungsdarstellung in Programmablaufplänen in Rautenform dargestellt.
Eine wesentliche Weiterentwicklung weisen die Netzpläne von S.E.Elmaghraby auf, wobei der Ereignisknoten in eine Eingangsseite und eine Ausgangsseite gedanklich unterteilt wird.

Prinzipiell unverändert übernahm A.Pritsker diese Systematik in seine Theorie der GERT-Netzpläne, erweiterte sie jedoch unter anderem durch Einführung von stochastischen Variablen für die Vorgangsparameter (Dauer etc.). Abbildung 9.4 zeigt sämtliche in der GERT-Technik möglichen Kombinationen von Eingangs- und Ausgangsbeziehungen.

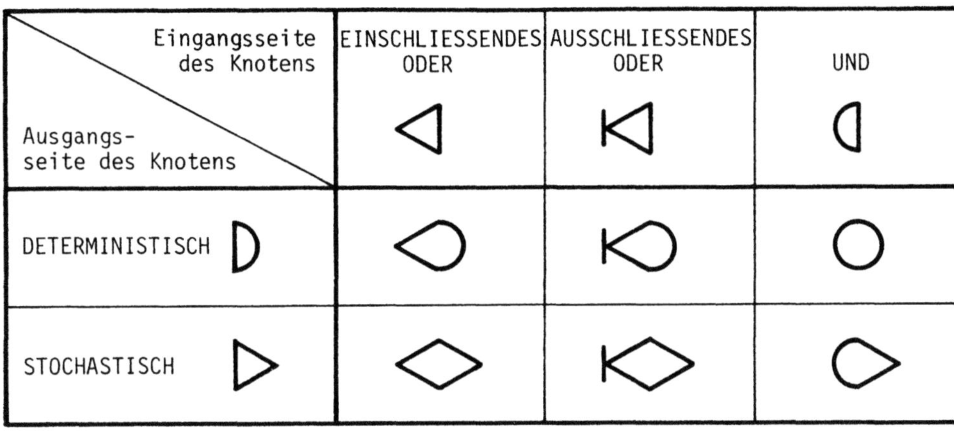

Abb. 9.4: Knotentypen bei GERT (Graphical Evaluation and Review Technique)

Die im GERT-Schema enthaltenen Symbole seien wie folgt abgeändert, um ein universelles Darstellungsinstrument für stochastische Abläufe zu besitzen:

- Aufgrund von geänderten Anforderungen an die NPT und der praktischen Bewährung sei der stochastische Netzplan als Vorgangsknotennetz dargestellt, wodurch es zu einem Umdenken bezüglich der Darstellung der Ereignisse im Netzplan und damit der stochastischen Beziehungen kommt. Die Darstellung unterschiedlicher stochastischer Einmündungen/Verzweigungen erfolgt dabei jeweils unmittelbar vor bzw. nach dem Rechteck (d.h. dem gedachten Anfgangs- bzw. Endereignis).
- Eingangsseite und Ausgangsseite des Vorgangsknotens sollten gleich behandelt werden, d.h. die gleichen Möglichkeiten der stochastischen Verknüpfung aufweisen.

  Die Angabe von Wahrscheinlichkeitswerten für die abgehenden Folgebeziehungen im Falle eines Einschließenden-Oder könnte beibehalten werden. Die Wahrscheinlichkeit für das Auftreten beider Nachfolger (das "Sowohl-Als-Auch-Ereignis") berechnet sich dann mit Hilfe des Additionstheorems der Wahrscheinlichkeitstheorie (vgl.Abb.9.5).

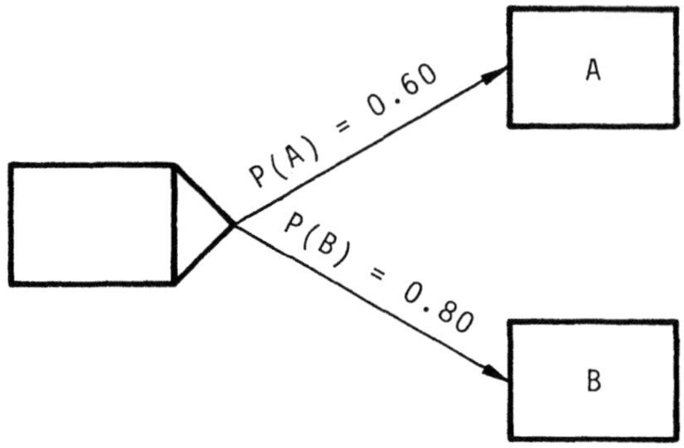

$P(A \cup B) = 1.00$		Sicheres Ereignis
$P(A \cap B) = P(A) + P(B) - P(A \cup B) =$		
	$= 0.60 + 0.80 - 1.00 = 0.40$	Wahrscheinlichkeit für das Auftreten beider Nachfolger

Abb. 9.5: Die Einschließendes-Oder Verzweigung (inclusive-or)

- Die Möglichkeit der Darstellung von "unbestimmten" Verzweigungen sollte gegeben sein. Liegt eine nur zum Teil bekannte Menge von Einmündern oder Abgängern (Alternativen) vor, so ist dies charakteristisch für vage Projektabläufe, deren Darstellung ebenfalls zu überlegen ist. Es wird vorgeschlagen, hiebei die gleichen Symbole wie im rein stochastischen Fall zu verwenden, jedoch <u>einen</u> Zu- bzw. Abgänger vorzusehen, der sämtliche <u>unbekannten</u> Eventualfälle zusammenfaßt. Signalisiert werde eine derartige "unbestimmte Verzweigung" durch Schwärzen der Rautenhälfte, was eine Analogie zur Black-box-Darstellung andeuten soll. Der Wahrscheinlichkeitswert für diese ergänzende Sammelalternative könnte als Komplement zur Summe der Realisierungswahrscheinlichkeiten der bekannten (eingeplanten) Alternativen berechnet werden.
- Die Darstellung von <u>mehr als zwei</u> Einmündern bzw. Abgängern soll ebenfalls möglich sein, wenngleich hier eine zu fordernde Übersichtlichkeit gewisse Grenzen setzt, so daß man letztlich zum Hilfsmittel der Zerlegung der stochastischen Beziehungen unter Verwendung von Scheinvorgängen schreiten muß. Schon im Falle des Auftretens von 3 Zu- bzw. Abgängern ergibt sich eine Vielfalt von Verzweigungen, wie aus der Zusammenstellung Abb.9.6 zu ersehen ist. So könnte etwa Fall 6 der Abbildung auch mit Hilfe eines Scheinvorgangs dargestellt werden (vgl. Abb.9.7).

	REALISIERUNGSVORSCHRIFT	DARSTELLUNG	EREIGNISKALKÜL
determini- stisch	alle 3 Abhängigkeiten erforderlich	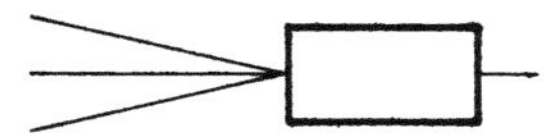	$(A \wedge B \wedge C)$
stochastisch	genau eine der 3 möglichen Abhängigkeiten erforderlich	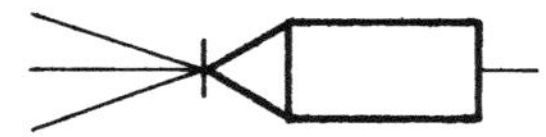	$(A \wedge \bar{B} \wedge \bar{C}) \vee (\bar{A} \wedge B \wedge \bar{C}) \vee (\bar{A} \wedge \bar{B} \wedge C)$
	mindestens eine der 3 möglichen Abhängigkeiten erforderlich	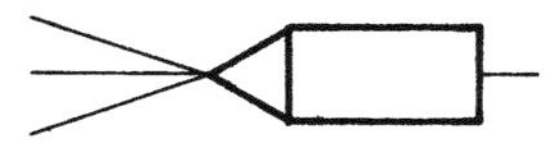	$(A \wedge \bar{B} \wedge \bar{C}) \vee (\bar{A} \wedge B \wedge \bar{C}) \vee (\bar{A} \wedge \bar{B} \wedge C) \vee (A \wedge B \wedge \bar{C}) \vee (A \wedge \bar{B} \wedge C) \vee (\bar{A} \wedge B \wedge C) \vee (A \wedge B \wedge C)$
	genau 2 beliebige der 3 möglichen Abhängigkeiten erforderlich	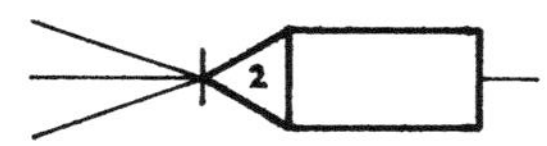	$(A \wedge B \wedge \bar{C}) \vee (A \wedge \bar{B} \wedge C) \vee (\bar{A} \wedge B \wedge C)$
	mindestens 2 beliebige der 3 möglichen Abhängigkeiten erforderlich	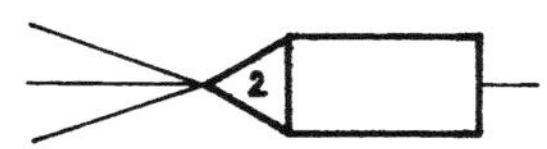	$(A \wedge B \wedge \bar{C}) \vee (A \wedge \bar{B} \wedge C) \vee (\bar{A} \wedge B \wedge C) \vee (A \wedge B \wedge C)$
	eine Abhängigkeit deterministisch, weiters genau eine der beiden restlichen Abhängigkeiten erforderlich	A 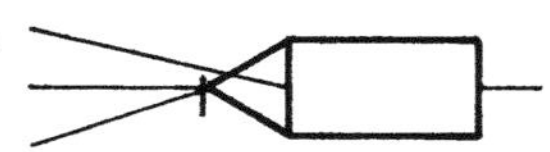	$(A \wedge \bar{B} \wedge C) \vee (A \wedge B \wedge \bar{C})$
	eine Abhängigkeit deterministisch, weiters mindestens eine der beiden restl. Abhängigkeiten erforderlich	A 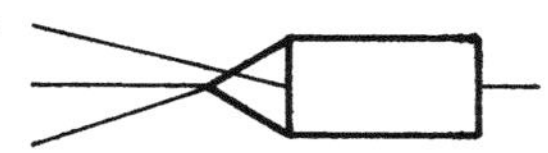	$(A \wedge B \wedge \bar{C}) \vee (A \wedge \bar{B} \wedge C) \vee (A \wedge B \wedge C)$
unscharf	genau eine aus einer unbekannten Anzahl von Abhängigkeiten erforderlich	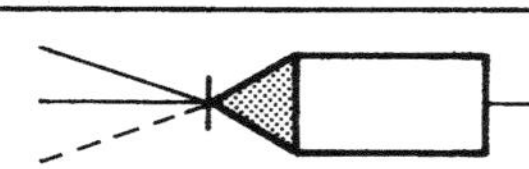	mengentheoretisch nicht zugänglich
	zumindest eine aus unbekannter Anzahl von Abhängigkeiten erforderlich		

Abb. 9.6: Systematik der Verzweigungen in stochastischen Netzplänen

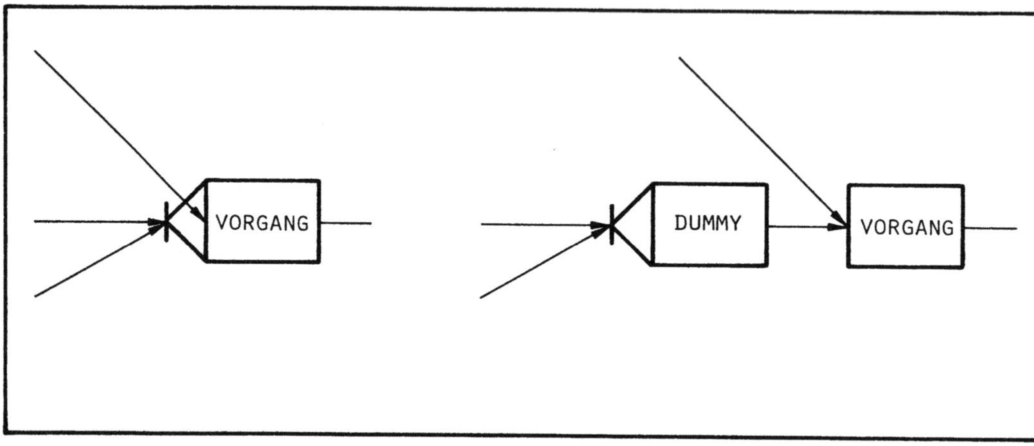

Abb. 9.7: Die Zerlegung stochastischer Verzweigungen mit Hilfe von Scheinvorgängen

Damit sind alle prinzipiellen Fälle stochastischer Netzpläne (wie auch der Grenzfall eines rein deterministischen Netzplanes) mittels der vorgeschlagenen Symbolik darstellbar.

Mehrstufige Verzweigungen und begrenzte Wiederholungen:
Liegt eine stochastische Verzweigung vor, der unmittelbar anschließend - d.h. aufbauend auf dem Ausgang der Entscheidung - eine weitere stochastische Verzweigung folgt, so kann man nach der vorgeschlagenen Darstellungssymbolik, ohne Einführung von Scheinvorgängen, diese zweite (bzw. n-te) Verzweigung im Netzplan vorsehen. Dies stellt eine einfache Möglichkeit der Darstellung von sequentiellen Entscheidungsabläufen dar.

Besteht die Mehrstufigkeit der Entscheidung darin, daß nach einer bestimmten (maximalen) Anzahl von Wiederholungen und abermaligem negativem Ausgang der Entscheidung abgebrochen werden soll, so kann dies ebenfalls direkt in die Verzweigung eingezeichnet werden. Dies geschieht, indem man, bei negativem Ausgang der letzten erlaubten Wiederholung, statt des Schleifenweges den entsprechenden zum Abbruch führenden Weg mit derselben (jedoch in Klammern eingetragenen) Wahrscheinlichkeit, die der Schleifenweg aufweist, einschlägt.
Beide Fälle mehrstufiger Entscheidungen sind an einem Einfachbeispiel aufgezeigt (Abb.9.8).
Erläuterungen zu Abb.9.8: Die Durchführbarkeitsanalyse kann fehlschlagen und somit kein Ergebnis erbringen, so daß die Analyse (mit

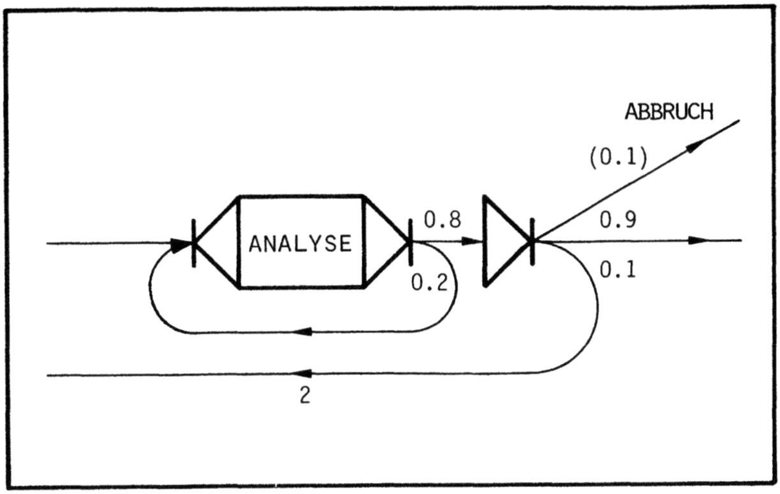

Abb. 9.8: Mehrstufige stochastische Verzweigungen

einer Wahrscheinlichkeit von 0.2) wiederholt wird. Ist die Analyse korrekt und erbringt sie ein Ergebnis, so kann dieses negativ sein, was eine Rückkopplung (mit einer Wahrscheinlichkeit von 0.1) zu einem früher liegenden Vorgang bewirkt. Es sei jedoch eine maximale Anzahl von bloß 2 Wiederholungen (=3 Durchläufen) des Vorganges zugelassen, so daß nach der zweiten Wiederholung bei negativem Ergebnis statt der Schleife der Abbruch zu erfolgen hat (dessen Realisierungswahrscheinlichkeit mit jener der Schleife ident ist; in dieser letzten Verzweigungssituation ergibt sich somit ebenfalls eine Summe aller abgehenden Wahrscheinlichkeiten von 1.00).

9.5.3 Analytische Berechnung stochastischer Netzpläne

Parameterklassen: Jedem Vorgang im Netz sind Parameterwerte zugeordnet, bei welchen eine wesentliche Unterscheidung zu treffen ist:

- Parameter, die über die Realisierungsart des Vorganges Aussagen machen.

  Dies sind insbesondere Dauern, möglicherweise auch Kosten und Kapazitätsbedarf. Diese Parameter können entweder durch Angabe deterministischer Werte festgelegt sein (was streng genommen dem Prognosecharakter eines Planes widerspricht; es handelt sich somit um eine Unterdrückung der Zufallsabhängigkeit einer Variablen), andererseits können sie durch Wahrscheinlichkeitsangaben (diskrete oder stetige Wahrscheinlichkeitsverteilungen) festgelegt sein.

Bezüglich des Projektablaufes ist für diese Klasse von Parametern festzustellen, daß die Parameter bei Serienschaltung jeweils additiv zu verknüpfen sind, will man Aussagen über das Gesamtprojekt machen.

- Parameter, die über die Wahrscheinlichkeit der Realisierung eines Vorganges Aussagen machen.
  Es ist dies der Wahrscheinlichkeitswert p_i für die Realisierung des betrachteten i-ten Vorganges unter der Voraussetzung, daß die unmittelbar vorliegenden Abschlußereignisse eingetreten sind. Um Aussagen über das Gesamtprojekt machen zu können, müssen diese Parameter bei Serienschaltung multiplikativ verknüpft werden.
  Es entspricht dies dem Multiplikationstheorem der Wahrscheinlichkeitsrechnung im Falle der Unabhängigkeit im statistischen Sinne zwischen den in Serie ablaufenden Vorgängen (was eine für die gesamte Netzplantechnik getroffene, jedoch kaum gegebene Annahme darstellt).

Reduktion mittels Flußgraphentheorie

Soll nun ein Netzplan berechnet werden, so heißt dies im graphentheoretischen Sinne, daß ein äquivalentes Netzwerk gefunden werden muß, das nur noch aus einem Vorgang besteht, vom Start- und Endereignis begrenzt wird, jedoch wertmäßig dem ursprünglichen gesamten Netz entspricht.

Die Flußgraphentheorie bietet hiefür die in Abb.9.9 zusammengestellten Reduktionsregeln an.
Zur Vereinfachung der schrittweisen Reduktion unter Anwendung obiger Reduktionsregeln, was sich zwar als anschauliche jedoch langwierige Prozedur erweist, bietet sich die sogenannte Mason'sche Reduktionsregel an. Sie ermöglicht die Reduktion (Berechnung) eines Flußgraphen auf direktem Wege nach Analyse der darin auftretenden Schleifen.
Es kann in dieser Abhandlung nicht weiter auf diese Methode eingegangen werden, jedoch muß festgestellt werden, daß für die vorliegende Problematik die Erkenntnisse der Flußgraphenreduktion nicht unmittelbar angewendet werden können:

- Die Mason-Regel verarbeitet bloß eine Art von Parameterverknüpfung. Stochastische Netzwerke weisen jedoch, wie vorhin aufgezeigt, 2 unterschiedliche Klassen von Parametern mit unterschiedlichen Verknüpfungsvorschriften auf.
- Es müssen stochastische Netzwerke, die nur Verzweigungen vom Typ Ausschließendes-Oder aufweisen, vorausgesetzt werden.

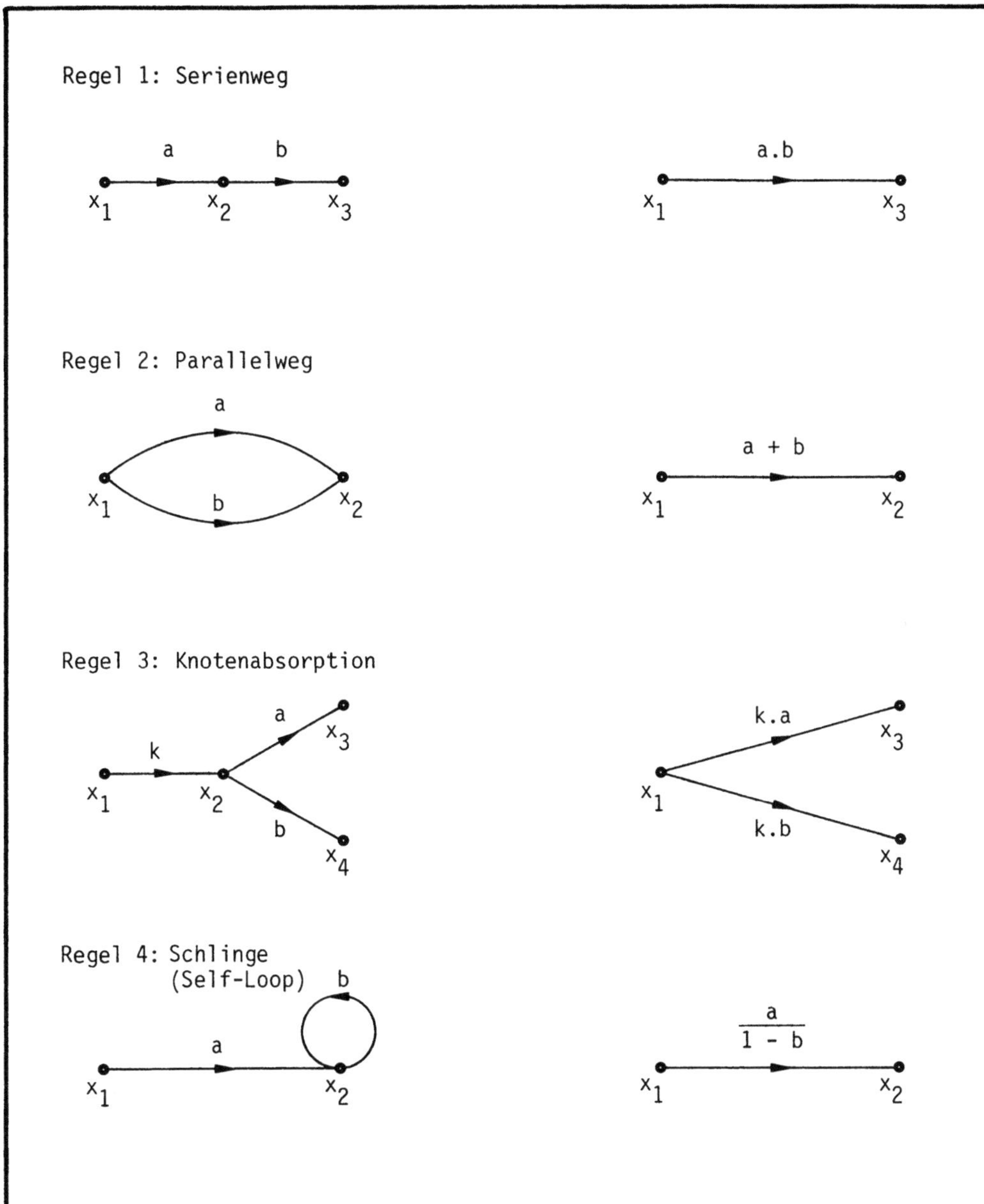

Abb. 9.9: Reduktionsregeln der Signalflußgraphentheorie

Erste Voraussetzung wird bei GERT durch den nachfolgenden Transformationsansatz geschaffen, die zweite Voraussetzung kann in Sonderfällen durch Zerlegung von Vorgängen umständlich erbracht werden, ist jedoch im allgemeinen nicht gegegeben und bleibt eine der einschneidendsten Restriktionen bei der analytischen Berechnung von stochastischen Netzwerken.

Transformation mittels Momenterzeugender Funktion

Um in einer einzigen Reduktionsoperation die additiven und die multiplikativen Parameter zugleich zu erfassen, wird bei GERT eine Umwandlung der additiven in multiplikativ zu verknüpfende Größen mit Hilfe der Momenterzeugenden Funktion (MGF) vorgenommen.
Es lassen sich dann für den reduzierten Flußgraphen mittels einfacher Rücktransformation die beiden Parameter gesondert darstellen:

Momenterzeugende Funktion: $M_t(s) = E(e^{st})$

wobei: s ... Hilfsvariable

E ... Erwartungswert

Die multiplikative Verknüpfung der MGF mit dem nicht zu transformierenden Parameter p_i wird bei Pritsker die w-Funktion genannt:

$$w_i(s) = p_i \cdot M_{t_i}(s)$$

Diese w-Funktion, die den einzelnen Kanten des Flußgraphennetzes zugeordnet wird, erlaubt es nun, stochastische Netzwerke (mit Exclusive-Or-Verknüpfungen) entsprechend den vorhin besprochenen Reduktionsregeln zu berechnen.

Dies sei am Beispiel der Serienschaltung von 2 Vorgängen demonstriert (VPN-Darstellung):

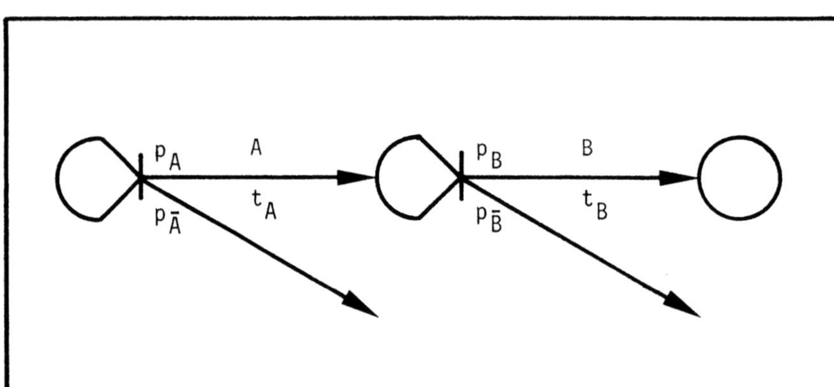

Abb. 9.10: Serienschaltung von Vorgängen mit stochastischen Verzweigungen

Für den in Abb.9.10 dargestellten Ausschnitt eines stochastischen Netzplanes ergeben sich die entsprechenden w-Funktionen mit

$$w_A(s) = p_A \cdot e^{st_A}$$
$$w_B(s) = p_B \cdot e^{st_B}$$

Die Reduktion dieser Serienschaltung ergibt

$$w_R = w_{A.B} = p_A \cdot p_B \cdot e^{s(t_A+t_B)}$$

R steht für "reduziert" bzw. "äquivalent"

- Um nun den Parameter p_R, der die Realisierungswahrscheinlichkeit (Ablaufstochastik) beschreibt, für das reduzierte Netz zu ermitteln, muß s=0 gesetzt werden.

$$p_R = p_A \cdot p_B \cdot e^{s(t_A+t_B)}\Big|_{s=0} = p_A \cdot p_B$$

- Um den Parameter t_R, der die Realisierungsart (Ausführungsstochastik) beschreibt, für das reduzierte Netz zu ermitteln, muß die erste Ableitung der reduzierten Momenterzeugenden Funktion an der Stelle s=0 ermittelt werden.

$$M_R(s) = \frac{w_R(s)}{p_R} = e^{s(t_A+t_B)}$$

$$t_R = \frac{dM_R(s)}{ds}\Big|_{s=0} = t_A + t_B$$

Wird statt der hier zunächst deterministisch angenommenen Dauer eine stochastische Dauer zugelassen, so ergibt sich folgende Momenterzeugende Funktion:

$$w(s,t) = p \cdot \int_0^t e^{st} \cdot f(t)\, dt = p \cdot M_t(s)$$

mit f(t) ... Dichtefunktion der Dauer

Kritik zur analytischen Berechnung stochastischer Netzpläne:
Schon eine überschlägige Analyse der besprochenen analytischen Berechnung von stochastischen Netzwerken zeigt, daß hier eine Reihe von Anforderungen wie auch Beschränkungen an den Netzplaner und seine Probleme gestellt werden, was einer praktischen Verbreitung der Methode sehr hinderlich ist.

- Die mathematischen Voraussetzungen dürften die meisten der Planer, die die Methode im praktischen Einsatz anzuwenden hätten, überfordern (Momenterzeugende Funktion, Graphenreduktion, Mason-Regel).

- Es sind nur bestimmte Typen von Wahrscheinlichkeitsverteilungen für die Darstellung der Ausführungs-Parameter (Dauer, Kosten, Kapazitäten) zulässig, beliebige sowie empirische Verteilungen, die punktweise ermittelt werden und so der Wirklichkeit optimal entsprechen würden, können nicht verarbeitet werden.

- Die ausschließliche Verwendung von Ausschließendes-Oder-Verzweigungen im gesamten Netz ist eine Beschränkung, die den Fällen der Praxis nicht entspricht. Die beiden Verzweigungen Einschließendes-Oder sowie das elementare Und können wegen ihres nichtlinearen Charakters nicht direkt verarbeitet werden. (Die Vorschrift: "Warten, bis der späteste aller erforderlichen Vorgänger abgeschlossen ist", kann nicht als lineare Beziehung dargestellt werden, sondern ist eine Maximum-Vorschrift.) Es ist daher notwendig, das Netz durch Zerlegung und/oder durch Einführung von Scheinvorgängen auf einen "astreinen" Netzplan zu bringen, was sich als mühsam und umständlich erweist.

Aus obigen Restriktionen wird abgeleitet, daß - soll der stochastische Netzplan mehr als bloß ein theoretisches Konzept mit sporadischer Anwendung in der Wissenschaft sein - ein nutzerfreundliches Auswertungsverfahren angeboten werden muß. Dies kann jedenfalls nur ein Simulationsverfahren sein, da komplexe Probleme mit geringen Mathematik-Voraussetzungen nur simulativ bearbeitet werden können.

9.5.4 Simulative Auswertung stochastischer Netzpläne

Anhand von Demonstrationsbeispielen soll gezeigt werden, daß die Berechnung stochastischer Netzwerke mit Hilfe einer (diskreten) Simulationssprache wesentliche Vorteile gegenüber der aufwendigen analytischen Behandlung aufweist. Obschon es speziell für stochastische Netze entwickelte Simulationssprachen gibt (vgl.Pkt.7.5, vor allem GERTS, aber auch GASP IV), wurde bewußt das einfach anwendbare, universellere Programmiersystem GPSS für die digitale Simulation herangezogen.

Kurze Beschreibung von GPSS (General Purpose Simulation System)
GPSS ist ein nutzerfreundliches sowie leicht zu erlernendes Programmiersystem zur Simulation diskreter Systeme.
Aufbau: Wie alle Simulationssprachen besitzt auch GPSS einen bausteinförmigen Aufbau:

Die Hauptelemente dieser Sprache sind der Block (block), die Transaktion (transaction) und die Anlage (equipment).
Die Blöcke werden in einem Flußdiagramm nach operationslogischen Gesichtspunkten hintereinander und nebeneinander gereiht, sie stellen Makrobefehle dar. Die Transaktionen laufen durch das Flußdiagramm, werden in den Blöcken entsprechend der jeweils zu ermittelnden Verweilzeit festgehalten, und werden beim Austreten aus dem System registriert. Anlagen sind Systemkomponenten, die von der Transaktion auf dem Weg durch das System benützt werden.

Demonstrationsbeispiel 1:
Einen einfachen stochastischen Ablauf, dargestellt als Netzplan, zeigt die Abb.9.11, anhand dessen einige typische Ausprägungen diskutiert werden sollen:

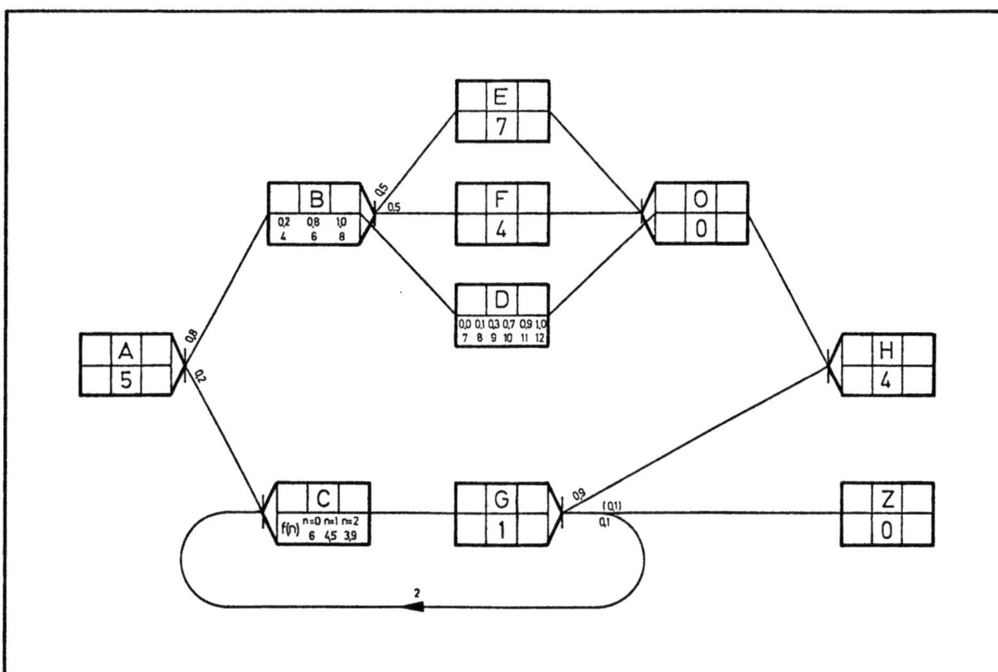

Abb. 9.11: Stochasticher Netzplan (Beispiel 1)

Angabe der Vorgangsdauern: Den Vorgängen im Netzplan können beliebige diskrete oder stetige Wahrscheinlichkeitsverteilungen für die Ausführungsparameter der Vorgänge (Zeiten, Kosten, Kapazitäten) zugeordnet werden.

Im vorliegenden Beispiel weist bloß Vorgang B und D jeweils eine Wahrscheinlichkeitsverteilung für die Dauer auf, und zwar

- Vorgang B eine durch 3 Wahrscheinlichkeitssummenwerte angegebene, diskrete Wahrscheinlichkeitsverteilung von symmetrischer Form;
- Vorgang D eine empirisch ermittelte, β-Verteilungs-ähnliche, stetige Wahrscheinlichkeitsverteilung, die approximativ diskretisiert wurde: Es werden 6 Punktwahrscheinlichkeitswerte für die Dauer D=7 bis D=12 als Stützwerte für die Beschreibung der Wahrscheinlichkeits-Summenkurve herangezogen.

Die Dauer des Vorganges C wird ebenfalls als Variable angenommen, jedoch nicht als zufallsabhängig, wie bei den Vorgängen B und D, sondern als von der Anzahl der Durchläufe abhängig, da eine Rückkopplungsschleife vorliegt.

Der Übungseffekt bei Wiederholungen: Treten Schleifen im Netzplan auf, so bedeutet dies, daß Teile von Wegen einem mehrmaligen Durchlauf unterworfen werden können. Besonders bei Prüfvorgängen (Vorgang G) wird mit einer Wahrscheinlichkeit $\neq 0$ über eine Rückkopplung ein Vorgang oder eine Folge von Vorgängen zu wiederholen sein.
Hiebei treten in der Praxis folgende Randbedingungen auf:

- Die Anzahl der Wiederholungen wird im allgemeinen aus Zeit- und Kostengründen zu begrenzen sein. Im vorliegenden Demonstrationsbeispiel sind 2 Wiederholungen (dies entspricht 3 Durchläufen) die obere Grenze. Bei einem nochmaligen (dritten) negativen Prüfungsergebnis ist das Projekt abzubrechen (durch das Projektende Z symbolisiert).

- Bei sensomotorischer Tätigkeit wie auch bei planbaren geistigen Tätigkeiten stellt sich bei Wiederholung ein Lerneffekt ein, der eine (von der Beeinflußbarkeit abhängige) Verringerung der Dauer im Vergleich zum erstmaligen Durchlauf bewirkt.

Für das Demonstrationsbeispiel wurde eine Einübungsformel angesetzt, die, entsprechend dem Vorgangscharakter "geistig-kreative-Tätigkeit", eine praktische Annäherung an die unreduzierbare Tätigkeitszeit $D_O \cdot R$ schon nach der vierten Wiederholung (= 5.Durchführung) liefert.

$$D_n = D_o \cdot \left[R + (1-R)\ e^{-n} \right]$$

D_n ... Dauer bei der n-ten Wiederholung
D_o ... Dauer bei der 0-ten Wiederholung
R ... Unreduzierbarkeit $0 \leq R \leq 1$
n ... Anzahl der Wiederholungen

Im Demonstrationsbeispiel ergeben sich für

D_o = 6 Zeiteinheiten
R = 60%
n_{max} = 2 Wiederholungen

die Vorgangsdauern

$n = 0$ ... $D_o = 6$ Zeiteinheiten
$n = 1$ ... $D_1 = 4{,}5$ Zeiteinheiten
$n = 2$ ... $D_2 = 3{,}9$ Zeiteinheiten

Vorgehen bei der GPSS-Simulation

Der Netzplan wird in ein GPSS-gerechtes Flußdiagramm umgezeichnet (wobei mit steigender Routine ein derartiges Flußdiagramm vielfach übergangen wird und das Simulationsprogramm unmittelbar niedergeschrieben werden kann).

Abb.9.12 zeigt das GPSS-Flußdiagramm des Beispiels 1, Abb.9.13 zeigt das zugehörige GPSS-Simulations-Programm. Die zur Anwendung kommenden Typen von Blockanweisungen und Steueranweisungen sind in Anhang 2 (Elemente der Simulationssprache GPSS) angeführt.

Abb.9.14 zeigt das Ergebnis der Netzplan-Simulation in tabellierter Form, Abb.9.15 als Histogramm (graphischer Output).

Als weitere Illustration der Anwendung stochastischer Netzpläne sei ein praktisch orientiertes Beispiel gebracht, das den Lösungsprozeß eines komplexen Problems technischer Natur zum Gegenstand hat (Abb.9.16).

Als Erläuterungen mögen folgende Aspekte, die sich aus früheren Kapiteln erklären lassen, dienen:

- Einem Synthese-Vorgang (kreativer Schritt) folgt im Prinzip jeweils ein Analyse-Vorgang (überprüfender Schritt).
- Die Ablaufrichtung des Projektes entspricht einem monoton steigenden Konkretisierungsgrad, rückführende Schleifen reduzieren jeweils die erreichte Konkretisierung und Detaillierung.

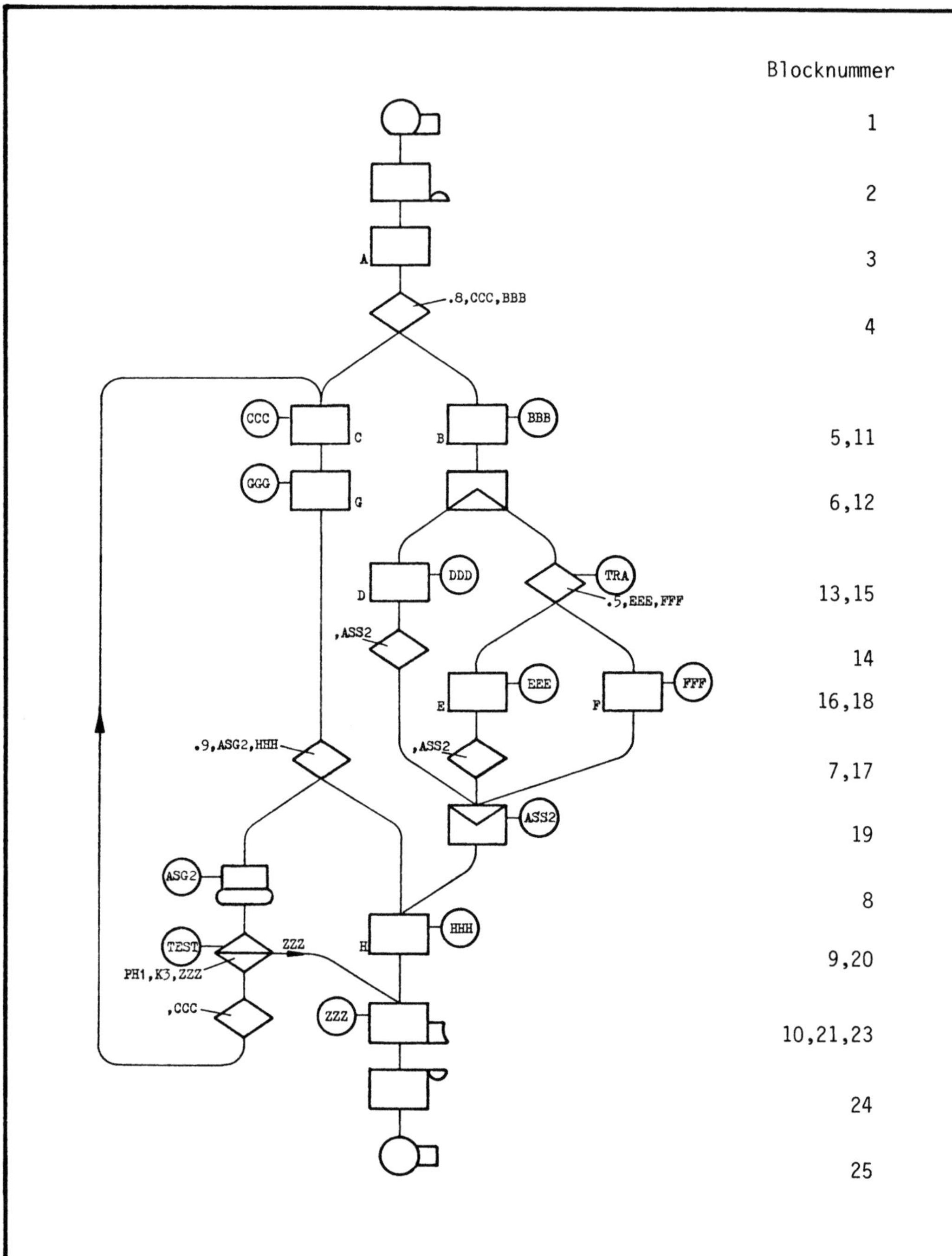

Abb. 9.12: GPSS Flußdiagramm (Beispiel 1)

```
BLOCK                                                                STATEMENT
NUMBER  *LOC   OPERATION  A.B.C.D.E.F.G.H.I         COMMENTS          NUMBER
               SIMULATE                                                 1
        *STOCHASTISCHER NETZPLAN                                        2
        *DEMONSTRATIONSBEISPIEL                                         3
         10    STORAGE    1                                             4
         1     TABLE      M1.1.1.50                                     5
         2     TABLE      M1.1.1.50                                     6
         1     FUNCTION   RN1.D3                                        7
        .2.4/.8.6/1.0.8                                                 8
         2     FUNCTION   RN1.C6                                        9
        .0.7/.1.8/.3.9/.7.10/.9.11/1.0.12                              10
         3     FUNCTION   PH1.D3                                       11
        0.6/1.4.5/2.3.9                                                12
 1             GENERATE                                                13
 2             ENTER      10                                           14
 3             ADVANCE    5           VORGANG A                        15
 4             TRANSFER   .8.CCC.BBB                                   16
 5       CCC   ADVANCE    FN3         VORGANG C                        17
 6             ADVANCE    1           VORGANG G                        18
 7             TRANSFER   .9.ASG2.HHH                                  19
 8       ASG2  ASSIGN     1+.1.PH                                      20
 9             TEST NE    PH1.K2.ZZZ                                   21
10             TRANSFER   .CCC                                         22
11       BBB   ADVANCE    FN1         VORGANG B                        23
12             SPLIT      1.TRA                                        24
13       DDD   ADVANCE    FN2         VORGANG D                        25
14             TRANSFER   .ASS2                                        26
15       TRA   TRANSFER   .5.EEE.FFF                                   27
16       EEE   ADVANCE    4           VORGANG E                        28
17             TRANSFER   .ASS2                                        29
18       FFF   ADVANCE    4           VORGANG F                        30
19       ASS2  ASSEMBLE   2                                            31
20       HHH   ADVANCE    4           VORGANG H                        32
21             TABULATE   1                                            33
22             TRANSFER   .LEAV                                        34
23       ZZZ   TABULATE   2                                            35
24       LEAV  LEAVE      10                                           36
25             TERMINATE  1                                            37
               START      400                                          38
               REPORT                                                  39
               EJECT                                                   40
               OUTPUT                                                  41
               EJECT                                                   42
               GRAPH      TF.1                                         43
               ORIGIN     59.10                                        44
               X          .4..1.1.30                                   45
               Y          0.2.40.1                                     46
         1     STATEMENT  15.25.D I A G R A M M 1 :                    47
         1     STATEMENT  17.25.DICHTEFUNKTION                         48
               ENDGRAPH                                                49
               EJECT                                                   50
               END                                                     51
```

Abb. 9.13: GPSS Simulationsprogramm (Beispiel 1)

```
****************************************
*                                      *
*               TABLES                 *
*                                      *
****************************************
```

TABLE 1

ENTRIES IN TABLE	MEAN ARGUMENT	STANDARD DEVIATION	SUM OF ARGUMENTS	
400	22.625	3.414	9050.000	NON-WEIGHTED

UPPER LIMIT	OBSERVED FREQUENCY	PER CENT OF TOTAL	CUMULATIVE PERCENTAGE	CUMULATIVE REMAINDER	MULTIPLE OF MEAN	DEVIATION FROM MEAN
1	0	.00	.0	100.0	.044	-6.334
2	0	.00	.0	100.0	.088	-6.041
3	0	.00	.0	100.0	.132	-5.748
4	0	.00	.0	100.0	.176	-5.455
5	0	.00	.0	100.0	.220	-5.162
6	0	.00	.0	100.0	.265	-4.869
7	0	.00	.0	100.0	.309	-4.576
8	0	.00	.0	100.0	.353	-4.283
9	0	.00	.0	100.0	.397	-3.990
10	0	.00	.0	100.0	.441	-3.697
11	0	.00	.0	100.0	.486	-3.405
12	0	.00	.0	100.0	.530	-3.112
13	0	.00	.0	100.0	.574	-2.819
14	0	.00	.0	100.0	.618	-2.526
15	0	.00	.0	100.0	.662	-2.233
16	69	17.24	17.2	82.7	.707	-1.940
17	0	.00	17.2	82.7	.751	-1.647
18	0	.00	17.2	82.7	.795	-1.354
19	0	.00	17.2	82.7	.839	-1.061
20	11	2.74	19.9	80.0	.883	-.768
21	14	3.49	23.4	76.5	.928	-.475
22	42	10.49	33.9	66.0	.972	-.183
23	56	13.99	47.9	52.0	1.016	.109
24	73	18.24	66.2	33.7	1.060	.402
25	64	15.99	82.2	17.7	1.104	.695
26	54	13.49	95.7	4.2	1.149	.988
27	12	2.99	98.7	1.2	1.193	1.281
28	5	1.24	100.0	.0	1.237	1.574

REMAINING FREQUENCIES ARE ALL ZERO

Abb. 9.14: GPSS Print out: Simulationsergebnis (Beispiel 1) als Tabelle

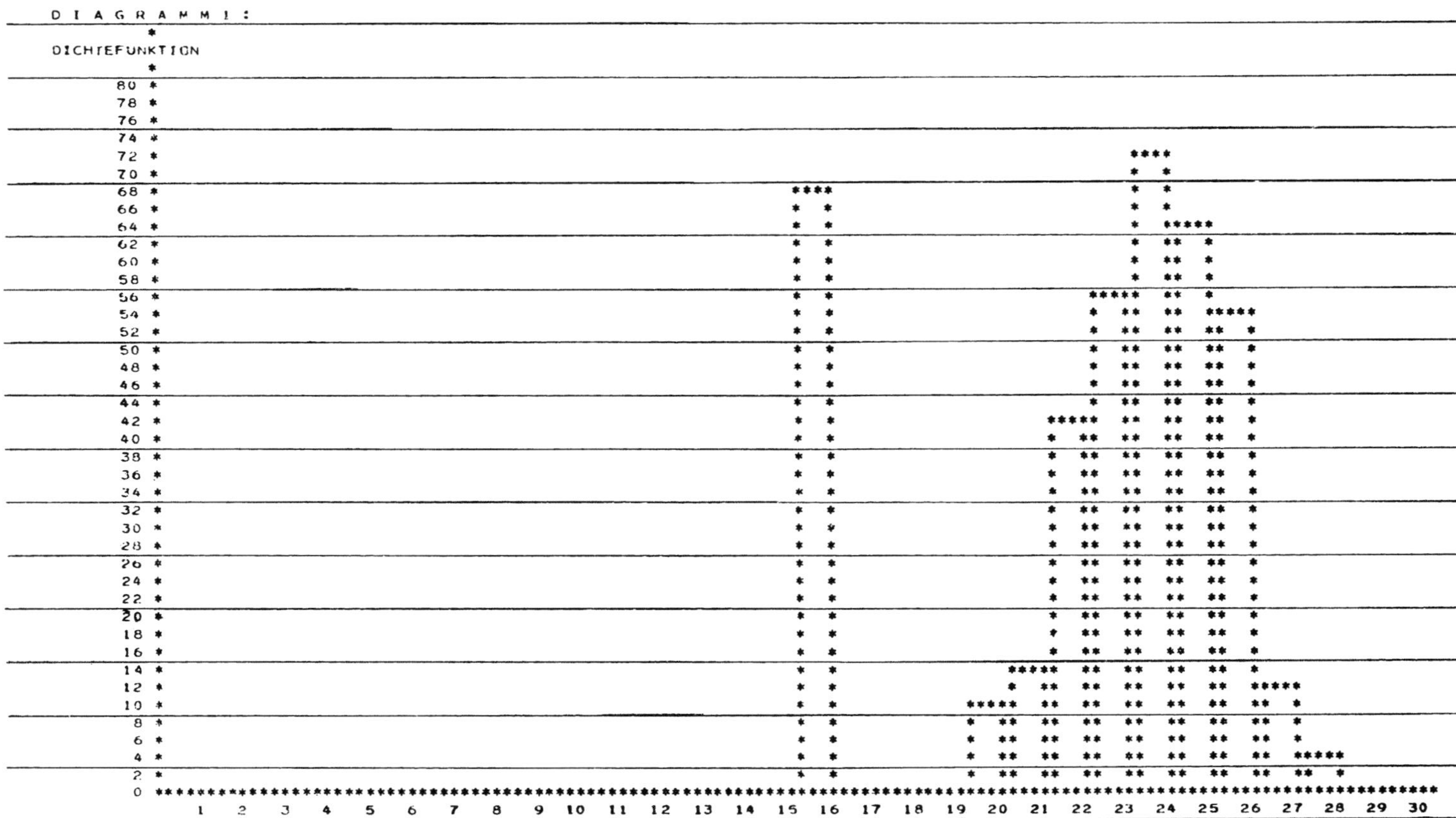

Abb. 9.15: GPSS Print out: Simulationsergebnis (Beispiel 1) als Histogramm

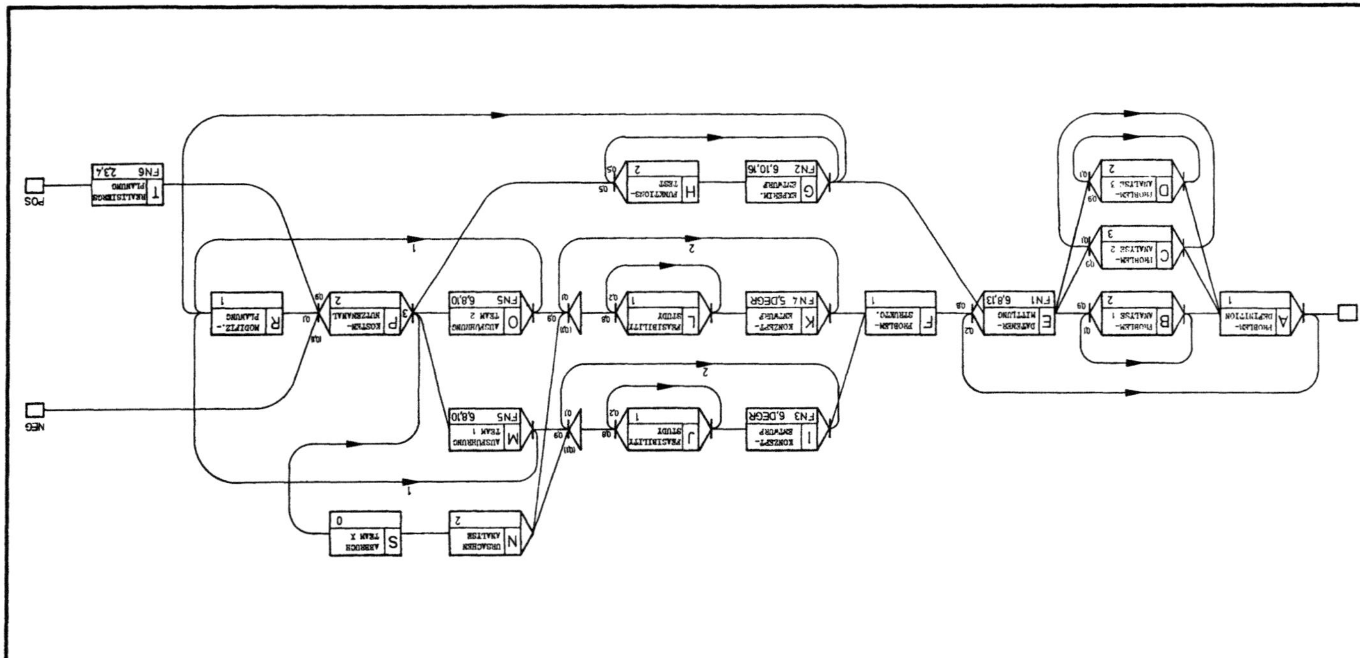

Abb. 9.16: Stochastischer Netzplan (Beispiel 2)
(Problemlösungsprozeß)

- Die Analyse-Vorgänge sind bezüglich der jeweiligen Dauer, ihrem Charakter einer "Technik" entsprechend, relativ genau prognostizierbar; dagegen beinhalten die Synthese-Vorgänge, deren Charakter kreative Aspekte aufweist, nicht-deterministische Zeitanteile, so daß hier jeweils Wahrscheinlichkeitsverteilungen für die benötigten Dauern angesetzt wurden.
- Um möglichst viele Alternativen zu erhalten, aus denen dann die relativ beste als "optimale" einer weiteren Konkretisierung zugeführt wird, werden mehrere, voneinander unabhängige, mit unterschiedlichen fachlichen Voraussetzungen arbeitende Teams eingesetzt.
- Ein Einübungseffekt bei durch Schleifenbildung sich ergebender Wiederholung wurde bloß bei dem zentralen Vorgang "Konzeptentwurf" vorgesehen.
- Da die entscheidende Kosten-Nutzenanalyse auf den Erkenntnissen aller Teams aufbauen sollte, wird das Ergebnis auch von "gescheiterten" Teams abgewartet.

Kritik an der stochastischen Netzplantechnik: Insbesondere bei komplexen Abläufen mit hohem Innovationsanteil, wie sie sich für die mit systemtechnischen Methoden behandelten Problemstellungen ergeben, wird man mit deterministischen Ablaufplänen nicht das Auslangen finden.

Die PERT-Methode sieht zwar die Parameterstochastik vor, kann jedoch stochastische Verzweigungen im Ablauf nicht behandeln (und ist überdies sehr ungenau).

Die stochastische Netzplantechnik bietet hier eine wesentliche Hilfestellung, wobei alleine schon die graphische Darstellung des Ablaufes wertvolle Erkenntnisse über die Schlüsselstellen des Projekts liefert.

Aus der Analyse der bestehenden analytischen Berechnungsverfahren und deren Unzulänglichkeiten ergibt sich, daß die Simulation die optimale Methode für eine quantitative Nutzung der stochastischen Netzpläne in der Praxis darstellt.

Entsprechend den diskutierten Nachteilen des analytischen Berechnungsverfahrens seien zusammenfassend die Vorteile der Simulation mittels GPSS zur Berechnung von stochastischen Netzplänen aufgezeigt:

- einfache Anwendung, geringe mathematische Voraussetzungen
- beliebie Verzweigungen (Folgebeziehungen) sind im Netz gleichzeitig zulässig (Und, Einschließendes-Oder, Ausschließendes- Oder)
- beliebig viele <u>unterschiedliche</u> Einmünder und Abgänger je Vorgang sind zulässig
- VKN-analoge Darstellung des GPSS-Flußdiagramms
- beliebige Wahrscheinlichkeitsverteilungen für die Ausführungsparameter der einzelnen Vorgänge sind zulässig
- Zählgröße zur Registrierung der Häufigkeit des Durchlaufes bestimmter Schlüsselstellen im Netz sind leicht vorzusehen
- Wiederholungen (Schleifenbildung) mit beliebig zu begrenzender Anzahl sind leicht vorzusehen
- relativ geringer Rechenaufwand.

Abschließende kritische Bemerkungen zur Anwendung systemtechnischer Methoden

Bei der Anwendung systemtechnischer Ansätze und Lösungswege ist auch mit Schwierigkeiten verschiedener Natur zu rechnen, da im allgemeinen Vorteile immer mit der Hinnahme von mehr oder minder gravierenden Nachteilen erkauft werden müssen. Es sei im folgenden versucht, einige wesentliche Widerstände bzw. Gefahren, die bei der Anwendung der Systemtechnik auftreten können, aufzuzählen.

<u>Generelle Probleme und Gefahren bei Anwendung systemtechnischer Planungsmethoden</u>

- Überbewertung von neuen Methoden: "Die Methoden werden die gestellten Probleme lösen und damit den Denkprozeß beim Planen erübrigen".
- Unterbewertung von neuen Methoden: "Wir haben immer schon die uns gestellten Probleme gelöst, ohne derartige Methoden angewandt zu haben".
- Ablehnung der Methoden: "Komplexe, heikle Problemstellungen können nicht mit inflexiblen Methoden gelöst werden".
- Mißverständnis der Wirkung von Planungsmethoden: "Das Projekt steht unter größtem Zeit- und Kostendruck, wir können uns daher keine aufwendigen Methoden leisten".
- Prinzipielle Skepsis bei den Planern gegenüber jeder neuen bzw. neu scheinenden Methode.

<u>Spezifische Probleme und Gefahren, die auch bei der Anwendung systemtechnischer Planungsmethodik auftreten können</u>

- Zeitliche Diskontinuität des Planungsvorganges: Beim Wechsel von Mitarbeitern zeigt sich, daß eine vollständige Dokumentation sämtlicher Schritte (inklusive Entscheidungen samt zugehöriger Begründungen) unerläßlich ist, da sonst unnötige Wiederholungen von Entscheidungsprozessen vorgenommen werden.

- Unzulässig vereinfachende Annahmen bei der Behandlung der Systemfunktion: Annahme von Linearität, Unabhängigkeit; Behandlung von Erwartungswerten von Variablen als seien sie deterministische Größen und ähnliches.
- Entscheidungsflucht: Entscheidungen werden prinzipiell auf das Planungsteam oder den Vorgesetzten abgeschoben.
- Unbewußtes Berücksichtigen von Randbedingungen, die nicht gestellt sind, wodurch das Lösungsfeld unnötig eingeengt wird.
- Kritiklose Zurkenntnisnahme und Berücksichtigung von Muß-Anforderungen an das System, wodurch das Lösungsfeld unnötig eingeengt wird.
- Vorschnelle Detaillierung von Konzepten, obwohl später im Bewertungsverfahren ohnedies ausgesiebt werden muß. Die Aussagekraft eines Entwurfes soll den unterlegten Bewertungskriterien entsprechen, jedoch nicht unnötig mehr Information beinhalten.
- Das Schließen von bereits gelösten Problemen auf ein analoges vorliegendes Problem birgt Fehlerquellen in sich, da wegen der inzwischen verstrichenen Zeit ein fortgeschrittener Wissensstand berücksichtigt werden muß, da sich weiters oft bei schon geringen Größenunterschieden ein Lösungsprinzip nicht mehr übertragen läßt und da letztlich in jeder Planung Fehler stecken, so daß man automatisch diese Fehler übernimmt.
- Es liegen unklare, nicht erschöpfend festgelegte und vom Nutzer nicht bestätigte Bewertungskriterien samt Gewichtung für die Systemfunktion vor. Besonders bei mehreren Systemnutzern muß eine Abstimmung des Zielsystems vorgenommen werden.

Appendix 1 Elemente der Simulationssprache CSMP III

CSMP (Continuous System Modeling Program) ist ein von IBM entwickeltes Programmiersystem für stetige Simulationsmodelle auf Digitalrechnern. CSMP baut auf der Programmiersprache FORTRAN auf, alle Möglichkeiten dieser Sprache zur Darstellung algebraischer und logischer Zusammenhänge sind auch in CSMP verfügbar.
CSMP soll dem Benützer soweit wie möglich bei der Erstellung zeitkontinuierlicher Simulationsmodelle, die durch ein System von Differentialgleichungen beschrieben werden können, entgegenkommen.

Die folgende Kurzbeschreibung dieser Sprache bezieht sich auf die im Demonstrationsbeispiel benötigten statements.

Ein CSMP-Programm besteht im wesentlichen aus 3 Abschnitten:

1. Structural Statements
2. Data Statements
3. Control Statements

1. Structural Statements

Diese Strukturanweisungen dienen zur mathematischen Beschreibung des Simulationsmodells.
Die diversen Fluß- und Bestandsgleichungen sind in Form von algebraischen FORTRAN-Anweisungen und Funktionsblöcken zu erstellen (Abb. A.1). Weitere wichtige Funktionsblöcke sind:

Y = AFGEN (FUNCT,X) ... Y = FUNC(X)
(lineare Interpolation)

Y = RNDGEN(N) ....Gleichverteilung in [0,1]
(N ... beliebige ganze Zahl zum Laden des Zufallszahlengenerators).

2. Data Statements

Sie dienen der Zuweisung von numerischen Werten an die Parameter des Modells;

CONSTANT ... Wertzuweisung an Konstanten
INCON ... Anfangswerte (initial conditions) für Integrale
FUNCTION ... Funktionstabellen, stehen im Simulationsablauf zur Verfügung

3. Control Statements

Translation Control Statements

Sie dienen zur Interpretation der verschiedenen structural statements zur ablauforientierten Sortierung des Programms in bestimmte Teile:
Im INITIAL-Block werden Anfangswerte berechnet oder durch data statements definierte Parameter oder Konstantenwerte eingeführt.
Der DYNAMIC-Block ist zumeist der größte im Programmablauf. Er enthält die mathematische Strukturbeschreibung des Simulationsmodells. Eine Sortierung der darin vorkommenden Gleichungen wird vom CSMP-Compiler selbständig durchgeführt, was bei vermaschten Gleichungssystemen sehr vorteilhaft ist.
IF-Verzweigungen, zur Programmierung von Aktionen, die z.B. nur zu bestimmten Zeitpunkten durchgeführt werden sollen (wie etwa diskrete Aktivitäten), müssen in einem NOSORT-Block des Programmes codiert werden. In diesem Block liegt die Verantwortung für die logisch richtige Abfolge der darin enthaltenen statements beim Benutzer.

Execution Control Statements

Anhand dieser statements werden Größen wie Laufzeit des Simulationsmodells, Integrationsintervalle für die numerischen Integrationsmethoden, relative Fehlerschranken, Endbedingungen etc. angegeben:

DELT ... Integrationsintervall
OUTDEL ... Zeitinkrement des graphischen Outputs
PRDEL ... Zeitinkrement des numerischen Outputs
FINTIM ... Endzeitpunkt für den Simulationslauf
DELMIN ... kleinstes zugelassenes Integrationsintervall für Methoden mit variabler Schrittweite.

Unter METHOD ist die gewünschte Integrationsmethode anzugeben, wobei sieben Verfahren (Runge-Kutta, Trapez-, Rechteck- etc.) zur Verfügung stehen.

Output Control Statements

Sie dienen zur Spezifizierung der gelisteten und/oder graphischen Ausgabe von Modellvariablen, zur Erstellung von Überschriften u.a.m.

PRTPLT X,Y,T ... graphische Ausgabe von X,Y,T
PRINT X,Y,T ... numerische (gelistete) Ausgabe von X,Y,T.

CSMP-Funktionsblock	Mathematische Funktion
Y = INTGRL (AB, X) $Y(0) = AB$ Integrator	$Y = \int_0^t X\,dt + AB$ Äquivalente Laplace-Transformierte: $\frac{1}{p}$
Y = DERIV (AB, X) $X(t = 0) = AB$ Ableitung	$Y = \frac{dX}{dt}$ Äquivalente Laplace-Transformierte: p
Y = DELAY (N, T, X) T = Verzögerungszeit N = Anzahl der Stützwerte im Intervall T (Integerkonstante) Totzeit	$Y(t) = X(t - T)$, $t \geq T$ $Y = 0$ $t < T$ Äquivalente Laplace-Transformierte: e^{-Tp}
Y = ZHOLD (X_1, X_2) Halteglied	$Y = X_2$ $X_1 > 0$ Y = letzter Wert $X_1 \leq 0$ $Y(0) = 0$ Äquivalente Laplace-Transformierte: $\frac{1}{p}(1 - e^{-pt})$
Y = STEP (P) Sprungfunktion	$Y = 0$ $t < P$ $Y = 1$ $t \geq P$ 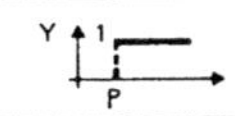
Y = IMPULS (P_1, P_2) Generator von Nadelimpulsen	$Y = 0$ $t < P_1$ $Y = 1$ $(t - P_1) = k P_2$ $Y = 0$ $(t - P_1) \neq k P_2$ $k = 0, 1, 2, 3, \ldots$ 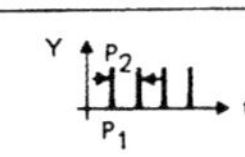
Y = PULSE (P, X) P = Minimale Pulsbreite Impulsgenerator (mit Funktion $X > 0$ als Trigger)	$Y = 1$ $T_k \leq t < (T_k + P)$ oder $X > 0$ $Y = 0$ sonst T_k = Triggerintervall 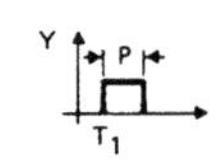
Y = GAUSS (P_1, P_2, P_3) P_1 = beliebige ungerade ganze Zahl P_2 = Mittelwert P_3 = Standardabweichung Rauschen (Zufallszahlen) Generator mit Normalverteilung	Normalverteilung der Variablen Y $p(Y)$ = Wahrscheinlichkeitsdichtefunktion 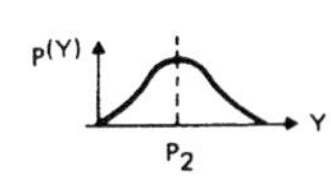
Y = LIMIT (P_1, P_2, X) Begrenzer	$Y = P_1$ $X < P_1$ $Y = P_2$ $X > P_2$ $Y = X$ $P_1 \leq X \leq P_2$ 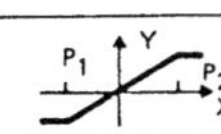
Y = QNTZR (P, X) Quantisierer	$Y = kP$ $(k - \frac{1}{2})P < X < (k + \frac{1}{2})P$ $k = 0, \pm 1, \pm 2, \pm 3, \ldots$ 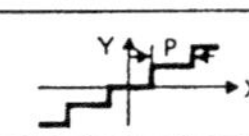
Y = DEADSP (P_1, P_2, X) Unempfindlichkeit	$Y = 0$ $P_1 \leq X \leq P_2$ $Y = X - P_2$ $X > P_2$ $Y = X - P_1$ $X < P_1$ 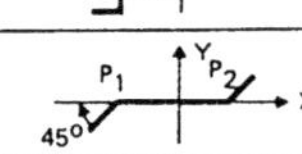
Y = REALPL (AB, P, X) $Y(0) = AB$ Verzögerungsglied 1. Ordnung (real pole)	$P\dot{Y} + Y = X$ Äquivalente Laplace-Transformierte: $\frac{1}{P_p + 1}$
Y = LEDLAG (P_1, P_2, X) Voreilung — Nacheilung (lead — lag)	$P_2\dot{Y} + Y = P_1\dot{X} + X$ Äquivalente Laplace-Transformierte: $\frac{P_1p + 1}{P_2p + 1}$
Y = FCNSW (X_1, X_2, X_3, X_4) Funktionsschalter	$Y = X_2$ $X_1 < 0$ $Y = X_3$ $X_1 = 0$ $Y = X_4$ $X_1 > 0$
Y_1, Y_2 = OUTSW (X_1, X_2) Ausgangsschalter	$Y_1 = X_2$ $Y_2 = 0$ $X_1 < 0$ $Y_1 = 0$ $Y_2 = X_2$ $X_1 \geq 0$
Y = AND (X_1, X_2) Und	$Y = 1$ $X_1 > 0$, $X_2 > 0$ $Y = 0$ sonst
Y = IOR (X_1, X_2) Inklusives Oder	$Y = 0$ $X_1 \leq 0$, $X_2 \leq 0$ $Y = 1$ sonst
Y = EOR (X_1, X_2) Exklusives Oder	$Y = 1$ $X_1 \leq 0$, $X_2 > 0$ $Y = 1$ $X_1 > 0$, $X_2 \leq 0$ $Y = 0$ sonst
Y = NOT (X) Negation	$Y = 1$ $X \leq 0$ $Y = 0$ $X > 0$

Abb. A.1:
Die wesentlichen Funktionsblöcke von CSMP (aus KUNSTMANN, D.: CSMP/360, eine leistungsfähige Programmiersprache zur Simulation dynamischer Systeme, IBM, Sindelfingen, 1970 S.3)

Appendix 2 Elemente der Simulationssprache GPSS

GPSS (General Purpose Simulation System) ist ein von IBM entwickeltes Programmiersystem für <u>diskrete</u> Simulatonsmodelle mit Warteschlangencharakter zur Programmierung auf Digitalrechnern.

Ein GPSS-Programm enthält im wesentlichen folgende 3 Anweisungsgruppen:

1. Blockanweisungen
2. Steueranweisungen
3. Druckanweisungen.

Blöcke sind die Hauptelemente des Programms, die von Transaktionen unter Verwendung von Anlagen durchlaufen werden.

1. <u>Blockanweisungen</u> (es werden bloß die im Beispiel, Kapitel 9, benötigten Blöcke erläutert)

   Block 1: <u>Generate-Block</u>
   Hier werden die durch das System laufenden Transaktionen generiert (im Beispiel jeweils nur eine, unmittelbar nachdem die jeweils vorhergehende das System verlassen hat).

   Block 2: <u>Enter-Block</u>
   Hier wird der Eintritt der vorher generierten Transaktionen in das System gesteuert. (Der Netzplan ist als ein Speicher aufzufassen, welcher mit Nr.10 im Feld des A-Operanden im Programm gekennzeichnet ist.)

   Block 3: <u>Advance-Block</u>
   In diesem Block wird für die Transaktion, entsprechend der jeweils zu programmierenden Vorschrift, eine Verweilzeit ermittelt und die Transaktion solange dort festgehalten, bis diese Zietspanne abgelaufen ist.
   Die Operanden A und B geben hiebei <u>wahlweise</u> an:
   - die Vorgangsdauer (deterministische Netzpläne)
   - den Mittelwert und die Streuung einer <u>Gleichverteilung</u> für die Vorgangsdauer
   - die aufzurufende Funktion (Funktions-Modifikator) zur Ermittlung eines (zufälligen) Wertes dieser vorgegebenen beliebigen Funktion (z.B. FN2 in Beispiel 1).

Hinter dem letzten Operanden (getrennt durch mindestens ein Leerzeichen) können beliebige Bemerkungen vorgesehen werden; es ist sinnvoll, den Vorgang in Klarschrift dort einzutragen.

Block 4: Transfer-Block

Dieser Block wird verwendet, um die eintretende Transaktion zu einem (nicht in der Reihenfolge liegenden) nächsten Block zu senden.

Der A-Operand gibt den Auswahlmodus an, wenn zwei Blöcke angesteuert werden sollen und zwar

- unbedingt
- bedingt
- statistisch
- logisch.

Wird nur ein Block angesteuert, so wird der A-Operand weggelassen (den Beistrich als Trennung der Operanden darf man jedoch nicht vergessen!).

Der B-Operand gibt die Sendeadresse an, sie muß mit mindestens drei Buchstaben symbolisiert werden.

Im vorliegenden Fall zeigt der A-Operand an, daß ein statistischer Auswahlmodus vorliegt, wobei Wert 0.8 der Parameter der Alternativverteilung ist, die es mittels Zufallszahlengenerator zu simulieren gilt.

Der B-Operand gibt die erste der beiden anzusteuernden Adressen an. (Eine Adresse sollte nicht gleichlautend mit dem auszuführenden Befehl sein!)

Der C-Operand gibt die zweite Adresse an; auf diese zweite Adresse ist der angegebene Wahrscheinlichkeitswert zu beziehen! Ein Verweisen an einen bereits durchlaufenen Block entspricht einer Schleifenbildung, was ohne zusätzliche Befehle ebenfalls zulässig ist.

Block 8: Assign-Block

Dieser Block wird hier für die Berücksichtigung des Einübungseffektes benötigt.

Die Operanden A und B enthalten hier folgende Anweisungen: Von den jede Transaktion begleitenden 12 Parametern wird z.B. der erste verwendet, wobei zu seinem jeweiligen Wert (Ausgangspunkt ist immer 0!) die Zahl 1 zu addieren ist. Um Speicherplatz zu sparen wird er bloß als Halbwertparameter (PH) vorgesehen (Operand C).

Block 9: Test-Block

Dieser Block hat hier die Funktion, eine Begrenzung der Wiederholungen wahrzunehmen.

TEST NE symbolisiert ein Testen auf Nicht-Gleichheit (not equal).

Der Operand A gibt die zu vergleichende Variable an,
hier der jeweilige Wert des Halbwertparameters 1 (PH 1), der die Anzahl an Wiederholungen (=Durchläufe minus 1) angibt.

Der Operand B gibt die Vergleichsgröße (obere Grenze) an,
hier Konstante mit dem Wert 2.

Der Operand C gibt die Adresse für den Fall eines negativen Testergebnisses an;
hier der Block Z = Abbruch.

Block 10: Split-Block

Die Transaktion wird dupliziert (entsprechend der im Netzplan aufscheinenden Und-Beziehung der vom Knoten abgehenden Vorgänge). Da jedoch immer nur eine Adresse für die Kopien angegeben werden kann, muß z.B. bei drei parallelen Wegen ein weiterer Split-Block vorgesehen werden.

Der A-Operand gibt die Anzahl der Kopien an.

Der B-Operand den nächsten Block für die Kopien.

Block 19: Assemble-Block

Dieser Block führt eine jeweils anzugebende Zahl von Transaktionen zusammen, wobei auf die letzte eintreffende Transaktion des Assemble-Set gewartet wird, bis die erste als einzige den Block wieder verlassen kann (die restlichen Transaktion werden vernichtet).

Der A-Operand gibt die Anzahl der zu sammelnden und in eine einzige Transaktion überzuführenden Transaktionen an.

Block 21: Tabulate-Block

Gibt an, nach welchen Gesichtspunkten interessierende Werte tabelliert werden sollen.

Der A-Operand gibt hiebei die anzurufende Tabelle an.

Block 24: Leave-Block

Der Leave-Block entfernt die Transaktion (bzw. eine Anzahl von Transaktionen) aus dem benützten Speicher, er ist die Umkehr des Enter-Blocks.

Der A-Operand enthält den Namen des Speichers.

Block 25: Terminate-Block

Dieser Block ist die Umkehrung des Generate-Blocks, er stellt das Ende des Durchlaufes einer Transaktion dar.

Der A-Operand gibt an, um wieviel Einheiten dieser Block den Terminierungs-Gesamtzähler reduziert (im vorliegenden Fall mit der einzigen jeweils durchlaufenden Transaktion).

2. Steueranweisungen

Im vorliegenden Beispiel wurden folgende Arten von Definitionsanweisungen bzw. Steueranweisungen vewendet:

Storage

Die Storage-Anweisung wird zur Festlegung der Speicherkapazität benötigt. Im vorliegenden Fall darf nur eine Transaktion nach der anderen die Anlage betreten, die Kapazität ist daher mit 1 limitiert.

Function

Eine Funktions-Definitions-Anweisung definiert die jweils zu verwendende Funktion.
Der A-Operand bezeichnet den zu verwendenden Zufallszahlengenerator, mit dessen Hilfe nach stochastischen Gesichtspunkten ein Funktionswert (abhängige Variable) zu ermitteln ist, oder er enthält einen Parameter als unabhängige Variable.
Der B-Operand bezeichnet die Art der Funktion:

- C bedeutet kontinuierliche Funktion,
  d.h. es wird zwischen den die Funktion beschreibenden Stützwerten bei Bedarf linear interpoliert;
- D bedeutet diskrete Funktion,
  die Funktion ist ebenfalls durch eine Anzahl von Wertepaaren definiert, es existieren jedoch keine Zwischenwerte.

Weiters enthält der B-Operand die Anzahl der gespeicherten Wertepaare, die die Funktion definieren.
In der unmittelbar folgenden Zeile, beginnend mit Spalte 1, werden die Wertepaare, getrennt durch Schrägstriche, angeführt:

erste Zahl ... kumulativer Wahrscheinlichkeitswert eines bestimmten Arguments,
zweite Zahl ... das zugehörige Argument (hier die Vorgangsdauer).

Table

Die Table-Definitionsanweisung enthält Angaben über das zu tabellierende Merkmal und die Art des Tabellierens.
Der A-Operand gibt an, was zu tabellieren ist (Standard Numerical Attribute, SNA), wobei im vorliegenden Fall die Durchlaufzeit interessiert, die mit M1 zu bezeichnen ist.
Der B-Operand gibt die obere Grenze der ersten Häufigkeitsklasse des Histogrammes an.
Der C-Operand gibt die Klassenbreite an.

Der D-Operand gibt die Anzahl der zur Verfügung stehenden Klassen an, wobei nach Erreichen von 100% abgebrochen wird.
FUNCTIONS und TABLES müssen vor den Blockanweisungen im Programmblatt aufscheinen.

Graphischer Computerausdruck

Will man das Ergebnis der Netzplan-Simulation außer als Tabelle auch in Form eines vom Drucker produzierten Histogrammes erhalten, so sind noch folgende Anweisungen im Programm notwendig:

GRAPH A-Operand ... das SNA "TF" (Total Frequency)
B-Operand ... die Einheit (z.B.1); d.h. es scheint jeder Durchlauf auf;

ORIGIN A-Operand und B-Operand geben die Koordinaten des Diagrammursprungs an: z.B. Zeile 59, Spalte 10.

X ... die auf der X-Achse aufzutragende Variable M1 (SNA "Durchlaufzeit") ist wie folgt darzustellen:
A-Operand: blanc, da entsprechend Format 2
B-Operand: Breite der Rechtecke im Histogramm
C-Operand: Abstand zwischen den Rechtecken
D-Operand: obere Grenze der untersten Häufigkeitsklasse
E-Operand: Inkrement auf X-Achse
F-Operand: Anzahl der Inkremente

Y ... die auf der Y-Achse aufzutragende Variable TF (SNA "Absolute Häufigkeit") ist wie folgt darzustellen:
A-Operand: untere Grenze der Y-Achse
B-Operand: Inkrement auf Y-Achse
C-Operand: Anzahl der Inkremente
D-Operand: Maßstab (Zeilen/Inkrement)

Es können weiters nach Belieben Diagramm-Beschriftungen in Form von Statements samt Lagevorschrift vorgesehen werden.

Literaturverzeichnis

ACKOFF, R.:	Science in the Systems-Age: Beyond IE, OR, and MS Operations Research, May-June 1973
ACKOFF, R.:	General System Theory and Systems Research - Contrasting Conceptions of Systems Science. General Systems, Bd. VIII, 1963
ALGER, J./HAYS, C.:	Creative Synthesis in Design Prentice Hall, 1968
ARNOLD, J.E.:	Useful Creative Techniques in: PARNES, S./HARDING, H.: A Source Book for Creative Thinking New York, 1962
ARPING, H./ LAKENBRINK, P./ SCHMITZ, A.:	Entscheidungsnetzplantechnik bei Auftragsabwicklung in Industriebetrieben mit Einzel-Kleinserienfertigung Industrial Engineering 4/1974, Heft 1, REFA-Darmstadt
BAATZ, U.:	Rechnergestützte Prinziperarbeitung mit Hilfe der morphologischen Analyse und Synthese Industrie-Anzeiger 93, Nr.17, 1971
BACH, K.:	Denkvorgänge beim Konstruieren Konstruktion im Maschinen-, Apparate- und Gerätebau, 25. Jhg., Heft 1
BAETGE, J.:	Betriebswirtschaftliche Systemtheorie, Regelungstechnische Planungs-Überwachungsmodelle für Produktion, Lagerung und Absatz Westdeutscher Verlag Opladen, 1974
BATTELLE-INSTITUT e.V.:	Studie der Kreativitätsmethoden Frankfurt/Main, 1970
BECHMANN, A.:	Nutzwertanalyse, Bewertungstheorie und Planung Haupt, Bern, 1978
BEER, S.:	Kybernetik und Management Fischer, Frankfurt, 1963
BEITZ, W.:	Systemtechnik im Ingenieurbereich VDI-Berichte 174, (1971), VDI-Düsseldorf

BEITZ, W.: Systemlehre technischer Konstruktionen
TU-Berlin, 1971

BELLMANN, R.: Dynamische Programmierung und selbstanpassende Regelprozesse
München/Wien, 1967

BELLMANN, R.: Dynamic Programming
Princetown, New Jersey, 1972

BERTALANFFY, L.v.: Zu einer allgemeinen Systemlehre
in: BLEICHER, K. (Hrsg.): Organisation als System
Betriebswirtschaftlicher Verlag Dr.Th.Gabler
Wiesbaden, 1972

BERTALANFFY, L.v.: General System Theory. Foundations, Developments, Applications
George Braziller, New York, 1968

BLAAS, W./HENSELER, P.: Theorie und Technik der Planung
Orac, Wien, 1978

BLAIR, R./WHITSTON, W.: Elements of Industrial Systems
Prentice Hall, New York, 1971

BLEICHER, K.: Perspektiven für Organisation und Führung von Unternehmungen
Dr.Max Gehlen, 1971

BLEICHER, K. (Hrsg.): Organisation als System
Gabler, Wiesbaden, 1972

BOESCH, W.: Die Organisation industrieller Forschung
Industrielle Organisation 23, 1954

BOULDING, K.: General Systems Theory - The Selection of Science. General Systems, Bd.I, 1956. Ebenfalls erschienen in Management Science, Vol.2, 1955/56

BRUNER, J.: The Conditions of Creativity, in: Contemporary Approaches to Creative Thinking
Atherton Press, New York

BÜCHEL, A.: Systems Engineering. Eine Einführung
Industrielle Organisation 38, Nr. 9 (1969)

BUSACKER, R.G./SAATY, T.L.: Endliche Graphen und Netzwerke. Eine Einführung mit Anwendungen
München/Wien, 1968

BUSCH, H.: Delphi-Methode, Kap.8, in Tumm,G.W.: Die neuen Methoden der Entscheidungsfindung
Verlag moderne industrie, München, 1972

BYTHEWAY, C.: Simplifying Complex Mechanisms During Research & Development SAVE (Systems Analysis and Value Engineering)
Proceedings 1968, UNIVAC, Salt Lake City

CHESTNUT, H.: Methoden der Systementwicklung
München, 1973

CHESTNUT, H.: Prinzipien der Systemplanung
München, 1970

CHORAFAS, D.H.: Systems and Simulation
Academic Press, New York, 1965

CHURCHMAN, C.W.: Einführung in die Systemanalyse
München, 1970

CHURCHMAN, C.W.: An Approach to General Systems Theory, in:
Views on General Systems Theory: Proceedings of the Second Systems Symposium at Case Institute of Technology
Hrsg.: M.Mesarovic, New York, 1964

CHURCHMAN, E.W./ ACKOFF, R.L./ARNOFF, L.: Operations Research, 3.Auflage
Oldenbourg, Wien, München, 1966

CLARK, C.: Brainstorming
Verlag moderne industrie, München, 1967

Cost - Benefit-Analysen
Industrielle Organisation 43(1974), Nr.1

CRAWFORD, R.: The Techniques of Creative Thinking
New York, 1954

CZAYKA, L.: Die Bedeutung der Graphentheorie für die Forschungsplanung
Studiengruppe für Systemforschung, Bericht 96, München-Perlach

DAENZER, W. (Hsrg.): Systems Engineering - Ein Leitfaden zur methodischen Durchführung umfangreicher Planungsvorhaben
Hanstein, Köln 1976

DATHE, H.M.: Moderne Projektplanung in Technik und Wissenschaft
C.Hanser, München 1971

DE JONG, J.: Fertigkeit, Stückzahl und benötigte Zeit,
2. Auflage, REFA-Darmstadt, 1960

DESCARTES, R.: Regulae ad Directionem Ingenii, 3. Auflage
Felix Meiner, Hamburg, 1966

DICKERSON, S./ ROBERTSHAW, J.: Rational Planning. The Systems Approach
Georgia Institute of Technology, 1971

DUFFIN/PETERSON/ZENER: Geometric Programming
Wiley, New York, 1967

DURKIN, H.E.: Trial and Error, Gradual Analysis and Sudden Reorganization
An experimental study of problem-solving
Arch.Psych. 1937

DWORATSCHEK, S.: Management-Informations-Systeme
de Gruyter, 1971

DWORATSCHEK, S.: Entscheidung (Kap.12 in Management für alle Führungskräfte in Wirtschaft und Verwaltung)
Dt.Verlagsanstalt Lehrtechnologie, Stuttgart 1973

ECKMAN, D.P./ MESAROVIC, M.D.: On Some Basic Concepts of a General Systems Theory, in: Proceedings of the Third International Conference on Cybernetics
Namur, 1961

EISNER, H.: A Generalized Network Approach to the Planning and Scheduling of a Research Project
O.R., Vol.10, No.1, 1962

ELGARD, C.I.: Control Systems Theory
McGraw Hill, 1970

ELMAGHRABY, S.E.: On Generalized Activity Networks
The Journal of Industrial Engineering
Vol.17. No.11, 1966

FLECHTNER, H.: Grundbegriffe der Kybernetik.
Eine Einführung.
Wissenschaftliche Verlagsgesellschaft mbH., Stuttgart, 1970

FOGEL, L.J.: Biotechnology: Concepts and Applications
Prentice Hall, Englewood Cliffs, New Jersey, 1963

FORRESTER, J.: Understanding the Counterintuitive Behavior of Social Systems, in: BEISHON,J./PETERS,G. (Hrsg.): Systems Behavior
Harper & Row, London 1972

FORRESTER, J.: Industrial Dynamics
New York-London, 1961

FORRESTER, J.: Principles of System
deutsch: Grundzüge einer Systemtheorie
Betriebswirtschaftlicher Verlag Gabler, 1972

FREUD, S.: Formulierungen über die zwei Prinzipien des psychologischen Geschehens (1911)
1943

GABELE, E.: Die Entwicklung komplexer Systeme
Dissertation, Universität Mannheim, 1972

GÄFGEN, G.: Theorie der wirtschaftlichen Entscheidung
Tübingen 1968

GASSER, S.: Projektmanagement bei der Produktplanung
I.O., 40, Nr.10, 1971

GENRICH, H.:	Formale Eigenschaften des Entscheidens und Handelns Veröffentlichung des Instituts für Informationssystemforschung, St.Augustin, 1975
GESCHKA, H./ SCHLICKSUPP, H.:	Kreativität. Grundlage technischen Fortschritts Techniken der Zukunft (1972) H.4, S.119/22
GEWALD, K.:	Die Delphi-Methode als Instrument technischer Prognosen, in: Blohm u. Steinbuch: Technische Prognosen in der Praxis VDI-Verlag, Düsseldorf, 1972
GORDON, W.J.:	Synectics. The Development of Creative Capacity New York, Evanston, London, 1961
GOSLING, W.:	Design of Engineering Systems Jliffe, London, 1962
GRAUMANN, C.F.:	Denken als Gegenstand der Psyochologie in: Denken Kiepenheuer & Witsch, Köln, Berlin 1965
GROCHLA, E.:	Automation und Organisation. Die technische Entwicklung und ihre betriebswirtschaftlich-organisatorischen Konsequenzen Betriebswirtschaftlicher Verlag, Dr.Th.Gabler, 1966
GROCHLA, E.:	Handwörterbuch der Organisation C.E.Poeschl, Stuttgart, 1969
GROCHLA, E.:	Organisationstheorie Poeschl, Stuttgart, 1976
GUILFORD, D.P.:	The Structure of Intellect Psychol.Bulletin 53, 1956
GUYTON, A.C., et.al.:	Simulation of Physiological Mechanisms Simulation, Vol.9, 1967
HABERFELLNER, R.:	Die Unternehmung als dynamisches System Industrielle Organisation, Zürich, 1975
HABERFELLNER, R.:	Systems Engineering. Eine Methodik zur Lösung komplexer Probleme Z.f.O. 7/1973
HALL, A.:	A Methodology for Systems Engineering Van Nostrand, Princeton, 1962
HANSEN, F.:	Konstruktionssystematik VEB-Verlag Technik, Berlin 1968
HAX, K.:	Planung und Organisation als Instrument der Unternehmensführung Z.f. handelswissenschaftliche Forschung 11, 1959

HEINEN, E.: Das Zielsystem der Unternehmung
Wiesbaden, 1966

HEINRICH, L.: Sytemplanung, Band 1
de Gruyter, Berlin, 1976

HELEMANN, G.: Der Produkt-Graph
Technoconsult, Düsseldorf, 1971

HENN, R./KÜNZI, H.P.: Einführung in die Unternehmensforschung (I und II)
Berlin/Heidelberg/New York, 1968

HILDEBRANDT, F.: Systemtechnik, Leitfaden zur Vorlesung
Institut für Arbeitswissenschaft der TH-Aachen, 1974

HINTERHUBER, H.: Innovationsdynamik und Unternehmensführung
Springer, Wien, 1975

HOGG, G./PHILLIPS, D.: GERTS III QR: A GERTS Simulator for Labor Limited Queuing Systems
Research Memo 72-2, School of I.E., Purdue University, Lafayette Indiana, 1972

HUBKA, V.: Theorie des Konstruktionsprozesses
Schweizer Maschinenmarkt, Goldach, Nr.6/1976

IBM: CSMP III (Continuous Systems Modelling Program)
Program Reference Manual, 5734-XS9

JOEDICKE, J.: Zur Formalisierung des Planungsprozesses
in: Arbeitsberichte zur Planungsmethode
Karl Krämer, Stuttgart-Bern 1969

JOHNSON, R./KAST, F./ ROSENZWEIG, J.: The Theory and Management of Systems,
2.Auflage, McGraw-Hill, 1967

JUNG, C.G.: Seelenproblem der Gegenwart
Rascher, Zürich, 1950

KAPP, W.: Environmental Disruption and Social Costs
Verlag Kyklos, Basel, 1970

KATZ, D.: Gestaltpsychologie
Schwabe, Basel/Stuttgart, 1969

KEENEY, R.L.: Multidimensional Utility Functions
O.R.-Center, MIT, Mass. 1969

KEPNER/TREGOE: Problemanalyse und Entscheidungsfindung
Princeton N.J., 1974

KESSELRING, F./ARN, E.: Planen, Entwerfen und Gestalten technischer Produkte
Konstruktion 23, Heft 4, 1971

KIRST,W./DIECKMAYER,U.: Creativitätstraining
Rowohlt, 1973

KLAUS, G.: Wörterbuch der Kybernetik, 2. Auflage
Dietz Verlag, 1968

KLEIN, H.K.: Heuristische Entscheidungsmodelle
Wiesbaden 1971

KOELLE, H.: Zur Problematik der Zielfindung und Zielanalyse
analysen und prognosen (1971) 16

KOELLE, H.: Grundzüge der Zielplanung
Seminar-Unterlagen Systemtechnik I
TU-Berlin, 1975

KOLLER, H.: Simulation als Methode in der Betriebswirtschaft, in: BAETGE, J. (Hrsg.): Grundlagen der Wirtschafts- und Sozialkybernetik
Westdeutscher Verlag, 1975

KOLLER, R.: Physikalische Grundfunktionen zur Konzeption technischer Systeme
Industrieanzeiger, Nr. 17, 1975

KOREIMANN, D.S.: Systemanalyse
Walter de Gruyter, New York, 1972

KOSIOL, E.: Die Unternehmung als wirtschaftliches Aktionszentrum. Einführung in die Betriebswirtschaftslehre
Rowohlts Deutsche Enzyklopädie, Bd. 256/257, Reinbeck 1966

KOSIOL, E.: Organisation - der Weg in die Zukunft
Z.f.O. 42, Heft 1, 1973

KOSIOL,E./SZYPERSKI,N./CHMIELEWITZ, K.: Zum Standort der Systemforschung im Rahmen der Wissenschaften, in: BLEICHER, H.(Hrsg.): Organisation als System
Gabler, Wiesbaden, 1972

KRICK, E.V.: An Introduction to Engineering and Engineering Design
John Wiley & Sons, New York, 1969

KRÜGER, S.: Simulation
Grundlagen, Techniken, Anwendungen
Walter de Gruyter, Berlin, 1975

KUHN, H.W./TUCKER, A.W.: Nonlinear Programming, Proceedings of Second Symposium on Mathematical Statistics and Probability
UCLA-Press, Berkley, 1951

KÜNZI, H.P./KRELLE, W.: Einführung in die mathematische Optimierung
Zürich, 1968

KURZ, W.: Industrial Dynamics; Eine Einführung mit Beispielen aus dem Bereich der erstmaligen Installation einer elektronischen Datenverarbeitungsanlage
Dissertation, UNI-Mannheim, 1970

LAAGER, F.: Entscheidungsmodelle
Industrielle Organisation, Zürich, 1978

LABSCH, N.: Intuition und Unternehmensentscheidungen
Z.f.O. 3/1973

LANDAU, E.: Psychologie der Kreativität
Ernst Reinhardt Verlag, München, Basel 1974

LANGE, O.: Wholes and Parts. A General Theory of System Behavior
Oxford-London, 1965

LEWIN, K.: Untersuchungen zur Handlungs- und Affektpsychologie
Psychologische Forschung 7, 1926

LEWIS, A.C.: A Study of Idea Generation Over Time
Georgia Institute of Technology, Thesis 1972

LIKERT, R.: New Patterns of Management
New York, 1961

LUHMANN, N.: Zweckbegriff und Systemrationalität
Suhrkamp Taschenbuch Wissenschaft 12, 1973

MACHOL, R.: Systems Engineering Handbook
McGraw Hill, New York, 1965

MAFFEI, R.B.: Simulation Sensitivity and Management Decision Rules
New York, 1969

MARCH, J.G./SIMON, H.A.: Organizations
New York, 1958

MASON, S.: Feedback Theory - Some Properties of Signal Flow Graphs
Proc. IRE, Vol. 41, 1953

MATTESSICH, R.: Instrumental Reasoning and Systems Methodology
D.Reidl Publ.Comp., Dordrecht, 1978

MAYER, R.: Denken und Problemlösen
Springer, Berlin, 1979

MEADOWS, D.: Die Grenzen des Wachstums
Stuttgart 1972

MERTENS, P.(Hrsg.): Prognoserechnung
Würzburg/Wien, 1973

MESAROVIC, M.D.: Foundations for a General Sytsems Theory
in: View on General Systems Theory: Proceedings of the Second Systems Symposium at Case Institute of Technology
New York, 1964

MESAROVIC, M.D.: Some Thoughts on Large Scale Systems in the Role of Cybernetics, Schriftliche Fassung eines Referates, Österr. Studiengesellschaft für Kybernetik
Wien, 1974

MEYKE, U.: Cost-Effectiveness-Analysis als Planungsinstrument - unter besonderer Berücksichtigung von Infrastrukturinvestitionen im Verkehr
Vandenhoeck u.Ruprecht, Göttingen, 1973

MICHAEL, M.: Produktideen und "Ideenproduktion"
Gabler, Wiesbaden, 1973

MODER, J.J./ PHILLIPS, C.R.: Project Management with CPM and PERT
Reinhold, New York, 1971

MÜLLER, J.: Grundlagen der systematischen Heuristik
Dietz, Berlin, 1970

MÜLLER, M.: Planung als Prozeß und System
Verlag I.O., Zürich, 1974

MÜLLER-MERBACH, H.: Operations Research. Methoden und Modelle der Optimalplanung
München, 1973

MUNDORF, H.: Systemtechnik an den Hochschulen der Bundesrepublik Deutschland, Ber.4/1975 der Forschungsreihe Systemtechnik
Berlin: Brennpunkt Systemtechnik der TU-Berlin

MURPHY, G.: Creativeness
Menninger Quart. Nr. 11/106, 1957

NADLER, G.: Arbeitsgestaltung zukunftsbewußt - Entwerfen und Entwickeln von Wirksystemen
(Hrsg.): H.H.Hilf, München, 1969

NAUMANN, K.: Das FAST-Diagramm in der Wertanalyse
FB/IE, 75, Heft 6

NIEMEYER; G.: Kybernetische System- und Modelltheorie (system dynamics)
Vahlen, München, 1977

OESER, E.: Wissenschaft und Information
Bd.I, II, III, Reihe Scientia nova
Oldenbourg, Wien-München, 1976

OLERON, P.: Die Einstellung im Denken, in:
GRAUMANN, C. (Hrsg.): Denken
Neue wissenschaftl.Bibl.-Psych.,
Kiepenhauer & Witsch, 1965

ORTH, H.F.: Die Wertanalyse als Methode industrieller Kostensenkung und Produktgestaltung
Wiesbaden, 1968

OSBORN, A.: Applied Imagination
New York, 1974

PAHL, G.: Die Arbeitsschritte beim Konstruieren
Konstruktion 24, 1972

PARNES, S.J.: Research on Developing Creative Behavior, in: TAYLOR (Hrsg.): Widening Horizons in Creativity
Proceedings, New York 1964

PATZAK, G.: Berechnung von Netzplänen mittels Simulation in: THUMB, N.: Grundlagen und Praxis der Netzplantechnik, 3. Auflage
Verlag moderne industrie, München, 1975

PATZAK, G.: Die Zuverlässigkeit von frühfehleranfälligen Produkten der Massenfertigung
Dissertation TH-Wien, 1970

PICHLER, F.: Mathematische Systemtheorie
Dynamische Konstruktionen
Walter de Gruyter, Berlin 1975

PICHLER, F.: Systemtheorie und Systemanalyse
Unterlagen zu Intensivkurs, Linz, 1971

PONTRYAGIN, L., et.al.: The mathematical Theory of Optimal Processes
John Wiley & Sons, New York, 1962

PRESSLER, G.: Regelungstechnik
Bibliographisches Institut, Mannheim, 1967

PRINCE, G.: The Practice of Creativity
Harper & Row, New York, 1971

PRITSKER, A.: GERT Graphical Evaluation and Review Technique
RAND Memo RM-4973, NASA, 1966

PRITSKER, A.: The GASP IV Simulation Language
John Wiley & Sons, 1974

PUGH, A.L.: DYNAMO II User's Manual (Dynamics Modelling)
Cambridge/Mass., 1973, 4.Edition

QUISKE/SKIRL/SPIESS: Denklabor Team
Deutsche Verlagsanstalt, 1974

RAIFFA, H.: Preferences for Multi-Attributed Alternatives
RAND-Corp., Santa Monica, 1969

RAPOPORT, A.: Remarks on General System Theory
General Systems Bd.VIII, 1963

REFA: Methodenlehre der Planung und Steuerung, Band 1
Hanser Verlag, 1974

RIEGER, H.: Begriff und Logik der Planung
Otto Harrasowitz, Wiesbaden, 1967

RINZA, P./SCHMITZ, H.: Nutzwert-Kosten-Analyse, eine Entscheidungshilfe bei der Auswahl von Alternativen,
VDI-Taschenbuch 51
VDI-Verl., Düsseldorf, 1977

RODENACKER, W.: Methodisches Konstruieren
Konstruktionsbücher Bd. 27,
Springer, Berlin, 1970

ROPOHL, G.: Systemtechnik als umfassende Anwendung kybernetischen Denkens in der Technik
Wt-Z.ind.Fertig.60(1970) Nr.8

ROPOHL, G.: Systemtechnik, Grundlagen und Anwendungen
Carl Hanser Verlag, 1975

ROPOHL, G.: Eine Systemtheorie der Technik
Hanser, 1979

ROSENBLUETH, A./ WIENER, N./BIGELOW, J.: Behavior, Purpose and Teleology
Phil. of Science 11, 1943

ROTH, K.: Die allgemeine Funktionsstruktur, ein wesentliches Hilfsmittel zum Konstruieren
Die Konstruktion 24, 1972

ROTH, K.: Aufbau und Verwendung von Katalogen für das methodische Konstruieren
Konstruktion 24, 1972

ROTHENBACH, F.: Problemfelder: Methodisches Instrument der Produktentwicklung
I.O. 39, 1970

RUBINSTEIN, S.L.: Das Denken und die Wege seiner Erforschung
Deutscher Verlag der Wissenschaft, Berlin, 1961

SAGE, A.P.: Methodology for Large-Scale Systems
McGraw-Hill Book Comp., 1977

SCHLEGEL, H.: Produktplanung in der Automobilindustrie
Z.f.O. 1/1974

SCHMITZ, H.: Produktplanung
VDI, T 32, 1972

SCHMITZ, H.: Systemtechnik in Betrieb und Verwaltung
VDI Verlag, Düsseldorf 1978

SCHNEIDER, E.: Einführung in die Wirtschaftstheorie
Teil IV, Bd.1
J.c.B. Mohr, Tübingen, 1965

SCHÖLLHAMMER, H.: Die Delphi-Methode als betriebliches Prognose- und Planungsverfahren
ZfbF 22 Jhg., 2/1970

SCHÖN, A. (Hrsg.): Simulation technischer Systeme. Band 1: Grundlagen der Simulationstechnik, München/Wien, 1974 - Band 2: Simulation stetiger Systeme, München/Wien, 1975 - Band 3: Simulation diskreter Systeme, München/Wien, 1974

SCHRÖDER, H.: Projekt-Management. Eine Führungskonzeption für außergewöhnliche Vorhaben
Wiesbaden, 1970

SCHULZ, A.: Strukturanalyse der maschinellen betrieblichen Informationsbearbeitung
de Gruyter, 1970

SCHUMACHER, E.: Methoden der Prognostik
Freiburg, 1971

SHAW, M.: A comparison of individuals and small groups in the rational solution of complex problems
Amer. J. of Psych. 44, 1932

SHINNERS, S.: Techniques of System Engineering
McGraw Hill, 1967

SIKORA, J.: Die neuen Kreativitätstechniken
München, 1972

SOMMER, I.: Experimentelle Untersuchungen zu Problemen der Erfahrungsübertragung
Zeitschrift Psychologie 164, 1960

SPANN, O.: Ganzheitliche Logik, Gesamtausgabe, Bd. 17
Akad. Druck- und Verlagsanstalt, Graz, 1971

SPRAGUE, R.C.: Industrial Dynamics, Case Example, Sprague Electric Comp., in: The Encyclopedia of Management, New York, 1963

SPUR, G.: Optimierung des Fertigungssystems Werkzeugmaschine
Carl Hanser Verlag, München, 1972

STAEHLE, W.: Organisation und Führung sozio-technischer Systeme
Emke, 1973

STAUDT, E.: Struktur und Methoden technologischer Voraussagen
Beitrag zu einer allgemeinen Planungstheorie
Göttingen, 1974

STIRNEMANN, K.: Lernen, wie man Probleme löst
Ind. Org. 45, 1976

STOLBER, W.B.: Nutzen-Kosten-Analyse in der Staatswirtschaft
Göttingen, 1968

SZEKELY, L.: Productive Processes in Learning & Thinking
Acta Psychol. 7, 1950

SZYPERSKY, N.: Analyse der Merkmale und Formen der Büroarbeit, in: KOSIOL, E. (Hrsg.): Bürowirtschaftliche Forschung
Veröffentlichung des Institutes für Industrieforschung der FU-Berlin, Bd.13, 1961

TAYLOR, I.A.: The Nature of the Creative Process, in: Creativity, an Examination of the Creative Process
Hastings House, New York, 1959

THUMB, N.: Grundlagen und Praxis der Netzplantechnik, 3. Auflage
Verlag moderne industrie, München, 1975

TUMM, W. (Hrsg.): Die neuen Methoden der Entscheidungsfindung
München, 1972

ULLMANN, G.: Kreativität
Neue amerikanische Ansätze zur Erweiterung des Intelligenzkonzeptes
Verlag Julius Beltz, Weinheim, Berlin, 1972

ULRICH, H.: Die Unternehmung als produktives soziales System
Grundlagen der allgemeinen Unternehmenslehre
Verlag Paul Haupt, Bern-Stuttgart, 1970

US-NAVY: Failure Rate Data Handbook, FARADA, SP 63-470
Corona, Cal.

VDI-Gemeinschaftsausschuß Wertanalyse: Wertanalyse - Beispielsammlung
Düsseldorf, 1973

VERPLANCK, D./TEARE, B.: Engineering Analysis
Wiley & Sons, New York, 1954

Verschiedene Autoren: Vorlesungsmanuskripte zu den Seminaren Systemtechnik
Brennpunkt Systemtechnik der TU Berlin, Berlin, 1970 bis 1974

VÖLZGEN, H.: Stochastische Netzwerkverfahren und deren Anwendung
Berlin, 1971

WACKER, W.: Betriebswirtschaftliche Informationstheorie
Grundlagen der Informationssysteme
Westdeutscher Verlag, Opladen, 1971

WAGNER, H.: Principles of Operations Research
Prentice Hall, New Jersey, 1970

WALLAS, G.: The Art of Thought
Harcourt, New York, 1926

WEBER, H.: Spannweite des betriebswirtschaftlichen Planungsbegriffes
Z.f.betriebsw.Forschung 6, 1964

WEINBERG, F./ ZEHNDER, C.A.: Heuristische Planungsmethoden
Springer Verlag, Berlin, 1969

WERTHEIMER, M.: Über Schlußprozesse im produktiven Denken
(Drei Abhandlungen zur Gestalttheorie)
Psych. Forschung 7, 1926

WOJDA, F.: Modell der Arbeitsvorbereitung unter besonderer Berücksichtigung der Einzel- und Serienfertigung
Habilitationsschrift, TH-Wien, 1972

WOODSON, T.: Introduction to Engineering Design
McGraw Hill, New York 1963

WYMORE, W.A.: Systems Engineering Methodology for Interdisciplinary Teams
J.Wiley & Sons, New York, 1976

ZANGEMEISTER, Ch.: Nutzwertanalsye in der Systemtechnik
Eine Methode zur multidimensionalen Bewertung und Auswahl von Projektalternativen, 2. Auflage
Wittmann'sche Buchhandlung, München, 1971

ZIMMERMANN, H., ZIELINSKY, J. DWORATSCHEK, S. KELLER, W.: Programmierung
Ein programmiertes Lehrbuch für Studenten des Faches Operations Research
de Gruyter, 1971

ZOGG, A.: Systemorientiertes Projektmanagement
Verlag Industrielle Organisation, 1974

ZWICKY, F.: Entdecken, Erfinden, Forschen im morphologischen Weltbild
Droemer Knaur, 1971

Sachverzeichnis

GPSR Compliance

The European Union's (EU) General Product Safety Regulation (GPSR) is a set of rules that requires consumer products to be safe and our obligations to ensure this.

If you have any concerns about our products, you can contact us on ProductSafety@springernature.com

In case Publisher is established outside the EU, the EU authorized representative is:

Springer Nature Customer Service Center GmbH
Europaplatz 3
69115 Heidelberg, Germany

Batch number: 10683525

Printed by Printforce, the Netherlands